Python

机器学习
原理与算法实现

杨维忠 张 甜 著

1.05

清华大学出版社
北京

内 容 简 介

数字化转型背景下，Python 作为一门简单、易学、速度快、免费、开源的主流编程语言，广泛应用于大数据处理、人工智能、云计算等各个领域，是众多高等院校学生的必修基础课程，也是堪与 Office 办公软件应用比肩的职场人士的必备技能。同时随着数据存储、数据处理等大数据技术的快速进步，机器学习的各种算法在各行各业得以广泛应用，同样成为高校师生、职场人士迎接数字化浪潮、与时俱进提升专业技能的必修课程。本书将"Python 课程学习"与"机器学习课程学习"有机结合，推动数字化人才的培养，提升人才的实践应用能力。

全书内容共 17 章。第 1、2 章介绍 Python 的入门知识和进阶知识；第 3 章介绍机器学习的概念及各种术语及评价标准；第 4~10 章介绍相对简单的监督式学习方法，包括线性回归算法、二元 Logistic 回归算法、多元 Logistic 回归算法、判别分析算法、朴素贝叶斯算法、高维数据惩罚回归算法、K 近邻算法；第 11、12 章介绍主成分分析算法、聚类分析算法两种非监督式学习算法；第 13~15 章介绍相对复杂的监督式学习算法，包括决策树算法和随机森林算法、提升法两种集成学习算法；第 16、17 章介绍支持向量机算法、神经网络算法两种高级监督式学习算法。

本书可以作为经济学、管理学、统计学、金融学、社会学、医学、电子商务等相关专业的学生学习 Python 或机器学习应用的专业教材、参考书；也可以作为企事业单位数字化人才培养的教科书、工具书，还可以作为职场人士自学掌握 Python 机器学习应用、提升数据挖掘分析能力进而提高工作效能和改善绩效水平的工具书。

图书在版编目（CIP）数据

Python 机器学习原理与算法实现/杨维忠，张甜著.—北京：清华大学出版社，2023.2（2024.3 重印）
ISBN 978-7-302-62611-4

Ⅰ.①P… Ⅱ.①杨… ②张… Ⅲ.①软件工具－程序设计②机器学习 Ⅳ.①TP311.561②TP181

中国国家版本馆 CIP 数据核字（2023）第 019736 号

责任编辑：赵　军
封面设计：王　翔
责任校对：闫秀华
责任印制：沈　露

出版发行：清华大学出版社
　　　　网　　　址：https://www.tup.com.cn，https://www.wqxuetang.com
　　　　地　　　址：北京清华大学学研大厦 A 座　　　　邮　　编：100084
　　　　社 总 机：010-83470000　　　　邮　　购：010-62786544
　　　　投稿与读者服务：010-62776969，c-service@tup.tsinghua.edu.cn
　　　　质 量 反 馈：010-62772015，zhiliang@tup.tsinghua.edu.cn
印 装 者：三河市龙大印装有限公司
经　　销：全国新华书店
开　　本：190mm×260mm　　　　印　　张：28.25　　　　字　　数：762 千字
版　　次：2023 年 2 月第 1 版　　　　印　　次：2024 年 3 月第 2 次印刷
定　　价：118.00 元

产品编号：100881-01

推荐序 1

当前，数字经济快速发展，银行业数字化转型已经是大势所趋，并已成为行业共识和一致行动。《"十四五"数字经济发展规划》明确指出"全面加快金融领域数字化转型，合理推动大数据、人工智能、区块链等技术在银行、证券、保险等领域的深化应用"。银保监会出台《关于银行业保险业数字化转型的指导意见》强调"以数字化转型推动银行业保险业高质量发展"。数字化正在成为商业银行重组要素资源、重塑业务结构、改变竞争格局、融合实体经济的关键力量，日益成为商业银行高质量发展的第一驱动力。

2021 年 10 月，恒丰银行发布"建设一流数字化敏捷银行"的新战略。在战略愿景指引下，成功上线企业级核心业务系统——"恒心"系统，将"感觉不靠谱、用数据说话"作为行为准则之一，大力营造"人人都是数据分析师""用数据说话"氛围，建立了覆盖总分行、前中后台的数据管理专业队伍，打造了一支 300 余人的数据管理"火箭军"。本书作者杨维忠，任职于恒丰银行总行内控合规部，是"火箭军"队伍中的佼佼者，也是行内首批认证的专业型数字化人才、内部培训师，精通 Python 语言与 Stata、SPSS 等多种统计分析软件，著有《Stata 统计分析从入门到精通》等 10 余种数据统计分析的畅销书。

掌握一门诸如 Python 的编程语言，掌握一定的数据挖掘与分析能力，有助于职场人士驰骋当下、赢得未来。可以预期在不久的未来，应用编程语言就像应用 Office 办公软件一样普及。杨维忠这本《Python 机器学习原理与算法实现》，紧密结合商业运营实践，贴近职场人士的学习习惯和知识接受方式，既通过"入门—进阶—应用"的方式循序渐进地讲解 Python 语言，又通过"复杂算法模型简单化、抽样理论概念具象化"的方式深入浅出地讲解机器学习的应用实践，是一本很好的数字化人才培养教科书。该书内容在出版之前，已经开发成一套系统课程，作为恒丰银行"恒丰乐学营"品牌的首个优质培训项目面向全行展开，得到参训学员的一致好评，并广泛应用于各位学员的工作实践。强烈推荐广大职场朋友阅读本书，将它作为掌握 Python 机器学习应用、提升数据挖掘分析与建模能力、提高工作效能和改善绩效水平的工具书。

创新正成为抢占战略制高点的关键变量，数字技术作为创新的"硬支撑"，正在变革服务模式、改造生产函数、重塑财富管理生态。衷心祝愿新时代的职场奋斗者，都能通过持续学习拥有数字化经营思维、掌握数据分析技术和应用能力，在数字化转型的生动实践中实现持续成长！

——恒丰银行总行副行长 郑现中

推荐序 2

当前，我国各行各业都在如火如荼地推进数字化转型。2022 年 1 月国务院印发的《"十四五"数字经济发展规划》明确提出"引导企业强化数字化思维，提升员工数字技能和数据管理能力，全面系统推动企业研发设计、生产加工、经营管理、销售服务等业务数字化转型"，将"提升商务领域数字化水平、加快金融领域数字化转型"等列入重点行业数字化转型提升工程。早在 2017 年，我在山东大学经济学院就开设了"Python 与数据分析"系列课程，开课 5 年来培养了一批掌握数据分析能力的复合型人才；2021 年，该课程被纳入山东大学研究生数字能力公共课程体系，面向全校研究生开设。数字化技能已经不再是计算机相关学科的学生们的专有技能，而是各学科各专业的学生们未来踏入职场、迎接数字化浪潮的急需和必备技能。

本书作者杨维忠、张甜都是山东大学经济学院的优秀校友。杨维忠在山东大学经济学院连续完成了本科、硕士研究生的学习，毕业后一直从事金融工作，其孜孜不倦的求学态度、一丝不苟的治学精神让我印象深刻。张甜于 2008 年考入山东大学经济学院，成为金融学研究生，攻读硕士和博士学位期间分别师从山东大学陈强教授和曹廷求教授，研究方向为财政风险金融化，在《财贸经济》《经济评论》《财经科学》等重要期刊发表多篇著作。两位校友均精通 Python、R 等编程语言以及 Stata、SPSS 等多种统计分析软件，著有《Stata 统计分析从入门到精通》（清华大学出版社，2022）、《SPSS 统计分析入门与应用精解（视频教学版）》（清华大学出版社，2022）等 10 余种数据分析教材，长期位于当当、京东等电商平台数据分析类图书畅销榜前列，并被众多高校选为核心专业课程教材，深受读者欢迎。

阅读了本次杨维忠、张甜合著的《Python 机器学习原理与算法实现》书稿后，我总结本书特色体现在三个方面：一是由于两位作者都是经济金融专业出身，分别具有多年的商业银行工作经历和学术研究经历，他们的思维逻辑、写作风格高度契合非计算机专业出身的学生的思维方式，写作内容也紧密贴合商业应用实践，非常注重学以致用，具有较强的可理解性、可应用性；二是本书将 Python 编程语言与机器学习讲解有机结合，高度注重业务实操，既较好地解决了单独学习 Python 编程过于枯燥的问题，也很好地解决了单独学习机器学习原理过于深奥的问题，同时也使得学生们通过一次学习就能同时掌握"Python"和"机器学习"这两大数字化技能，达到了事半功倍的学习效果；三是本书较少涉及复杂的数学推导，而更注重于从绝大多数读者都能理解并掌握的角度出发，用通俗易懂的语言、深入浅出的方式去解释机器学习的基本原理及其 Python 实现，使得基础相对薄弱的学生、时间较少的职场人士也能够学会、学懂、学好。总之，本书非常适合作为高等院校非计算机专业（尤其是经管专业）的本科、研究生专业课程教材，也非常适合作为众多企事业单位的内部培训教材，同时还适合致力于提升数字化技能的职场人士使用。通过阅读、学习本书，读者可以掌握更多的数字化技能，更好地适应数字化转型潮流。

最后，真诚祝愿新时代的莘莘学子和职场奋斗者都能在数字化浪潮中保持自驱向上、持续学习的热情，不断突破自己的知识和能力边界，自信和勇敢地追逐更好的自己！

——山东大学经济学院教学实验中心主任　副教授　韩振

前　言

Python 作为一门简单、易学、易读、易维护、用途广泛、速度快、免费、开源的主流编程语言，广泛应用于 Web 开发、大数据处理、人工智能、云计算、爬虫、游戏开发、自动化运维开发等各个领域，是众多高等院校学生的必修基础课程，也是堪与 Office 办公软件应用比肩的职场人士的必备技能。但不少学生或职场人士总面临这样一种窘境：数字化转型大背景、大趋势下，感觉非常有必要学习 Python 等分析工具，但在真正通过一本书学习 Python 的各种语言规则时，往往体验不到学习知识的乐趣，翻看个别章节后即将其束之高阁。造成这种情况的根本原因在于没有结合本职研究或工作需求、没有以解决问题为目标和导向开展学习。对很多读者来说，学以致用的一个非常好的出口就是使用 Python 进行机器学习。数字化转型浪潮下，机器学习的各种算法早已不再局限于概念普及和理念推广层面，而是真真切切地广泛应用在各类企事业单位的各个领域，从客户分层管理到目标客户选择，从客户满意度分析到客户流失预警，从信用风险防控到精准推荐，各种算法的应用对于企业全要素生产率的边际提升起到了举足轻重的作用。基于上述原因，笔者致力于编写一本 Python 机器学习原理与算法实现的教学参考书，将 Python 与机器学习应用相结合，通过"深入浅出讲解机器学习原理—贴近实际精选操作案例—详细演示 Python 操作及代码含义—准确完整解读分析结果"的一站式服务，旨在写出让读者"能看得懂、学得进去、真用得上"的机器学习图书，献给新时代的莘莘学子和职场奋斗者。

本书内容

第 1 章为 Python 入门知识，内容包括 Python 简介与本书教学理念，Python 下载与安装，Python 注释、基本输出与输入，Python 变量和数据类型、Python 序列、Python 列表、Python 元组、Python 字典、Python 集合、Python 字符串。

第 2 章为 Python 进阶知识，内容包括 Python 流程控制语句、Python 函数、Python 模块和包、Python numpy 模块数组、Python pandas 模块序列与数据框、Python 对象与类、Python 数据读取、Python 数据检索、Python 数据缺失值处理、Python 数据重复值处理、Python 数据行列处理。

第 3 章为机器学习介绍，内容包括机器学习概述，机器学习术语，机器学习分类，机器学习中误差、泛化、过拟合与欠拟合、偏差、方差与噪声等重要概念，以及常用的机器学习性能量度和模型评估方法，机器学习的项目流程。

第 4 章为线性回归算法，主要介绍线性回归算法的基本原理及 Python 实现，还介绍了描述性分析、图形绘制、正态性检验、相关性分析等经典统计分析方法在 Python 中的实现。

第 5 章为二元 Logistic 回归算法，主要介绍二元 Logistic 回归算法的基本原理，并结合具体实例讲解该算法在 Python 中的实现与应用。

第 6 章为多元 Logistic 回归算法，主要介绍多元 Logistic 回归算法的基本原理，并结合具体实例讲解该算法在 Python 中的实现与应用。

第 7 章为判别分析算法，内容包括线性判别分析和二次判别分析两种判别分析算法的基本原理，并结合具体实例讲解这两个算法在 Python 中的实现与应用。

第 8 章为朴素贝叶斯算法，讲解贝叶斯算法的基本原理、贝叶斯定理、朴素贝叶斯算法的基本原理、拉普拉斯修正、朴素贝叶斯算法分类及适用条件，并结合具体实例讲解这些算法在 Python 中的实现与应用。

第 9 章为高维数据惩罚回归算法，主要讲解高维数据惩罚回归算法的基本原理、岭回归、Lasso 回归、弹性网回归、惩罚回归算法的选择，并结合具体实例讲解这些算法在 Python 中的实现与应用。

第 10 章为 K 近邻算法，主要讲解 K 近邻算法的基本原理，并结合具体实例讲解该算法解决分类问题和回归问题的 Python 实现与应用。

第 11 章为主成分分析算法，主要讲解主成分分析算法的基本原理、数学概念、主成分特征值、样本的主成分得分、主成分载荷等内容，并结合具体实例讲解该算法在 Python 中的实现与应用。

第 12 章为聚类分析算法，主要讲解聚类分析算法的基本原理、划分聚类分析、层次聚类分析、样本距离的测度等内容，并结合具体实例讲解这些算法在 Python 中的实现与应用。

第 13 章为决策树算法，主要讲解决策树算法的概念与原理、特征变量选择及其临界值确定方法、决策树的剪枝、包含剪枝决策树的损失函数、变量重要性等内容，并结合具体实例讲解这些算法解决分类问题和回归问题的 Python 实现与应用。

第 14 章为随机森林算法，主要讲解集成学习的概念与分类、装袋法的概念与原理、随机森林算法的概念与原理、随机森林算法特征变量重要性量度、部分依赖图与个体条件期望图等内容，并结合具体实例讲解这些算法解决分类问题和回归问题的 Python 实现与应用。

第 15 章为提升法，主要讲解提升法的概念与原理、AdaBoost、梯度提升法、回归问题损失函数、分类问题损失函数、随机梯度提升法、XGBoost 算法等内容，并结合具体实例讲解这些算法解决分类问题和回归问题的 Python 实现与应用。

第 16 章为支持向量机算法，主要讲解线性可分，硬间隔分类器的概念、原理解释与求解步骤，软间隔分类器的概念、原理解释与求解步骤，核函数，多分类问题支持向量机，支持向量回归等内容，并结合具体实例讲解这些算法解决分类问题和回归问题的 Python 实现与应用。

第 17 章为神经网络算法，主要讲解神经网络算法的基本思想、感知机、多层感知机、神经元激活函数、误差反向传播算法、万能近似定理及多隐藏层优势、BP 算法过拟合问题的解决等内容，并结合具体实例讲解这些算法解决分类问题和回归问题的 Python 实现与应用。

本书特色

通过"入门—进阶—应用"的方式循序渐进地讲解 Python。前两章分别讲解 Python 入门知识和 Python 进阶知识，使大家能够基本掌握 Python 的基础知识与进阶应用，后续章节在讲解各类机器学习算法时，逐一详解用到的各种 Python 代码，针对每行代码均有恰当注释，使读者能够真正理解各种代码的含义，从而可以灵活运用于自身的科研或应用研究。

通过"复杂算法模型简单化、抽样理论概念具象化"深入浅出的方式讲解机器学习。本书尽可能用图像化、案例化的方式剖析各种算法的基本原理、适用条件，使读者真的能够看得明白、学得进去，避免在复杂的数学公式推导面前耗尽了所有的学习热情，苦技能虽好却不能为己所用。同时也做到了不失专业深度，使读者真正能够掌握各种算法的精髓，能根据自身需要选取算法、优化代码、科学调参。

实现了 Python 与机器学习应用的深度融合。本书以学以致用为桥梁实现了 Python 与机器学习之间的高效联动协同，使读者通过本书的学习能够同时掌握 Python 语言、机器学习这两大专业利器，达到"一箭双雕"的学习效果，有效提升自己的科研与应用水平。

本书提供的 PPT 与源代码、思维导图、视频教学可通过扫描下面二维码获取：

PPT 与源代码　　　　　　　思维导图　　　　　　　视频（第 1 章）

视频（第 2 章）　　　　视频（第 3~4 章）　　　　视频（第 5~9 章）

视频（第 10~15 章）　　　　视频（第 16~17 章）

如果下载有问题，请发送电子邮件至 booksaga@126.com，邮件主题为"Python 机器学习原理与算法实现代码"。

本书在写作过程中也吸收了前人的研究成果，第二作者张甜博士也曾于 2020 年 1 月师从山东大学陈强教授系统学习了机器学习课程，在此一并表示感谢！

由于笔者水平有限，书中难免存在疏漏之处，诚请各位同仁和广大读者批评指正，并提出宝贵的意见。

笔　者
2023 年 1 月

目　　录

第 1 章

Python 入门知识

本书首先使用两章的篇幅完整讲解 Python 入门知识和 Python 进阶知识，使读者能够基本掌握 Python 的基础知识与进阶应用，然后后续在讲解各类机器学习算法时，还会逐一详解用到的各种 Python 代码，通过"入门—进阶—应用"的方式使得读者的 Python 机器学习应用能够从入门到精通。本章首先介绍 Python 入门知识，主要包括 Python 简介与本书的教学理念，Python 的下载与安装，Python 注释、基本输出与输入，Python 变量和数据类型，Python 序列，Python 列表，Python 元组，Python 字典，Python 集合，Python 字符串。通过本章的学习，读者能正确安装好 Python，熟悉 Anaconda 平台的界面窗口，熟知 Python 语言中基本的变量、数据类型以及基础的语言规则。

1.1 Python 简介与本书的教学理念

根据百度百科上的介绍，Python 起源于一门叫作 ABC 的语言，由荷兰数学和计算机科学研究学会的吉多·范罗苏姆（Guido van Rossum）于 1990 年代初设计。Guido 参加设计 ABC 时认为 ABC 这种语言非常优美和强大，是专门为非专业程序员设计的。但 ABC 语言推出后并未获得预期的成功，也未得到广泛推广，究其原因，Guido 认为是其非开放造成的。于是 Guido 在 1989 年圣诞节期间，开发了一个新的脚本解释程序，作为 ABC 语言的一种继承，这就是 Python。Python（大蟒蛇的意思）这一名字是取自 20 世纪 70 年代在英国首播的电视喜剧《蒙提·派森的飞行马戏团》（*Monty Python's Flying Circus*）。

Python 面世以来，果然大放异彩，成为一种功能强大、简单易学、开放兼容的主流编程语言，并广泛应用于 Web 开发、大数据处理、人工智能、云计算、爬虫、游戏开发、自动化运维开发等各个领域，深受学习者、使用者的好评。随着用户的不断增加，各种开放共享的配套支持资源也越来越丰富，从而又吸引了更多的用户参与 Python 学习与使用，形成良好的正反馈循环，相辅相成，共同造就了 Python 的兴起与繁荣。

迄今为止，Python 经历了三个大的版本的变化，分别是 1994 年发布的 Python 1.0 版本、2000 年发布的 Python 2.0 版本、2008 年发布的 Python 3.0 版本。目前最新的仍为 Python 3 系列版本，Python 3 系列版本也是目前最为流行、使用人群占比最高、配套资源支持力度最强的主流版本。

本书也是基于 Python 3 系列版本进行编写，主要内容为应用 Python 开展机器学习。

实事求是地讲，Python 与机器学习是两门不同的课程，它们均为当前极为流行的热门知识领域，均为众多高等院校很多专业要求的必修课程，也是职场人士技能培训的重点方向，都值得下功夫好好掌握。本书旨在解决以往学习中经常出现的"Python 课程学习"与"机器学习课程学习"机械割裂导致学习效果不好的问题。一方面，单纯学习 Python 语言而不是以应用为导向、以解决问题为目的，不将它用于科学研究或应用实践，那么在学习时就会感觉枯燥，容易学不进去或学了就忘、效果不好；另一方面，单纯学习机器学习算法，而机器学习的原理相对艰深，导致很多基础薄弱的初学者因各种数学模型的复杂推导而却步。

将"Python 课程学习"与"机器学习课程学习"有机结合正好解决了上述问题。一方面，当前机器学习正在广泛应用于高校科研和企事业单位经营管理实践中，是一个非常好的学习 Python 语言、实现学以致用的切入口，应用 Python 开展机器学习能够让大家更有动力、更有兴趣、更具效果地去学好 Python 语言；另一方面，用基于 Python 的操作实现与结果解读来引领机器学习的课程学习，相对更易入门和进阶，大大降低了学习难度，能够让大家更好地掌握机器学习相关技能。

本书基于上述理念，将 Python 语言与机器学习的讲解进行深度融合，既全面深入地讲好 Python 语言，又深入浅出地讲好机器学习，以学以致用为桥梁实现了两者之间的高效联动协同，使读者通过本书的学习能够同时掌握 Python 语言和机器学习这两大专业利器，达到"一箭双雕"的学习效果，有效提升读者的科研与应用水平。

1.2　Python 的下载与安装

本节主要介绍 Python 的下载与安装的具体操作。

1.2.1　下载 Python（Anaconda 平台）

应用 Python 进行机器学习的前提是要正确地安装 Python。Python 的安装方式有很多种，其中一种就是通过官网的 Downloads 菜单进行下载，如图 1.1 所示。如果用户的操作系统为 Windows，那么单击 Downloads 菜单下面的 Windows 菜单选项，在其右侧就会弹出"Python 3.10.6"推荐版本按钮（截至本书写作时推荐的版本号是 3.10.6，但因网站会定期更新，所以可能有变化）。如果用户的操作系统恰好是 Windows 且系统版本满足要求，比如是 Windows 10，则可直接单击该按钮进行下载；但如果系统版本较低，比如是 Windows 7 系统或更旧的系统，那么 3.9 以上的 Python 版本将不被支持（Note that Python 3.9+ cannot be used on Windows 7 or earlier）。

如果用户的操作系统为 Windows 但系统版本不满足 Python 推荐版本对应的要求，则可单击图 1.1 中左侧的 Windows 菜单选项，弹出如图 1.2 所示的下载选择列表。用户可以根据自己计算机上操作系统版本单击对应的版本选项，而后下载即可。

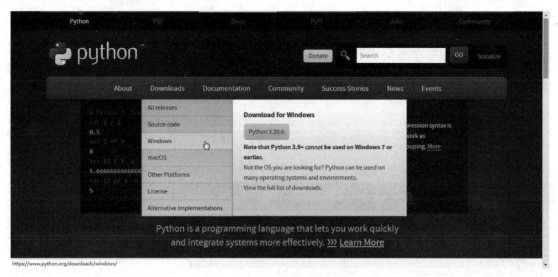

图 1.1　Python 官网下载界面 1

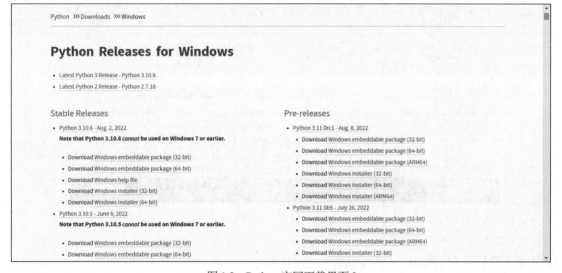

图 1.2　Python 官网下载界面 2

上述操作固然可以实现 Python 的下载，但是我们在应用 Python 进行机器学习时，大多情况下都不是自己直接运用 Python 语言逐一编写代码、定义函数来实现，而是通过调用一些标准库或第三方库、加载相应模块以事半功倍的方式去实现。基于这种考虑，强烈推荐从 Anaconda 平台上进行下载。Anaconda 平台不仅集成了大部分常用的 Python 标准库，也集成了 Spyder、PyCharm以及 Jupyter 等常用开发环境，大大提升了用户的操作效率。本书也以从 Anaconda 平台下载并安装的方式进行讲解。从 Anaconda 平台下载的步骤如下：

步骤 01　登录 Anaconda 平台官网，打开如图 1.3 所示的界面。

步骤 02　如果用户的操作系统恰好为 Windows 64 位，则可直接单击 Download 按钮进行下载；如果是其他操作系统，则单击 Get Additional Installers 链接，弹出如图 1.4 所示的下载选择列表。

图 1.3　Anaconda 平台官网下载界面 1

步骤 03 图 1.4 中展示了 Anaconda 平台当前支持的操作系统。用户可根据自己计算机上操作系统的具体类型和版本选择下载对应的 Anaconda 版本。

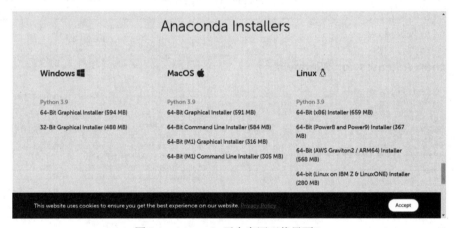

图 1.4　Anaconda 平台官网下载界面 2

1.2.2　安装 Python（Anaconda 平台）

Python 的安装步骤如下：

步骤 01 在计算机上双击已下载的 Anaconda 平台安装包，安装包将自动进行解压缩操作，并弹出如图 1.5 所示的"欢迎安装"对话框。

步骤 02 在图 1.5 中单击 Next 按钮，即可弹出如图 1.6 所示的"同意协议"对话框，在其中单击 I Agree 按钮后单击 Next 按钮，随后弹出如图 1.7 所示的"用户选择"对话框，建议在其中单击 All Users 单选按钮后单击 Next 按钮，会弹出如图 1.8 所示的"安装位置"对话框，我们需要在其中设置好安装软件的目标文件夹位置。

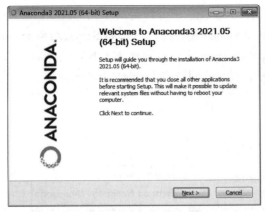

图 1.5　"欢迎安装"对话框

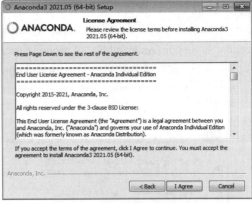

图 1.6　"同意协议"对话框

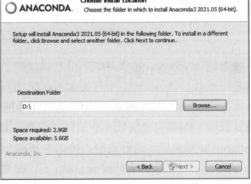

图 1.7　"用户选择"对话框　　　　　　　　图 1.8　"安装位置"对话框

步骤 03　设置完成后，单击 Next 按钮随即弹出如图 1.9 所示的"安装选项"对话框，对于新手，建议将对话框中的两个复选框全部勾选，若不勾选，软件可能无法正常运行，而对于较为熟练的技术人员，则可根据实际情况灵活选择。设置完成后单击 Install 按钮即可让系统自动完成安装。

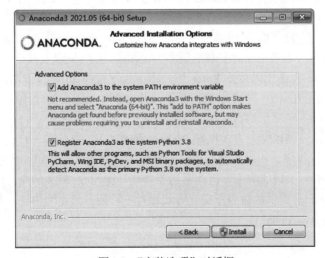

图 1.9　"安装选项"对话框

安装完成后，计算机的开始菜单中会出现与 Anaconda 平台相关的 6 个快捷方式，包括 Spyder (Anaconda3)、Anaconda Powershell Prompt (Anaconda3)、Reset Spyder Settings (Anaconda3)、Anaconda Navigator (Anaconda3)、Anaconda Prompt (Anaconda3)、Jupyter Notebook (Anaconda3)，如图 1.10 所示。其中最为常用的是 Anaconda Prompt (Anaconda3)与 Spyder (Anaconda3)。

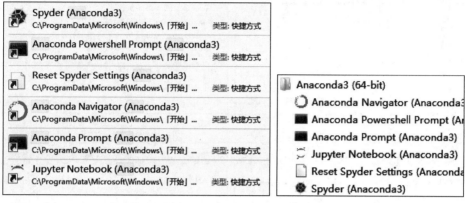

图 1.10　Anaconda 平台组成

如果是 Windows 操作系统，但严格按照上述步骤操作仍未安装成功，则大概率是 Windows 操作系统版本与 Anaconda 平台版本不匹配的问题，解决方式有两个，一是升级 Windows 操作系统版本，比如升级至 Windows 10；二是降低所使用的 Anaconda 平台版本（官网推荐安装的一般为最新版本，但事实上较低一些的版本仍能完成应用需求且兼容性更好），可从互联网上搜索旧的 Anaconda 平台版本进行安装。比如本书在写作过程中使用的 Windows 操作系统为 Windows 7，安装 Anaconda3-2022.05-Windows-x86_64 就会提示错误，而安装 Anaconda3-2021.05-Windows-x86_64 则非常顺利。

1.2.3　Anaconda Prompt（Anaconda3）

安装成功后，在开始菜单的 Anaconda3 (64-bit)文件夹中单击 Anaconda Prompt (Anaconda3)，即可弹出如图 1.11 所示的命令行窗口。该窗口首先会自动给出路径 <base> PS C:\Users\Administrator>，然后我们在命令提示符后面输入 Python，即可出现我们已经安装的 Python 系统的版本信息（本书写作时安装的版本为 Python 3.8.8）以及提示符 ">>>"，我们在提示符的后面输入 Python 程序代码并按 Enter 键，即可执行这些程序代码。比如我们输入程序语句 "print('对酒当歌，人生几何')" 再按 Enter 键，该程序语句执行后的输出为 "对酒当歌，人生几何"。

Anaconda Prompt 只能以交互方式执行 Python 程序代码，每输入一行代码均需按 Enter 键才能执行，无法连续执行程序，所以在编写程序时这种方式并不多见。以命令行方式执行程序代码的优势在于可以立刻获得系统的响应，因此常用于管理与 Python 相关的库，比如需要安装某个第三方库，Anaconda Prompt 提供的命令行交互方式相对于其他方式更为快捷。在编写程序代码方面，使用最多的是 Spyder(Anaconda3)。

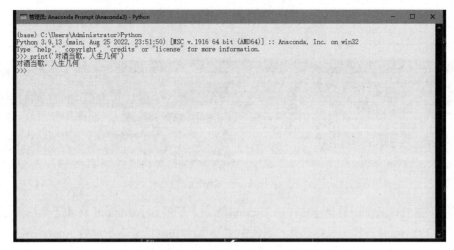

图 1.11　Anaconda Prompt (Anaconda3)命令提示符窗口

1.2.4　Spyder（Anaconda3）的介绍及偏好设置

Spyder（前身是 Pydee）是一个强大的交互式 Python 语言开发环境，提供高级的代码编辑、交互测试、调试等特性。在开始菜单的 Anaconda3 (64-bit)文件夹中单击 Spyder (Anaconda3)，即可弹出其窗口，如图 1.12 所示。Spyder (Anaconda3)是我们最为常用的环境，强烈建议将其快捷方式发送到桌面，方便以后使用。

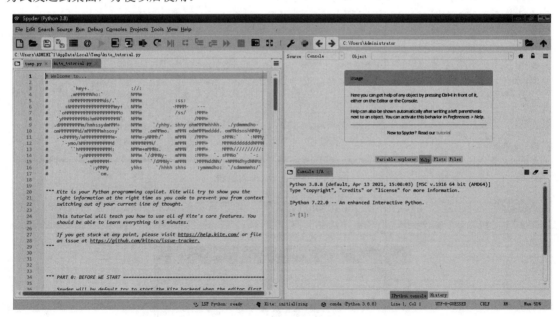

图 1.12　Spyder 窗口

Spyder 的界面为纯英文，而且为黑暗色，对于大多数国内用户来说，可能并不适应这种风格。我们可以采取以下方式调整界面（当然，这取决于用户偏好，如果用户认为当前界面风格是可以接受的，也可不进行下述调整）：

步骤 01 依次单击菜单栏中的 Tools→Preferences 菜单选项（见图 1.13），打开 Preferences 对话框。

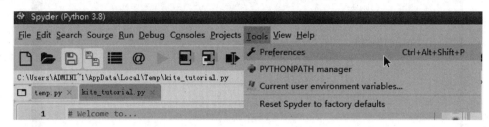

图 1.13　Spyder

步骤 02 在 Preferences 对话框中单击 General 选项，切换到 Advanced setting 选项卡，然后在 General 中的 Language 下拉列表中选择"简体中文"，再单击对话框右下角的 Apply 按钮，最后单击 OK 按钮，如图 1.14 所示。

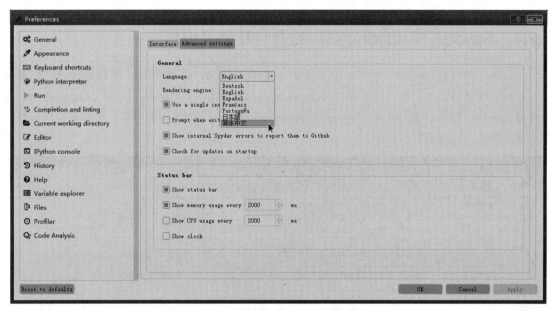

图 1.14　Preferences 对话框

步骤 03 弹出如图 1.15 所示的 Information 对话框，单击其中的 Yes 按钮即可重启 Spyder，重启后界面语言变成了简体中文。

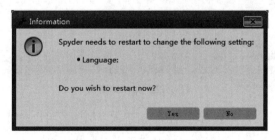

图 1.15　Information 对话框

步骤 04 依次单击菜单栏中的"工具"→"偏好设置"菜单选项，如图 1.16 所示，打开如图 1.17 所示的"偏好"对话框。

图 1.16 选择"偏好设置"菜单选项

步骤 05 在"偏好"对话框中单击"外观"选项，在"主界面"的"界面主题"下拉列表中选择 Light，在"语法高亮主题"的下拉列表中选择 Spyder，再单击对话框右下角的 Apply 按钮，单击 OK 按钮。

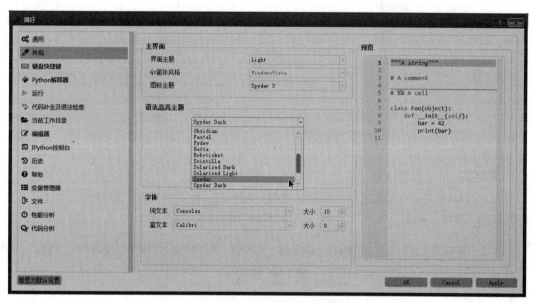

图 1.17 "偏好"对话框

步骤 06 弹出如图 1.18 所示的"信息"对话框，在其中单击 Yes 按钮即可重启 Spyder，重启后界面变得更加明亮。

图 1.18 "信息"对话框

1.2.5　Spyder（Anaconda3）窗口介绍

Spyder（Anaconda3）窗口如图 1.19 所示。

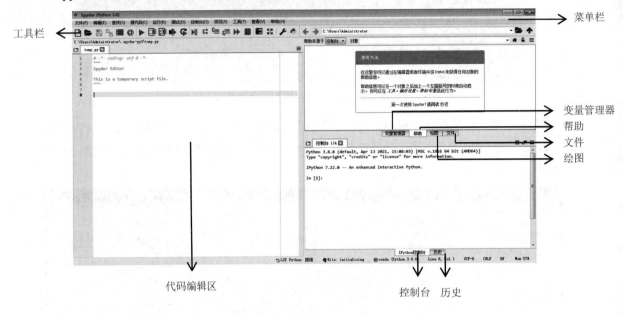

图 1.19　Spyder (Anaconda3)窗口

1. 菜单栏

菜单栏（Menu bar）包括文件、编辑、查找、源代码、运行、调试、控制台、项目、工具、查看、帮助等菜单，如图 1.20 所示。通过菜单可以使用 Spyder 的各项功能。

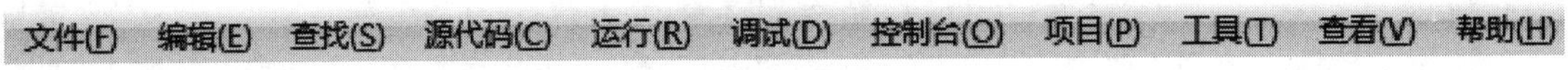

| 文件(F) | 编辑(E) | 查找(S) | 源代码(C) | 运行(R) | 调试(D) | 控制台(O) | 项目(P) | 工具(T) | 查看(V) | 帮助(H) |

图 1.20　菜单栏

2. 工具栏

工具栏（Tools bar）：提供了 Spyder 中常用功能的快捷操作按钮（图标按钮），如图 1.21 所示。用户单击图标按钮即可执行相应的功能，将鼠标光标悬停在某个图标按钮上可以获取相应的功能说明。工具栏中各个图标按钮及其功能说明如表 1.1 所示。

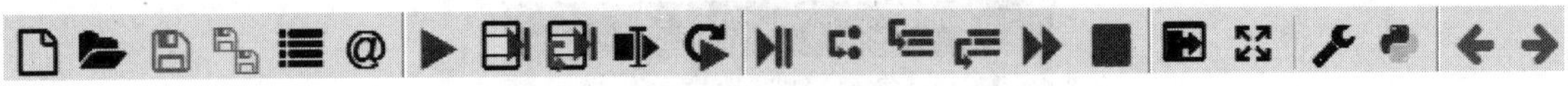

图 1.21　工具栏

表 1.1　工具栏图标按钮及其功能说明

图标按钮	功能说明	图标按钮	功能说明	图标按钮	功能说明
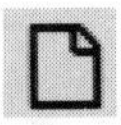	新建文件	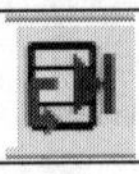	运行当前单元格，并转到下一个单元格	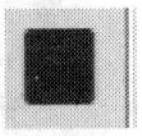	停止调试
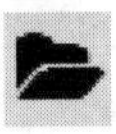	打开文件	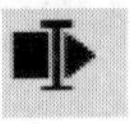	运行选定的代码或当前行	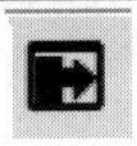	最大化当前窗格

（续表）

图标按钮	功能说明	图标按钮	功能说明	图标按钮	功能说明
💾	保存文件	↻	重新运行最后一次运行的文件	⛶	全屏模式
📑	保存所有文件	⏸	调试文件	🔧	偏好设置
☰	在文件之间进行快速切换	⛛	运行当前行	🐍	Python path 管理器
@	在文件内进行快速符号搜索	⇥	步入当前行显示的函数或方法	←	后退
▶	运行文件	⇤	执行直到当前函数或方法返回	→	下一个
▣	运行当前单元格	⏩	继续运行直到下一个断点		

其中最为常用的是 ▶ "运行文件" 以及 ⛛ "运行选定的代码或当前行"。两者的区别在于，"运行文件" 是运行整个代码编辑区内的所有代码，而 "运行选定的代码或当前行" 是运行选中的一行或多行代码。

3. 路径窗口

路径窗口（Python path）显示文件当前所在的路径，通过其下拉列表以及后面的两个图标 📂 "浏览工作目录" 和 ↑ "切换到上级目录" 可以选择文件路径，如图 1.22 所示。

C:\Users\Administrator

图 1.22　路径窗口

4. 代码编辑区

代码编辑区（Editor）如图 1.23 所示，这是最为重要的窗口，是编写 Python 代码的窗口，左边的行号区域显示代码所在行。

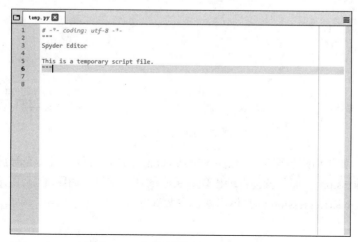

图 1.23　代码编辑区（Editor）窗口

5. 变量管理器

变量管理器（Variable explorer）如图 1.24 所示，可以在此查看代码运行后载入或计算生成的变量，包括变量的名称、类型、大小、值等属性。

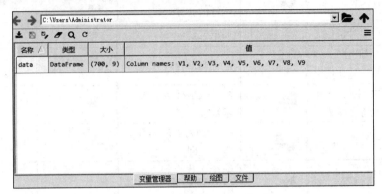

图 1.24　"变量管理器"窗口

变量管理器、帮助、绘图、文件共用一个窗口，通过选项卡之间的切换来实现变换。

6. 帮助

帮助（Help）功能是非常重要的，当用户不了解某代码的含义或者需要深度了解其具体用法及参数选择信息时，就需要查看相应代码的帮助信息，对于初学者来说更是如此。帮助信息会在代码编辑区的一个对象之后自动显示出来。实现方法是：在菜单栏依次单击"工具"→"偏好设置"→"帮助"菜单选项，勾选其中的全部复选框，如图 1.25 所示，激活自动显示帮助信息的功能。

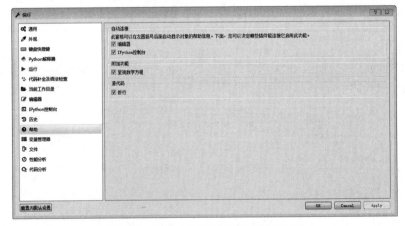

图 1.25　激活自动显示帮助信息的功能

设置完成后，如果用户想要了解 LinearRegression 用法，可以把鼠标光标放到代码编辑区中的代码 LinearRegression 上面，就会自动出现有关它的帮助信息，如图 1.26 所示。用户可通过阅读这些信息掌握 LinearRegression 的具体用法、参数选择等。

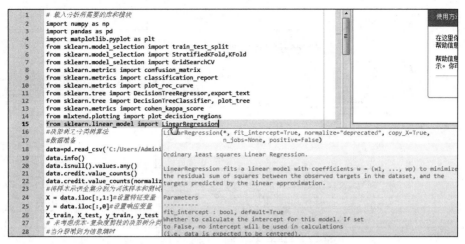

图 1.26　"LinearRegression"有关的帮助信息 1

　　用户还可以通过在代码编辑区中按 Ctrl+选中对象来获得该对象的帮助信息。例如在图 1.26 中，用户可先按住键盘上的 Ctrl 键，然后将鼠标光标移至代码 LinearRegression 处，待出现手形鼠标指针后单击该代码，即可出现如图 1.27 所示的帮助信息。

```
528
529    class LinearRegression(MultiOutputMixin, RegressorMixin, LinearModel):
530        """
531        Ordinary least squares Linear Regression.
532
533        LinearRegression fits a linear model with coefficients w = (w1, ..., wp)
534        to minimize the residual sum of squares between the observed targets in
535        the dataset, and the targets predicted by the linear approximation.
536
537        Parameters
538        ----------
539        fit_intercept : bool, default=True
540            Whether to calculate the intercept for this model. If set
541            to False, no intercept will be used in calculations
542            (i.e. data is expected to be centered).
543
544        normalize : bool, default=False
545            This parameter is ignored when ``fit_intercept`` is set to False.
546            If True, the regressors X will be normalized before regression by
547            subtracting the mean and dividing by the l2-norm.
548            If you wish to standardize, please use
549            :class:`~sklearn.preprocessing.StandardScaler` before calling ``fit``
550            on an estimator with ``normalize=False``.
```

图 1.27　"LinearRegression"有关的帮助信息 2

7. 绘图

绘图窗口展示代码运行后产生的图形。"绘图"窗口如图 1.28 所示。

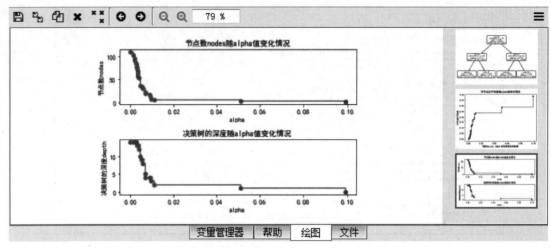

图 1.28   "绘图"窗口

最上面的 提供了绘图常用快捷操作对应的图标按钮，用户单击图标按钮即可执行相应绘图的操作，将鼠标光标悬停在某个图标按钮上可以获取该图标按钮的功能说明。"绘图"窗口中各图标按钮及功能说明如表 1.2 所示。

表 1.2   "绘图"窗口图标按钮及功能说明

图标按钮	功能说明	图标按钮	功能说明	图标按钮	功能说明
🖫	将图形另存为		保存所有图形		将图形作为图像复制到粘贴板
✖	移除图形		移除所有图形		上一幅图
➡	下一幅图		图形缩小		图形放大

8. 文件查看器

文件查看器（File explorer）可以方便地查看当前文件路径下的文件。文件查看器中"文件"窗口如图 1.29 所示。

图 1.29   "文件"窗口

9. IPython 控制台

IPython 控制台（IPython console）类似 Stata 中的命令行窗格，可以一行行地交互执行。如图 1.30 所示，当用户选中代码编辑区的代码来执行时，控制台中就会将这些被执行的代码以 In[ ]展示，执行结果以 out[ ]展示。

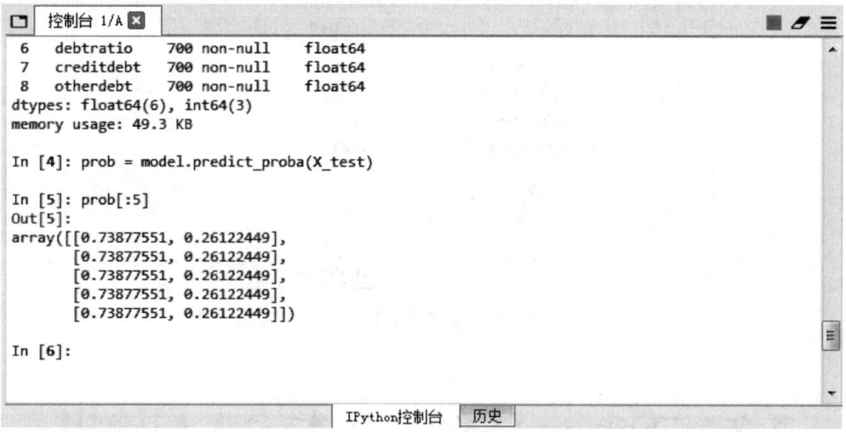

图 1.30　IPython 控制台

IPython 控制台和代码的执行历史共用一个窗格，可通过选项卡进行切换。

10. 历史

历史（History）本质上是一种日志，按时间顺序记录输入 Spyder 控制台的每个命令，如图 1.31 所示。

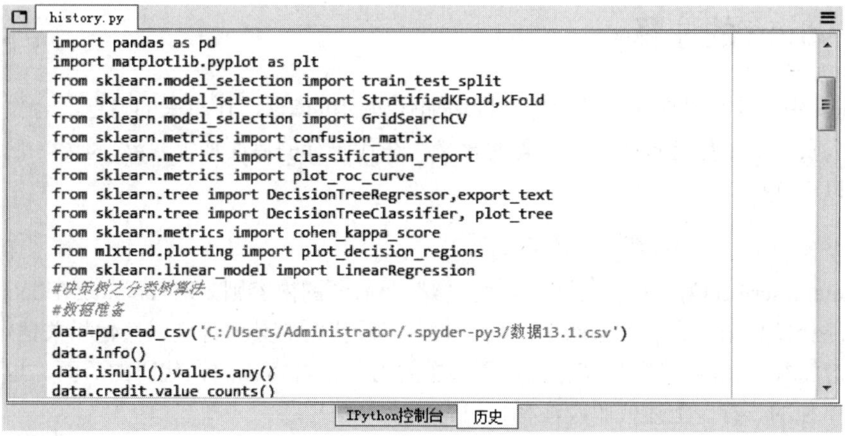

图 1.31　历史窗格记录日志

在实际应用中，大多数情形下都是首先在代码编辑区逐行输入代码，完成代码编写；然后针对需要执行的代码，单击 ➡ 图标按钮来运行这些选定的代码；最后在 IPython 控制台中查看代码执行结果，其中属于绘制图形的代码运行结果将在"绘图"窗口进行展示。在 IPython 控制台中右击，即可弹出如图 1.32 所示的菜单，通过选择菜单选项，可以复制（Copy）、粘贴（Paste）运行结果，也可将运行结果导出为 HTML/XML（Save as HTML/XML）或打印（Print）输出，以便将结果应用到论文写作中或作为工作成果等。

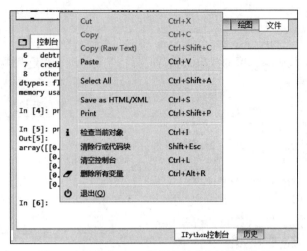

图 1.32   右击 IPython 控制台后弹出的快捷菜单

1.3   Python 注释、基本输入与输出

接下来介绍 Python 语言的一系列规则，内容可能会略显枯燥，但这是实现"读懂别人编写的代码—根据实际需求对已有代码进行调参—实现自主编写代码"层层进阶的必备基础，需要下功夫练好这一基本功。本节首先讲解最为常用的注释、基本输入与输出。

1.3.1   Python 的注释

在 Python 中，注释是对代码的解释，以增加代码的可读性，让将来的自己、合作人员或将来的程序维护人员能够更好地理解这些代码的含义。在代码行的后面加上"#"符号，后续文字即为注释。比如以下代码：

```
data.describe()    # 对数据集进行描述性分析
```

其中 data.describe()为要执行的代码，而"#"及后面的内容则为对 data.describe()这一执行代码的注释，注释的作用仅在于告知阅读该代码的人该段代码的具体含义或其他相关信息，因此"#"及后面的内容将被 Python 解释器忽略掉，不会被执行。注释可以放在代码的后面，也可以放到代码前面作为单独的一行，上述代码及注释也可写为：

```
# 对数据集进行描述性分析
data.describe()
```

注释可以为一行，也可以为多行。需要注意的是，如果为多行，需要在每一行的行首都加上"#"。上述代码及注释也可写为：

```
# 对数据集进行分析
# 对数据集进行描述性分析
# 使用 data.describe()对数据集进行描述性分析
data.describe()
```

1.3.2 print 函数

print()函数用于标准输出。调用 print()函数输出括号内的指定内容。具体来说，调用 print()函数时，在括号中有不带引号、搭配单引号、搭配双引号、搭配三引号四种情形。不带引号通常用于数字内容或者数学表达式的情况，如果括号内容为字符串，则需要搭配单引号、双引号或三引号。

1. 不带引号

```
print(3+3-4)  # 输出结果为：2
```

2. 搭配单引号

```
print('对酒当歌，人生几何')  # 输出结果为：对酒当歌，人生几何
```

3. 搭配双引号

```
print("何以解忧，唯有杜康")  # 运行结果为：何以解忧，唯有杜康
```

4. 搭配三引号（注意以下代码需全部选中并单击 ▶ 按钮来整体运行）

```
print("""
对酒当歌，
人生几何，
……
何以解忧，
唯有杜康
""")
# 运行结果为：
    对酒当歌，
    人生几何，
    ……
    何以解忧，
    唯有杜康
```

注　意

单引号、双引号都必须为半角符号（不能是中文的全角单引号和双引号），另外双引号不可用两个单引号来表示。

1.3.3 input 函数

input()函数用于标准输入，该函数用来获取用户的输入，输入的内容会以返回值的形式返回。Python3.x 版本中，用户输入的任何内容，其返回值均为字符串类型，如果涉及计算，就需要将字符串类型转换为数值型的整数型或浮点型（关于数据类型，将在下一节中详解）。基本语法格式为：

```
variable=input("提示文字")
```

其中 variable 为保存用户输入结果的变量，双引号内的文字用于提示要输入的内容。在 Spyder 代码编辑区内输入以下代码：

```
a=input("请输入正方形的边长: ")    # 输入正方形的边长
a= float(a)    # 由于返回值为字符串类型，因此需要转换为可计算的浮点数值型
s=a*a          # 计算正方形的面积 s
print("正方形的面积为: ",format(s,'.2f'))    # 输出正方形的面积 s
```

选中上述所有代码并整体运行，在 IPython 控制台中就会提示我们输入正方形的边长，如图 1.33 所示。

```
In [23]: a=input("请输入正方形的边长：")#输入正方形的边长
    ...: a= float(a)#由于返回值为字符串类型，因此需要转化为可计算的浮点数值型
    ...: s=a*a#计算正方形的面积s
    ...: print("正方形的面积为：",format(s,'.2f'))#输出正方形的面积s

请输入正方形的边长：
```

图 1.33　提示输入正方形的边长

然后，在 IPython 控制台显示的"请输入正方形的边长："后面输入值 4.35 并按 Enter 键，即可得到如图 1.34 所示的结果。

```
In [23]: a=input("请输入正方形的边长：")#输入正方形的边长
    ...: a= float(a)#由于返回值为字符串类型，因此需要转化为可计算的浮点数值型
    ...: s=a*a#计算正方形的面积s
    ...: print("正方形的面积为：",format(s,'.2f'))#输出正方形的面积s

请输入正方形的边长：4.35
正方形的面积为： 18.92
```

图 1.34　运行结果

1.4　Python 变量和数据类型

本节主要介绍 Python 的保留字与标识符、变量、基本数据类型、数据运算符等内容。

1.4.1　Python 的保留字与标识符

1. Python 保留字

Python 中的保留字也叫关键字，这些保留字都被赋予了特殊含义，不能把保留字作为函数、模块、变量、类和其他对象的名称来使用。Python 共有 33 个保留字，这些保留字区分字母大小写，比如 and 为保留字，但 AND 就不算保留字，可以用作变量等对象的名称。Python 中的 33 个保留字如表 1.3 所示。

表 1.3　Python 中的保留字

and	as	assert	break	class
def	del	elif	else	except
or	from	False	global	if
in	is	lambda	nonlocal	not
or	pass	raise	return	try
continue	finally	import	None	True
while	with	yield	while	

可以在 Spyder 代码编辑区内输入以下代码来查看上述保留字：

```
import keyword        # 调用 keyword 模块
keyword.kwlist        # 输出 Python 保留字，运行结果为：
['False','None','True','and','as','assert','async','await','break','class','continue','def','del','elif','else','except','finally','for','from','global','if','import','in','is','lambda','nonlocal','not','or','pass','raise','return','try','while','with','yield']
```

2. Python 标识符

标识符是函数、模块、变量、类和其他对象的名称，上面介绍的保留字可以理解为系统预定义的保留标识符。所谓不能使用保留字当作对象名称，其实质就是避免使用 Python 预定义标识符作为用户自定义标识符。除了不能使用保留字外，Python 自定义标识符还需满足以下条件：

- 标识符由字母、数字、下划线组成，但不能以数字开头。
- 标识符区分字母大小写。
- 以下划线开头的标识符有特殊意义：
  - ➢ 以单下划线开头的标识符（如_value）表示不能直接访问的类属性，也不能通过 from XX import*导入。
  - ➢ 以双下划线开头的标识符（如__value）代表类的私有成员，不能直接从外部调用，需通过类里的其他方法调用。
  - ➢ 以双下划线开头和结尾的标识符（如__import__）代表 Python 中特殊方法专用的标识符，如__import__()用于动态加载类和函数。

1.4.2　Python 的变量

在 Python 中，变量是存放数据值的容器。与其他编程语言不同，Python 没有声明变量的命令，不需要事先声明变量名及类型，直接赋值即可创建各种类型的变量。

变量名称可以使用短名称（如 m 和 n），也可以使用更具描述性的名称（如 gender、debt、max_value），变量标识符需要符合 1.4.1 节中讲到的通用规则。

给变量赋值使用赋值符号（=）。示例如下，在 Spyder 代码编辑区内输入以下代码，然后全部选中这些代码并整体运行（即同时选中这些代码并单击 ▣ 按钮以运行之）：

```
a, b, c = "blue", "red", "green" # 定义变量a, b和c，并把"blue", "red"和"green"分别赋值给它们
print(a)  # 输出变量 a 的值
print(b)  # 输出变量 b 的值
print(c)  # 输出变量 c 的值
```

可在 IPython 控制台看到如图 1.35 所示的运行结果。

```
In [25]: a, b, c = "blue", "red", "green"
    ...: print(a)
    ...: print(b)
    ...: print(c)
blue
red
green
```

图 1.35　运行结果

又比如在 Spyder 代码编辑区内输入以下代码，然后全部选中这些代码并整体运行：

```
a=b=c="blue"   # 定义变量 a，b 和 c，并把"blue"赋值给它们
print(a)  # 输出变量 a 的值
print(b)  # 输出变量 b 的值
print(c)  # 输出变量 c 的值
```

可在 IPython 控制台看到如图 1.36 所示的运行结果。

```
In [27]: a=b=c="blue"#定义变量名称a，b，c，都赋值为"blue"
    ...: print(a)#输出变量a的值
    ...: print(b)#输出变量b的值
    ...: print(c)#输出变量c的值
blue
blue
blue
```

图 1.36　运行结果

变量的类型可以根据数据赋值的具体情况动态变化，比如在 Spyder 代码编辑区内输入以下代码并逐行运行（以逐行单击 按钮的方式运行）：

```
a="100"    # 定义变量 a，并把字符串"100"赋值给它
type(a)    # 调用 type()函数查看变量 a 的类型，运行结果为：str，即字符串类型
a=100      # 定义变量 a，并把数值 100 赋值给它
type(a)    # 调用 type()函数来查看变量 a 的类型，运行结果为 int，即整数类型
```

注　意

Python 允许将同一个值赋给多个变量。

1.4.3　Python 的基本数据类型

Python 的基本数据类型包括 Numbers（数字）、String（字符串）、布尔型，如图 1.37 所示。

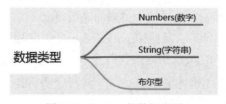

图 1.37　Python 的数据类型

1. 数字

数字就是数值，Python 3 中常用的数字数据类型包括整型（int）、浮点型（float）、复数（complex）。其中，int 表示数据为整数数值，包括 0 和正负整数，没有小数部分，如果某数据中仅有整数部分，则应设置为 int；float 表示数据为浮点数，浮点数包括整数部分和小数部分，如果某数据中含有小数部分，则应设置为 float；complex 为复数，由实部和虚部组成，用 j 表示虚部。具体来说：

整型（int）：在 Python 中整数的位数可以扩展到可用内存的限制位数。针对非整数，用户可调用 int(x)函数将 x 转换为整数。比如：

```
int(3.1415926)        # 对 3.1415926 取整, 运行结果为: 3
```

浮点型（float）：浮点型数字包括整数部分和小数部分，也可以用科学记数法来表示，用户可调用 float() 函数将整数和字符串转换成浮点数。比如：

```
float(3)  # 将数字 3 转换成浮点数, 运行结果为: 3.0
float('3.1415926')  # 将字符串'3.1415926'转换成浮点数. 运行结果为: 3.1415926
```

复数（complex）：复数由实部和虚部组成，用 j 表示虚部。比如：

```
complex(1,3) #输出复数(1+3j), 函数括号内第 1 个数字 1 表示实部, 第 2 个数字 3 表示虚部. 运行结果为: (1+3j)
```

2. 字符串

字符串就是连续的字符序列。在 Python 中，字符串通常使用单引号、双引号、三引号作为起止符（即引起来），其中单引号、双引号的字符串必须在同一行，而三引号的字符串可以分布在多行，可参见 1.3.2 节 print 函数中的相应介绍。在 Python 中，还有一些转义字符搭配字符串使用。转义字符就是那些以反斜杠（\）开头的字符。Python 中的转义字符及其作用如表 1.4 所示。

表 1.4　Python 中的转义字符及其作用

转义字符	转义字符作用
\n	换行符，将光标移到下一行开头
\r	回车符，删掉本行之前的内容，将光标移到本行开头
\t	水平制表符，即 Tab 键，一般相当于四个空格
\b	退格符（Backspace），将光标移到前一位
\\	用两个连续的反斜杠表示反斜杠本身，而不作为转义字符
\'	单引号
\"	双引号
\	续行符，在字符串行尾，即一行未写完而转到下一行续写

如果用户不希望字符串中的转义字符发挥作用，也就是说期望使用的就是原字符，则在字符串之前加上字母 r 或者 R 即可，字符串中的反斜杠（\）也会不被视作转义字符。

示例如下，在 Spyder 代码编辑区内输入以下代码并逐行运行，可在 IPython 控制台看到如下的运行结果：

```
print('对酒当歌\n 人生几何')        # \n 换行符, 将光标移到下一行开头
对酒当歌
人生几何
print('对酒当歌\r 人生几何')        # \r 回车符, 删掉本行之前的内容, 将光标移到本行开头
人生几何
print('对酒当歌\t 人生几何')        # \t 制表符, 即 Tab 键, 一般相当于四个空格
对酒当歌    人生几何
print('对酒当歌\b 人生几何')        # \b 退格符, 将光标位置移到前一位
对酒当人生几何
print('对酒当歌\\人生几何')        # \\ 反斜杠, 两个连续的反斜杠表示反斜杠本身
对酒当歌\人生几何
print('对酒当歌\'人生几何')        # \' 单引号
对酒当歌'人生几何
print('对酒当歌\"人生几何')        # \" 双引号
对酒当歌"人生几何
print('对酒当歌\ 人生几何')        # \ 续行符
```

```
对酒当歌\人生几何
print(r"对酒当歌\n人生几何")    # 原字符
对酒当歌\n人生几何
```

3. 布尔型

布尔型就是在逻辑判断中表示真或假的值。在 Python 中，布尔型变量有且仅有两个取值，为 True 和 False，这两个值也是保留字。布尔值也可以转换为数值，True 对应数值 1，False 对应数值 0。Python 把 False、None、数值中的 0（包括 0、0.0、虚数 0）、空字符串、空元组、空列表、空字典都看作 False，其他数值和非空字符串都看作 True。示例如下，在 Spyder 代码编辑区内输入以下代码并逐行运行，可在 IPython 控制台看到如下的运行结果：

```
type(True)       # 查看 True 的类型
bool
type(False)      # 查看 False 的类型
bool
True and True         # 逻辑运算中的"与"运算，True and True
True
True and False        # 逻辑运算中的"与"运算，True and False
False
False and True        # 逻辑运算中的"与"运算，False and True
False
False and False       # 逻辑运算中的"与"运算，False and False
False
True or True          # 逻辑运算中的"或"运算，True or True
True
True or False         # 逻辑运算中的"或"运算，True or False
True
False or True         # 逻辑运算中的"或"运算，False or True
True
False or False        # 逻辑运算中的"或"运算，False or False
False
not True              # 逻辑运算中的"非"运算，not True
False
not False             # 逻辑运算中的"非"运算，not False
True
6>=3             # 逻辑运算表达式
True
type(6>=3)       # 查看逻辑运算表达式计算结果的数据类型
bool
```

4. 数据类型转换

在很多情况下，我们需要对数据类型进行转换以满足特定函数的要求，比如将字符串类型的数据转换成数字型的数据，以便参与数学运算等。常用的数据类型转换函数及其作用如表 1.5 所示。

表 1.5   常用的数据类型转换函数及其作用

基本数据类型转换函数	函数作用
int(x [,base])	将 x 按照 base 进制转换成整数，base 默认为 10
float(x)	将 x 转换为浮点型
complex(real[,imag])	创建一个复数
str(x)	将 x 转换为字符串

基本数据类型转换函数	函数作用
reper(x)	将 x 转换为表达式字符串
eval(str)	用来计算字符串中有效的 Python 表达式，并返回一个对象
chr(x)	将整数 x 转换为 ASCII 编码字符
ord(x)	将 ASCII 编码字符 x 转换为整数
hex(x)	将整数 x 转换为十六进制字符串
oct(x)	将整数 x 转换为八进制字符串
bin(x)	将整数 x 转换为二进制字符串

1.4.4　Python 的数据运算符

常用的 Python 数据运算符包括算术运算符、赋值运算符、关系运算符、逻辑运算符、成员运算符、身份运算符。

1. 算术运算符

算术运算符是对两个对象进行算术运算的符号，常用算术运算符及其作用如表 1.6 所示。

表 1.6　常用算术运算符及其作用

算术运算符	运算符作用
+	四则运算中的加法
−	四则运算中的减法
*	四则运算中的乘法
/	四则运算中的除法（注意/、%、//运算中除数不能为 0）
%	求余数，返回除法的余数（若除数为负值，余数结果也为负值）
//	取整除，返回商的整数部分
**	幂运算，返回 x 的 y 次幂

2. 赋值运算符

赋值运算符是编程中最常用的运算符，其作用在于对一个对象进行赋值，将赋值运算符右侧的值赋值给赋值运算符左侧的变量。常用赋值运算符及其作用如表 1.7 所示。

表 1.7　常用赋值运算符及其作用

赋值运算符	运算符作用
=	简单赋值，形式为 m=n，结果为 m=n
+=	加法赋值，形式为 m+=n，结果为 m=m+n
−=	减法赋值，形式为 m−=n，结果为 m=m−n
*=	乘法赋值，形式为 m*=n，结果为 m=m*n
/=	除法赋值，形式为 m/=n，结果为 m=m/n
%=	求余数赋值，形式为 m%=n，结果为 m=m%n
//=	取整除赋值，形式为 m//=n，结果为 m=m//n
**=	幂运算赋值，形式为 m**=n，结果为 m=m**n

3. 关系运算符

关系运算符也称比较运算符，用于比较两个变量或表达式之间的大小、真假关系，如果比较结果为真，则返回值为 True，如果比较结果为假，则返回值为 False。常用关系运算符及其作用如表 1.8 所示。

表 1.8   常用关系运算符及其作用

关系运算符	运算符作用	示例
>	大于（返回 m 是否大于 n）	(m>n)返回 True
<	小于（返回 m 是否小于 n）	(m<n)返回 True
==	等于（比较 m、n 两个对象是否相等）	(m== n)返回 True
!=	不等于（比较 m、n 两个对象是否不等）	(m != n)返回 True
>=	大于或等于（返回 m 是否大于或等于 n）	(m>=n)返回 True
<=	小于或等于（返回 m 是否小于或等于 n）	(m <= n)返回 True

注意：（1）一个"="表示赋值，两个"=="表示判断两个对象是否相等。

（2）关系运算符可以连用。

4. 逻辑运算符

Python 中有三种逻辑运算符，"and""or""not"，分别对应逻辑运算中的"与""或""非"。

（1）使用逻辑运算符 and 可以同时检查两个或者更多的条件。连接的两个布尔表达式的值必须都为 True，返回值才为 True；只要条件中一个布尔表达式的值为 False，返回值就为 False。

（2）逻辑运算符 or 也可以同时检查两个甚至更多的条件，但与 and 不同的是，只要条件中有一个布尔表达式的值为 True，返回值就为 True。

（3）逻辑运算符 not 的作用是对一个布尔表达式取反，即原本返回值为 True 的表达式，使用 not 运算符后返回值为 False；而原本返回值为 False 的表达式，使用 not 运算符后返回值为 True。

5. 成员运算符

成员运算符用于判断值是否属于指定的序列。成员运算符及其作用如表 1.9 所示。

表 1.9   成员运算符及其作用

成员运算符	运算符作用
in	如果在指定序列中能找到值则返回 True，否则返回 False
not in	如果在指定序列中不能找到值则返回 True，否则返回 False

6. 身份运算符

身份运算符用于比较两个对象的存储单元。身份运算符及其作用如表 1.10 所示。

表 1.10   身份运算符及其作用

身份运算符	运算符作用
is	判断两个标识符是不是引用自相同的对象，如果引用的是相同的对象，则返回 True，否则返回 False

（续表）

身份运算符	运算符作用
is not	判断两个标识符是不是引用自不同的对象，如果引用的不是相同的对象，则返回 True，否则返回 False

除了前面介绍的运算符外，还有 Python 位运算符，Python 位运算符是把数字看作二进制来进行计算的，本书不涉及，因此不再详述。

7. 运算符的优先级

运算符的优先级是指在一个含有多个运算符的表达式中，优先级高的运算符将优先得到执行，同等优先级的运算符按照从左向右的顺序进行。运算符的优先级从高到低排序如表 1.11 所示。

表 1.11　运算符优先级排序

运算符	说明
**	指数（最高优先级）
~、+、-	取反、正号和负号
*、/、%、//	乘、除、求余数、取整除
+、-	加、减
<、<=、>、>=、!=、==	比较运算符
=、%=、/=、//=、-=、+=、*=、**=	赋值运算符
is、is not	身份运算符
in、not in	成员运算符
not、and、or	逻辑运算符

1.5　Python 序列

Python 序列是最基本的数据结构，是一种数据存储方式，用来存储一系列的数据。在内存中，序列就是一块用来存放多个值（元素）的连续空间，每个值（元素）在连续空间中都有相应的索引或位置。Python 3 常用的序列对象有列表、元组、字典、集合、字符串，如图 1.38 所示。

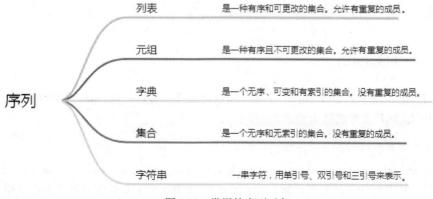

图 1.38　常用的序列对象

针对这些序列对象，有以下通用操作。

1.5.1　索引（Indexing）

索引就是序列中的每个元素所在的位置，可以通过从左往右的正整数索引，也可以通过从右往左的负整数索引。

从左往右的正整数索引：在 Python 序列中，第一个元素的索引值为 0，第二个元素的索引值为 1，以此类推。假设序列中共有 n 个元素，那么最后一个元素的索引值为 n-1。

从右往左的负整数索引：在 Python 序列中，最后一个元素的索引值为-1，倒数第二个元素的索引值为-2，以此类推。假设序列中共有 n 个元素，那么第一个元素的索引值为-n。

示例如下，在 Spyder 代码编辑区内输入以下代码并逐行运行：

```
list = [1,3,5,7,9] # 创建列表 list，包括 5 个元素，值分别为 1、3、5、7、9
print('列表第一个元素',list[0])      # 访问列表第一个元素（元素值为 1），索引值为 0
print('列表第二个元素',list[1],list[-4])# 访问列表第二个元素（元素值为 3），正索引值为 1，负索引值为-4
print('列表最后一个元素',list[4],list[-1])    # 访问列表最后一个元素（元素值为 7），负索引
值为-1
```

可在 IPython 控制台看到如图 1.39 所示的运行结果。

```
In [53]: list = [1,3,5,7,9]

In [54]: print('列表第一个元素',list[0])#访问列表第一个元素，索引值为0
列表第一个元素 1

In [55]: print('列表第二个元素',list[1],list[-4])#访问列表第二个元素，正索引值为
1，负索引值为-4
列表第二个元素 3 3

In [56]: print('列表最后一个元素',list[4],list[-1])#访问列表最后一个元素，正索引
值为4，负索引值为-1
列表最后一个元素 9 9
```

图 1.39　运行结果

在输出单个列表元素时，不包括中括号；如果列表中的元素是字符串，还不包括左右的引号。比如下列代码：

```
list = ['对酒当歌','人生几何']        # 创建列表 list，包括 2 个元素，均为字符串
print('列表第一个元素:',list[0])      # 访问列表第一个元素，索引值为 0
```

运行结果为"对酒当歌"而不是"'对酒当歌'"。

1.5.2　切片（Slicing）

序列的切片就是将序列切成小的子序列，通过切片操作可以访问一定范围内的元素或者生成一个新的子序列。切片操作的基本语法格式为：

```
sname[start : end : step]
```

其中，sname 表示序列的名称；start 表示切片的开始索引位置（包含该位置），也可不指定，默认为 0，表示从序列的起始索引位置开始；end 表示切片的结束索引位置（但不包括结束位置

的元素），如果不指定，则默认为序列的长度；step 表示切片的步长，每隔几个位置（包含当前位置）取一次元素，如果省略 step 的值，则默认步长为 1，且最后一个冒号可以省略。

示例如下，在 Spyder 代码编辑区内输入以下代码并逐行运行：

```
list = [1,3,5,7,9,11,13,15,17,19]
print('查看列表前 5 项：',list[0:5]) # 此处的 0 也可省略，即 list[:5]
print('查看列表第 2-4 项：',list[1:4])    # 注意索引值 4 是列表的第 5 项，但是在这里是不包含索引值为 4 的元素，所以输出不会包含第 5 项，是列表第 2,3,4 项，输出应该是 [3,5,7]
print('查看列表所有项，设置步长为 2：',list[::2])    # 设置步长为 2
print('查看逆序排列的列表：',list[::-1])#设置步长为-1，即可实现逆序输出列表
```

可在 IPython 控制台看到如图 1.40 所示的运行结果。

```
In [63]: list = [1,3,5,7,9,11,13,15,17,19]

In [64]: print('查看列表前5项：',list[0:5])#此处的0也可省略，即list[:5]
查看列表前5项：  [1, 3, 5, 7, 9]

In [65]: print('查看列表第2-4项：',list[1:4])#注意4是列表的第五项，但是在这里是不包含4的，所以没有第五项
查看列表第2-4项：  [3, 5, 7]

In [66]: print('查看列表所有项，设置步长为2：',list[::2])#设置步长为2
查看列表所有项，设置步长为2：  [1, 5, 9, 13, 17]

In [67]: print('查看逆序排列的列表：',list[::-1])#设置步长为-1，即可实现逆序输出列表
查看逆序排列的列表：  [19, 17, 15, 13, 11, 9, 7, 5, 3, 1]
```

图 1.40 运行结果

1.5.3 相加（Adding）

如果两个序列的类型相同（同为字符串、同为列表、同为元组、同为集合），则可以使用"+"运算符执行相加操作，将两个序列连接起来，但不会去除重复的元素。

注 意

此处要求的是序列的类型相同，而序列中元素的类型可以不同。

示例如下，在 Spyder 代码编辑区内输入以下代码并逐行运行：

```
list1 = [1,3,5,7,9]        # 生成列表 list1，其中的元素均为数字
list2 = [2,4,6,8,10]       # 生成列表 list2，其中的元素均为数字
list=list1 + list2         # 将 list1 与 list2 相加，生成 list
list#查看生成的序列 list
list3=['对酒当歌','人生几何']  # 生成列表 list3，其中的元素为字符串
list=list1+list2+list3     # 将 list1、list2 和 list3 相加，再赋值给 list
list#查看新的序列 list
```

可在 IPython 控制台看到如图 1.41 所示的运行结果。

```
In [73]: list1 = [1,3,5,7,9]#生成列表list1，其中的元素均为数字

In [74]: list2 = [2,4,6,8,10]#生成列表list2，其中的元素均为数字

In [75]: list=list1 + list2#将list1与list2 相加，生成list

In [76]: list#查看生成的序列list
Out[76]: [1, 3, 5, 7, 9, 2, 4, 6, 8, 10]

In [77]: list3=['对酒当歌','人生几何']#生成列表list3，其中的元素为字符串

In [78]: list=list1+list2+list3#将list1与list2、list3相加，更新list

In [79]: list#查看新的序列list
Out[79]: [1, 3, 5, 7, 9, 2, 4, 6, 8, 10, '对酒当歌', '人生几何']
```

图 1.41   运行结果

1.5.4   相乘（Multiplying）

使用数字 n 乘以一个序列会生成新的序列，内容为原来序列被重复 n 次的结果。

示例如下，在 Spyder 代码编辑区内输入以下代码并逐行运行：

```
list1 = [1,3,5,7,9]        # 生成列表 list1，其中的元素均为数字
list=list1*3               # 将 list1 中的元素重复 3 次，生成新的序列 list
list                       # 观察新生成的序列 list。运行结果为：[1, 3, 5, 7, 9, 1, 3, 5, 7, 9, 1, 3, 5, 7, 9]
```

1.5.5   元素检查

通过使用 "in" 或 "not in" 保留字检查某个元素是否为序列的成员，基本语法为：

```
value in sequence
value not in sequence
```

其中，value 表示被检查的元素，sequence 表示相应的序列。

示例如下，在 Spyder 代码编辑区内输入以下代码并逐行运行：

```
list1 = [1,3,5,7,9]        # 生成列表 list1，其中的元素均为数字
print(3 in list1)          # 检查列表 list1 中是否包含数字 3
print(4 not in list1)      # 检查列表 list1 中是否不包含数字 4
```

可在 IPython 控制台看到如图 1.42 所示的运行结果。

```
In [83]: list1 = [1,3,5,7,9]#生成列表list1，其中的元素均为数字

In [84]: print(3 in list1)#检查列表list1中是否包含数字3
True

In [85]: print(4 not in list1)#检查列表list1中是否不包含数字4
True
```

图 1.42   运行结果

1.5.6   与序列相关的内置函数

与序列相关的内置函数如表 1.12 所示。

表 1.12 与序列相关的内置函数及其作用

与序列相关的内置函数	函数的作用
len(seq)	计算序列的长度（包含多少个元素）
max(seq)	查找序列中的最大元素
min(seq)	查找序列中的最小元素
list(seq)	将序列转换为列表，注意不能转换字典
str(seq)	将序列转换为字符串
sum(seq)	计算序列中的元素和，元素只能是数字
sorted(seq)	对元素排序，默认为升序，括号内增加参数 reverse=True，则为降序
reversed(seq)	反向排列序列中的元素
enumerate()	将序列组合为一个索引序列，多用于 for 循环
tuple(seq)	将序列 seq 转换为元组对象
dict(d)	创建一个字典对象，d 必须是一个序列（key, value）的元组
set(seq)	将序列 seq 转换为可变集合对象
frozenset(seq)	将序列 seq 转换为不可变集合对象

示例如下，在 Spyder 代码编辑区内输入以下代码并逐行运行：

```
list1 = [1,3,5,9,7]      # 生成列表 list1，其中的元素均为数字
len(list1)      # 计算列表 list 的长度
max(list1)      # 查找序列中的最大元素
min(list1)      # 查找序列中的最小元素
str(list1)      # 将序列转换为字符串
sum(list1)      # 计算序列中的元素和，元素只能是数字
sorted(list1)   # 对元素进行排序，排序方式为升序
sorted(list1,reverse=True)    # 对元素进行排序，排序方式为降序
```

可在 IPython 控制台看到如图 1.43 所示的运行结果。

```
In [17]: list1 = [1,3,5,9,7]#生成列表list1,其中的元素均为数字

In [18]: len(list1)#计算列表list的长度
Out[18]: 5

In [19]: max(list1)#查找序列中的最大元素
Out[19]: 9

In [20]: min(list1)#查找序列中的最小元素
Out[20]: 1

In [21]: str(list1)#将序列转化为字符串
Out[21]: '[1, 3, 5, 9, 7]'

In [22]: sum(list1)#计算序列中的元素和，元素只能是数字
Out[22]: 25

In [23]: sorted(list1)#对元素进行排序，排序方式为升序
Out[23]: [1, 3, 5, 7, 9]

In [24]: sorted(list1,reverse=True)#对元素进行排序，排序方式为降序
Out[24]: [9, 7, 5, 3, 1]
```

图 1.43 运行结果

1.6　Python 列表

Python 列表是用于存储任意数目、任意类型的数据集合，包含多个元素的有序连续的内存空间，是内置可变序列，或者说可以任意修改。在 Python 中，列表以方括号（[ ]）形式编写，列表的标准形式为：

```
list=[a,b,c,d]
```

其中，list 为列表名，a、b、c、d 为列表中的元素，元素之间用英文逗号（,）分隔。列表中的元素可以为整数、浮点数、字符串、元组、列表等任意类型，可以相同（重复），也可以不同，甚至可以互为不同的类型。比如 list1=[a,666,c,'666',True]。

1.6.1　列表的基本操作

列表的基本操作包括创建列表、删除列表、查看列表元素、遍历列表等。

1. 创建列表

创建列表通过变量赋值的方式进行，比如前面展示的代码：

```
list1 = [1,3,5,9,7]
```

如果要创建空列表，则使用代码：

```
emptylist=[ ]
```

前面在第 1.5.6 节"与序列相关的内置函数"中提到了 list(seq)函数，该函数不仅可以将序列转换为列表，还可以通过 range 对象创建列表。比如输入如下代码：

```
list1=list(range(1,10,1))    # 创建数值列表 list1，数值为 1 到 10、步长为 1
list1    # 查看数值列表 list1，运行结果为：[1, 2, 3, 4, 5, 6, 7, 8, 9]
```

本例中的 range()函数是 Python 内置函数，用于生成一系列的整数，基本语法格式为：

```
range(start, end, step)
```

其中，start 用于设置生成数值的起始位置，如果不设置则默认从 0 开始；end 用于设置生成数值的结束位置（生成的系列整数中不包括该位置），不可缺少这项参数；step 用于指定步长，即相邻的两个数之间的间隔，如果不设置则默认步长为 1。

如果 range 函数中只有一个数值，则该数值表示为结束位置 end，默认起始位置 start 从 0 开始、步长 step 为 1；如果 range 函数中有两个数值，则这两个数值分别表示为起始位置 start 和结束位置 end，默认步长 step 为 1；如果 range 函数中有三个数值，则这三个数值分别表示起始位置 start、结束位置 end 和步长 step。

2. 删除列表

如果要删除列表，可使用如下代码：

```
del listname
```

其中 listname 为待删除的列表名。

3. 查看列表元素

用户可以查看列表中的某个元素，在第 1.5.1 节的"索引（Indexing）"和第 1.5.2 节"切片（Slicing）"中已讲解过。

4. 遍历列表

用户还可以遍历整个列表，查找、处理指定的元素。遍历方式有"for 循环"和"for 循环+enumerate()函数"两种方式。

（1）"for 循环"仅能输出元素的值，语法格式为：

```
for item in listname
    print(item)
```

其中，item 用于保存获取的元素值，而 listname 为列表名。

（2）"for 循环+enumerate()函数"可以同时输出元素值和对应的索引，语法格式为：

```
for index,item in enumerate(listname)
    print(index+1,item)
```

其中，index 为元素的索引，item 用于保存获取的元素值，而 listname 为列表名。示例如下，在 Spyder 代码编辑区内输入以下代码，然后全部选中这些代码并整体运行：

```
print('2022 年重要新能源上市公司名单')      # 输出内容'2022 年重要新能源上市公司名单'
company=('宁德时代 300750','比亚迪 002594','国轩高科 002074','亿纬锂能 300014',
    '赣锋锂业 002460') # 创建列表 company
for company in company:
    print(company)  # 输出列表 company 中各个元素的值
```

可在 IPython 控制台看到如图 1.44 所示的运行结果。

```
In [4]: print('2022年重要新能源上市公司名单')#输出内容'2022年重要新能源上市公司名单'
    ...: company=['宁德时代 300750','比亚迪 002594','国轩高科 002074','亿纬锂能 300014','赣锋锂业 002460']#创建列表company
    ...: for company in company:
    ...:     print(company)#输出列表company中各个元素的值
2022年重要新能源上市公司名单
宁德时代 300750
比亚迪 002594
国轩高科 002074
亿纬锂能 300014
赣锋锂业 002460
```

图 1.44　运行结果

在 Spyder 代码编辑区内输入以下代码，然后全部选中并整体运行：

```
print('2022 年重要新能源上市公司名单')       # 输出内容'2022 年重要新能源上市公司名单'
company=('宁德时代 300750','比亚迪 002594','国轩高科 002074','亿纬锂能 300014',
        '赣锋锂业 002460')  # 创建列表 company
for index,item in enumerate(company):
    print(index+1,item)  # 输出列表 company 中各个元素的值
```

可在 IPython 控制台看到如图 1.45 所示的运行结果。

```
In [5]: print('2022年重要新能源上市公司名单')#输出内容'2022年重要新能源上市公司名
单'
   ...: company=['宁德时代 300750','比亚迪 002594','国轩高科 002074','亿纬锂能
300014','赣锋锂业 002460']#创建列表company
   ...: for index,item in enumerate(company):
   ...:     print(index+1,item)#输出列表company中各个元素的值
2022年重要新能源上市公司名单
1 宁德时代 300750
2 比亚迪 002594
3 国轩高科 002074
4 亿纬锂能 300014
5 赣锋锂业 002460
```

图 1.45　运行结果

1.6.2　列表元素的基本操作

列表元素的基本操作主要包括添加元素、删除元素、修改元素，以及针对元素进行统计计算、排序等。Python 中提供了内置函数，可以完成列表元素的各项基本操作，如表 1.13 所示。

表 1.13　与列表元素相关的内置函数

内置函数	函数的作用
append()	在列表的末尾添加一个元素
extend()	将另一个列表中的全部元素添加到当前列表的末尾
insert()	在列表的指定位置添加元素
del()	删除指定位置的元素
remove()	删除具有指定值的元素
clear()	删除列表中的所有元素
count()	获取指定元素在列表中出现的次数
index()	获取指定元素在列表中首次出现的下标
copy()	返回列表的副本

示例如下，在 Spyder 代码编辑区内输入以下代码并逐行运行：

```
corporation=['宁德时代 300750','比亚迪 002594','国轩高科 002074',
            '亿纬锂能 300014','赣锋锂业 002460'] # 创建列表 corporation
len(corporation)    # 计算列表 corporation 的长度
corporation.append('欣旺达 300207')    # 在列表 corporation 的末尾添加元素'欣旺达 300207'
len(corporation)    # 计算列表 corporation 的长度
print(corporation) # 查看增加元素后的列表 corporation
corporation[0]='宁德时代新能源科技股份有限公司' # 将第一个元素修改为'宁德时代新能源科技股份有限公司'
print(corporation) # 查看修改元素后的列表 corporation
del corporation[0] # 按照元素索引删除元素，删除列表 corporation 中的第一个元素
print(corporation) # 查看删除元素后的列表 corporation
corporation.remove('国轩高科 002074')#按照元素值删除元素，删除列表 corporation 中值为'国轩高科
002074'的元素
print(corporation)#查看删除元素后的列表 corporation
print(corporation.count('亿纬锂能 300014')) # 统计下元素'亿纬锂能 300014'出现的次数
print(corporation.index('亿纬锂能 300014')) # 获取元素'亿纬锂能 300014'首先出现的下标
```

可在 IPython 控制台看到如图 1.46 所示的运行结果。

```
In [6]: corporation=['宁德时代 300750','比亚迪 002594','国轩高科 002074','亿纬锂能 300014','赣锋锂业 002460']#创建列表corporation

In [7]: len(corporation)#计算列表corporation的长度
Out[7]: 5

In [8]: corporation.append('欣旺达 300207')

In [9]: len(corporation)#计算列表corporation的长度
Out[9]: 6

In [10]: print(corporation)#查看增加元素后的列表corporation
['宁德时代 300750', '比亚迪 002594', '国轩高科 002074', '亿纬锂能 300014', '赣锋锂业 002460', '欣旺达 300207']

In [11]: corporation[0]='宁德时代新能源科技股份有限公司'#将第一个元素修改为'宁德时代新能源科技股份有限公司'

In [12]: print(corporation)#查看修改元素后的列表corporation
['宁德时代新能源科技股份有限公司', '比亚迪 002594', '国轩高科 002074', '亿纬锂能 300014', '赣锋锂业 002460', '欣旺达 300207']

In [13]: del corporation[0]#按照元素索引删除元素，删除列表corporation中的第一个元素

In [14]: print(corporation)#查看删除元素后的列表corporation
['比亚迪 002594', '国轩高科 002074', '亿纬锂能 300014', '赣锋锂业 002460', '欣旺达 300207']

In [15]: corporation.remove('国轩高科 002074')#按照元素值删除元素，删除列表corporation中值为'国轩高科 002074'的元素

In [16]: print(corporation)#查看删除元素后的列表corporation
['比亚迪 002594', '亿纬锂能 300014', '赣锋锂业 002460', '欣旺达 300207']

In [17]: print(corporation.count('亿纬锂能 300014'))#统计下元素'亿纬锂能 300014'出现的次数
1

In [18]: print(corporation.index('亿纬锂能 300014'))#获取元素'亿纬锂能 300014'首先出现的下标
1
```

图 1.46　运行结果

1.6.3　列表推导式

列表推导式是快速生成列表的方法，包括生成指定范围的数值列表、根据列表生成指定需求的列表、从列表中选择符合条件的元素组成新的列表等。

（1）生成指定范围的数值列表的语法格式为：

```
list=[expression for var in range]
```

其中，list 为列表名，expression 为表达式，var 为循环变量，range 为调用 range( )函数生成的 range 对象。

（2）根据列表生成指定需求的列表的语法格式为：

```
listnew=[expression for var in list]
```

其中，listnew 为列表名，用于新生成的指定需求的列表，expression 为表达式，var 为循环变量，list 为原列表名。

（3）从列表中选择符合条件的元素组成新的列表的语法格式为：

```
listnew=[expression for var in list if condition]
```

相对于"根据列表生成指定需求的列表"，"从列表中选择符合条件的元素组成新的列表"增加了 if condition 参数，condition 即为需要满足的条件。

示例如下，在 Spyder 代码编辑区内输入以下代码并逐行运行：

```
list=[x for x in range(4)]    # 生成列表 list，元素为 range(4)中的元素
print(list)    # 查看 list 中的元素
listnew=[x*2 for x in list]  # 生成列表 listnew，元素为 list 中的各个元素乘以 2
```

```
print(listnew) # 查看 listnew 中的元素
listnew1=[x*2 for x in list if x>=2]# 生成列表 listnew1，元素为针对 list 的大于或等于 2 的元素乘以 2
print(listnew1)    # 查看 listnew1 中的元素
```

可在 IPython 控制台看到如图 1.47 所示的运行结果。

```
In [19]: list=[x for x in range(4)]

In [20]: print(list)
[0, 1, 2, 3]

In [21]: listnew=[x*2 for x in list]

In [22]: print(listnew)
[0, 2, 4, 6]

In [23]: listnew1=[x*2 for x in list if x>=2]

In [24]: print(listnew1)
[4, 6]
```

图 1.47　运行结果

1.7　Python 元组

Python 元组与 Python 列表类似，同样为有序序列，但与列表为可变序列不同的是，元组为不可变序列，元组中的元素不可以单独修改，用于保存程序中不可修改的内容。在 Python 中，元组以小括号（()）的形式编写，元组的标准形式为：

```
tuple=(a,b,c,d)
```

其中，tuple 为元组名称，a、b、c、d 为元组中的元素，元素之间用英文逗号（,）分隔。元组中的元素可以为整数、浮点数、字符串、元组、列表等任意类型，可以相同（重复），也可以不同，甚至可以互为不同的类型。比如 tuple1=(a, 666, c, '666', True)。

此外，元组还可作为字典（第 1.8 节详解）的键，而列表就不可以。

1.7.1　元组的基本操作

元组的基本操作包括创建元组、删除元组、查看元组元素、遍历元组元素等。

1. 创建元组

创建元组通过变量赋值的方式进行，比如：

```
tuple1 = (1,3,5,9,7)
tuple2 =('宁德时代 300750','比亚迪 002594','国轩高科 002074','赣锋锂业 002460')
tuple3 =(1,3,5,7,'赣锋锂业 002460')
```

不难发现元组与列表在形式上的差别就是：元组使用的是小括号，而列表使用的是方括号。

虽然元组使用的是小括号，但小括号也不是必要的，如果没有小括号，元素之间仅用英文逗号（,）分隔，Python 也会将它视作元组。示例如下，在 Spyder 代码编辑区内输入以下代码并逐行运行：

```
tuple2 ='宁德时代 300750','比亚迪 002594','国轩高科 002074','赣锋锂业 002460'#创建元组 tuple2 （未
使用小括号）
type(tuple2)    # 观察 tuple2 的类型。运行结果为：tuple
```

需要注意的是，如果元组中只有一个元素，则需要在该元组后面加上英文逗号（,），避免与字符串混淆。示例如下，在 Spyder 代码编辑区内输入以下代码并逐行运行：

```
tuple2 ='宁德时代 300750',    # 创建元组 tuple2
type(tuple2)   # 观察 tuple2 的类型
tuple3 ='宁德时代 300750''    # 创建字符串 tuple3
type(tuple3)   # 观察 tuple3 的类型
```

可在 IPython 控制台看到如图 1.48 所示的运行结果。

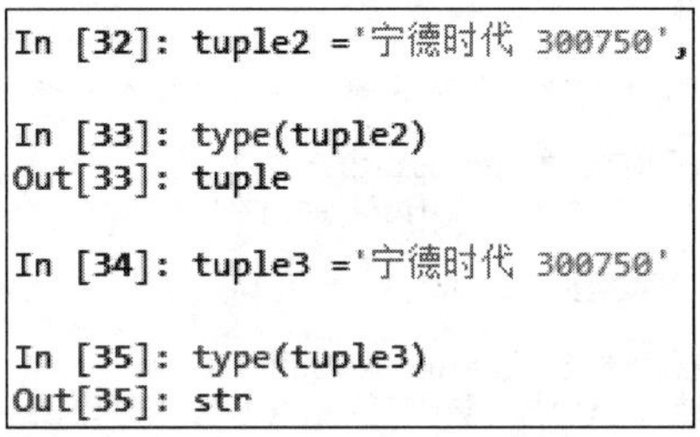

```
In [32]: tuple2 ='宁德时代 300750',

In [33]: type(tuple2)
Out[33]: tuple

In [34]: tuple3 ='宁德时代 300750'

In [35]: type(tuple3)
Out[35]: str
```

图 1.48　运行结果

如果要创建空元组，可使用如下代码：

```
emptytuple=( )
```

在第 1.5.6 节 "与序列相关的内置函数" 中提到了 tuple(seq)函数，该函数不仅可以将序列转换为元组，还可以通过 range 对象创建元组，比如输入如下代码：

```
tuple1=tuple(range(1,10,1))  # 创建数值元组 tuple1，数值为 1 到 10、步长为 1
tuple1    # 查看数值元组 tuple1。运行结果为：(1, 2, 3, 4, 5, 6, 7, 8, 9)
```

2. 删除元组

如果要删除元组，可使用代码：

```
del tuplename
```

其中 tuplename 为待删除的元组。

3. 查看元组元素

用户可以查看元组中的某个元素，在第 1.5.1 节 "索引（Indexing）" 和第 1.5.2 节 "切片（Slicing）" 中已讲解过，将其中的列表换成元组即可。

4. 遍历元组元素

用户可以使用 for 循环遍历元组，与列表操作类似，将其中的列表换成元组即可。

1.7.2　元组元素的基本操作

由于元组是不可变序列，因此其元素的操作灵活性明显弱于列表。元组元素的常用基本操作包括重新赋值和连接组合。通过重新赋值和连接组合两种方式实现元组元素的更新。示例如下，

在 Spyder 代码编辑区内输入以下代码并逐行运行：

```
tuple2=('宁德时代 300750','比亚迪 002594')  # 创建元组 tuple2
print(tuple2)#查看元组 tuple2 中的元素
tuple2 =('宁德时代 300750','比亚迪 002594','国轩高科 002074')      # 对元组 tuple2 重新赋值
print(tuple2)  # 查看更新后的元组 tuple2 的元素
tuple2=tuple2+('赣锋锂业 002460',) # 对元组 tuple2 进行组合连接
print(tuple2)  # 查看更新后的元组 tuple2 的元素
```

可在 IPython 控制台看到如图 1.49 所示的运行结果。

```
In [46]: tuple2 =('宁德时代 300750','比亚迪 002594')#创建元组tuple2

In [47]: print(tuple2)#查看元组tuple2中的元素
('宁德时代 300750', '比亚迪 002594')

In [48]: tuple2 =('宁德时代 300750','比亚迪 002594','国轩高科 002074')#对元组tuple2重新赋值

In [49]: print(tuple2)#查看更新后的元组tuple2的元素
('宁德时代 300750', '比亚迪 002594', '国轩高科 002074')

In [50]: tuple2=tuple2+('赣锋锂业 002460',)#对元组tuple2进行组合连接

In [51]: print(tuple2)#查看更新后的元组tuple2的元素
('宁德时代 300750', '比亚迪 002594', '国轩高科 002074', '赣锋锂业 002460')
```

图 1.49   运行结果

1.7.3   元组推导式

元组推导式是快速生成元组的方法，但与列表推导式不同，使用元组推导式生成的结果并不是一个元组，而是一个生成器对象，需要通过 tuple()函数将生成器对象转换成元组。

示例如下，在 Spyder 代码编辑区内输入以下代码并逐行运行：

```
tuple4=(i for i in range(4)) # 生成一个生成器对象，元素为 range(4)中的元素
print(tuple4)  # 查看 tuple4，可以发现为生成器对象，而不是元组
tuple4=tuple(tuple4)     # 使用 tuple()函数将生成器对象转换为元组
print(tuple4)  # 查看 tuple4，可以发现生成器对象已经转换为元组
```

可在 IPython 控制台看到如图 1.50 所示的运行结果。

```
In [6]: tuple4=(i for i in range(4))#生成一个生成器对象，元素为range(4)中的元素

In [7]: print(tuple4)#查看tuple4
<generator object <genexpr> at 0x000000000A04E970>

In [8]: tuple4=tuple(tuple4)#使用tuple（）函数将生成器对象转换为元组

In [9]: print(tuple4)#查看tuple4
(0, 1, 2, 3)
```

图 1.50   运行结果

还可以在 Python 中直接使用 for 循环遍历生成器对象，以获得各个元素。示例如下，在 Spyder 代码编辑区内输入以下代码，然后全部选中并整体运行：

```
tuple5=(i for i in range(5)) # 生成一个生成器对象，元素为 range(5)中的元素
for i in tuple5:    # 使用 for 循环遍历生成器对象以获得各个元素
```

```
        print(i,end=',')        # 输出元组元素在同一行显示，并且用","隔开
print(tuple(tuple5))        # 输出新元组。得到运行结果为：0,1,2,3,4,()
```

1.8　Python 字典

字典（Dictionary）是 Python 中的一种常用数据结构，也被称作关联数组或哈希表，由键（key）和值（value）成对组成，本质上是键和值的映射，键和值之间以冒号（:）隔开，每个键-值对（key-value pair）之间用逗号隔开，整个字典由大括号（{}）括起来。语法格式为：

```
dict = {key1 : value1, key2 : value2 }
```

其中，dict 表示字典名；key : value 为字典中的键-值对，key 为字典中的键，value 为字典中的值。

字典的主要特征如下：

（1）字典通过键而不是通过索引来读取元素。

（2）字典是任意对象的无序集合，即各个键-值对之间没有特定顺序。

（3）字典是可变对象，而且可以支持任意深度的嵌套，即字典可以像列表一样单独实现部分键-值对的增加、删除，也可以实现部分键-值对中值的修改，字典中的值可以取任何数据类型且不需要唯一，也可以是列表或其他字典。

（4）在字典中，键必须是不可变的，可以是字符串、数字或元组，但不能是可变的列表或字典，而且键一般是唯一的，如果出现两次，则后一个键才会被记住。

1.8.1　字典的基本操作

字典的基本操作包括创建字典、删除字典、查看字典元素、遍历字典元素等。

1. 创建字典

字典的创建方法有很多种，比较常见的有：

（1）通过给定的键-值对以直接赋值的方式创建

```
# 创建方法 1：通过给定键-值对以直接赋值的方式来创建字典
dict1={'x':1,'y':2,'z':3}    # 通过给定键-值对以直接赋值的方式创建字典 dict1
print(dict1)    # 查看字典 dict1。运行结果为：{'x': 1, 'y': 2, 'z': 3}
dict={ }    # 生成空字典 dict
print(dict)     # 查看空字典 dict。运行结果为：{}
```

（2）通过映射函数的方式创建

```
# 创建方法 2：通过映射函数的方式来创建字典
list1 = ['x', 'y', 'z'] # 创建列表 list1
list2 = [1, 2, 3]  # 创建列表 list2
dict2 = dict(zip(list1, list2))    # zip 函数的作用是将多个列表或元组对应位置的元素组合为元组，并返回包
含这些内容的 zip 对象，本例中先通过 zip() 函数将列表 list1 和 list2 组合为元组，再调用 dict() 函数生成字典 dict2
    print(dict2)    # 查看字典 dict2。运行结果为：{'x': 1, 'y': 2, 'z': 3}
```

（3）将列表序列转换为字典

```
# 创建方法 3: 将列表序列转换为字典
list1=[('x',1), ('y',2), ('z',3)]      # 创建列表 list1
dict3=dict(list1)  # 将列表 list1 转换为字典 dict3
print(dict3)  # 查看字典 dict3。运行结果为: {'x': 1, 'y': 2, 'z': 3}
```

（4）通过已经存在的元组和列表创建字典

```
# 创建方法 4: 通过已经存在的元组和列表来创建字典
tuple1 = ('x', 'y', 'z')      # 创建元组 tuple1
list1 = [1, 2, 3]  # 创建列表 list1
dict4 = {tuple1:list1}  # 生成字典 dict4, 键为 tuple1, 值为 list1
print(dict4)  # 查看字典 dict4。运行结果为: {('x', 'y', 'z'): [1, 2, 3]}
```

（5）定义字典

```
# 创建方法 5: 定义字典的另一种方式
dict5=dict(x=1,y=2,z=3) # 创建字典 dict5
print(dict5)   # 查看字典 dict5。运行结果为: {'x': 1, 'y': 2, 'z': 3}
```

2. 删除字典

删除字典可以用 del dict、dict.clear()、dict.pop()、dict.popitem()来实现。

（1）del dict

del dict 用于删除整个字典，比如输入以下代码并逐行运行：

```
dict1={'x':1,'y':2,'z':3}      # 创建字典 dict1
del dict1 # 删除字典 dict1
dict1        # 查看字典 dict1 是否存在
```

系统会提示错误，因为字典 dict1 不存在。

（2）dict.clear()

dict.clear()用于清除字典内的所有元素（所有的键-值对），如果针对某字典执行该函数，那么被执行的字典将会变成空字典。示例如下，输入以下代码并逐行运行：

```
dict1={'x':1,'y':2,'z':3}  # 创建字典 dict1
dict1.clear()  # 清除字典 dict1 内的所有元素
dict1        # 查看字典 dict1。运行结果为: {}
```

（3）dict.pop()

dict.pop()函数返回指定键对应的值，并在原字典中删除这个键-值对。示例如下，输入以下代码并逐行运行：

```
dict1={'x':1,'y':2,'z':3}      # 创建字典 dict1
x=dict1.pop('x')    # 返回指定键'x'对应的值, 并在原字典中删除这个键-值对
print(x)        # 查看指定键'x'对应的值, 运行结果为1
print(dict1)   # 查看字典 dict1。运行结果为: {'y': 2, 'z': 3}
```

（4）dict.popitem()

dict.popitem()函数删除字典中的最后一个键-值对，并返回该键-值对。示例如下，输入以下代码并逐行运行：

```
dict1={'x':1,'y':2,'z':3}      # 创建字典 dict1
```

```
dict1.popitem()        # 删除字典 dict1 中的最后一个键-值对，并返回该键-值对，运行结果为('z', 3)
print(dict1)    # 查看字典 dict1。运行结果为：{'x': 1, 'y': 2}
```

3. 查看字典元素

（1）通过键-值对查看字典元素

字典通过键而不是索引来读取元素。我们可以通过键-值对来查看字典元素。示例如下，输入以下代码并逐行运行：

```
dict1={'x':1,'y':2,'z':3}    # 创建字典 dict1
print(dict1['y'])    # 查看字典 dict1 中键'y'对应的值。运行结果为：2
```

（2）dict.get()

dict.get()函数用于返回指定键的值，如果键不在字典中，则不会返回值，也可以为键指定值，在指定值的情况下，返回的是指定值。比如输入以下代码并逐行运行：

```
dict1={'x':1,'y':2,'z':3}    # 创建字典 dict1
x= dict1.get('x')    # 将字典 dict1 中键'x'对应的值赋值给变量 x
x    # 输出 x 的值，运行结果为 1
w= dict1.get('w')    # 将字典 dict1 中键'w'对应的值赋值给 w
w    # 输出 w 的值，运行结果为无输出，因为字典 dict1 中没有键'w'
w= dict1.get('w',4)      # 将字典 dict1 中键'w'对应的值设置为 4，并把该值赋值给变量 w
w    # 输出 w 的值，运行结果为 4
```

4. 遍历字典元素

（1）dict.items()

dict.items()函数以列表形式返回可遍历的（键，值）元组数组，或者说获取字典中的所有键-值对。示例如下，输入以下代码并逐行运行：

```
dict1={'x':1,'y':2,'z':3}    # 创建字典 dict1
print(dict1.items())    # 获取并输出字典 dict1 中的所有键-值对。运行结果为：dict_items([('x', 1),
('y', 2), ('z', 3)])
```

（2）dict.keys()

dict.keys()函数以列表形式返回字典中所有的键。示例如下，输入以下代码并逐行运行：

```
dict1={'x':1,'y':2,'z':3}    # 创建字典 dict1
print(dict1.keys())    # 以列表形式返回字典 dict1 中所有的键。运行结果为：dict_keys(['x', 'y',
'z'])
```

（3）dict.values()

dict.values()以列表形式返回字典中的所有值。示例如下，输入以下代码并逐行运行：

```
dict1={'x':1,'y':2,'z':3}    # 创建字典 dict1
print(dict1.values())    # 以列表形式返回字典 dict1 中所有的值。运行结果为：dict_values([1, 2,
3])
```

1.8.2　字典元素的基本操作

字典属于可变序列，所以我们可以在字典中增加、更新或删除键-值对。

1. 增加键-值对

示例如下，输入以下代码并逐行运行：

```
dict1={'x':1,'y':2,'z':3}    # 创建字典 dict1
dict1['m']=4    # 往字典 dict1 中增加一个元素
print(dict1)    # 查看更新后的字典 dict1。运行结果为: {'x': 1, 'y': 2, 'z': 3, 'm': 4}
```

2. 更新键-值对

示例如下，输入以下代码并逐行运行：

```
dict1={'x':1,'y':2,'z':3}    # 创建字典 dict1
dict1['x']=4    # 更新字典 dict1 中'x'键对应的值
print(dict1)    # 查看更新后的字典 dict1。运行结果为: {'x': 4, 'y': 2, 'z': 3}
```

3. 删除键-值对

示例如下，输入以下代码并逐行运行：

```
dict1={'x':1,'y':2,'z':3}    # 创建字典 dict1
del dict1['x']    # 删除字典 dict1 中'x'键对应的键-值对
print(dict1)    # 查看更新后的字典 dict1。运行结果为: {'y': 2, 'z': 3}
```

4. dict.update(dict1)

dict.update(dict1)函数用于字典更新，将字典 dict1 中的键-值对更新到 dict 里，如果被更新的字典中已包含对应的键-值对，那么原键-值对会被覆盖，如果被更新的字典中不包含对应的键-值对，则将添加该键-值对。示例如下，输入以下代码并逐行运行：

```
dict1={'x':1,'y':2,'z':3}    # 创建字典 dict1
dict2={'x':4,'u':5,'n':7}    # 创建字典 dict2
dict1.update(dict2)    # 将字典 dict2 中的键-值对更新到 dict1 里
print(dict1)    # 查看更新后的字典 dict1。运行结果为: {'x': 4, 'y': 2, 'z': 3, 'u': 5, 'n': 7}
```

5. dict.fromkeys()

dict.fromkeys()函数可以创建一个新字典，以列表 list 中的元素作为字典的键，值默认都是 None，也可以传入一个参数作为字典中所有键对应的初始值。示例如下，输入以下代码并逐行运行：

```
list1 = ['x', 'y', 'z'] # 创建列表 list1
dict1 = dict.fromkeys(list1) # 创建字典 dict1，以列表 list1 中的元素作为字典 dict1 的键
dict2 = dict.fromkeys(list1, '6')    # 创建字典 dict2，以 6 作为字典中所有键对应的初始值
print(dict1)    # 查看更新后的字典 dict1，运行结果为: {'x': None, 'y': None, 'z': None}
print(dict2)    # 查看更新后的字典 dict2，运行结果为: {'x': '6', 'y': '6', 'z': '6'}
```

1.8.3　字典推导式

字典推导式的表现形式和列表推导式类似。示例如下，输入以下代码并逐行运行：

```
import random # 导入 random 标准库
dict1={x:random.randint(1,10) for x in range(1,4)}  # 生成字典 dict1，其中的键为 1~4 的整数，值为
1~10 的随机整数
print(dict1)  # 查看字典 dict1。运行结果为: {1: 10, 2: 4, 3: 6}
```

注　意

因为取得的是随机值，所以大家自行操作运行时得到的结果可能有所不同。

1.9　Python 集合

Python 集合是任意不重复对象的整体，也是无序和无索引的集合，集合中的元素无法单独改变。在 Python 中，集合也以大括号（{}）的形式编写，但与字典不同的是，其元素可以为任意对象，而不一定为键-值对。

创建集合通过变量赋值的方式进行，集合可以执行交集与并集运算。示例如下，输入以下代码并逐行运行：

```
set1 ={'宁德时代 300750','比亚迪 002594','赣锋锂业 002460'}  # 生成集合 set1
set2 ={'国轩高科 002074','赣锋锂业 002460'}   # 生成集合 set2
set3=set1|set2      # 生成 set1 与 set2 的并集 set3
set3                # 查看集合 set3
set4=set1&set2      # 生成 set1 与 set2 的交集 set4
set4        # 查看集合 set4
```

可在 IPython 控制台看到如图 1.51 所示的运行结果。

```
In [67]: set1 ={'宁德时代 300750','比亚迪 002594','赣锋锂业 002460'}#生成集合
set1

In [68]: set2 ={'国轩高科 002074','赣锋锂业 002460'}#生成集合set2

In [69]: set3=set1|set2#生成set1与set2的并集set3

In [70]: set3
Out[70]: {'国轩高科 002074', '宁德时代 300750', '比亚迪 002594', '赣锋锂业
002460'}

In [71]: set4=set1&set2#生成set1与set2的交集set4

In [72]: set4
Out[72]: {'赣锋锂业 002460'}
```

图 1.51　运行结果

此外，我们还可以调用第 1.5.6 节"与序列相关的内置函数"介绍的 set(seq)函数，将序列 seq 转换为可变集合对象。但需要注意的是，如果序列是带有重复元素的列表，则多余的重复元素将被删除掉，以确保集合是任意不重复对象的整体。示例如下，输入以下代码并逐行运行：

```
list1=['宁德时代 300750','比亚迪 002594','赣锋锂业 002460','赣锋锂业 002460']    # 生成列表 list1
type(list1)     # 查看 list1 的类型
set1=set(list1)     # 将列表 list1 转化为集合 set1
type(set1)      # 查看 set1 的类型
set1        # 查看集合 set1
```

可在 IPython 控制台看到如图 1.52 所示的运行结果。

```
In [82]: list1 =['宁德时代 300750','比亚迪 002594','赣锋锂业 002460','赣锋锂业 002460']#生成列表list1

In [83]: type(list1)#查看list1的类型
Out[83]: list

In [84]: set1=set(list1)#将列表list1转化为集合set1

In [85]: type(set1)#查看set1的类型
Out[85]: set

In [86]: set1#查看集合set1
Out[86]: {'宁德时代 300750', '比亚迪 002594', '赣锋锂业 002460'}
```

图 1.52　运行结果

1.10　Python 字符串

在编写代码的过程中，可能经常需要对字符串进行处理，包括拼接字符串、计算字符串长度、截取字符串、分割字符串、检索子字符串、字母大小写转换、去除空格或特殊字符、格式化等。

1. 拼接字符串

拼接字符串通过"+"来实现。示例如下，输入以下代码并逐行运行：

```
str1='对酒当歌，'    # 生成字符串 str1
str2='人生几何'      # 生成字符串 str2
str3=str1+str2       # 将字符串 str1 和字符串 str2 拼接，生成字符串 str3
str3                 # 查看字符串 str3。运行结果为：'对酒当歌，人生几何'。
```

2. 计算字符串长度

计算字符串长度可调用 len()函数。在 Python 中，数字、英文、小数点、下划线、空格各占 1 字节，1 个汉字可能占 2~4 字节（取决于编码格式）。比如输入以下代码并运行：

```
len(str3)#计算字符串 str3 的长度。运行结果为：9
```

3. 截取字符串

截取字符串的语法格式为：

```
stringname[start:end:step]
```

其中，stringname 表示被截取的字符串，start 表示截取的第一个字符的索引（包括该字符，如果不指定则默认为 0），end 表示截取的最后一个字符的索引（不包括该字符，如果不指定则默认为字符串的长度），step 表示切片的步长（如果不指定则默认为 1，而且可以省略最后一个冒号）。示例如下，输入以下代码并逐行运行：

```
str4=str3[2:7:2]    # 从字符串 str3 截取生成字符串 str4
str4                # 查看字符串 str4。运行结果为：'当，生'
```

4. 分割字符串

分割字符串的语法格式为：

```
stringname.split(sep,maxsplit)
```

其中，stringname 表示被分割的字符串对象；sep 用于设置分隔符（可以包含多个字符，如果不设置则默认为所有空字符，包括空格、换行符\n、制表符\t 等）；maxsplit 用于指定分割的最大次数，返回结果列表的元素个数最多为"maxsplit+1"，如果不设置或指定为-1，则分割次数没有限制。示例如下，输入以下代码并逐行运行：

```
str5='对酒当歌 人生几何 譬如朝露 去日苦多'  # 生成字符串 str5
str5.split()          # 对字符串 str5 采用默认设置进行分割。运行结果为：['对酒当歌','人生几何','譬如朝露','去日苦多']
```

5. 检索字符串

检索字符串的方法包括 count()、find()、index()、startswith()、endswith()等。

（1）count()用来检索指定子字符串在另一个字符串中出现的次数（包括 0 次）。find()用来检索指定子字符串在另一个字符串中是否存在，如果存在则返回首次出现该字符串的索引，如果不存在则返回-1。index()与 find()的作用相同，也是检索指定子字符串在另一个字符串中是否存在，如果存在则返回首次出现该字符串的索引，但如果不存在则会直接报错"substring not found"而不是返回-1。它们的基本语法格式分别为：

```
stringname.count(sub[,start[,end]])
stringname.find(sub[,start[,end]])
stringname.index(sub[,start[,end]])
```

其中，stringname 表示被检索的字符串，sub 表示需要检索的子字符串，start 为检索的起始位置的索引（也可不指定，默认从头开始检索），end 为检索的结束始位置的索引（也可不指定，默认一直检索到字符串末尾）。

（2）startswith()和 endswith()分别用于检索字符串是否以指定的子字符串开头或结尾，如果是则返回 True，如果不是则返回 False。它们的基本语法格式分别为：

```
stringname.startswith(sub[,start[,end]])
stringname.endswith(sub[,start[,end]])
```

其中，stringname 表示被检索的字符串，sub 表示需要检索的子字符串，start 为检索的起始位置的索引（也可不指定，默认从头开始检索），end 为检索的结束始位置的索引（也可不指定，默认一直检索到末尾）。示例如下，输入以下代码并逐行运行：

```
str5='对酒当歌 人生几何 …… 何以解忧 唯有杜康'  # 生成字符串 str5
str5.count('何')     # 检索字符串 str5 中出现子字符串'何'的次数
str5.find('何')      # 检索字符串 str5 中是否存在子字符串'何'
str5.find('短歌行')      # 检索字符串 str5 中是否存在子字符串'短歌行'
str5.index('何')      # 检索字符串 str5 中是否存在子字符串'何'
str5.index('短歌行')      # 检索字符串 str5 中是否存在子字符串'短歌行'
str5.startswith('对')   # 检索字符串 str5 是否以指定的子字符串'对'开头
str5.startswith('康')   # 检索字符串 str5 是否以指定的子字符串'康'开头
str5.endswith('对')     # 检索字符串 str5 是否以指定的子字符串'对'结尾
str5.endswith('康')     # 检索字符串 str5 是否以指定的子字符串'康'结尾
```

运行结果如图 1.53 所示。

```
In [120]: str5='对酒当歌 人生几何 …… 何以解忧 唯有杜康'#生成字符串str5

In [121]: str5.count('何')#检索字符串str5中出现子字符串'何'的次数
Out[121]: 2

In [122]: str5.find('何')#检索字符串str5是否存在子字符串'何'
Out[122]: 8

In [123]: str5.find('短歌行')#检索字符串str5是否存在子字符串'短歌行'
Out[123]: -1

In [124]: str5.index('何')#检索字符串str5是否存在子字符串'何'
Out[124]: 8

In [125]: str5.index('短歌行')#检索字符串str5是否存在子字符串'短歌行'
Traceback (most recent call last):

  File "<ipython-input-125-db62be775ae7>", line 1, in <module>
    str5.index('短歌行')#检索字符串str5是否存在子字符串'短歌行'

ValueError: substring not found


In [126]: str5.startswith('对')#检索字符串str5是否以指定的子字符串'对'开头
Out[126]: True

In [127]: str5.startswith('康')#检索字符串str5是否以指定的子字符串'康'开头
Out[127]: False

In [128]: str5.endswith('对')#检索字符串str5是否以指定的子字符串'对'结尾
Out[128]: False

In [129]: str5.endswith('康')#检索字符串str5是否以指定的子字符串'康'结尾
Out[129]: True
```

图 1.53　运行结果

6. 字母大小写转换

就是将大写字母转换为小写字母或将小写字母转换为大写字母，方法包括 lower()和 upper()。它们的基本语法格式分别为：

```
stringname.lower()
stringname.upper()
```

其中 stringname 为字符串对象。示例如下，输入以下代码并逐行运行：

```
str6='ABCdefg'        # 生成字符串 str6
str6.lower()          # 将字符串 str6 中的所有字母都降为小写
str6.upper()          # 将字符串 str6 中的所有字母都升为大写
```

运行结果如图 1.54 所示。

```
In [130]: str6='ABCdefg'#生成字符串str6

In [131]: str6.lower()#将字符串str6中的所有字母都降为小写
Out[131]: 'abcdefg'

In [132]: str6.upper()#将字符串str6中的所有字母都升为大写
Out[132]: 'ABCDEFG'
```

图 1.54　运行结果

7. 去除空格或特殊字符

在很多情况下，Python 不允许字符串的前后出现空格或特殊字符，这时可以调用 strip()、lstrip() 和 rstrip() 去除这类字符。其中，strip() 可以去除字符串左右两侧的空格或特殊字符，lstrip() 可以去除字符串左侧的空格或特殊字符，rstrip() 可以去除字符串右侧的空格或特殊字符。它们的基本语法格式分别为：

```
stringname.strip([chars])
stringname.lstrip([chars])
stringname.rstrip([chars])
```

其中，stringname 为字符串对象，chars 用于设置需去除的空格或特殊字符（可以包含多个字符，如果不设置则默认为所有空字符，包括空格、换行符'\n'、回车符'\r'、制表符'\t'等）。示例如下，输入以下代码并逐行运行：

```
str7=' ABCdefg '    # 生成字符串 str7
str7.strip()    # 去除字符串 str7 左右两侧的空格或特殊字符
str7.lstrip()   # 去除字符串 str7 左侧的空格或特殊字符
str7.rstrip()   # 去除字符串 str7 右侧的空格或特殊字符
```

运行结果如图 1.55 所示。

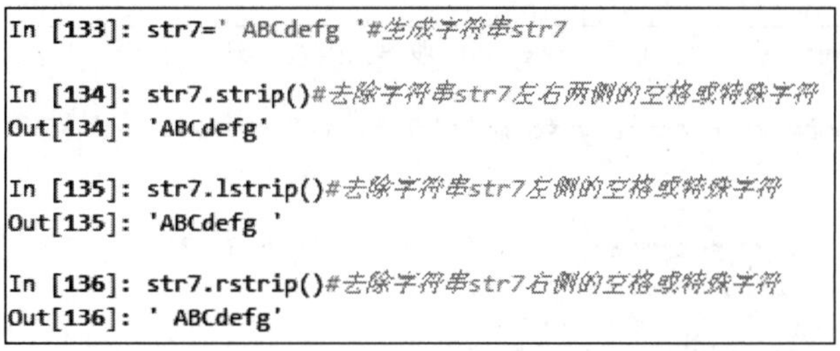

```
In [133]: str7=' ABCdefg '#生成字符串str7

In [134]: str7.strip()#去除字符串str7左右两侧的空格或特殊字符
Out[134]: 'ABCdefg'

In [135]: str7.lstrip()#去除字符串str7左侧的空格或特殊字符
Out[135]: 'ABCdefg '

In [136]: str7.rstrip()#去除字符串str7右侧的空格或特殊字符
Out[136]: ' ABCdefg'
```

图 1.55　运行结果

8. 格式化字符串

格式化字符串首先要制定一个模板，在模板中预留出位置，然后根据需要进行填充。格式化字符串采用的是 format() 方法，它的基本语法格式为：

```
stringname.format(args)
```

其中，stringname 为格式化字符串对象，format 用于指定字符串的显示样式，args 用于指定需要转换的项，如果项数为多个，则项之间用逗号分隔。

格式化字符串需要创建模板，要用到 ":" 和 "{}" 来控制字符串的操作，基本语法格式为：

```
{[index][:[fill]align[sign][#][width][.precision][type]]}
```

其中，index 为可选参数，用于指定要设置的对象格式在参数列表中的索引位置，索引从 0 开始，如不指定则按照值的先后顺序自动分配，当模板中出现多个占位符时，需要全部采用手动指定或全部采用自动指定；fill 为可选参数，用于指定空白处填充的字符；align 为可选参数，用于指定对齐方式，需要配合 width 一起使用，值为 "<" 表示内容左对齐，值为 ">" 表示内容右对齐，值为 "=" 表示内容右对齐并且把符号放在填充内容的最左侧（只对数字类型有效），值为 "^" 表示内容居中；sign 为可选参数，用于指定有无符号数，值为 "+" 表示正数加正号、负数加负号，值为 "-" 表示正数不变、负数加负号，值为空格表示正数加空格、负数加符号；# 为可选参数，对于二进制、八进制和十六进制，如果加上"#"表示前面会显示"0b/0o/0x"前缀，否则不显示前缀；width 为可选参数，用于指定宽度；precision 为可选参数，用于指定保留的小数位数；type 为可选参数，用于指定类型，type 的取值说明如表 1.14 所示。

表 1.14   type 的取值说明

格式化字符	作用
s	对字符串类型进行格式化
d	十进制整数
c	将十进制整数自动转换为对应的 Unicode 字符

e or E 示例如下，输入以下代码并逐行运行：

```
company = '上市公司:{:s}\t 股票代码: {:d} \t'        # 制定模板
company1 = company.format('宁德时代',300750)        # 按照模板格式化字符串 company1
company2 = company.format('派能科技',688063)        # 按照模板格式化字符串 company2
print(company1)#查看字符串 company1
print(company2)#查看字符串 company2
```

运行结果如图 1.56 所示。

```
In [137]: company = '上市公司:{:s}\t 股票代码: {:d} \t'#制定模板

In [138]: company1 = company.format('宁德时代',300750)#按照模板格式化字符串
company1

In [139]: company2 = company.format('派能科技',688063)#按照模板格式化字符串
company2

In [140]: print(company1)#查看字符串company1
上市公司:宁德时代  股票代码: 300750

In [141]: print(company2)#查看字符串company2
上市公司:派能科技  股票代码: 688063
```

图 1.56   运行结果

1.11 习　题

1. 正确下载 Anaconda 平台和 Python 安装包并成功安装。
2. 掌握 Python 注释与 print()和 input()两个函数的用法。
3. 掌握 Python 中的保留字、标识符、基本数据类型与数据运算符。
4. 论述列表、元组、字典和集合的概念，并填写下表。

序列	元素是否单独可变	元素是否有序	定义符号
列表			
元组			
字典			
集合			

5. 熟悉列表、元组、字典和集合的基本操作。

第 2 章

Python 进阶知识

在本章中，我们将结合机器学习和统计分析常用到的 Python 代码讲解 Python 进阶知识，主要包括 Python 流程控制语句、Python 函数（function）、Python 模块（module）和包（package）、Python numpy 模块数组（array）、Python pandas 模块序列（series）与数据框（DataFrame）、Python 数据读取、Python 数据检索、Python 数据缺失值处理、Python 数据重复值处理、Python 数据行列处理等操作。通过本章的介绍，读者应该能够使用 Python 语言编写流程控制语句、熟练调用常用模块、掌握常用的数据处理方法。

2.1 Python 流程控制语句

流程控制就是控制程序如何执行的方法，它适用于任何一门编程语言，其作用在于可以根据用户的需求决定程序执行的顺序。计算机在运行程序时有三种执行方法：第一种是顺序执行，自上而下顺序执行所有的语句，对应程序设计中的顺序结构；第二种是选择执行，程序中含有条件语句，根据条件语句的结果选择执行部分语句，对应程序设计中的选择结构；第三种是循环执行，在一定条件下反复执行某段程序，对应程序设计中的循环结构，其中被反复执行的语句为"循环体"，决定循环是否中止的判断条件为"循环条件"。

2.1.1 选择语句

选择语句对应选择执行，选择语句包括三种：if 语句，if…else 语句和 if…elif…else 语句。这三种选择语句之间也可以相互嵌套。

1. if 语句

if 语句相当于"如果……就……"，基本语法格式为：

```
if 表达式:
    代码块
```

表达式可以为一个布尔值或者变量，也可以是比较表达式或者逻辑表达式，如果表达式的值为真（True），则执行下面的代码块，如果表达式的值为假（False），则跳过下面的代码块，执行代码块后面的语句。需要注意的是，当表达式的值为非零的数字或者非空的字符串时，if 语句也会认为是条件成立。

2. if…else 语句

if…else 语句相当于"如果……就……，否则……"，基本语法格式为：

```
if 表达式:
    代码块 1
else:
    代码块 2
```

表达式可以为一个布尔值或者变量，也可以是比较表达式或者逻辑表达式。如果表达式的值为真（True），则执行代码块 1，如果表达式的值为假（False），则执行代码块 2。

if…else 语句也可以简化为条件表达式，比如在输入年份时，如果想要把 2022 年以前的年份统一设置为 2022 年，则输入以下代码：

```
x=2022       # 为 x 赋值
if x>2022:   # 如果 x 大于 2022，则 y=x，否则 y=2022
    y=x
else:
    y=2022
print(y)  # 输出 y 的值
```

上述代码也可以简化为条件表达式：

```
x=2022       # 为 x 赋值
y=x if x>2022 else 2022 # 通过条件表达式得到 y 值
print(y)  # 输出 y 的值
```

3. if…elif…else 语句

if…elif…else 语句相当于"如果……则……，否则如果满足某种条件则……，不满足某种条件则……，"，基本语法格式为：

```
if 表达式 1:
    代码块 1
elif 表达式 2:
    代码块 2
elif 表达式 3:
    代码块 3
…
else:
    代码块 n
```

表达式可以为一个布尔值或者变量，也可以是比较表达式或者逻辑表达式。如果表达式 1 的值为真（True），则执行代码块 1；否则判断表达式 2，如果表达式 2 的值为真（True）则执行代码块 2，如果表达式 2 的值不为真，则继续向下判断表达式 3……最后如果所有的表达式均不为真，则执行代码块 n。

4. 三种选择语句之间的嵌套

在 if 语句中嵌套 if···else 语句：

```
if 表达式 1:
    if 表达式 2:
        代码块 1
    else:
        代码块 2
```

上述语句的意思是，如果表达式 1 的值为真（True），则执行下面的 if···else 语句，否则跳过下面的代码块，执行代码块 2 后面的语句。

在 if···else 语句中嵌套 if···else 语句：

```
if 表达式 1:
    if 表达式 2:
        代码块 1
    else:
        代码块 2
else:
    if 表达式 3:
        代码块 3
    else:
        代码块 4
```

上述语句的意思是，如果表达式 1 的值为真（True），则执行第一条 if···else 语句；如果表达式 1 的值不为真，则执行第二条执行 if···else 语句。

注　意

在 Python 中，流程控制语句的代码之间需要区分层次，采取的方式是使用代码缩进和冒号（：）。行尾的冒号和下一行的缩进表示一个代码块的开始，而缩进结束则代码块也就结束。同一层次代码块的缩进量必须相同，一般情况下以 4 个空格作为一个缩进量，如果同一层次代码块的缩进量不同或输入的空格数不同，系统就会提示错误。

2.1.2　循环语句

循环语句对应循环执行，循环语句包括两种：while 语句和 for 语句。这两种循环语句之间也可以相互嵌套。

1. while 循环语句

while 循环语句通过设定条件语句来控制是否循环执行循环体代码块中的语句，只要条件语句为真，循环就会一直执行下去，直到条件语句不再为真为止。基本语法格式为：

```
while 表达式:
    循环体代码块
```

2. for 循环语句

for 循环语句为重复一定次数的循环，适用于遍历或迭代对象中的元素。基本语法格式为：

```
for 迭代变量 in 对象：
    循环体代码块
```

其中迭代变量用于保存读取的值，对象就是要遍历或迭代的对象（字符串、列表和元组等任何有序序列对象），循环体代码块就是需要被循环执行的代码。示例如下，输入以下代码并运行：

```
# 遍历字符串
strname='对酒当歌,人生几何'        # 创建字符串 strname
print(strname)#显示字符串 strname 的内容
for ch in strname:              # 通过 for 循环遍历字符串 strname 中的字符
    print(ch)                   # 输出字符，运行结果为：
```

```
对酒当歌,人生几何
对
酒
当
歌
,
人
生
几
何
```

其中第一行为字符串 strname 的内容，接下来的各行为字符串 strname 的遍历结果。再输入以下代码并运行：

```
# 进行数值循环计算
for x in range(1,5,1):  # 针对 range(1,5,1) 中的值开展以下 for 循环计算
    x=x*2        # 将 range(1,5,1) 中的原值乘以 2 得到新值
    print(x,end='/')        # 输出新值，其中参数 “,end='/'” 表示将结果显示为 1 行，本例中分隔符为 “/”。运
行结果为：2/4/6/8/
```

3. 两种循环语句之间的嵌套

在 while 循环语句中嵌套 while 循环语句，基本语法格式为：

```
while 表达式1：
    while 表达式2：
        循环体代码块2
    循环体代码块1
```

在 while 循环语句中嵌套 for 循环语句，基本语法格式为：

```
while 表达式：
    for 迭代变量 in 对象：
        循环体代码块2
    循环体代码块1
```

在 for 循环语句中嵌套 for 循环语句，基本语法格式为：

```
for 迭代变量1 in 对象1：
    for 迭代变量2 in 对象2：
        循环体代码块2
    循环体代码块1
```

在 for 循环语句中嵌套 while 循环语句，基本语法格式为：

```
for 迭代变量 in 对象：
    while 表达式：
        循环体代码块2
```

```
        循环体代码块 1
```

2.1.3　跳转语句

跳转语句依托于循环语句，适用于从循环体中提前离开，比如在 while 循环达到结束条件之前离开，或者在 for 循环完成之前离开。跳转语句包括两种：break 语句和 continue 语句。

1. break 语句

break 语句可以完全中止当前循环，如果是循环嵌套，那么将跳出最内层的循环。break 语句常与 if 选择语句配合使用，基本语法格式如下：

（1）while 循环中的 break

```
while 表达式 1:
    代码块:
    if 表达式 2:
      break
```

其中的表达式 2 为跳出循环的条件，当满足条件时，从当前循环体跳离。

（2）for 循环中的 break

```
for 迭代变量 in 对象:
    if 表达式:
      break
```

其中的表达式为跳出循环的条件，当满足条件时，从当前循环体跳离。

2. continue 语句

continue 语句只能中止本轮次的循环，或者说跳过当前轮次循环体中剩余的语句，提前进入下一轮次的循环，而并不是从当前循环体中跳离；如果是循环嵌套，那么跳过的也只是最内层循环体当前轮次的剩余语句。continue 语句也常与 if 选择语句配合使用，基本语法格式如下：

（1）while 循环中的 break

```
while 表达式 1:
    代码块:
    if 表达式 2:
      continue
```

其中的表达式 2 为跳过本轮次循环的条件，当满足条件时，中止本轮次的循环。

（2）for 循环中的 continue

```
for 迭代变量 in 对象:
    if 表达式:
      continue
```

其中的表达式为跳过本轮次循环的条件，当满足条件时，中止本轮次的循环。

2.2　Python 函数

Python 本质上是一种编程语言，通过编写运行代码的方式实现工作目标。读者可以想象，如果针对机器学习或数据统计分析的每种方法或统计量计算都要用户自行编写代码，那么显然在很多情况下是无法满足用户便捷开展分析的要求的，用户体验也会远远不如 Stata、SPSS 等专业集成统计软件。所以，Python 提供了函数作为完成某项工作的标准化代码块，达到标准化编写后反复调用、增加标准代码复用性、减少代码冗余、提升工作效率的目的。

2.2.1　函数的创建和调用

函数的创建通过 def() 来完成，基本语法格式为：

```
def functionname([parameterlist]):
    ["""comments"""]
    [functionbody]
```

其中，functionname 为函数名；parameterlist 为可选参数，用于指定需要向函数中传递的参数，参数可以为一个或多个，多个参数之间使用英文逗号（,）分隔，也可以没有参数，但要保留 def 后面的一对空的小括号（()）；comments 为可选参数，用来为函数指定注释，说明该函数的功能、要传递的参数作用等；functionbody 为可选的，用于指定函数体，即该函数被调用后要执行的功能代码。如果函数有返回值，则要通过 return 语句返回。["""comments"""]和[functionbody]相对于 def 关键字需要保持一定程度的缩进。比如要创建一个计算长方形面积的函数，代码如下：

```
def area(width, length):      # 定义长方形面积函数 area，参数为宽 width 和长 length
    return width * length     # 返回宽 width 乘以长 length 的积
```

函数的调用通过执行该函数来完成，基本语法格式为：

```
functionname([parametervalue])
```

其中，functionname 为函数名；parametervalue 为可选参数，用于指定向函数中传递的参数，参数可以为一个或多个，多个参数之间使用英文逗号（,）分隔，也可以没有参数，也要保留函数名后面的一对空的小括号（()）。示例如下，输入以下代码并运行：

```
area(4,6)     # 调用长方形面积函数 area，参数为 4 和 6。运行结果为：24
```

2.2.2　参数的相关概念与操作

函数参数的作用是将数据传递给函数，使得函数能够使用传入的数据进行运算或处理。

1．形式参数和实际参数

函数参数包括形式参数和实际参数，简称形参和实参。其中形式参数即是在定义函数时函数后面括号中的参数列表（parameterlist），比如第 2.2.1 节的示例中的 width, length；实际参数则是调用函数时函数后面括号中的参数值（parametervalue），比如第 2.2.1 节的示例中的 4,6。所以，调用函数时需要把实际参数传递给形式参数，才能使函数对这些参数进行运算或处理。

这一传参过程又可细分为"把实际参数的值传递给形式参数"和"把实际参数的引用传递给形式参数"两种。"把实际参数的值传递给形式参数"是一种值传递的概念，针对的实际参数为不可变对象，常见于 int、str、tuple、float、bool 类型的数据，当函数参数进行值传递时，如果形参发生变化，并不会影响到实参的值；"把实际参数引用传递给形式参数"则是一种引用传递的概念，针对的实际参数为可变对象，常见于 list、dict、set 等类型，进行引用传递不是将值复制（或赋值）的传递方式，而是将实际参数的内存地址进行了传递，改变形参的值，实参的值也会一起改变。

示例如下，输入以下代码并运行：

```
# 定义函数 param_test，它的作用为将其中的对象复制为原来的两倍
def param_test(obj):
    obj += obj
    print('形参值为:', obj)
# 调用函数 param_test，以字符串 x 为例演示值传递
print('===值传递===')
x = '对酒当歌'
print('x 值为: ', x)
param_test(x)
print('实参值为:', x)
# 调用函数 param_test，以列表 y 为例演示引用传递
print('===引用传递===')
y = [1, 3, 5]
print('y 值为: ', y)
param_test(y)
print('实参值为: ', y)，运行结果为：
```

```
===值传递===
x 值为:   对酒当歌
形参值为: 对酒当歌对酒当歌
实参值为: 对酒当歌
===引用传递===
y 值为:   [1, 3, 5]
形参值为: [1, 3, 5, 1, 3, 5]
实参值为:  [1, 3, 5, 1, 3, 5]
```

2. 位置参数

位置参数是指按照正确的数量、位置和数据类型进行传参。在调用函数时，实际参数需要提供和形式参数对应的数量、位置和数据类型。如果形式参数有 4 个，那么实际参数也要提供 4 个，并且两者的顺序一一对应，数据类型一一对应。

3. 关键字参数

如果用户想不按顺序提供实际参数，可以按照关键字参数的方式进行参数传递。关键字参数是指用形式参数的名称来确定输入的参数值。通过该方式指定实际参数时，只需将参数名称写正确，而无须确保实际参数与形式参数的位置完全一致。

示例如下，输入以下代码并运行：

```
def aweights(width, length):      # 定义 width 和 length 的加权值
    return 0.3*width+0.7*length   # 返回 0.3*width+0.7*length 的结果
```

```
aweights(length=10,width=6)        # 指定关键字参数。运行结果为: 8.8
```

此外，如该示例函数所示，在函数体内，我们可以使用 return 语句为函数指定任意类型的返回值，无论 return 语句出现在函数的什么位置，只要执行了就会结束函数的运行返回给函数的调用者。return 语句可以返回一个值或者多个值，如果返回的是一个值，则可保存为值，如果返回的是多个值，则可保存为元组。

4. 设置参数默认值

在很多情况下有必要设置参数的默认值，事实上，大多数机器学习中所使用的函数都设置了参数默认值。定义带有参数默认值的函数的基本语法格式为:

```
def functionname([parameter1=defaultvalue1,parameter2=defaultvalue2…]):
    [functionbody]
```

其中，functionname 为函数名；parameter#=defaultvalue#都用于向函数传递参数 parameter#，并且将参数的默认值设置为 defaultvalue#；functionbody 为函数主体，即函数被调用后需要执行的程序语句。

针对已有函数，可以使用"函数名._defaults_"查看函数参数的默认值。

在设置形式参数的默认值时，默认值应为不可变对象。

5. 可变参数

可变参数即传入函数中的实际参数个数是不确定的，可以为 0、1 或者更多，通过*parameter或者**parameter 来实现。

（1）*parameter

*parameter 表示接收任意多个实际参数，并将它们放入一个元组中一起传递给函数。示例如下，输入以下代码并运行:

```
# 定义 printcompany()函数，它的作用为输出上市公司名称
def printcompany(*company):
    print('\n2022 年新能源上市公司: ')
    for item in company:
        print(item)
printcompany('宁德时代 300750')        # 指定实际参数
printcompany('宁德时代 300750','比亚迪 002594','国轩高科 002074')        # 重新指定实际参数
printcompany('宁德时代 300750','国轩高科 002074')        # 再重新指定实际参数。运行结果为:
```

```
2022年新能源上市公司:
宁德时代 300750

2022年新能源上市公司:
宁德时代 300750
比亚迪 002594
国轩高科 002074

2022年新能源上市公司:
宁德时代 300750
国轩高科 002074
```

用户也可以使用列表对象作为函数的可变参数，通过在列表对象的前面加"*"来实现。示例如下，输入以下代码并运行:

```
list1=['宁德时代 300750','比亚迪 002594','国轩高科 002074']  # 创建列表 list1
printcompany(*list1)    # 将列表 list1 作为参数传递给 printcompany()函数。运行结果为：
```

```
2022年新能源上市公司：
宁德时代 300750
比亚迪 002594
国轩高科 002074
```

（2）**parameter

**parameter 表示接收任意多个类似关键字参数那样进行参数赋值的实际参数，并将它们放到一个字典中一起传递给函数。示例如下，输入以下代码并运行：

```
# 定义 printcompany()函数，它的作用为输出上市公司名称
def printcompany(**company):        # 定义 printcompany()函数
    print('\n2022 年新能源上市公司：')        # 打印'\n2022 年新能源上市公司：'
    for key,value in company.items(): # 遍历字典 company
        print("[" + key + "] 的股票代码是："+value)        # 输出函数的运行结果
printcompany(宁德时代='300750')    # 指定实际参数
printcompany(宁德时代='300750',比亚迪='002594',国轩高科='002074')        # 重新指定实际参数。运行结果为：
```

```
2022年新能源上市公司：
[宁德时代] 的股票代码是：300750

2022年新能源上市公司：
[宁德时代] 的股票代码是：300750
[比亚迪] 的股票代码是：002594
[国轩高科] 的股票代码是：002074
```

用户也可以使用字典对象作为函数的可变参数，通过在字典对象的前面加"**"来实现。示例如下，输入以下代码并运行：

```
dict1={'宁德时代':'300750','比亚迪':'002594','国轩高科':'002074'}        # 创建字典 dict1
printcompany(**dict1)    # 将字典 dict1 作为参数传递给 printcompany()函数。运行结果为：
```

```
2022年新能源上市公司：
[宁德时代] 的股票代码是：300750
[比亚迪] 的股票代码是：002594
[国轩高科] 的股票代码是：002074
```

2.2.3 变量的作用域

变量的作用域就是变量能够发挥作用的区域，超出既定区域后就无法发挥作用。根据变量的作用域可以将变量分为局部变量和全局变量。

1. 局部变量

局部变量是在函数内部定义并使用的变量，也就是说只有在函数内部，在函数运行时才会有效，函数运行之前或运行结束之后这类变量都无法被使用。示例如下，输入以下代码并运行：

```
def area(width, length):        # 定义长方形面积函数 area，参数为宽 width 和长 height
    areameasure=width*length # 生成变量 areameasure，为宽 width 乘以长 height
    print(areameasure)        # 输出 areameasure 的结果
```

然后输入以下代码并运行（注意以下代码不要缩进）：

```
print(areameasure)        # 输出 areameasure 的结果
```

本例中我们在 area()函数内部定义了一个局部变量 areameasure，可以发现函数内部的第一个
"print(areameasure)"是可以正常运行的，因为它在函数内部（编写时缩进到函数里面了，算函
数主体中的程序语句），而第二个 "print(areameasure)"在运行时则会提示错误 "name
'areameasure' is not defined"，因为该语句已经超出了函数的范围，局部变量 areameasure 超出了
它自己的作用域。

2. 全局变量

全局变量是可以作用于全局的变量，而不局限于函数内部。全局变量可以通过两种方法获得。

第一种方法：变量在函数体外创建或定义，不受函数内部的限制，可以在全局范围内发挥作
用，在这种情况下，如果函数体内的局部变量名和全局变量名相同，那么对函数体内局部变量的
修改不会影响到函数体外的全局变量。但我们在编写代码时，应尽量避免名称相同的情况，以免
产生混乱。示例如下，输入以下代码并运行：

```
poetry='对酒当歌，人生几何'      # 生成全局变量 poetry
def poetryprint():         # 定义函数 poetryprint()
    print(poetry)          # 输出 poetry 的结果
poetryprint()
print(poetry)              # 输出 poetry 的结果。运行结果为：
```

```
In [233]: poetry='对酒当歌，人生几何'#生成全局变量poetry
     ...: def poetryprint():#定义函数poetryprint()
     ...:     print(poetry)#输出poetry的结果
     ...: poetryprint()
     ...: print(poetry)#输出poetry的结果
对酒当歌，人生几何
对酒当歌，人生几何
```

在本示例中，poetry 为全局变量，两次执行 print(poetry)都成功了，第一次在函数体内，第二
次在函数体外。

第二种方法：变量在函数体内创建或定义，且使用了 global 关键字进行修饰，该变量就成为
全局变量，因而既可以在函数体外访问该变量，也可以在函数体内访问该变量，在程序任何一处
修改该变量，都会让这种修改在全局范围内发挥作用。示例如下，输入以下代码，然后全部选中
并整体运行：

```
def poetryprint():         # 定义函数 poetryprint()
    global poetry          # 将 poetry 声明为全局变量
    poetry='对酒当歌，人生几何'      # 生成全局变量 poetry
    print(poetry)          # 输出 poetry 的结果
poetryprint()
print(poetry)              # 输出 poetry 的结果。运行结果为：
```

```
In [235]: def poetryprint():#定义函数poetryprint()
     ...:     global poetry#将poetry声明为全局变量
     ...:     poetry='对酒当歌，人生几何'#生成全局变量poetry
     ...:     print(poetry)#输出poetry的结果
     ...: poetryprint()
     ...: print(poetry)#输出poetry的结果
对酒当歌，人生几何
对酒当歌，人生几何
```

在本示例中，通过 global 关键字的修饰将 poetry 升级为全局变量，两次执行 print(poetry)都
成功了，第一次在函数体内，第二次在函数体外。

2.3　Python 模块和包

本节主要介绍 Python 的模块（module）和包（package）的相关内容。

2.3.1　模块的创建和导入

所谓模块，是一种以 ".py" 为文件扩展名的 Python 文件，里面包含着很多集成的函数，可以很方便地被其他程序和脚本导入并使用。我们可以将模块理解为一辆汽车，代码就是一个个细小的汽车零部件，函数就是由一个个零部件组成的标准化的发动机、轮胎等。上一节我们提到，使用函数这一标准化代码块可以大大便利用户的操作，只不过 Python 内置的函数并不多。所幸的是，Python 提供了很多开放的、可以快速调用的模块，这些模块中包含着可供分析的函数，完全可以达到便捷开展机器学习或数据统计分析的效果。不仅在 Python 的标准库中有很多标准模块，还有很多第三方模块。截至目前，Python 提供了大约 200 多个内置的标准模块，涉及数学计算、运行保障、文字模式匹配、操作系统接口、对象永久保存、网络和 Internet 脚本、GUI 建构等各个方面，如表 2.1 所示。

表 2.1　Python 常用内置标准模块

常用内置标准模块	作用
sys	用于 Python 解释器及其环境操作
time	提供与时间相关的各种函数
math	提供标准数学运算函数
decimal	用于十进制运算中控制运算精度、有效位数、四舍五入等
logging	用于记录事件、错误、警告和调试信息等日志信息
os	用于访问操作系统服务
calendar	提供与日期相关的各种函数
urllib	用于读取来自互联网（服务器）的数据标准
json	Python 数据格式与 JSON 格式相互转换
re	在字符串中执行正则表达式匹配和替换

1. 使用 import 语句导入模块

我们可以使用 import 语句进行导入模块，它的基本语法格式为：

```
import modulename [as subname]
```

其中，modulename 为模块名，as subname 为可选参数，用于设置模块名的简称（即别名），因为若模块名较为复杂，反复调用时可能不太方便，使用简称便于操作。示例如下，输入以下代码导入 pandas 模块：

```
import pandas as pd    # 导入pandas模块，并简称为pd
```

用户还可以一次性导入多个模块，多个模块之间用英文逗号（,）分隔。示例如下，输入以下代码可一次性导入 pandas 和 numpy 模块：

```
import pandas,numpy        #一次性导入 pandas 和 numpy 模块
```

在使用 import 语句导入模块时，每执行一行 import 代码就会创建一个新的命名空间，然后在该命名空间内执行与该模块相关的所有语句，各个命名空间是相对独立的，所以在调用模块中的变量、函数或者类时，需要在变量名、函数名或者类名的前面加上"模块名."作为前缀，以便在命名空间内搜索。比如要调用 pandas 模块中的 read_csv()函数读取数据 4.1.csv 文件（在第 4 章中详细介绍该数据，本次仅为演示模块调用），可以输入以下代码：

```
data=pd.read_csv('C:/Users/Administrator/.spyder-py3/数据 4.1.csv')        # 读取数据 4.1.csv，并
赋值给 data 对象
```

当使用 import 语句导入模块时，Python 会按照以下顺序搜索模块：

（1）在当前执行 Python 脚本文件所在的目录下查找。
（2）在 Python 的 Path 环境变量下的每个目录中查找。
（3）在 Python 的默认安装目录下查找。

上述目录可通过以下代码查看：

```
import sys        # 调用模块 sys
print(sys.path)        # 输出 sys.path。运行结果为（视具体安装的情况而定，以下结果为在笔者所用的计算机中执
行的结果）：
```

```
['D:\\ProgramData\\Anaconda3\\python38.zip', 'D:\\ProgramData\\Anaconda3\
\DLLs', 'D:\\ProgramData\\Anaconda3\\lib', 'D:\\ProgramData\\Anaconda3', '',
'D:\\ProgramData\\Anaconda3\\lib\\site-packages', 'D:\\ProgramData\\Anaconda3\
\lib\\site-packages\\locket-0.2.1-py3.8.egg', 'D:\\ProgramData\\Anaconda3\\lib
\\site-packages\\win32', 'D:\\ProgramData\\Anaconda3\\lib\\site-packages\
\win32\\lib', 'D:\\ProgramData\\Anaconda3\\lib\\site-packages\\Pythonwin', 'D:
\\ProgramData\\Anaconda3\\lib\\site-packages\\IPython\\extensions', 'C:\\Users
\\Administrator\\.ipython', 'C:\\Users\\Administrator\\.spyder-py3', 'C:\
\Users\\Administrator\\.spyder-py3']
```

如果要导入的模块并未被搜索到（未出现在上述目录中），将无法成功导入模块。在这种情况下，如果模块是存在的，那么可以通过下面"3. 用户自行创建模块并导入"中介绍的方法来完成导入。

2. 使用 from…import 语句导入模块

如果用户不想每次导入模块时都创建一个与模块相匹配的命名空间，而是直接将想要的变量、函数或类统一导入当前的命名空间中，则可以使用 from…import 语句导入模块。通过该方法导入的模块，都集成到了当前的一个命名空间中，用户不用在变量名、函数名或者类名的前面加上"模块名."作为前缀，直接使用变量名、函数名或者类名即可。当然这同样要求在使用 from…import 语句导入模块时，一定要保证所导入的变量名、函数名或者类名在当前命名空间内是唯一的，否则就会无法区分而造成冲突。该语句的基本语法格式为：

```
from modulename import member
```

其中，modulename 为模块名；member 为所需的变量、函数或类，可同时导入多个 member，多个 member 之间用英文逗号（,）分隔。比如在 K 近邻算法中，需要一次性导入模块 sklearn.neighbors 中的函数 KNeighborsClassifier 和 RadiusNeighborsClassifier，代码为：

```
from sklearn.neighbors import KNeighborsClassifier, RadiusNeighborsClassifier
```

如果需要导入模块中的全部内容，则可使用星号通配符（*）。可调用 dir()函数来查看模块中的内容。比如在 *K* 近邻算法中，需要一次性导入模块 sklearn.neighbors 中的全部内容，代码为：

```
from sklearn.neighbors import *   # 导入模块 sklearn.neighbors 中的全部内容
```

输入代码 print(dir())可查看模块 sklearn.neighbors 中的全部内容，运行结果如下：

```
['BallTree', 'DistanceMetric', 'In', 'KDTree', 'KNeighborsClassifier', 'KNeighborsRegressor', 'KNeighborsTransformer', 'KernelDensity', 'LocalOutlierFactor', 'NearestCentroid',
'NearestNeighbors', 'NeighborhoodComponentsAnalysis', 'Out', 'RadiusNeighborsClassifier', 'RadiusNeighborsRegressor', 'RadiusNeighborsTransformer', 'VALID_METRICS',
'VALID_METRICS_SPARSE', '_', '_101', '_102', '_104', '_105', '_106', '_114', '_115', '_117', '_119', '_121', '_122', '_123', '_124', '_127', '_128', '_129', '_131', '_132',
'_134', '_135', '_136', '_14', '_142', '_21', '_27', '_31', '_70', '_72', '_75', '_79', '_80', '_85', '_87', '_88', '_90', '_91', '_92', '_93', '_96', '_97', '_98', '_99', '_',
'__', '__builtin', '__builtins', '__doc__', '__loader__', '__name__', '__package__', '__spec__', '_dh', '_i', '_i1', '_i10', '_i100', '_i101', '_i102', '_i103', '_i104',
'_i105', '_i106', '_i107', '_i108', '_i109', '_i11', '_i110', '_i111', '_i112', '_i113', '_i114', '_i115', '_i116', '_i117', '_i118', '_i119', '_i12', '_i120', '_i121', '_i122',
'_i123', '_i124', '_i125', '_i126', '_i127', '_i13', '_i130', '_i131', '_i132', '_i133', '_i134', '_i135', '_i136', '_i137', '_i138', '_i139', '_i114', '_i140',
'_i141', '_i142', '_i143', '_i144', '_i145', '_i146', '_i147', '_i148', '_i149', '_i15', '_i150', '_i152', '_i153', '_i154', '_i156', '_i157', '_i158', '_i159',
'_i16', '_i160', '_i161', '_i162', '_i163', '_i164', '_i165', '_i166', '_i167', '_i17', '_i18', '_i19', '_i2', '_i20', '_i21', '_i22', '_i23', '_i24', '_i25', '_i26', '_i27',
'_i28', '_i29', '_i3', '_i30', '_i31', '_i32', '_i33', '_i34', '_i35', '_i36', '_i37', '_i38', '_i39', '_i4', '_i40', '_i41', '_i42', '_i43', '_i44', '_i45', '_i46', '_i47', '_i48',
'_i49', '_i5', '_i50', '_i51', '_i52', '_i53', '_i54', '_i55', '_i56', '_i57', '_i58', '_i59', '_i6', '_i60', '_i61', '_i62', '_i63', '_i64', '_i65', '_i66', '_i67', '_i68', '_i69',
'_i7', '_i70', '_i71', '_i72', '_i73', '_i74', '_i75', '_i76', '_i77', '_i78', '_i8', '_i80', '_i81', '_i82', '_i83', '_i84', '_i85', '_i86', '_i87', '_i88', '_i89', '_i9',
'_i90', '_i91', '_i92', '_i93', '_i94', '_i95', '_i96', '_i97', '_i98', '_i99', '_ih', '_ii', '_iii', '_oh', 'company', 'company1', 'company2', 'data', 'dict1', 'dict2', 'dict3',
'dict4', 'dict5', 'exit', 'get_ipython', 'items', 'kneighbors_graph', 'list1', 'list2', 'normality_check', 'normcheck', 'numpy', 'pandas', 'pd', 'quit', 'radius_neighbors_graph',
'random', 'set1', 'set2', 'set3', 'set4', 'str1', 'str2', 'str3', 'str4', 'str5', 'str6', 'str7', 'sys', 'tuple1', 'w', 'x']
```

3. 用户自行创建模块并导入

用户可以自行创建模块，将代码编写在一个单独的文件中并命名为"模块名.py"，但需要注意的是，在命名时不要与 Python 自带的标准模块名相同。

比如要创建一个正态分布检验模块，并将其命名为 normcheck.py，示例代码如下：

```
from scipy import stats
Ho = '数据服从正态分布'    # 定义原假设
Ha = '数据不服从正态分布'  # 定义备择假设
alpha = 0.05              # 定义显著性 P 值
def normality_check(data):  # 定义 normality_check()函数
    for columnName, columnData in data.iteritems(): # 针对数据集中的变量和数值使用 for 循环执行以
下操作
        print("Shapiro test for {columnName}".format(columnName=columnName))      # 输出
"Shapiro test for 变量名称"
        res = stats.shapiro(columnData)       # 调用 shapiro 方法开展正态分布检验，生成统计量 res
        pValue = round(res[1], 2) # 计算统计量 res 的 pValue
        if pValue > alpha:
            print("pvalue={pValue}>{alpha}.不能拒绝原假设.{Ho}".format(pValue=pValue,
alpha=alpha, Ho=Ho))   # 如果 pValue 大于设置的 alpha 显著性 P 值，则输出"pvalue = ** > alpha. 不能拒绝
原假设. 数据服从正态分布"
        else:
            print("pvalue={pValue}<={alpha}.拒绝原假设.{Ha}".format(pValue=pValue,alpha =
alpha,Ha=Ha)) # 如果 pValue 小于等于设置的 alpha 显著性 P 值，则输出"pvalue = **<=alpha. 拒绝原假设. 数据
不服从正态分布"
```

下面针对数据 4.1.csv 文件用模块 normcheck.py 进行分析：首先把模块文件 normcheck.py 和数据 4.1 文件都放在目录"C:/Users/Administrator/.spyder-py3/"下（读者可根据自己的习惯灵活设置路径），然后输入以下代码并逐行运行：

```
import pandas as pd     # 导入 pandas 模块，并将其简称为 pd
data=pd.read_csv('C:/Users/Administrator/.spyder-py3/数据 4.1.csv')  # 读取数据 4.1.csv 文件，
并命名为 data
import sys    # 调用 sys 模块
sys.path.append(r"C:\Users\Administrator\.spyder-py3") # 设置 sys 路径
import normcheck  # 从 sys 路径中导入 normcheck 模块
normcheck.normality_check(data) # 调用导入 normcheck 模块中的 normality_check()函数来分析 data。
```

运行结果为：

```
Shapiro test for profit
pvalue=0.06>0.05.不能拒绝原假设.数据服从正态分布
Shapiro test for invest
pvalue=0.0<=0.05.拒绝原假设.数据不服从正态分布
Shapiro test for labor
pvalue=0.16>0.05.不能拒绝原假设.数据服从正态分布
Shapiro test for rd
pvalue=0.0<=0.05.拒绝原假设.数据不服从正态分布
```

需要注意两点：一是在导入自己创建的 normcheck 模块时，首先要导入 sys 模块，并且设置好 normcheck 模块所在的路径，才能被成功导入，而且 sys.path.append()这种设置方式只在执行当前文件的窗口中有效，关闭窗口即失效；二是要先导入 normcheck 模块，再导入模块中的函数 normality_check()，调用模块中的函数对数据进行分析，而不可直接使用模块分析数据。

前面介绍了三种模块的创建和导入方法，读者可以灵活选用。最后需要强调的是，无论哪种方法，模块名称都是区分字母大小写的，因而需要准确一致。

机器学习中高频使用的模块如下：

（1）基础工具包：pandas 和 numpy。

```
import numpy as np
import pandas as pd
```

（2）作图工具包：matplotlib 和 seaborn。

```
import matplotlib.pyplot as plt
import seaborn as sns
```

其中 matplotlib 模块需要针对图表的中文字体及负号显示问题进行如下设置：

```
plt.rcParams['font.sans-serif']=['SimHei']      # 正常显示中文
plt.rcParams['axes.unicode_minus']=False        # 正常显示负号
```

（3）设置系统默认路径。

```
import os
os.chdir('C:/Users/用户/Desktop/')      # 路径设置为桌面
```

（4）强制不显示预警。

```
import warnings
warnings.filterwarnings('ignore')
```

2.3.2　包的创建和使用

前面提到，在调用模块中的变量、函数或者类时，在变量名、函数名或者类名的前面加上"模块名."作为前缀，可以在很大程度上避免变量名、函数名或者类名的重名带来的冲突。但模块名同样可能出现重名的情况，这时候就需要用到包（package）。简单来说，包就是多个模块的组合，从形式上看，将功能相近的模块放到一起就形成一个文件夹，文件夹中包含多个.py 文件和一个名为"_init_.py"的 Python 文件。

1. 包的创建

包的创建过程很简单，首先新建一个文件夹，将文件夹命名为包的名称，然后在文件夹中创建一个名为"_init_.py"的 Python 文件。"_init_.py"实质上就是一个模块文件，虽然取名为"_init_.py"，但这只是用来帮助解释器区分所在文件夹到底是普通文件夹还是 Python 包。"_init_.py"文件的真实名称与包名相同，比如创建了一个名为"templates"的包，"_init_.py"模块的名称也是 templates。"_init_.py"文件中可以包含代码，也可以不包含，如果包含代码，则在导入包时自动执行这些代码。

2. 包的使用

创建包以后，就可以在包中（文件夹中）创建相应的模块，然后加载这些模块用于数据分析。从包中加载模块有以下几种方法：

（1）"import 完整包名.模块名"

要加载 setting 包下面的 templates 模块，代码为：

```
import setting.templates
```

在此加载模式下，引用变量时需要使用完整的包名、模块名，也就是要加上"setting.templates."前缀，比如要使用模块中的 name 变量，需为"setting.templates.name"。

（2）"from 完整包名 import 模块名"

要加载 setting 包下面的 templates 模块，代码为：

```
from setting import templates
```

在此加载模式下，引用变量时不需要使用包名，但需要加上模块名，也就是要加上"templates."前缀，比如要引用模块中的 name 变量，需以"templates.name"的方式。

（3）"from 完整包名.模块名　import 定义名"

要加载 setting 包下面的 templates 模块中的 name 变量，采用如下代码：

```
from setting.templates import name
```

在此加载模式下，引用变量时不需要使用包名，也不需要加上模块名，直接使用变量名即可。我们也可以使用星号通配符（*）来加载模块中的全部定义，比如要加载 setting 包中的 templates 模块中的全部定义，可采用如下代码：

```
from setting.templates import *
```

对比上面三种方法可以看出，三种方法的基本逻辑为包中有模块，模块中有定义（上述示例以变量为定义进行了讲解，定义还包括函数、类等），加载模块的指令 import 后面的名称决定了变量名的作用域。第一种方法加载的是包名，所以在引用定义时需要完整引用包名、模块名；第二种方法加载的是模块名，所以在引用定义时不再需要引用包名，仅引用模块名即可；第三种方法加载的是定义名，所以在引用定义时不再需要引用包名和模块名。

2.4　Python numpy 模块中的数组

在机器学习或数据分析中，我们经常会用到一维向量、二维矩阵等数学计算。Python 作为一种编程语言，并没有内置数学上常用的一维向量、二维矩阵等对象，但是可以使用 numpy 模块的数组（array）。数组使用连续的存储空间存储一组相同类型的值，其中的每一个元素即为值本身。数组的操作和列表基本相似，同样支持基本符号运算和索引、切片，但它比列表具有更快的读写速度和更少的占用空间。如果存储的数据类型相同，使用数组是更好的选择。

2.4.1　数组的创建

创建数组首先需要导入 numpy，然后通过 np.arange()函数进行创建。创建数组后，可以通过"type()函数"".ndim"".shape"分别查看数组的类型、维度和形状。比如输入以下代码并逐行运行：

```
import numpy as np       # 导入 numpy 模块并简称为 np
array0= np.arange(10)    # 使用 arange()函数定义一个一维数组 array0
array0     # 查看数组 array0
type(array0)    # 观察数组 array0 的类型
array0.ndim     # 观察数组 array0 的维度
array0.shape    # 观察数组 array0 的形状。运行结果为：
```

```
In [75]: import numpy as np# 导入numpy模块并简称为np

In [76]: array0= np.arange(10)# 使用arange()函数定义一个一维数组array0

In [77]: array0# 查看数组array0
Out[77]: array([0, 1, 2, 3, 4, 5, 6, 7, 8, 9])

In [78]: type(array0)# 观察数组array0的类型
Out[78]: numpy.ndarray

In [79]: array0.ndim# 观察数组array0的维度
Out[79]: 1

In [80]: array0.shape# 观察数组array0的形状
Out[80]: (10,)
```

还可以调用 np.zeros()函数创建元素值全部为 0 的数组，调用 np.ones()函数创建元素值全部为 1 的数组。示例如下，输入以下代码并逐行运行：

```
np.zeros(9)         # 创建元素值全部为 0 的一维数组，元素个数为 9
np.zeros((3, 3))    # 创建二维数组，3×3 零矩阵
np.ones((3, 3))     # 创建二维数组，3×3 矩阵，元素值全部为 1
np.ones((3, 3, 3))  # 创建三维数组，形状为 3×3×3，元素值全部为 1。运行结果为：
```

```
In [81]: np.zeros(9)#创建元素值全部为0的一维数组，元素个数为9
Out[81]: array([0., 0., 0., 0., 0., 0., 0., 0., 0.])

In [82]: np.zeros((3, 3))#创建二维数组，3x3零矩阵
Out[82]:
array([[0., 0., 0.],
       [0., 0., 0.],
       [0., 0., 0.]])

In [83]: np.ones((3, 3))#创建二维数组，3x3矩阵，元素值全部为1
Out[83]:
array([[1., 1., 1.],
       [1., 1., 1.],
       [1., 1., 1.]])

In [84]: np.ones((3, 3, 3))#创建三维数组，形状为3x3x3，元素值全部为1
Out[84]:
array([[[1., 1., 1.],
        [1., 1., 1.],
        [1., 1., 1.]],

       [[1., 1., 1.],
        [1., 1., 1.],
        [1., 1., 1.]],

       [[1., 1., 1.],
        [1., 1., 1.],
        [1., 1., 1.]]])
```

还可以将列表转换为数组，比如输入以下代码并逐行运行：

```
list1 = [0,1,2,3,4,5,6,7,8,9]        # 创建列表 list1
array1 = np.array(list1)             # 将列表 list1 转换为数组形式，得到 array1
array1    # 查看数组 array1
# 运行结果为：array([0, 1, 2, 3, 4, 5, 6, 7, 8, 9])
array1 = array1.reshape(5, 2)        # 将一维数组 array1 转换为二维数组
array1    # 查看更新后的数组 array1，运行结果为：
```

```
array([[0, 1],
       [2, 3],
       [4, 5],
       [6, 7],
       [8, 9]])
```

```
array1.ndim    # 观察数组 array1 的维数，运行结果为：2，即维度为 2
```

需要说明的是数组的维数不同于行数和列数，而是看 reshape()括号内值的个数，比如 reshape(1, 2, 3)括号内有 3 个数，就是三维数组了。

```
array1.shape   # 观察数组 array1 的形状，运行结果为：(5, 2)，即为 5 行 2 列
list2 = [[0,1,2,3,4], [5,6,7,8,9]]   # 创建列表 list2
array2= np.array(list2)        # 将列表 list2 转换为数组形式，得到 array2
array2    # 查看数组 array2，运行结果为：
```

```
array([[0, 1, 2, 3, 4],
       [5, 6, 7, 8, 9]])
```

```
array2.ndim    # 观察数组 array2 的维数，运行结果为：2，即维数为 2
array2.shape   # 观察数组 array2 的形状，运行结果为：(2, 5)，即为 2 行 5 列
array2 = array2.reshape(5, 2)        # 将数组 array2 的形状改变成 (5, 2)
array2          # 查看改变形状后的数组 array2，运行结果为：
```

```
array([[0, 1],
       [2, 3],
       [4, 5],
       [6, 7],
       [8, 9]])
```

2.4.2　数组的计算

数组可参与计算。需要注意的是，数组不同于列表，数组的计算是基于每个元素的值，比如之前讲解列表时，如果对列表乘以 2，那么会将列表进行复制，而对数组乘以 2，则会使得其中的每个元素的值都变为原来的 2 倍。计算不仅包括加、减、乘、除等四则运算，也包括调用 np.sqrt()进行开平方的计算、调用 np.exp()进行指数的计算、调用 np.sum()进行求和的计算、调用 np.mean()进行求均值的计算等。这种可按元素进行计算的函数称为通用函数，类型为"numpy.ufunc"，简称为"ufunc"。示例如下，输入以下代码并逐行运行：

```
list1 = [0,1,2,3,4,5,6,7,8,9]   # 创建列表 list1
array1 = np.array(list1)         # 将列表 list1 转换为数组形式，得到 array1
array1*3+1   # 将数据 array1 中的每个元素的值都乘以 3 再加 1，运行结果为：array([ 1,  4,  7, 10, 13,
16, 19, 22, 25, 28])
 np.sqrt(array1)    # 将数据 array1 中的每个元素的值都开平方，运行结果为：
```

```
array([0.        , 1.        , 1.41421356, 1.73205081, 2.        ,
       2.23606798, 2.44948974, 2.64575131, 2.82842712, 3.        ])
```

```
 np.exp(array1)    # 将数据 array1 中的每个元素的值都进行指数运算，运行结果为：
```

```
array([1.00000000e+00, 2.71828183e+00, 7.38905610e+00, 2.00855369e+01,
       5.45981500e+01, 1.48413159e+02, 4.03428793e+02, 1.09663316e+03,
       2.98095799e+03, 8.10308393e+03])
```

```
 np.set_printoptions(suppress=True)    # 不以科学记数法显示，而是直接显示数字
 np.exp(array1)    # 将数据 array1 中的每个元素的值都进行指数运算，运行结果为：
```

```
array([   1.        ,    2.71828183,    7.3890561 ,   20.08553692,
         54.59815003,  148.4131591 ,  403.42879349, 1096.63315843,
       2980.95798704, 8103.08392758])
```

```
type(np.exp)   # 观察函数 np.exp()的类型，运行结果为：numpy.ufunc
 array1=array1**2+array1+1   # 对 array1 使用公式进行数学运算，并更新 array1
array1   # 查看更新后的数组 array1，运行结果为：array([ 1,  3,  7, 13, 21, 31, 43, 57, 73, 91])
list2 = [[0,1,2,3,4], [5,6,7,8,9]]   # 创建列表 list2
array2= np.array(list2)    # 将列表 list2 转换为数组形式，得到 array2
array2   # 查看数组 array2，运行结果为：
```

```
array([[0, 1, 2, 3, 4],
       [5, 6, 7, 8, 9]])
```

```
 np.sum(array2)    # 对数组 array2 的所有元素进行求和，运行结果为：45
 np.mean(array2)    # 对数组 array2 的所有元素进行求均值，运行结果为：4.5
 array2.mean(axis=0)   # 对数组 array2 的所有元素按列求均值，运行结果为：array([2.5, 3.5, 4.5, 5.5,
6.5])
 array2.mean(axis=1)   # 对数组 array2 的所有元素按行求均值，运行结果为：array([2., 7.])
```

```
array2.cumsum()      # 对数组 array2 的所有元素求累加总值，运行结果为：array([ 0,  1,  3,  6, 10, 15,
21, 28, 36, 45], dtype=int32)
```

2.4.3　使用数组开展矩阵运算

二维数组体现为矩阵，我们完全可以通过生成二维数组并运用数组计算的相关方法来完成矩阵的运算，具体包括但不限于矩阵的转置、相乘、求逆矩阵、求特征值和特征向量等。示例如下，输入以下代码并逐行运行：

```
array1 = np.arange(2, 6).reshape(2, 2)      # 生成一维数组，并转换为 2×2 的矩阵 array1
array1      # 查看矩阵 array1，运行结果为：
```

```
array([[2, 3],
       [4, 5]])
```

```
array1.T # 转置矩阵 array1，运行结果为：
```

```
array([[2, 4],
       [3, 5]])
```

```
array1 * array1.T  # 将矩阵 array1 和转置矩阵 array1 按元素相乘，运行结果为：
```

```
array([[ 4, 12],
       [12, 25]])
```

不难发现，该结果是数组内对应位置的元素分别相乘的结果，而不是矩阵乘法运算。

```
np.dot(array1, array1.T)   # 将矩阵 array1 和转置矩阵 array1 按照矩阵乘法规则相乘，运行结果为：
```

```
array([[13, 23],
       [23, 41]])
```

这一结果，才是按照矩阵乘法规则相乘的结果。

```
from numpy.linalg import inv, eig      # 载入模块 inv, eig
inv(array1)   # 求矩阵 array1 的逆矩阵，运行结果为：
```

```
array([[-2.5,  1.5],
       [ 2. , -1. ]])
```

```
eigenvalues, eigenvectors = eig(array1)    # 求矩阵 array1 的特征值和特征向量
eigenvalues    # 查看矩阵 array1 的特征值，运行结果为：array([-0.27491722,  7.27491722])
eigenvectors   # 查看矩阵 array1 的特征向量，运行结果为：
```

```
array([[-0.79681209, -0.49436913],
       [ 0.60422718, -0.86925207]])
```

2.4.4　数组的排序、索引和切片

同列表一样，我们也可以针对数组中的元素进行排序、索引和切片。示例如下，输入以下代码并逐行运行：

```
array4 = np.array([6, 5, 2, 3, 7, 5,1])    # 生成一维数组 array4
array4.sort()  # 对数组 array4 进行排序
array4          # 查看排序后的数组 array4, 运行结果为: array([1, 2, 3, 5, 5, 6, 7])
np.unique(array4)  # 查看数组 array4 中的非重复值, 运行结果为: array([1, 2, 3, 5, 6, 7])
list1 = [0,1,2,3,4,5,6,7,8,9]    # 创建列表 list1
array1 = np.array(list1)      # 将列表 list1 转换为数组形式, 得到 array1
array1[3]         # 用索引值存取数组 array1 中的第 4 个值, 运行结果为: 3
array1[3:7]      # 通过切片操作获取数组 array1 中的第 4、5、6、7 个值, 运行结果为: array([3, 4, 5, 6])
array1[array1 >= 5]      # 查看数组 array1 中大于或等于 5 的元素, 运行结果为: array([5, 6, 7, 8, 9])
np.where(array1 >=5, 1, 0)  # 将数组 array1 中大于或等于 5 的元素设置为 1, 其他为 0, 运行结果为:
array([0, 0, 0, 0, 0, 1, 1, 1, 1, 1])
array1[3:7] = 3    # 将数组 array1 中的第 4、5、6、7 个值统一设置为 3
array1            # 查看数组 array1, 运行结果为: array([0, 1, 2, 3, 3, 3, 3, 7, 8, 9])
```

2.5　Python pandas 模块中的序列与数据框

我们在实际工作中开展机器学习时, 面对的通常是各种数据表, 且多以 ".csv" 数据文件的形式 (EXCEL 可打开) 存在数据表。在数据表中, 通常用每一行来表示一个样本 (数据), 每一列表示一个变量。比如一个 30 行 3 列的数据表, 其中包括 30 个样本, 每个样本都有 3 个变量。上一节介绍的数组虽然也可以通过生成二维数组 (矩阵) 的方式对数据予以展现, 但其最大的缺点是无法展现出变量 (列) 的名称, 这时候就可以使用 pandas 模块中的序列 (Series) 与数据框 (DataFrame), 其中序列为一维数据 (注意此处讲的序列是 pandas 模块中的序列, 不同于第 1 章中讲的序列), 而且每个元素都有相应的标签 (index, 也称行编号、索引); 数据框则为多维数据, 针对数据中包含多个变量的情况, 每个样本不仅可以展示行编号, 也可以设置各个列变量的名称。

2.5.1　序列的相关操作

1. 创建序列

创建 pandas 模块中的序列, 首先需要导入 pandas 模块, 然后调用 pd.Series() 直接创建序列, 也可以将列表或数组转换为序列。示例如下, 输入以下代码并逐行运行:

```
import pandas as pd      # 导入 pandas 模块, 并简称为 pd
Series1 = pd.Series([1,3,5,6,7,6,7])  # 调用 pd.Series() 直接创建序列 Series1
Series1  # 查看序列 Series1, 运行结果为:
```

```
0    1
1    3
2    5
3    6
4    7
5    6
6    7
dtype: int64
```

```
type(Series1)    # 查看序列 Series1 的类型，运行结果为：pandas.core.series.Series。说明 Series1 类型
为 pandas 模块中的序列
import numpy as np    # 导入 numpy 模块并简称为 np
list1 = [1,3,5,6,7,6,7]    #创 建列表 list1
array1 = np.array(list1)    # 将列表 list1 转换为数组形式，得到 array1
Series1 = pd.Series(list1)    # 调用 pd.Series()将列表 list1 转换成序列 Series1
Series1#查看序列 Series1, 运行结果为：
```

```
0    1
1    3
2    5
3    6
4    7
5    6
6    7
dtype: int64
```

```
Series1 = pd.Series(array1)    # 调用 pd.Series()将数组 array1 转换成序列 Series1
Series1    # 查看序列 Series1, 运行结果为：
```

```
0    1
1    3
2    5
3    6
4    7
5    6
6    7
dtype: int32
```

可以发现直接创建序列和将列表或数组转换为序列得到的结果是一样的。

2. 序列中元素的索引和值

在 pandas 序列中，可以查看序列中元素的全部索引（index）和值（value），也可以通过索引或者切片查看序列元素的值，索引也可以被修改或编辑。示例如下，输入以下代码并逐行运行：

```
Series1.index    # 查看序列 Series1 元素的索引，运行结果为：RangeIndex(start=0, stop=7, step=1)，即
索引从 0 开始，到 7 结束（不包含 7），步长为 1
Series1.values    # 查看序列 Series1 元素的值，运行结果为：array([1, 3, 5, 6, 7, 6, 7])
Series1[0]    # 查看序列 Series1 第 1 个元素（索引为 0）的值，运行结果为：1
Series1[1]    # 查看序列 Series1 第 2 个元素（索引为 1）的值，运行结果为：3
Series1[[0,2]]    # 查看序列 Series1 索引为 0 和 2 的元素的值，运行结果为：
```

```
0    1
2    5
dtype: int32
```

```
Series1.index = ['a', 'b', 'c', 'd', 'e', 'f', 'g']    # 修改序列 Series1 中元素的索引
Series1    # 查看更新索引后的序列 Series1, 运行结果为：
```

```
a     1
b     3
c     5
d     6
e     7
f     6
g     7
dtype: int32
```

```
Series1['b']   # 查看更新索引后的序列 Series1 中的元素'b'，运行结果为：3
Series1[['a', 'e']]      # 查看更新索引后的序列 Series1 中的元素'a'，'e'，运行结果为：
```

```
a     1
e     7
dtype: int32
```

3. 序列中元素值的基本统计

我们可以对序列中元素的值进行基本统计，包括按值的大小对元素进行排序、查看序列中的非重复值、对序列中的值进行计数统计等。示例如下，输入以下代码并逐行运行：

```
Series1 = Series1.sort_values()   # 将序列 Series1 的元素按值大小进行排序
Series1   # 查看序列 Series1，运行结果为：
```

```
a     1
b     3
c     5
d     6
f     6
e     7
g     7
dtype: int32
```

```
Series1.unique()    # 查看序列 Series1 中的非重复值，运行结果为：array([1, 3, 5, 6, 7])
Series1.value_counts()   # 对序列 Series1 中的值进行计数统计，运行结果为：
```

```
6     2
7     2
1     1
3     1
5     1
dtype: int64
```

2.5.2　数据框的相关操作

数据框针对的是多维数据，其特色在于对每个样本不仅可以展示行编号，还可以设置各个列变量的名称，非常契合商业运营实践中的实际数据存储方式，所以应用非常广泛。相关操作包括创建数据框，查看数据框索引、列和值，提取数据框中的变量列，从数据框中提取子数据框，数据框中变量列的编辑操作等。

1. 创建数据框

如表 2.2 所示为一个常见的商业运营实践中的数据示例。从行的角度看，第一行为变量名，下面的每一行均为一个样本；从列的角度看，每一列均为一个变量，从左至右分别为 credit、age、education、workyears。

表 2.2   商业运营实践中的数据示例

credit	age	education	workyears
1	55	2	7.8
1	30	4	2.6
1	39	3	6.5
1	37	2	10.9

要将该数据设置为数据框形式，有以下两种方法：

（1）第一种方法是通过创建字典并调用 pd.DataFrame()进行转换。

```
Dict1 = {'credit': [1, 1, 1, 1], 'age': [55, 55, 39, 37],'education': [2,4,3,2],
'workyears': [7.8, 2.6, 6.5, 10.9]}  # 创建字典 Dict1
DataFrame1= pd.DataFrame(Dict1)  # 将字典 Dict1 转换为数据框形式
DataFrame1          # 查看数据框 DataFrame1, 运行结果为:
```

```
   credit  age  education  workyears
0       1   55          2        7.8
1       1   55          4        2.6
2       1   39          3        6.5
3       1   37          2       10.9
```

```
type(DataFrame1)   # 查看数据框 DataFrame1 的类型, 运行结果为: pandas.core.frame.DataFrame, 说明
DataFrame1 类型为 pandas 模块中的数据框
```

（2）第二种方法是通过创建列表或数组并调用 pd.DataFrame()进行转换。

```
list1 = [[1, 55, 2, 7.8], [1, 55, 4, 2.6],[1, 39, 3, 6.5],[1, 37, 2, 10.9]]# 创建列表 list1
array1= np.array(list1)      # 将列表 list1 转换为数组形式, 得到 array1
array1          # 查看数组 array1, 运行结果为:
```

```
array([[ 1. , 55. ,  2. ,  7.8],
       [ 1. , 55. ,  4. ,  2.6],
       [ 1. , 39. ,  3. ,  6.5],
       [ 1. , 37. ,  2. , 10.9]])
```

```
DataFrame1= pd.DataFrame(array1, columns=['credit', 'age', 'education', 'workyears'])
# 将数组 array1 转换为数据框形式
DataFrame1      # 查看数据框 DataFrame1, 运行结果为:
```

```
   credit   age  education  workyears
0     1.0  55.0        2.0        7.8
1     1.0  55.0        4.0        2.6
2     1.0  39.0        3.0        6.5
3     1.0  37.0        2.0       10.9
```

```
DataFrame1= pd.DataFrame(list1, columns=['credit', 'age', 'education', 'workyears'])
# 将列表 list1 转换为数据框形式
DataFrame1      # 查看数据框 DataFrame1, 运行结果为:
```

```
   credit   age  education   workyears
0       1    55          2         7.8
1       1    55          4         2.6
2       1    39          3         6.5
3       1    37          2        10.9
```

可以发现通过创建字典并调用 pd.DataFrame()进行转换和通过创建列表或数组并调用 pd.DataFrame()进行转换得到的结果是一样的。

2. 查看数据框索引、列和值

数据框类型的特色在于数据有索引和列，我们可以查看数据框中的索引、列和值。示例如下，输入以下代码并逐行运行：

```
DataFrame1.index   # 查看数据框 DataFrame1 的索引，运行结果为：RangeIndex(start=0, stop=4,
step=1)，即索引从 0 开始，到 4 结束（不包含 4），步长为 1
DataFrame1.columns# 查看数据框 DataFrame1 的列，运行结果为：Index(['credit', 'age', 'education',
'workyears'], dtype='object')
DataFrame1.values   # 查看数据框 DataFrame1 的值，运行结果为：
```

```
array([[ 1. , 55. ,  2. ,  7.8],
       [ 1. , 55. ,  4. ,  2.6],
       [ 1. , 39. ,  3. ,  6.5],
       [ 1. , 37. ,  2. , 10.9]])
```

结果为 array 数组，所以数据框本质上就是带有行编号（索引，index）和列（变量，columns）名的二维数组。

```
DataFrame1 = DataFrame1.sort_values(by='workyears')        # 将数据框 DataFrame1 按照'workyears'
列变量排序
DataFrame1   # 查看排序后的数据框 DataFrame1，运行结果为：
```

```
   credit   age  education   workyears
1       1    55          4         2.6
2       1    39          3         6.5
0       1    55          2         7.8
3       1    37          2        10.9
```

3. 提取数据框中的变量列

很多时候我们需要从现有数据集中提取一列或几列，分别用于响应变量和特征变量，而有时候需要检查特定样本的变量值，这就涉及提取数据框中的变量列，以前面新建的 DataFrame1 为例，提取变量列的代码如下：

```
DataFrame1['workyears']       # 提取数据框 DataFrame1 中的'workyears'列，运行结果为：
```

```
1      2.6
2      6.5
0      7.8
3     10.9
Name: workyears, dtype: float64
```

```
type(DataFrame1['workyears'])      # 观察数据框中'workyears'列的类型，运行结果为：
pandas.core.series.Series
```

所以数据框中单独提取的变量列就是上一节中介绍的序列。

```
DataFrame1.workyears    # 提取数据框 DataFrame1 中的'workyears'列，这是另一种提取方法，运行结果为：
```

```
1      2.6
2      6.5
0      7.8
3     10.9
Name: workyears, dtype: float64
```

在具体工作中，我们更多的是使用 loc 和 iloc 来提取数据。

● loc（location）：使用行编号（索引，index）和列名（变量，columns）进行索引。

● iloc（integer location）：基于位置进行索引，用类似于 numpy 模块中 array 数组的方法进行索引。

```
DataFrame1.loc[:,['education', 'workyears']]    # 提取数据框 DataFrame1 中的所有行、'education'
列、'workyears'列，运行结果为：
```

```
   education   workyears
1          4         2.6
2          3         6.5
0          2         7.8
3          2        10.9
```

```
DataFrame1.loc[0,'workyears']    # 提取数据框 DataFrame1 中第一行（第一个样本）、'workyears'列的值，
运行结果为：7.8
DataFrame1.loc[DataFrame1.workyears>6, :] # 提取数据框 DataFrame1 中所有 workyears>6 的样本、所
有列，运行结果为：
```

```
   credit  age  education  workyears
2       1   39          3        6.5
0       1   55          2        7.8
3       1   37          2       10.9
```

```
DataFrame1.iloc[0, 1]    # 提取数据框 DataFrame1 中第一行（第一个样本）、第二个变量的值，运行结果为：55
DataFrame1.iloc[1, 2:]    # 提取数据框 DataFrame1 中第二行（第二个样本）、第三个（含）及以后变量的值，运
行结果为：
```

```
education      3.0
workyears      6.5
Name: 2, dtype: float64
```

```
DataFrame1.iloc[:, 2:]    # 提取数据框 DataFrame1 中所有行、第三个（含）及以后变量列的值，运行结果为：
```

```
   education   workyears
1          4         2.6
2          3         6.5
0          2         7.8
3          2        10.9
```

4. 从数据框中提取子数据框

可以基于现有的数据框提取子数据框，也可以从中提取变量进行统计分析。示例如下，输入以下代码并逐行运行：

```
DataFrame1[['education', 'workyears']]        # 提取数据框 DataFrame1 中的'education'、
'workyears'列，形成子数据框，运行结果为：
```

```
        education  workyears
1              4        2.6
2              3        6.5
0              2        7.8
3              2       10.9
```

```
    type(DataFrame1[['education', 'workyears']])    # 观察子数据框的类型，运行结果为：
pandas.core.frame. DataFrame
    DataFrame1.education.value_counts()    # 观察数据框 DataFrame1 中 education 变量的取值计数情况，运
行结果为：
```

```
2    2
4    1
3    1
Name: education, dtype: int64
```

```
    DataFrame1.age.value_counts()        # 观察数据框 DataFrame1 中 age 变量的取值计数情况，运行结果为：
```

```
55    2
37    1
39    1
Name: age, dtype: int64
```

```
    pd.crosstab(DataFrame1.education, DataFrame1.age)    # 针对'education'、'workyears'两个变量开
展交叉表分析，运行结果为：
```

```
age        37  39  55
education
2           1   0   1
3           0   1   0
4           0   0   1
```

5. 数据框中变量列的编辑操作

可以对数据框中的变量列进行编辑操作，包括但不限于更新变量列的名称、增加新的列、删除列等。示例如下，输入以下代码并逐行运行：

```
DataFrame1.columns = ['y', 'x1', 'x2', 'x3']    # 修改数据框 DataFrame1 中的列名进
DataFrame1    # 查看更改列名后的数据框 DataFrame1，运行结果为：
```

```
    y  x1  x2    x3
1   1  55   4   2.6
2   1  39   3   6.5
0   1  55   2   7.8
3   1  37   2  10.9
```

```
DataFrame1['x4'] = [6.6,3.6,7.8,10.4]        # 在数据框 DataFrame1 中增加 1 列'x4'
DataFrame1    # 查看更新后的数据框 DataFrame1，运行结果为：
```

```
    y  x1  x2    x3    x4
1   1  55   4   2.6   6.6
2   1  39   3   6.5   3.6
0   1  55   2   7.8   7.8
3   1  37   2  10.9  10.4
```

```
DataFrame1['x5'] = np.array([6.6,3.6,7.8,10.4])        # 在数据框 DataFrame1 中增加一个数组作为列
'x5'
DataFrame1    # 查看更新后的数据框 DataFrame1，运行结果为：
```

```
     y    x1   x2    x3     x4     x5
1    1    55    4    2.6    6.6    6.6
2    1    39    3    6.5    3.6    3.6
0    1    55    2    7.8    7.8    7.8
3    1    37    2   10.9   10.4   10.4
```

```
DataFrame1 = DataFrame1.drop('x5', axis=1)        # 在数据框 DataFrame1 中删除列'x5', axis=1 表示删
除列
DataFrame1        # 查看更新后的数据框 DataFrame1, 运行结果为:
```

```
     y    x1   x2    x3     x4
1    1    55    4    2.6    6.6
2    1    39    3    6.5    3.6
0    1    55    2    7.8    7.8
3    1    37    2   10.9   10.4
```

```
DataFrame1 = DataFrame1.drop('x4', axis='columns')  # 在数据框 DataFrame1 中删除列'x4', 是另一种
删除列的方式
DataFrame1        # 查看更新后的数据框 DataFrame1, 运行结果为:
```

```
     y    x1   x2    x3
1    1    55    4    2.6
2    1    39    3    6.5
0    1    55    2    7.8
3    1    37    2   10.9
```

2.6 Python 对象与类

　　Python 是一门面向对象的程序设计语言。在 Python 中，一切皆对象，都拥有静态属性和动态行为。程序设计的基本特征为封装、继承和多态。封装就是把对象的属性和行为封装成类；继承就是子类复用父类的属性和行为，并且加入自身特有的属性和行为；多态就是将父类应用到子类，实现不同的效果。所以，类（class）就是封装对象属性和行为的载体，或者说是具有相同属性和行为的一类实体。在类中，可以定义每个对象共有的属性和方法。

2.6.1 类的定义

　　类的定义通过 class 来实现，基本语法格式为：

```
class ClassName
    """
    类的帮助信息
    """
    statement
```

　　其中，ClassName 是类名；类的帮助信息用来说明类的作用等详细信息；statement 为类的主体，主要包括类变量、方法和属性等定义语句。
　　在类主体的语句部分，常用到__init__()函数，创建__init__函数后，只要调用此类，就会自动

运行该函数。__init__()函数必须包含一个 self 参数，并且是第一个参数。self 参数即为调用函数对象本身，用于访问类中的属性和方法，在调用时会自动传递实际参数给 self。当然，除了 self 参数之外，还可以自定义一些参数，参数之间用英文逗号（,）分隔。

在完成类的定义后，我们可以向类传递具体的实例，使其实例化，即根据类创建一系列的实例，或者说，将类中定义的规则应用到具体的实例。示例如下，输入以下代码，然后全部选中这些代码并整体运行（完成类为 company 的定义）：

```
class company:    # 定义类，名为 company
    def __init__ (self, name, credit_rating='BBB', loan=5000):    # 调用__init__函数，只要调
用此类，就会自动运行该函数；self 即为调用函数对象本身，类中还定义了三个参数，即 name、credit_rating 和 loan，
后两个参数分别设置了默认值
        self.name = name    # 定义对象 self 的属性 name
        self.credit_rating = credit_rating    # 定义对象 self 的属性 credit_rating
        self.loan=loan    # 定义对象 self 的属性 loan
```

该类可应用于商业银行对公授信客户，类名为 company；name 为客户的公司名称；credit_rating 为信用评级，信用评级的初始化默认值为'BBB'；loan 为授信额度，初始化默认值为5000 万元。然后对其进行实例化，示例如下，输入以下代码并逐行运行：

```
SDLN=company('山东 XX 有限责任公司')    #将'山东 XX 有限责任公司'传参给类 company，使其实例化
SDLN.name    # 查看 SDLN 的参数 name 的值，运行结果为: '山东 XX 有限责任公司'
SDLN.credit_rating    # 查看 SDLN 的参数 credit_rating 的值，运行结果为: 'BBB'
SDLN.loan    # 查看 SDLN 的参数 loan 的值，运行结果为: 5000
HBDB= company('河北 XX 有限责任公司', credit_rating='AA', loan=15000)    # 将'河北 XX 有限责任
公司'传参给类 company，使其实例化，给参数 credit_rating 和 loan 赋值
HBDB.name    # 查看 HBDB 的参数 name 的值，运行结果为: '河北 XX 有限责任公司'
HBDB.credit_rating    # 查看 HBDB 的参数 credit_rating 的值，运行结果为: 'AA'
HBDB.loan    # 查看 HBDB 的参数 loan 的值，运行结果为: 15000
```

2.6.2 定义适用于类对象的方法

在类的主体部分，除了前面介绍的__init__函数外，还可以定义其他适用于类的对象。示例如下，输入以下代码，然后全部选中这些代码并整体运行，完成类为 company 的定义：

```
class company:    # 定义类，类名为 company
    def __init__ (self, name, credit_rating='BBB', loan=5000):    # 调用__init__函数，只要调
用此类，就会自动运行该函数；self 即为调用函数对象本身，类中还定义了三个参数，即 name、credit_rating 和 loan，
后两个参数分别设置了默认值
        self.name = name    # 定义对象 self 的属性 name
        self.credit_rating = credit_rating    # 定义对象 self 的属性 credit_rating
        self.loan=loan    # 定义对象 self 的属性 loan
    def province(self):    # 定义函数 province()
        return self.name.split()[0]    # 返回 self 的属性 name 按分隔符分隔的第一部分
    def company_Nature(self):    # 定义函数 company_Nature()
        return self.name.split()[-1]    # 返回 self 的属性 name 按分隔符分隔的最后一部分
    def quantity(self,percent):    # 定义函数 quantity()
        self.loan = round(self.loan * (1 + percent),1)    # 返回 self 的属性 loan，根据参数
percent 将初始 loan 提高一定百分比
    def __repr__(self):    # 定义函数__repr__()
        return f'company: {self.name}. credit_rating: {self.credit_rating}. loan:
{self.loan}.'    # 以 f'字符串形式定制函数 print()输出结果，包括 name、credit_rating、loan 信息
```

在类的主体部分，除了__init__函数外，还定义了函数 province()，其作用是提取公司名称中的第一部分作为注册地所在的省份；定义了函数 company_Nature()，用来提取公司名称中的最后一部分作为公司性质；定义了函数 quantity()，返回授信额度 loan，并根据参数 percent 将初始授信额度 loan 提高一定百分比；定义了函数__repr__()，以 f 字符串形式定制函数 print()输出结果，包括 name、credit_rating、loan 信息。然后对其进行实例化，比如输入以下代码并逐行运行：

```
HBDB= company('河北 XX 有限责任公司', credit_rating='AA', loan=15000)        # 将'河北 XX 有限责任
公司'传参给类 company，使其实例化，并对参数 credit_rating 和 loan 进行赋值
    HBDB.province()          # 查看 HBDB 的 province 的值，运行结果为：'河北'
    HBDB.company_Nature()    # 查看 HBDB 的 company_Nature 的值，运行结果为：'有限责任公司'
    HBDB.quantity(0.3)       # 设置 percent 为 0.3，查看 HBDB 的 quantity 的值
    HBDB.loan      # 查看 HBDB 的参数 loan 的值，运行结果为：'19500.0'，即 15000×1.3
    print(HBDB)    # 查看 HBDB 的定制输出信息，运行结果为：company: 河北 XX 有限责任公司. credit_rating:
AA. loan: 19500.0.
```

2.6.3　子类从父类继承

前面提到，Python 是面向对象的程序设计语言，通过封装、继承和多态的方式使用类，从而编程更加便捷。类的定义其实就是封装的过程，封装完成后形成父类，然后我们可以从父类继承得到子类。接前面的例子，已经定义好了类 company，然后将它作为父类，构建 credit_Line 子类。输入以下代码，然后全部选中这些代码并整体运行，完成 credit_Line 子类的定义：

```
class credit_Line(company):        # 定义类，名为 credit_Line(company)，该类为 company 的子类
    def quantity(self, percent, increase=0.1): # 定义函数 quantity()，参数除了 percent 之外，还
有一个固定参数 increase=0.1
        company.quantity(self, percent + increase)    # 将初始 loan 按照 percent 和 increase（固定
为 0.1）之和提高一定百分比
```

子类 credit_Line 在继承父类 company 的基础上，对于其中的 quantity()函数进行了更新，体现在授信额度不仅使用 percent 对初始授信额度进行加成，还增加了固定加成额度参数 increase=0.1，也就是说将初始 loan 按照 percent 和 increase（固定为 0.1）之和提高一定百分比。下面对其进行实例化，输入以下代码并逐行运行：

```
ZJSW=credit_Line('河北 XX 股份有限公司', 'AAA', 30000)        # 将'河北 XX 有限责任公司'传参给类
company，使其实例化，并对参数 credit_rating、loan 进行赋值
    ZJSW.name          # 查看 ZJSW 的参数 name 的值，运行结果为：'河北 XX 股份有限公司'
    ZJSW.credit_rating      # 查看 ZJSW 的参数 credit_rating 的值，运行结果为：'AAA'
    ZJSW.loan      # 查看 ZJSW 的参数 loan 的值，运行结果为：30000
    ZJSW.province()        # 查看 ZJSW 的 province 的值，运行结果为：'河北'
    ZJSW.company_Nature()    # 查看 ZJSW 的 company_Nature 的值，运行结果为：股份有限公司'
    ZJSW.quantity(0.4)      # 设置 percent 为 0.4，查看 ZJSW 的 quantity 的值
    ZJSW.loan      # 查看 ZJSW 的参数 loan 的值，运行结果为：'45000.0'，即 30000×（1+0.4+0.1）
```

2.7　Python 数据读取

本节主要介绍在 Python 中如何读取数据。

2.7.1　读取文本文件（CSV 或者 TXT 文件）

读取 CSV 或者 TXT 文件需要用到 pandas 模块中的 pd.read_csv()函数或者 pd.read_table()函数，其中 pd.read_csv()函数主要用来读取 CSV 文件，而 pd.read_table()函数主要用来读取 TXT 文件。

pd.read_csv()函数的基本语法格式如下：

```
pd.read_csv('文件.csv',sep=',')
```

其中的参数 sep 用于指定分隔符，一定要与拟读取的 CSV 文件中实际的分隔符完全一致，若不设置则默认的分隔符为英文状态下的逗号（即半角逗号）。

常用的分隔符如表 2.3 所示。

表 2.3　常用的分隔符及含义

分隔符	含义	分隔符	含义
,	逗号	\s+	多个空白字符
\s	空白字符	\n	换行符
\r	回车符	\v	垂直制表符
\t	水平制表符		

pd.read_table()函数的基本语法格式如下：

```
pd.read_table('文件.txt',sep='\t')
```

其中的参数 sep 用于指定分隔符，一定要与拟读取的 TXT 文件中实际的分隔符完全一致，若不设置则默认的分隔符为水平制表符（\t）。该函数的完整基本语法格式如下：

```
pd.read_table(filepath_or_buffer,sep='\t',header='infer',names=None,index_col=None,usecols
=None,dtype=None,converters=None,skiprows=None,skipfooter=None,nrows=None,na_values=None,skip_
blank_lines=True,parse_dates=False,thousands=None,comment=None,encoding=None)
```

参数说明如表 2.4 所示。

表 2.4　参数说明

参数	说明
filepath_or_buffer	指定拟读取的文件路径，也可以是指定存储数据的网站链接
sep	指定拟读取的数据文件中的分隔符，默认为 tab 制表符
header	是否把拟读取的数据集的第一行作为表头，默认为是，并将第一行作为变量名。如果拟读取的数据集中没有表头，则需要设置成 None
names	如果拟读取的数据集中没有变量名，则可以通过该参数添加变量名（列名）
index_col	指定标签列，即把数据集中的某些列作为行索引（index）
usecols	用于仅读取部分列时，通过该参数指定要读取的变量名（列名）
dtype	为拟读取的数据集中的每个变量设置不同的数据类型
converters	通过字典格式为拟读取的数据集中的某些变量设置转换函数
skiprows	用于不读取数据集前几行时，通过该参数设置需跳过的起始行数
skipfooter	用于不读取数据集后几行时，通过该参数设置需跳过的末尾行数
nrows	指定需要读取的行数

（续表）

参数	说明
na_values	指定将数据集中的哪些特征值视为缺失值（默认将两个分隔符之间的空值视为缺失值）
skip_blank_lines	跳过空白行，如不设置，则默认为 True
parse_dates	主动解析格式。如果参数值为 True，则尝试解析数据框的行索引为日期格式；如果参数为类似[0,1,2,3,4]的列表，则尝试解析 0，1，2，3，4 列为时间格式；如果参数为嵌套列表，则将某些列合并为日期列；如果参数为字典，则解析对应的列（即字典中的值），并生成新的变量名（即字典中的键）
thousands	指定拟读取的数据集中的千分位符
comment	指定注释符，在读取数据时，如果碰到行首指定的注释符，则跳过该行
encoding	用于解决中文乱码问题（通常设置为"utf-8"或者"gbk"）

下面以示例的方式进行讲解。输入以下代码并逐行运行：

```
import pandas as pd          # 导入 pandas 模块并简称为 pd
data=pd.read_csv('C:/Users/Administrator/.spyder-py3/数据 4.1.csv')          # 从设置路径中读取数据
4.1 文件，数据 4.1 文件为.csv 格式
```

注意，因用户的具体安装路径不同，代码会有所差异。成功载入后，可在 Spyder 的变量管理器界面找到载入的 data 数据文件（见图 2.1），双击数据文件名即可打开数据文件，如图 2.2 所示。

名称	类型	大小	值
data	DataFrame	(25, 4)	Column names: profit, invest, labor, rd

图 2.1   在 Spyder 的变量管理器界面找到载入的 data 数据文件

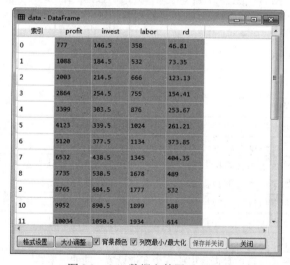

图 2.2   data 数据文件展示（1）

调用 pd.read_csv()函数可以直接读取 CSV 文件。下面我们尝试调用 pd.read_csv()函数直接读取 TXT 文件。

```
data=pd.read_csv('C:/Users/Administrator/.spyder-py3/数据 4.1.txt')          # 从设置路径中读取数据
4.1 文件，数据 4.1 文件为.txt 格式
```

运行结果如图 2.3 所示。从图中可以发现由于没有正确指定分隔符，因此数据没能够被正确读取。

索引	profit invest labor rd			
0	777	146.5	358	46.81
1	1088	184.5	532	73.35
2	2003	214.5	666	123.13
3	2864	254.5	755	154.41
4	3399	303.5	876	253.67
5	4123	339.5	1024	261.21
6	5120	377.5	1134	373.85
7	6532	438.5	1345	404.35
8	7735	538.5	1678	489
9	8765	684.5	1777	532
10	9952	890.5	1899	588

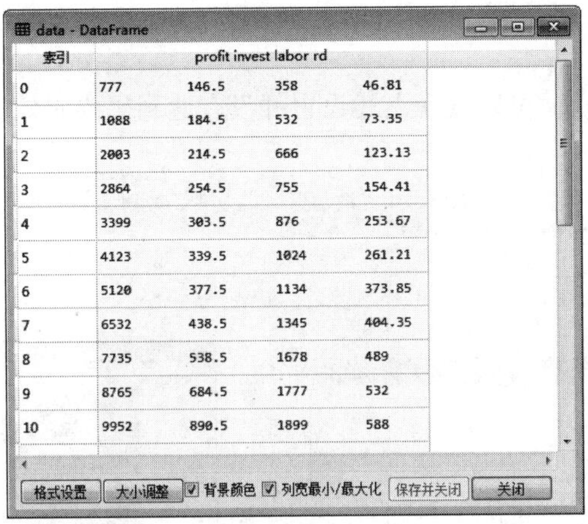

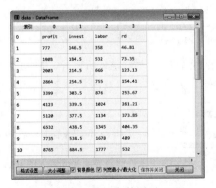

图 2.3　data 数据文件展示（2）

```
data=pd.read_csv('C:/Users/Administrator/.spyder-py3/数据 4.1.txt',sep='\t')        # 从设置路径中读取数据 4.1 文件，数据 4.1 文件为.txt 格式
```

将分隔符设置为'\t'后，数据就能够被正确读取了，限于篇幅，此处不展示运行结果的截图了。

```
data=pd.read_csv('C:/Users/Administrator/.spyder-py3/数据 4.1.txt',sep='\s+')        # 从设置路径中读取数据 4.1 文件，数据 4.1 文件为.txt 格式
```

将分隔符设置为'\s+'后，数据同样被正确读取，限于篇幅，此处不展示运行结果的截图了。

```
data=pd.read_table('C:/Users/Administrator/.spyder-py3/数据 4.1.txt')    # 从设置路径中读取数据 4.1 文件，数据 4.1 文件为.txt 格式
```

调用 pd.read_table()函数，不必设置分隔符也可正确读取 TXT 数据文件，限于篇幅，此处不展示运行结果的截图了。

```
data=pd.read_csv('C:/Users/Administrator/.spyder-py3/数据 4.1.csv', header=None) # 从设置路径中读取数据 4.1 文件，数据 4.1 文件为.csv 格式，但不把第一行作为表头
```

运行结果如图 2.4 所示。可以发现原本数据集中的变量名也被当作样本数据了。

索引	0	1	2	3
0	profit	invest	labor	rd
1	777	146.5	358	46.81
2	1088	184.5	532	73.35
3	2003	214.5	666	123.13
4	2864	254.5	755	154.41
5	3399	303.5	876	253.67
6	4123	339.5	1024	261.21
7	5120	377.5	1134	373.85
8	6532	438.5	1345	404.35
9	7735	538.5	1678	489
10	8765	684.5	1777	532

图 2.4　data 数据文件展示（3）

此外，很多时候我们需要摒弃数据集原来的变量名（可能是因为原来的变量名设置不合理、

有错误、过长等），就需要设置新的变量名。

```
data=pd.read_csv('C:/Users/Administrator/.spyder-py3/数据 4.1.csv',names = ['V1', 'V2',
'V3', 'V4']) # 从设置路径中读取数据 4.1 文件，数据 4.1 文件为.csv 格式，把变量名分别设置为'V1', 'V2', 'V3',
'V4'
```

运行结果如图 2.5 所示。可以发现上述设置并没有达到想要的效果，代码应该为：

```
data=pd.read_csv('C:/Users/Administrator/.spyder-py3/数据 4.1.csv', skiprows=[0],names =
['V1', 'V2', 'V3', 'V4'])) # 从设置路径中读取数据 4.1 文件，数据 4.1 文件为.csv 格式，跳过第一行不读取，并
且把变量名分别设置为'V1', 'V2', 'V3', 'V4'
```

运行结果如图 2.6 所示。

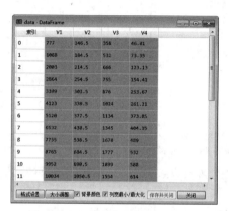

图 2.5　data 数据文件展示（4）　　　　　图 2.6　data 数据文件展示（5）

2.7.2　读取 EXCEL 数据

在很多情况下，我们需要调用 EXCEL 数据，可以直接调用默认的 sheet 表，也可以调用指定的 sheet 表，还可以在确定 sheet 表后单独调用其中的部分列而不是载入整个 sheet 表。下面以示例的方式进行讲解。首先需要将本书提供的数据文件放在安装 spyder-py3 的默认路径位置（C:/Users/Administrator/.spyder-py3/，注意大家的具体安装路径可能与此不同），并从相应位置进行读取。然后输入以下代码并逐行运行：

```
import pandas as pd    # 导入 pandas 模块并简称为 pd
data=pd.read_excel('C:/Users/Administrator/.spyder-py3/数据 4.1.xlsx') # 从设置路径中读取数据
4.1 文件，数据 4.1 文件为 EXCEL 文件的.xlsx 格式
```

注意，因用户的具体安装路径不同，代码会有所差异。成功载入后，可在 Spyder 的变量管理器界面找到载入的 data 数据文件（见图 2.7），双击文件名以打开该数据文件，如图 2.8 所示。

名称	类型	大小	值
data	DataFrame	(25, 4)	Column names: profit, invest, labor, rd

图 2.7　在 Spyder 的变量管理器界面找到载入的 data 数据文件

图 2.8　data 数据文件展示（6）

```
data=pd.read_excel('C:/Users/Administrator/.spyder-py3/数据4.1.xlsx',sheet_name='数据4.1副
本') # 读取某个 sheet 表，运行结果如图 2.9 所示
data=pd.read_excel('C:/Users/Administrator/.spyder-py3/数据4.1.xlsx')[['profit', 'invest']]
# 读取并筛选几列，运行结果如图 2.10 所示
```

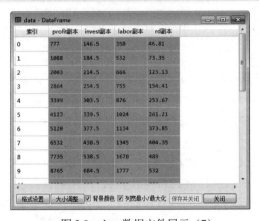 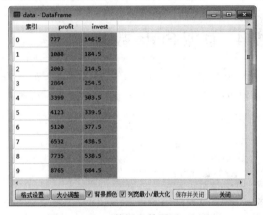

图 2.9　data 数据文件展示（7）　　　　图 2.10　data 数据文件展示（8）

2.7.3　读取 SPSS 数据

在很多情况下，我们需要调用 SPSS 软件产生的数据，下面通过示例进行来讲解。首先需要将本书提供的数据文件放在安装 spyder-py3 的默认路径位置（C:/Users/Administrator/.spyder-py3/，注意大家的具体安装路径可能与此不同），并从相应位置进行读取，然后输入以下代码并逐行运行：

```
pip install--upgrade pyreadstat  # 读取 SPSS 格式数据需要安装 pyreadstat
import pandas as pd       # 导入 pandas 模块并简称为 pd
data=pd.read_spss('C:/Users/Administrator/.spyder-py3/数据7.1.sav')     # 从设置路径中读取数据
7.1 文件，数据 7.1 文件为 SPSS 文件的.sav 格式
```

注意，因用户的具体安装路径不同，代码会有所差异。成功载入后，可在 Spyder 的变量管理器界面找到载入的 data 数据文件（见图 2.11），再双击文件名以打开该数据文件，如图 2.12 所示。

名称	类型	大小	值
data	DataFrame	(25, 5)	Column names: year, profit, invest, labor, rd

图 2.11　在 Spyder 的变量管理器界面找到载入的 data 数据文件

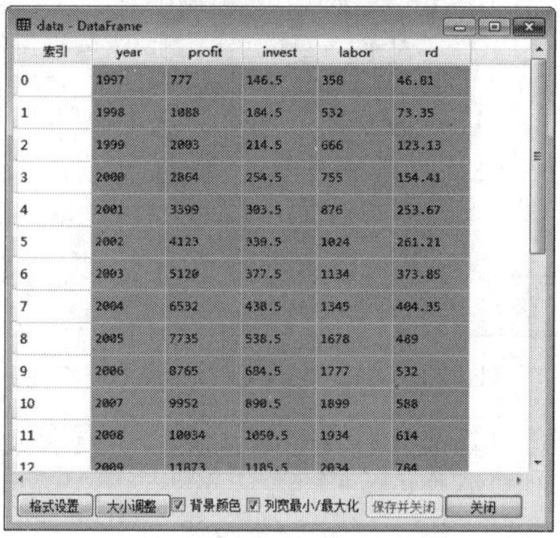
data - DataFrame

索引	year	profit	invest	labor	rd
0	1997	777	146.5	358	46.81
1	1998	1088	184.5	532	73.35
2	1999	2003	214.5	666	123.13
3	2000	2864	254.5	755	154.41
4	2001	3399	303.5	876	253.67
5	2002	4123	339.5	1024	261.21
6	2003	5120	377.5	1134	373.85
7	2004	6532	438.5	1345	404.35
8	2005	7735	538.5	1678	489
9	2006	8765	684.5	1777	532
10	2007	9952	890.5	1899	588
11	2008	10034	1050.5	1934	614
12	2009	11873	1185.5	2034	784

格式设置　大小调整　背景颜色　列宽最小/最大化　保存并关闭　关闭

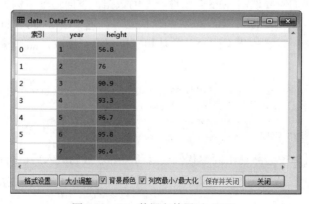

图 2.12　data 数据文件展示（9）

2.7.4　读取 Stata 数据

在很多情况下，我们需要调用 Stata 软件产生的数据，下面通过示例进行讲解。首先需要将本书提供的数据文件放在安装 spyder-py3 的默认路径位置（C:/Users/Administrator/.spyder-py3/，注意大家的具体安装路径可能与此不同），并从相应位置进行读取，然后输入以下代码并逐行运行：

```
    import pandas as pd      # 导入 pandas 模块并简称为 pd
    data=pd.read_stata('C:/Users/Administrator/.spyder-py3/数据 8.dta')      # 从设置路径中读取数据
8 文件，数据 8 文件为 stata 文件的.dta 格式
```

注意，因用户的具体安装路径不同，代码会有所差异。成功载入后，可在 Spyder 的变量管理器界面找到载入的 data 数据文件（见图 2.13），再双击文件名以打开该数据文件，如图 2.14 所示。

名称	类型	大小	值
data	DataFrame	(7, 2)	Column names: year, height

图 2.13　在 Spyder 的变量管理器界面找到载入的 data 数据文件

data - DataFrame

索引	year	height
0	1	56.8
1	2	76
2	3	90.9
3	4	93.3
4	5	96.7
5	6	95.8
6	7	96.4

格式设置　大小调整　背景颜色　列宽最小/最大化　保存并关闭　关闭

图 2.14　data 数据文件展示（10）

2.8　Python 数据检索

在机器学习和数据统计分析中，在正式使用相关的算法或方法之前，往往需要对数据进行观察，本节给出查看数据的常用操作代码，类似的代码演示在后面讲述机器学习算法时也多有提及。示例如下，在 Spyder 代码编辑区内输入以下代码并逐行运行：

```
data=pd.read_csv('C:/Users/Administrator/.spyder-py3/数据 2.1.csv')    # 读取数据 2.1.csv 文件
data.describe()       # 对数据集中的各个变量开展描述统计，运行结果为：
                  pb          roe         debt    assetturnover       rdgrow
count   157.000000   157.000000   157.000000       158.000000   157.000000
mean      5.467452    10.022102    30.049236         0.557532    32.372739
std       3.592808     6.126127    15.676960         0.230418    54.472264
min       1.210000     1.130000     2.260000         0.120000   -41.270000
25%       3.080000     5.950000    18.060000         0.410000     9.210000
50%       4.410000     9.510000    28.400000         0.530000    20.980000
75%       6.760000    12.270000    42.110000         0.670000    39.460000
max      21.640000    36.970000    71.670000         1.330000   499.270000
```

从结果中可以看到，数据集中各个变量的非缺失值个数、均值、标准差、最小值、25%分位数、50%分位数、75%分位数以及最大值。

```
data.info()       # 查看数据集的基本信息，运行结果为：
<class 'pandas.core.frame.DataFrame'>
RangeIndex: 158 entries, 0 to 157
Data columns (total 5 columns):
 #   Column         Non-Null Count  Dtype
---  ------         --------------  -----
 0   pb             157 non-null    float64
 1   roe            157 non-null    float64
 2   debt           157 non-null    float64
 3   assetturnover  158 non-null    float64
 4   rdgrow         157 non-null    float64
dtypes: float64(5)
memory usage: 6.3 KB
```

从结果中可以看到数据集中共有 158 个样本（158 entries, 0 to 157）、5 个变量（total 5 columns），5 个变量分别是 pb、roe、debt、assetturnover、rdgrow，分别包含 157、157、157、158、157 个非缺失值（non-null），数据类型均为浮点型（float64），数据文件中共有 5 个浮点型（float64）变量，数据内存为 6.3KB。

```
data.dtypes     # 查看数据集中各个变量的数据类型，运行结果为：
pb               float64
roe              float64
debt             float64
assetturnover    float64
rdgrow           float64
dtype: object
```

从结果中可以看到数据集中 5 个变量的数据类型均为浮点型。

```
data.head(2)   # 查看数据集的前 2 行，运行结果为：
       pb     roe    debt   assetturnover   rdgrow
0   21.64   36.97   24.31            0.91    84.37
1   18.52   32.77   22.84            0.90      NaN
```

其中的 NaN 表示缺失值。

```
data.tail(2)    # 查看数据集的后 2 行，运行结果为：
```

	pb	roe	debt	assetturnover	rdgrow
156	1.42	1.52	29.79	0.84	-23.52
157	1.21	1.42	35.60	0.41	-41.27

```
data.shape    # 查看数据集的形状，运行结果为：(158, 5)，也就是 158 行 5 列
data.index    # 查看数据集的索引，运行结果为：RangeIndex(start=0, stop=158, step=1)，从 0 开始，到
158 结束（不包含），步长为 1
data.columns  # 查看数据集的变量名（列名），运行结果为：Index(['pb', 'roe', 'debt',
'assetturnover', 'rdgrow'], dtype='object')
```

2.9　Python 数据缺失值处理

在很多时候，受数据收集和整理环节中种种因素的影响，数据集中会含有缺失值，缺失值在一定程度上会影响数据的处理效率，我们需要对缺失值进行处理。缺失值的处理一般有以下三种方法：一是直接忽略掉缺失值，很多算法并不会因为缺失值的存在而导致效率的显著下降；二是删除缺失值所在行（样本）或者列（变量），以确保进入机器学习或统计分析的所有样本或变量没有缺失值；三是对缺失值进行补充或者估算。下面我们对相应的操作代码一一进行讲解。

2.9.1　查看数据集中的缺失值

代码如下：

```
data=pd.read_csv('C:/Users/Administrator/.spyder-py3/数据 2.1.csv')    # 读取数据 2.1.csv 文件
data.isnull()    # 对整个数据集调用 isnull() 方法按行、列判断是否是缺失值，运行结果为：
```

	pb	roe	debt	assetturnover	rdgrow
0	False	False	False	False	False
1	False	False	False	False	True
2	False	False	False	False	False
3	False	False	False	False	False
4	False	False	True	False	False
5	True	False	False	False	False
6	False	False	False	False	False
7	False	False	False	False	False
8	False	False	False	False	False
9	False	False	False	False	False
10	False	False	False	False	False
11	False	False	False	False	False
12	False	True	False	False	False
13	False	False	False	False	False
14	False	False	False	False	False
15	False	False	False	False	False

结果过多，此处仅显示部分。代码中的 isnull 表示是缺失值，所以其中为 True 的单元格即为缺失值。

```
data.notnull()    # 对整个数据集调用 notnull() 方法按行、列判断是否是缺失值，运行结果为：
```

```
        pb      roe    debt   assetturnover  rdgrow
0      True    True    True            True    True
1      True    True    True            True   False
2      True    True    True            True    True
3      True    True    True            True    True
4      True    True   False            True    True
5     False    True    True            True    True
6      True    True    True            True    True
7      True    True    True            True    True
8      True    True    True            True    True
9      True    True    True            True    True
10     True    True    True            True    True
11     True    True    True            True    True
12     True   False    True            True    True
13     True    True    True            True    True
14     True    True    True            True    True
```

结果过多，此处仅显示部分内容，代码中的 notnull 表示不是缺失值，所以其中为 False 的单元格即为缺失值。

```
data.isnull().value_counts()        # 计算缺失值个数，运行结果为：
```

```
pb      roe     debt    assetturnover  rdgrow
False   False   False   False          False    154
                                       True       1
                True    False          False      1
        True    False   False          False      1
True    False   False   False          False      1
dtype: int64
```

代码中的 isnull 表示是缺失值，所以其中为 True 的单元格即为缺失值。从运行结果中可以发现所有变量均没有缺失值的样本为 154 个，各有一个样本分别在 rdgrow、debt、roe、pb 变量列有缺失值。

```
data.isna().sum()    # 按列计算缺失值个数，运行结果为：
```

```
pb               1
roe              1
debt             1
assetturnover    0
rdgrow           1
dtype: int64
```

即 rdgrow、debt、roe、pb 变量各有一个缺失值。

```
data.isnull().sum().sort_values(ascending=False).head()   # 计算缺失值个数并排序，运行结果为：
```

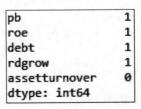

```
pb               1
roe              1
debt             1
rdgrow           1
assetturnover    0
dtype: int64
```

2.9.2 填充数据集中的缺失值

在缺失数据比较多的情况下，可以考虑直接删除缺失值；在缺失数据较少的情况下，可对数据进行填充。

1. 用字符串'缺失数据'代替

我们还是以数据 2.1 文件为例进行讲解，运行代码如下：

```
data.fillna('缺失数据',inplace=True)     # 将缺失值位置的数据用字符串'缺失数据'代替
```

说明：inplace=True 表示不创建新的对象，直接对原始对象进行修改；inplace=False 表示对数据进行修改，创建并返回新的对象承载其修改后的结果：

```
data.isnull().value_counts()     # 重新计算缺失值个数，运行结果为：
```

```
pb        roe       debt      assetturnover   rdgrow
False     False     False     False           False      158
dtype: int64
```

可以发现数据中已经不存在缺失值了。但是这种处理缺失值的方式是简单粗暴的，只是进行了字符串替换，在 Spyder 的变量管理器界面找到载入的 data 数据文件并双击名称以打开该数据文件，如图 2.15 所示。

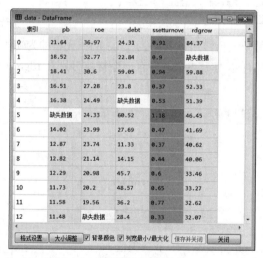

图 2.15　data 数据文件展示（11）

2. 用前后值填充缺失数据

缺失值的填充经常用到 fillna()函数，它的基本语法格式为：

```
fillna(self,value=None,method=None,axis=None,inplace=False,limit=None,downcast=None,**kwargs)
```

其中，参数 inplace=True 表示直接修改原对象，即填充缺失值，默认为 False；method 用于选择缺失值填充方式，可为 pad、ffill、backfill、bfill 和 None，默认为 None，不予填充，pad/ffill 均表示用前一个非缺失值（历史值）填充，backfill/bfill 均表示用后一个非缺失值（未来值）填充；limit 与 method 搭配使用，用于限制历史值或未来值可填充缺失值的个数；axis 用于修改填充方向。

```
data=pd.read_csv('C:/Users/Administrator/.spyder-py3/数据 2.1.csv')        # 重新读取数据 2.1.csv
文件
data.fillna(method='pad')    # 类似于 EXCEL 中用上一个单元格内容批量填充，运行结果为：
```

```
        pb     roe    debt  assetturnover  rdgrow
0     21.64  36.97  24.31           0.91   84.37
1     18.52  32.77  22.84           0.90   84.37
2     18.41  30.60  59.05           0.94   59.88
3     16.51  27.28  23.80           0.37   52.33
4     16.38  24.49  23.80           0.53   51.39
5     16.38  24.33  60.52           1.18   46.45
6     14.02  23.99  27.69           0.47   41.69
7     12.87  23.74  11.33           0.37   40.62
8     12.82  21.14  14.15           0.44   40.06
9     12.29  20.98  45.70           0.60   33.46
10    11.73  20.20  48.57           0.65   33.27
11    11.58  19.56  36.20           0.77   32.62
12    11.48  19.56  28.40           0.33   32.07
13    11.24  17.37  48.24           0.65   30.77
14    11.13  17.22  51.84           0.73   29.72
```

　　图中带有下划线的数据为原本缺失的数据，可以发现在该种方法下，缺失值的填充方式为用前一个非缺失值（历史值）进行填充，类似于 EXCEL 中用上一个单元格内容批量填充。

```
data=pd.read_csv('C:/Users/Administrator/.spyder-py3/数据 2.1.csv')# 重新读取数据 2.1.csv 文件
data.fillna(method='bfill')        # 用后一个非缺失值（未来值）进行填充，运行结果为：
```

```
        pb     roe    debt  assetturnover  rdgrow
0     21.64  36.97  24.31           0.91   84.37
1     18.52  32.77  22.84           0.90   59.88
2     18.41  30.60  59.05           0.94   59.88
3     16.51  27.28  23.80           0.37   52.33
4     16.38  24.49  60.52           0.53   51.39
5     14.02  24.33  60.52           1.18   46.45
6     14.02  23.99  27.69           0.47   41.69
7     12.87  23.74  11.33           0.37   40.62
8     12.82  21.14  14.15           0.44   40.06
9     12.29  20.98  45.70           0.60   33.46
10    11.73  20.20  48.57           0.65   33.27
11    11.58  19.56  36.20           0.77   32.62
12    11.48  17.37  28.40           0.33   32.07
13    11.24  17.37  48.24           0.65   30.77
14    11.13  17.22  51.84           0.73   29.72
15    11.11  17.20  52.71           0.52   25.32
```

　　图中带有下划线的数据为原本缺失的数据，可以发现在该种方法下，缺失值的填充方式为用后一个非缺失值（未来值）来填充。

3. 用变量均值或者中位数填充缺失数据

　　我们还可以使用列变量均值或者中位数对列变量中的所有缺失值进行批量填充。以数据 2.1 文件为例，输入以下代码并逐行运行：

```
data=pd.read_csv('C:/Users/Administrator/.spyder-py3/数据 2.1.csv')# 重新读取数据 2.1.csv 文件
data.describe()    # 对数据 2.1 文件开展描述性分析，重点观察变量的均值，运行结果为：
```

	pb	roe	debt	assetturnover	rdgrow
count	157.000000	157.000000	157.000000	158.000000	157.000000
mean	5.467452	10.022102	30.049236	0.557532	32.372739
std	3.592808	6.126127	15.676960	0.230418	54.472264
min	1.210000	1.130000	2.260000	0.120000	-41.270000
25%	3.080000	5.950000	18.060000	0.410000	9.210000
50%	4.410000	9.510000	28.400000	0.530000	20.980000
75%	6.760000	12.270000	42.110000	0.670000	39.460000
max	21.640000	36.970000	71.670000	1.330000	499.270000

```
data.fillna(data.mean())    # 依据列变量的均值对列中的缺失数据进行填充，运行结果为：
```

	pb	roe	debt	assetturnover	rdgrow
0	21.640000	36.970000	24.310000	0.91	84.370000
1	18.520000	32.770000	22.840000	0.90	32.372739
2	18.410000	30.600000	59.050000	0.94	59.880000
3	16.510000	27.280000	23.800000	0.37	52.330000
4	16.380000	24.490000	30.049236	0.53	51.390000
5	5.467452	24.330000	60.520000	1.18	46.450000
6	14.020000	23.990000	27.690000	0.47	41.690000
7	12.870000	23.740000	11.330000	0.37	40.620000
8	12.820000	21.140000	14.150000	0.44	40.060000
9	12.290000	20.980000	45.700000	0.60	33.460000
10	11.730000	20.200000	48.570000	0.65	33.270000
11	11.580000	19.560000	36.200000	0.77	32.620000
12	11.480000	10.022102	28.400000	0.33	32.070000
13	11.240000	17.370000	48.240000	0.65	30.770000
14	11.130000	17.220000	51.840000	0.73	29.720000
15	11.110000	17.200000	52.710000	0.52	25.320000

从图中可以发现填充方式为依据列变量的均值对列中的缺失数据进行填充。也可以依据列变量的中位数对列中的缺失数据进行填充：

```
data=pd.read_csv('C:/Users/Administrator/.spyder-py3/数据 2.1.csv')# 重新读取数据 2.1.csv 文件
data.fillna(data.median())    # 依据列变量的中位数对列中的缺失数据进行填充，运行结果为：
```

	pb	roe	debt	assetturnover	rdgrow
0	21.64	36.97	24.31	0.91	84.37
1	18.52	32.77	22.84	0.90	20.98
2	18.41	30.60	59.05	0.94	59.88
3	16.51	27.28	23.80	0.37	52.33
4	16.38	24.49	28.40	0.53	51.39
5	4.41	24.33	60.52	1.18	46.45
6	14.02	23.99	27.69	0.47	41.69
7	12.87	23.74	11.33	0.37	40.62
8	12.82	21.14	14.15	0.44	40.06
9	12.29	20.98	45.70	0.60	33.46
10	11.73	20.20	48.57	0.65	33.27
11	11.58	19.56	36.20	0.77	32.62
12	11.48	9.51	28.40	0.33	32.07
13	11.24	17.37	48.24	0.65	30.77
14	11.13	17.22	51.84	0.73	29.72
15	11.11	17.20	52.71	0.52	25.32

4. 用线性插值法填充缺失数据

我们还可以使用线性插值法对缺失值进行填充。比如以数据 2.1 文件为例，输入以下代码并逐行运行：

```
data=pd.read_csv('C:/Users/Administrator/.spyder-py3/数据 2.1.csv')        # 重新读取数据 2.1.csv
data.interpolate()          # 使用线性插值法对列中的缺失数据进行填充，运行结果为：
```

```
         pb      roe    debt   assetturnover   rdgrow
0     21.64    36.970   24.31          0.91    84.370
1     18.52    32.770   22.84          0.90    72.125
2     18.41    30.600   59.05          0.94    59.880
3     16.51    27.280   23.80          0.37    52.330
4     16.38    24.490   42.16          0.53    51.390
5     15.20    24.330   60.52          1.18    46.450
6     14.02    23.990   27.69          0.47    41.690
7     12.87    23.740   11.33          0.37    40.620
8     12.82    21.140   14.15          0.44    40.060
9     12.29    20.980   45.70          0.60    33.460
10    11.73    20.200   48.57          0.65    33.270
11    11.58    19.560   36.20          0.77    32.620
12    11.48    18.465   28.40          0.33    32.070
13    11.24    17.370   48.24          0.65    30.770
14    11.13    17.220   51.84          0.73    29.720
15    11.11    17.200   52.71          0.52    25.320
```

　　线性插值法假设数据为等距间隔，并且使用线性函数进行插值，可以发现本例中填充的缺失值为前一个值和后一个值的算术平均数。

2.9.3　删除数据集中的缺失值

　　我们还可以通过删除的方式解决数据集中的缺失值问题，仍以数据 2.1 文件为例，输入以下代码并逐行：

```
data=pd.read_csv('C:/Users/Administrator/.spyder-py3/数据 2.1.csv') # 重新读取数据 2.1.csv 文件
data.dropna()          # 只要有列变量存在缺失值，则整行（整个样本）即被删除，运行结果为：
```

```
         pb      roe    debt   assetturnover   rdgrow
0     21.64    36.97   24.31          0.91     84.37
2     18.41    30.60   59.05          0.94     59.88
3     16.51    27.28   23.80          0.37     52.33
6     14.02    23.99   27.69          0.47     41.69
7     12.87    23.74   11.33          0.37     40.62
8     12.82    21.14   14.15          0.44     40.06
9     12.29    20.98   45.70          0.60     33.46
10    11.73    20.20   48.57          0.65     33.27
11    11.58    19.56   36.20          0.77     32.62
13    11.24    17.37   48.24          0.65     30.77
14    11.13    17.22   51.84          0.73     29.72
15    11.11    17.20   52.71          0.52     25.32
```

　　可以发现只要有列变量存在缺失值，则整行（整个样本）即被删除。

```
data=pd.read_csv('C:/Users/Administrator/.spyder-py3/数据 2.1.csv')# 重新读取数据 2.1.csv 文件
data.dropna(how='all')  # 只有所有列变量都为缺失值，整行（整个样本）才被删除，运行结果为：
```

```
      pb     roe    debt   assetturnover   rdgrow
0   21.64   36.97   24.31            0.91    84.37
1   18.52   32.77   22.84            0.90      NaN
2   18.41   30.60   59.05            0.94    59.88
3   16.51   27.28   23.80            0.37    52.33
4   16.38   24.49     NaN            0.53    51.39
5     NaN   24.33   60.52            1.18    46.45
6   14.02   23.99   27.69            0.47    41.69
7   12.87   23.74   11.33            0.37    40.62
8   12.82   21.14   14.15            0.44    40.06
9   12.29   20.98   45.70            0.60    33.46
10  11.73   20.20   48.57            0.65    33.27
11  11.58   19.56   36.20            0.77    32.62
12  11.48     NaN   28.40            0.33    32.07
13  11.24   17.37   48.24            0.65    30.77
14  11.13   17.22   51.84            0.73    29.72
15  11.11   17.20   52.71            0.52    25.32
```

只有所有列变量都为缺失值，整行（整个样本）才被删除，由于本例中不存在这样的情形，因此没有删除任何行。

```
data=pd.read_csv('C:/Users/Administrator/.spyder-py3/数据 2.1.csv')#重新读取数据 2.1.csv 文件
data.dropna(axis=1)        # 针对某列变量，只要存在缺失值，整列就被删除，运行结果为:
```

```
    assetturnover
0            0.91
1            0.90
2            0.94
3            0.37
4            0.53
5            1.18
6            0.47
7            0.37
8            0.44
9            0.60
10           0.65
11           0.77
12           0.33
13           0.65
14           0.73
15           0.52
```

针对某列变量，只要存在缺失值，整列就被删除，本例中仅剩下了 assetturnover 列。

```
data=pd.read_csv('C:/Users/Administrator/.spyder-py3/数据 2.1.csv')#重新读取数据 2.1.csv 文件
data.dropna(axis=1,how='all')      # 针对某列变量，只有所有样本均为缺失值，整列才被删除，运行结果为:
```

```
      pb     roe    debt   assetturnover   rdgrow
0   21.64   36.97   24.31            0.91    84.37
1   18.52   32.77   22.84            0.90      NaN
2   18.41   30.60   59.05            0.94    59.88
3   16.51   27.28   23.80            0.37    52.33
4   16.38   24.49     NaN            0.53    51.39
5     NaN   24.33   60.52            1.18    46.45
6   14.02   23.99   27.69            0.47    41.69
7   12.87   23.74   11.33            0.37    40.62
8   12.82   21.14   14.15            0.44    40.06
9   12.29   20.98   45.70            0.60    33.46
10  11.73   20.20   48.57            0.65    33.27
11  11.58   19.56   36.20            0.77    32.62
12  11.48     NaN   28.40            0.33    32.07
13  11.24   17.37   48.24            0.65    30.77
14  11.13   17.22   51.84            0.73    29.72
15  11.11   17.20   52.71            0.52    25.32
```

　　针对某列变量，只有所有样本均为缺失值，整列才被删除，由于本例中不存在这样的情形，因此没有删除任何行。

2.10　Python 数据重复值处理

　　我们在日常工作中经常会遇到数据重复录入，出现重复值的情况。很多情况下，这些重复值对于机器学习或统计分析来说是没有意义的，需要予以剔除，那么就需要用到数据重复值处理的系列方法。

2.10.1　查看数据集中的重复值

　　以数据 2.2 文件为例进行讲解，输入以下代码并逐行运行：

```
data=pd.read_csv('C:/Users/Administrator/.spyder-py3/数据 2.2.csv')        #读取数据 2.2.csv 文件
data.duplicated()  # 找出数据 2.2 文件中的重复样本, 运行结果为:
```

```
0      False
1      False
2       True
3      False
4      False
5      False
6      False
7      False
8      False
9      False
10     False
11     False
12     False
13     False
14     False
```

　　可以发现第 3 个样本（索引编号为 2）为重复样本（True），前 3 个样本示例如图 2.16 所示。索引编号为 2 的样本和索引编号为 1 的样本重复。注意此种方法是当样本在所有变量维数的值都相同时，才被视为重复样本。

索引	pb	roe	debt	ssetturnove	rdgrow
0	11.24	17.37	48.24	0.65	30.77
1	11.13	17.22	51.84	0.73	29.72
2	11.13	17.22	51.84	0.73	29.72

图 2.16　前 3 个样本

```
data.duplicated('pb')  # 当变量'pb'相同时, 即视为重复示例, 找出数据 2.2 文件中的重复样本, 运行结果为:
```

```
39      False
40      False
41       True
42      False
43      False
44      False
45      False
46       True
47      False
48      False
49      False
50       True
51      False
52      False
53      False
54      False
55       True
```

可以发现，仅基于变量'pb'是否相同来判断是否为重复样本，增加了很多 True（重复观测值）。

```
data['pb'].unique()        # 找出数据 2.2 文件中'pb'变量的不重复样本，运行结果为：
```

```
array([11.24, 11.13, 10.7 ,  9.6 ,  9.1 ,  8.99,  8.67,  8.6 ,  8.54,
        8.4 ,  8.36,  8.08,  8.01,  7.89,  7.79,  7.7 ,  7.51,  7.47,
        7.46,  7.32,  7.31,  7.15,  7.11,  6.95,  6.81,  6.78,  6.76,
        6.66,  6.4 ,  6.38,  6.32,  6.25,  6.18,  6.06,  6.  ,  5.95,
        5.88,  5.78,  5.7 ,  5.66,  5.65,  5.61,  5.6 ,  5.56,  5.52,
        5.42,  5.4 ,  5.38,  5.35,  5.32,  5.  ,  4.99,  4.91,  4.86,
        4.71,  4.69,  4.67,  4.52,  4.42,  4.41,  4.4 ,  4.37,  4.36,
        4.34,  4.33,  4.29,  4.21,  4.14,  4.11,  4.07,  4.04,  4.  ,
        3.9 ,  3.87,  3.86,  3.81,  3.8 ,  3.77,  3.74,  3.7 ,  3.68,
        3.66,  3.64,  3.63,  3.6 ,  3.5 ,  3.46,  3.4 ,  3.35,  3.3 ,
        3.27,  3.18,  3.17,  3.14,  3.13,  3.08,  3.02,  2.97,  2.95,
        2.92,  2.85,  2.82,  2.77,  2.75,  2.74,  2.73,  2.64,  2.54,
        2.45,  2.42,  2.41,  2.35,  2.28,  2.24,  2.22,  2.13,  2.11,
        2.1 ,  2.03,  1.99,  1.94,  1.87,  1.83,  1.78,  1.67,  1.66,
        1.65,  1.55,  1.48,  1.42,  1.21])
```

```
data['pb'].unique().tolist()        # 以列表 list 形式展示'pb'变量的不重复样本，运行结果为：
```

```
[11.24,
 11.13,
 10.7,
 9.6,
 9.1,
 8.99,
 8.67,
 8.6,
 8.54,
 8.4,
 8.36,
 8.08,
```

```
data['pb'].nunique()        # 计算 'pb'变量的不重复值的个数，运行结果为：131
```

2.10.2   删除数据集中的重复值

我们继续以数据 2.2 文件为例进行讲解，输入以下代码并逐行运行：

```
data.drop_duplicates()  # 将数据集中重复的样本去掉，默认保留重复值中第一个出现的样本，运行结果为：
```

```
        pb     roe    debt   assetturnover   rdgrow
0     11.24   17.37   48.24           0.65    30.77
1     11.13   17.22   51.84           0.73    29.72
3     10.70   17.14   30.41           0.67    22.71
4      9.60   16.73   28.29           0.43    21.29
5      9.10   16.73   20.56           0.46    21.00
6      8.99   16.73    9.32           0.33    19.70
7      8.67   16.41    6.68           0.72    19.62
8      8.60   15.62   18.97           0.52    17.39
9      8.54   15.25   33.29           0.45    15.83
10     8.40   14.97   14.89           0.26    11.06
11     8.36   13.94   23.23           0.24     9.50
```

前面我们已经发现编号为 1 和 2 的样本重复，所以 2 号被删除了，保留了 1 号样本。

```
data.drop_duplicates(keep='last')      # 将数据集中重复的样本去掉，保留重复值中最后出现的样本，运行结果为：
```

```
         pb     roe    debt   assetturnover   rdgrow
0      11.24   17.37   48.24           0.65    30.77
2      11.13   17.22   51.84           0.73    29.72
3      10.70   17.14   30.41           0.67    22.71
4       9.60   16.73   28.29           0.43    21.29
5       9.10   16.73   20.56           0.46    21.00
6       8.99   16.73    9.32           0.33    19.70
7       8.67   16.41    6.68           0.72    19.62
8       8.60   15.62   18.97           0.52    17.39
9       8.54   15.25   33.29           0.45    15.83
10      8.40   14.97   14.89           0.26    11.06
11      8.36   13.94   23.23           0.24     9.50
12      8.08   13.91   34.39           0.56     3.82
```

可以发现编号为 1 号的样本被删除了，保留了后面的 2 号样本。

```
data.drop_duplicates(['roe'])      # 当变量'roe'相同时，即视为重复样本，将数据集中重复的样本去掉，运行结果为：
```

```
         pb     roe    debt   assetturnover   rdgrow
0      11.24   17.37   48.24           0.65    30.77
1      11.13   17.22   51.84           0.73    29.72
3      10.70   17.14   30.41           0.67    22.71
4       9.60   16.73   28.29           0.43    21.29
7       8.67   16.41    6.68           0.72    19.62
8       8.60   15.62   18.97           0.52    17.39
9       8.54   15.25   33.29           0.45    15.83
10      8.40   14.97   14.89           0.26    11.06
11      8.36   13.94   23.23           0.24     9.50
12      8.08   13.91   34.39           0.56     3.82
13      8.01   13.69   15.68           0.95     3.21
14      7.89   13.33    9.07           0.28     0.77
15      7.79   13.11   27.39           0.62    52.50
```

观察左侧的编号可以发现有很多样本因为变量'roe'相同而被视为重复样本，从而被删除了。

```
data.drop_duplicates(['pb','roe'])      # 当变量'pb'和'roe'都相同时，视为重复样本，将数据集中重复的样本去掉，运行结果为：
```

```
        pb     roe    debt   assetturnover   rdgrow
0     11.24   17.37   48.24           0.65    30.77
1     11.13   17.22   51.84           0.73    29.72
3     10.70   17.14   30.41           0.67    22.71
4      9.60   16.73   28.29           0.43    21.29
5      9.10   16.73   20.56           0.46    21.00
6      8.99   16.73    9.32           0.33    19.70
7      8.67   16.41    6.68           0.72    19.62
8      8.60   15.62   18.97           0.52    17.39
9      8.54   15.25   33.29           0.45    15.83
10     8.40   14.97   14.89           0.26    11.06
11     8.36   13.94   23.23           0.24     9.50
12     8.08   13.91   34.39           0.56     3.82
```

相对于前面仅使用"变量'roe'相同"来判断，可以发现使用"变量'pb'和'roe'都相同"规则，重复样本少了很多，比如编号为 4、5、6 的样本不再被视为重复样本。

2.11   Python 数据行列处理

我们在应用 Python 开展机器学习或统计分析时，经常需要对数据行列进行处理，下面介绍几种常用的 Python 数据行列处理操作。

2.11.1   删除变量列、样本行

我们结合数据 2.2 文件，以示例的方式讲解删除变量列、样本行的操作。输入以下代码并逐行运行：

```
data=pd.read_csv('C:/Users/Administrator/.spyder-py3/数据 2.2.csv')      # 读取数据 2.2.csv 文件
data.drop('pb',axis=1,inplace=True)    # 删除'pb'变量列，其中 axis=1 表示列，不创建新的对象，直接对
原始对象进行修改
```

可在变量管理器界面找到 data 数据文件并打开来查看，如图 2.17 所示。

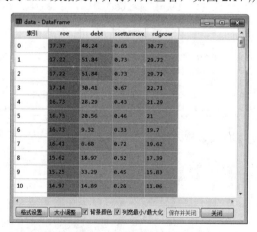

图 2.17   data 数据文件展示（12）

可以发现'pb'变量列被删除了。

```
data.drop(labels=[0,3,5], axis=0)    # 删除编号为 0、3、5 的样本，axis=0 表示行，运行结果为：
```

	roe	debt	assetturnover	rdgrow
1	17.22	51.84	0.73	29.72
2	17.22	51.84	0.73	29.72
4	16.73	28.29	0.43	21.29
6	16.73	9.32	0.33	19.70
7	16.41	6.68	0.72	19.62
8	15.62	18.97	0.52	17.39
9	15.25	33.29	0.45	15.83
10	14.97	14.89	0.26	11.06
11	13.94	23.23	0.24	9.50

可以发现编号为 0、3、5 的样本已经被删除了。

2.11.2 更改变量列名称、调整变量列顺序

我们同样结合数据 2.2 文件，以示例的方式讲解更改变量列名称、调整变量列顺序的操作。输入以下代码并逐行运行：

```
data=pd.read_csv('C:/Users/Administrator/.spyder-py3/数据 2.2.csv')        # 读取数据 2.2.csv 文件
data.columns = ['V1', 'V2', 'V3', 'V4', 'V5']        # 更改全部列名，需要注意列名的个数等于代码中变量的
个数
```

在变量管理器界面找到 data 数据文件并打开来查看，如图 2.18 所示。可以发现列名分别被更改成了"V1""V2""V3""V4""V5"。

```
data.rename(columns = {'V1':'var1'},inplace=True)    # 更改单个列名，注意参数 columns 不能少
```

在变量管理器界面找到 data 数据文件并打开来查看，如图 2.19 所示。可以发现"V1"列名被更改成了"var1"。

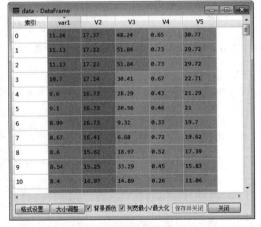

图 2.18 data 数据文件展示（13）   图 2.19 data 数据文件展示（14）

```
data = data[['var1','V3','V2','V4', 'V5']]        # 调整数据集中列的顺序
```

在变量管理器界面找到 data 数据文件并打开来查看，如图 2.20 所示。可以发现数据集中的变量顺序被调整成了"var1""V3""V2""V4""V5"。

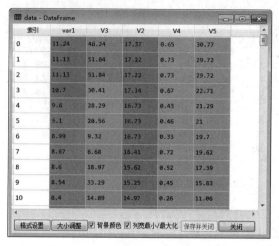

图 2.20　data 数据文件展示（15）

2.11.3　改变列的数据格式

我们同样结合数据 2.2 文件，以示例的方式讲解改变列的数据格式的操作。输入以下代码并逐行运行：

```
data=pd.read_csv('C:/Users/Administrator/.spyder-py3/数据 2.2.csv')      # 读取数据 2.2.csv 文件
data['pb'] = data['pb'].astype('int') # 将列变量'pb'的数据类型更改为整数类型
 data.dtypes   # 观察数据集中各变量的数据类型，运行结果为：
```

```
pb                   int32
roe                  float64
debt                 float64
assetturnover        float64
rdgrow               float64
dtype: object
```

可以发现'pb'的数据类型已更改为整数类型。

```
data['pb'] = data['pb'].astype('float')    # 将列变量'pb'的数据类型再更改为浮点类型
 data.dtypes   # 观察数据集中各变量的数据类型，运行结果为：
```

```
pb                   float64
roe                  float64
debt                 float64
assetturnover        float64
rdgrow               float64
dtype: object
```

可以发现'pb'的数据类型已更改为浮点类型。

2.11.4　多列转换

我们同样结合数据 2.2 文件，以示例的方式讲解改变列的数据格式的操作。输入以下代码并逐行运行：

```
data=pd.read_csv('C:/Users/Administrator/.spyder-py3/数据 2.2.csv')    # 读取数据 2.2.csv 文件
data[['pb','roe','name']]=data[['pb','roe','name']].astype(str)   # 将'pb','roe','name'三列数据均转换成字符串格式
data.dtypes   # 观察数据集中各变量的数据类型，运行结果为：
```

```
pb                object
roe               object
debt              object
assetturnover    float64
rdgrow           float64
dtype: object
```

可以发现'pb'，'roe'，'name'三列数据已转换成字符串格式（字符串在 pandas 中的类型为 object）。进一步的，我们可以采用以下代码更直观地观察数据格式：

```
data['roe'].apply(lambda x:isinstance(x,str))  # 判断'roe'列的数据格式是否为字符串，运行结果为：
```

```
0      True
1      True
2      True
3      True
4      True
5      True
6      True
7      True
8      True
```

可以发现'roe'列数据格式全部为字符串。

2.11.5　数据百分比格式转换

我们同样结合数据 2.2 文件，以示例的方式讲解数据百分比格式转换的操作。输入以下代码并逐行运行：

```
data=pd.read_csv('C:/Users/Administrator/.spyder-py3/数据 2.2.csv')    # 读取数据 2.2.csv 文件
data['roe'] = data['roe'].apply(lambda x: '%.2f%%' % (x*100))    # 将变量'roe'的数据改成百分比格式
```

在变量管理器界面找到 data 数据文件并打开来查看，如图 2.21 所示。可以发现变量'roe'的数据已经改成了百分比格式。

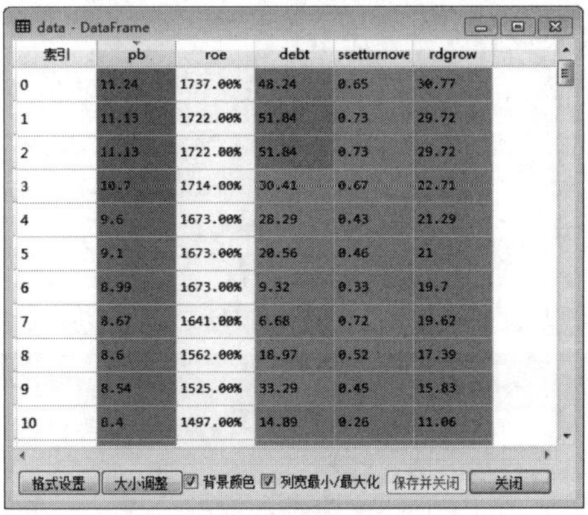
data - DataFrame

索引	pb	roe	debt	ssetturnove	rdgrow
0	11.24	1737.00%	48.24	0.65	30.77
1	11.13	1722.00%	51.84	0.73	29.72
2	11.13	1722.00%	51.84	0.73	29.72
3	10.7	1714.00%	30.41	0.67	22.71
4	9.6	1673.00%	28.29	0.43	21.29
5	9.1	1673.00%	20.56	0.46	21
6	8.99	1673.00%	9.32	0.33	19.7
7	8.67	1641.00%	6.68	0.72	19.62
8	8.6	1562.00%	18.97	0.52	17.39
9	8.54	1525.00%	33.29	0.45	15.83
10	8.4	1497.00%	14.89	0.26	11.06

格式设置　大小调整　背景颜色　列宽最小/最大化　保存并关闭　关闭

图 2.21　data 数据文件展示（16）

2.12　习　题

1. 写出 if 语句、if…else 语句、if…elif…else 语句这三种选择语句的基本语法格式，并阐述其具体作用。

2. 写出 while 循环语句、for 循环语句这两种循环语句的基本语法格式，并阐述其具体作用。

3. 写出 break 语句、continue 语句这两种跳转语句的基本语法格式，并阐述其具体作用。

4. 阐述"使用 import 语句导入模块""使用 from…import 语句导入模块"这两种方法的作用、基本语法格式及区别。

5. 读取 SPSS 数据"数据 5.1.sav"。

6. 读取 Stata 数据"数据 7A.dta"。

7. 读取 TXT 数据"数据 2-12.1.txt"，并用本章讲解的代码开展数据检索。

8. 读取 CSV 数据"数据 2-12.1.csv"，并开展以下操作：

（1）查看数据集中的缺失值。

（2）填充数据集中的缺失值（用字符串'缺失数据'代替、用前后值填充缺失数据、用变量均值或者中位数填充缺失数据、用线性插值法填充缺失数据）。

注　意
在采取不同方式填充缺失数据时，均需重新读取数据。

（3）重新读取数据集，删除数据集中的缺失值。

（4）重新读取数据集，查看数据集中的重复值。

（5）重新读取数据集，删除数据集中的重复值。

（6）重新读取数据集，删除变量列（V8、V9）、样本行（0、3、7）。

（7）重新读取数据集，更改所有变量列名称为（var2、var3……），然后将 var2、var3 两列位置互换。

（8）将 var2、var3 两列的数据格式改为字符串格式，并进行验证。

（9）将 var5 列的数据格式设置成百分比格式。

第 3 章

机器学习介绍

本章为机器学习概述，主要介绍机器学习常用的基本术语，机器学习的类型，机器学习中的误差、泛化、过拟合与欠拟合，偏差、方差与噪声的重要概念，常用的机器学习性能量度和模型评估方法，以及机器学习的项目流程。

3.1 机器学习概述

机器学习是通过一系列计算方法（简称"算法"）使得计算机具备从大数据中进行学习的能力。机器学习实现的过程是，用户将既有数据提供给计算机，计算机基于既有数据使用机器学习算法构建模型，然后将模型推广泛化到新的样本观测值，进而可以进行预测。一言以蔽之，机器学习的内容体现为"算法"，精髓在于预测。本书介绍的机器学习知识也围绕各种"算法"展开，而判断算法或模型的优劣标准则是预测能力的高低。

注　意
既有数据可以是历史积累的真实数据，比如电子商务平台商家积累的用户信息及交易数据；也可以是人们基于经验或规定创造的虚拟数据，比如商业银行对公信贷中将"贷款资金受托支付后回流借款人"的业务判定为存在高合规风险，那么就可以虚拟一些贷款业务形成数据输入计算机，使得计算机能够习得这一规则。

下面我们用一个具体的示例来进行说明。商业银行对公客户授信中往往需要获取客户的财务报表以判断客户的财务表现，并作为信用评级的重要参考指标，进而制定授信策略。分析客户财务报表也就成为银行客户经理及审查人员的重要工作内容，实务中这一过程往往通过人工来完成。比如将特定行业客户资产负债率大于 80%，或经营性现金流量净收支为负，或营业收入为负增长的客户判定为"差"。那么机器学习怎么应用在这一场景或者说如何实现以替代人工工作呢？

　　一个较为简单的方式，当然也是当前很多商业银行正在使用的方式，就是直接将上述经验规则（比如"经营性现金流量净收支为负的客户判定为差"）告知计算机，对计算机实施硬编码，完全按照这一既定规则进行操作。然而，由于客户财务报表上的财务指标非常多，针对不同行业、不同所有权性质的客户财务表现的判断规则也有较大差异，而不同的信贷从业者对于具体财务指标的权重和偏好也大概率存在分歧，即使这些信贷从业者均是业内资深人士也概莫能外，平日里这种分歧可能不够明显，但一旦上升到模型规则甚至要嵌入系统层面，则会迅速凸显，所以可能很难制定出"放之四海而皆准"的统一规则。

　　于是真正意义上的机器学习应运而生，即我们向计算机输入大量的财务报表（实务中常通过"扫描+OCR 文本识别"的方式快速输入）、已经被银行业务专家标注为"好""中""差"的分类结果，以及一系列需要关注的特征（这一操作的重要性将在下面的"注意"中提及），计算机则会采用一定的算法把这些特征综合起来，算出客户财务表现为"好""中""差"的概率，当满足特定类别的临界值时，则会划分至相应类别。

　　由此可见，机器学习的必要条件之一是大数据的存在，而这也正是机器学习的概念很早就提出但一直停滞不前，直至近年来才迅速崛起的重要原因。近年来新一代信息技术的不断进步，不仅使得存储和积累海量数据可以相对低成本地实现，在处理大数据的能力和速度方面更是实现了指数级的显著提升，这一切使得机器学习成为一门流行技术，深受学界和业界推崇并得到广泛应用。

注　意

　　Wolpert 等提出了"没有免费的午餐定理（No Free Lunch Theorem）"，该理论的数学证明非常复杂，核心思想是当所有问题同等重要时，无论算法是复杂还是简单，也无论算法是前沿还是传统，各种算法的期望性能都相同。基于该理论，人工神经网络等各种复杂的机器学习算法的期望性能并不优于随机预测。

　　然而，这并不意味着机器学习一无是处，机器学习算法的优势和应用场景体现在针对特定问题有着更好的预测表现。所以，前面我们提出：在要求计算机开展机器学习时，需要基于业务经验设置一系列需要关注的特征，并解决特定的问题，找出解决特定问题期望性能最好的算法。或者说，机器学习算法应专注于解决特定问题方面的努力，不可能也没必要在解决所有问题方面都有着超出期望均值的预测表现。

　　综上所述，清晰理解业务目标是开展机器学习的重要前提，这也强调了建模人员自身在相关领域具有业务经验的重要性。

3.2　机器学习术语

　　常用的机器学习术语包括样本、响应变量、特征、属性值、属性空间、特征向量、训练样本、测试样本等。

　　样本：即统计学或计量经济学中的样本观测值，也被称为"样例"，比如前面所述的每一个客户的财务报表指标及财务表现数据。

响应变量：即被解释、被影响的目标变量，也被称为"目标"，可以理解成统计学或计量经济学中的"因变量""被解释变量"，在数学公式中常用 y 来表示。比如前面所述的客户财务表现结果。

特征：即用来解释、影响响应变量的变量，也被称为"预测变量""属性"等，可以理解成统计学或计量经济学中的"因子（离散型变量）""协变量（连续性变量）""解释变量"，在数学公式中常用 X 来表示。比如前面所述的客户具体财务指标（"经营性现金流量净收支""营业收入增长率"等）。

属性值：特征的取值即为属性值，比如前面所述的"经营性现金流量净收支""营业收入增长率"等财务指标的具体取值。

属性空间：多个属性形成的空间称为属性空间，属性的个数也被称为空间的维数，比如我们仅考虑"资产负债率""经营性现金流量净收支""营业收入增长率"三个属性，将三个属性分别设置为 x 轴、y 轴、z 轴，则三个属性就构成了一个三维属性空间，每个企业每期的财务指标都可以在三维属性空间找到对应的点。

特征向量：属性空间的每个点都会对应一个特征向量，"特征向量"的名称正来自于此。比如某示例特征向量为（75.6%，3600，10.23%），表示其"资产负债率""经营性现金流量净收支""营业收入增长率"分别为"75.6%""3600""10.23%"。

训练样本：即计算机用来应用算法构建模型时使用的样本。

测试样本：即计算机用来检验机器学习效果、检验外推泛化应用能力时使用的样本。有的模型可能在基于训练样本的预测方面有着卓越表现，但在测试样本方面表现差强人意，反映出泛化能力不足（关于"泛化"的概念在后文详细介绍）。

3.3　机器学习分类

根据输入数据是否具有"响应变量"信息，机器学习被分为"监督式学习"和"非监督式学习"。

"监督式学习"即输入数据中既有 X 变量，也有 y 变量，特色在于使用"特征（X 变量）"来预测"响应变量（y 变量）"。前面介绍的客户财务报表指标及财务表现甄别学习，因为是基于客户财务报表指标预测财务表现类别的，所以是典型的"监督式学习"。

如果响应变量（y 变量）为分类变量，比如信贷资产五级分类（正常、关注、次级、可疑、损失）或客户信用评级（AAA，AA，……，C，D），则又可以进一步称为"分类问题监督式学习"；如果响应变量（y 变量）为连续变量，比如计算客户最大债务承受额，则又可以进一步称为"回归问题监督式学习"。

"非监督式学习"即算法在训练模型时期不对结果进行标记，而是直接在数据点之间找有意义的关系，或者说输入数据中仅有 X 变量而没有 y 变量，特色在于针对 X 变量进行降维或者聚类，以挖掘特征变量的自身特征。

注　意

　　"监督式学习"和"非监督式学习"只是常见的机器学习分类,除了这两种之外,还有半监督式学习、强化学习等学习方式。

　　"监督式学习"的模型优劣及应用场景很好理解。模型优劣评价方面,输入 X 变量值后,通过机器学习算法构建模型得到 y 变量拟合值,将它与 y 变量实际值进行对比,即可检验模型的优劣。其中针对"回归问题监督式学习",比较的是 y 变量拟合值与实际值的数量差异;针对"分类问题监督式学习",则比较的是 y 变量拟合的分类和实际的分类差异。应用场景方面,比如根据目标客户的基本信息、交易信息等特征,预测客户的价值贡献度(回归问题)、是否购买新产品(分类问题),进而制定针对性的市场营销策略;又比如根据目标客户的基本信息、财务信息、负债及对外担保信息等预测违约概率(回归问题)、进行信用评级(分类问题),进而制定针对性的风险防控策略。

　　"非监督式学习"由于目标不明确,所以其效果很难评估,它的价值在于发现模式以及相关性。如果从特征(变量)的角度来看,价值体现在对变量进行降维,从而有助于解释变量之间的关系或降低模型的复杂程度;如果从样本的角度来看,价值体现在可以研究个体之间的关系,将相近的个体划分在一起。比如可以用于商业银行的反洗钱领域或员工行为管理,通过"非监督式学习"把行为或个体快速进行分类,即使我们可能无法清楚地知晓分类意味着什么,但是可以快速区分出正常或异常的行为或个体组,从而为深入分析做好准备,显著提升分析效率。又比如在搜索引擎中,我们基于用户特征把用户快速聚类,可精准实施广告投放或偏好信息推送。再比如在电商平台中,系统针对具有相似购买行为的用户推荐合适的产品,A 用户和 B 用户为同一类,若 A 用户购买了某产品,则 B 用户大概率也会购买该产品,可将该产品推送给 B 用户,实现精准推荐等。

3.4　误差、泛化、过拟合与欠拟合

　　机器学习中样本的预测值和实际值之间的差异被称作"误差",其中基于训练样本的误差又被称为"训练误差"或"经验误差",基于新样本的误差又被称为"泛化误差"。

　　其中"训练误差"或"经验误差"反映的是机器学习对既有数据的学习能力。基于训练样本得到的机器学习模型向新样本推广应用的能力,或者说模型的预测能力,被称为模型的"泛化"能力。所以从致力于实现"泛化"能力最强的角度考虑,经验误差并不是越小越好。如果经验误差过小,说明机器学习能力有可能"过强",也就很可能意味着计算机不仅学习了训练样本的一般性、规律性特征,在很大程度上也学习了训练样本的个性化特征,而这些个性化特征往往并不能很好地泛化到新的样本,不仅白白增加了模型复杂度和冗余度,也无法很好地开展预测,甚至模型是否可用都有待商榷,这一现象也被称为"过拟合"。当然,经验误差也不能很大,如果经验误差很大,说明机器学习能力不够,意味着没有充分利用训练样本信息,没有充分挖掘出训练样本的一般性、规律性特征,从而也不能很好地泛化到新的样本,这一现象也被称为"欠拟合"。

　　"泛化误差"反映的模型的"泛化"能力,"泛化误差"越小,模型"泛化"能力越强。我们之所以开展机器学习是为了基于既有数据来预测未知，以期进一步改善未来商业表现，所以从应用的角度出发，我们主要关注的是泛化误差而不是经验误差，如果某种机器学习模型比另一种具有更小的泛化误差，那么这种模型就相对更加有效。

3.5　偏差、方差与噪声

3.5.1　偏差

偏差量度的是学习算法的期望预测与真实结果的偏离程度，反映的是学习算法的拟合能力。

$$\text{Bias}(\hat{f}(x)) = E\hat{f}(x) - f(x)$$

高偏差意味着期望预测与真实结果的偏离度大，也就是学习算法的拟合能力差；相应地，低偏差意味着期望预测与真实结果的偏离度小，也就是学习算法的拟合能力强。

偏差产生的原因通常有两点：一是选择了错误的学习算法，比如真实为非线性关系，但模型为线性算法；二是模型的复杂度不够，比如真实为二次线性关系，但模型为一次线性算法。

一般来说，线性回归、线性判别分析和逻辑回归等线性机器学习算法因为局限于线性，会导致无法从数据集中学习足够多的知识，针对复杂问题其预测性能较低、偏差相对较高；而具有较大灵活性的非线性机器学习算法如决策树、KNN 和支持向量机等机器学习算法的偏差相对较低。

3.5.2　方差

方差量度的是在大量重复抽样过程中，同样大小的训练样本的变动导致的学习性能的变化，反映的是数据扰动所造成的影响，也就是模型的稳定性。

$$\text{Var}(\hat{f}(x)) = E[\hat{f}(x) - E\hat{f}(x)]^2$$

方差越小意味着模型越稳定，在未知数据上的泛化能力越强，但由于目标函数是由机器学习算法从训练样本中得出的，所以算法具有一定方差的事实不可避免。高方差意味着同样大小的训练样本的变化对目标函数的估计值会造成较大的变动，容易受到训练样本细节的强烈影响；相应地，低方差意味着同样大小的训练样本的变化对目标函数的估计值会造成较小的变动。

方差出现的原因往往是因为模型的复杂度过高，比如真实为一次线性关系，但模型为二次线性算法。与前面介绍的偏差恰好相反，一般来说，线性回归、线性判别分析和逻辑回归等线性机器学习算法的方差相对较低，而人工神经网络、决策树、KNN 和支持向量机等非线性机器学习算法的方差相对较高。

3.5.3　噪声

噪声量度的是针对既定学习任务，使用任何学习算法所能达到的期望泛化误差的最小值，属于不可约减误差，反映的是学习问题本身的难度，或者说是无法用机器学习算法解决的问题。噪声大小取决于数据本身的质量，当数据给定时，机器学习所能达到的泛化能力的上限也就确定了。

$$\text{Noise}(\hat{f}(x)) = E(\varepsilon^2)$$

> **注　意**
>
> 虽然机器学习本身对于噪声的处理无可奈何，但也从侧面反映了数据本身质量的重要性。比如在商业银行信贷业务风险管理中，反复强调客户经理收集客户资料的真实、准确、完整、有效，因为如果前端的数据质量出现问题，那么进入审批环节，无论是通过机器学习算法还是专业的信用审批人员，都无法较好地解决这些"噪声"问题，这也是为什么全面风险管理和内部控制理论中强调"第一道风险管理与内部控制防线在业务运作过程中控制风险，对本机构、本条线业务开展的合规性、内控措施运行的有效性以及案件风险防控负第一责任，是内控合规与案防体系发挥有效作用的基础和根本"的原因。

3.5.4　误差与偏差、方差、噪声的关系

从数学的角度理解，"误差"就是学习得到的模型的期望风险，对于监督式学习，"误差"使用 MSE（Mean Squared Error，均方误差），任何学习算法的"均方误差"都可以分解为"偏差""方差""噪声"三者之和，这一点已有严格的数学公式证明。

偏差：$\text{Bias}(\hat{f}(x)) = E\hat{f}(x) - f(x)$

方差：$\text{Var}(\hat{f}(x)) = E[\hat{f}(x) - E\hat{f}(x)]^2$

噪声：$\text{Noise}(\hat{f}(x)) = E(\varepsilon^2)$

实际值：$y = f(x) + \varepsilon$

MSE（均方误差）：

$$\text{MSE}(\hat{f}(x)) = E\left[y - \hat{f}(x)\right]^2 = E\left[f(x) + \varepsilon - \hat{f}(x)\right]^2$$

$$\text{MSE}(\hat{f}(x)) = E\left[f(x) - E\hat{f}(x) + E\hat{f}(x) - \hat{f}(x) + \varepsilon\right]^2$$

将方程右部中括号内的视作三部分：$f(x) - E\hat{f}(x)$、$E\hat{f}(x) - \hat{f}(x)$。可以证明三者之间的交互项为 0，于是有：

$$\text{MSE}(\hat{f}(x)) = [E\hat{f}(x) - f(x)]^2 + E\left[\hat{f}(x) - E\hat{f}(x)\right]^2 + E(\varepsilon^2)$$

$$= \left[\text{Bias}(\hat{f}(x))^2 + \text{Var}(\hat{f}(x)) + \text{Noise}(\hat{f}(x))\right]$$

3.5.5　偏差与方差的权衡

从上面的介绍也可以看出，偏差和方差之间存在选择困难：低的偏差意味着高的方差，或者说模型的灵活性增强就会导致稳定性下降；同时低的方差意味着高的偏差，或者说模型的稳定性增强就会导致灵活性下降。如图 3.1 所示，横轴代表训练程度，纵轴代表取值，对于既定的机器学习任务，假定用户可以控制其训练程度，当训练程度比较低时，意味着学习不够充分，导致偏

差比较大，然而正是因为学习不够充分，训练样本的变化对于模型的扰动影响不显著，方差会比较小；而随着训练程度的不断增加，学习越来越充分，偏差会越来越小，然而也正是因为学习饱和度的上升，训练样本的变化对于模型的扰动影响也在逐渐增加，越来越显著。在中间位置会有一个泛化误差最小的最优点（注意不一定是方差线和偏差线的交点），在最优点上，模型的泛化误差最小，泛化能力最强。

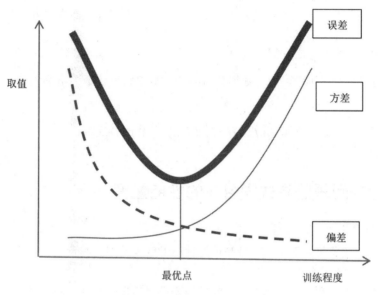

图 3.1 误差与方差的权衡

3.6 性能量度

性能量度是指衡量机器学习算法模型的评价标准。

针对"监督式学习"，性能量度的评估方式是机器学习的预测能力，也就是基于机器学习获得的拟合值与真实值之间的差异，"回归问题监督式学习"的差异反映在数值的大小，"分类问题监督式学习"的差异反映在分类的表现。

针对"非监督式学习"，以聚类分析为例，性能量度则为聚类结果中同一类别内部各个示例的相似度，以及不同类别示例间的不相似度。好的"非监督式学习"算法应该是组内相似度高，而组间相似度低。

3.6.1 "回归问题监督式学习"的性能量度

针对"回归问题监督式学习"，最常用的性能量度指标为"均方误差"。

假设示例集为 $D = \{(x_1, y_1), (x_2, y_2), \ldots, (x_k, y_k)\}$，其中 (x_i, y_i) 为各个示例，x_i 为属性值，y_i 为响应变量的真实值。"均方误差"的数学公式为：

$$E(f:D) = \frac{1}{k}\sum_{i=1}^{k}(f(x_i) - y_i)^2$$

针对该公式解释如下：$E(f:D)$即为"均方误差"，公式中f为机器学习算法函数，而$f(x_i)$则为响应变量的预测值，进而$f(x_i) - y_i$为响应变量的预测值与真实值之差，因为差值可能有正负之分，为了反映绝对差距，采用平方变换得到$(f(x_i) - y_i)^2$，也就是方差（此处之所以没有使用绝对值$|f(x_i) - y_i|$而采用平方形式是为了便于求导），然后将k个样本的方差进行简单算术平均，即得到均方误差，也就是$\frac{1}{k}\sum_{i=1}^{k}(f(x_i) - y_i)^2$。

上述公式可以进一步推广，对于数据分布为D，概率密度函数为p的样本集，其"均方误差"的数学公式为：

$$E(f:D) = \int_{x \sim D} (f(x) - y)^2 p(x)\mathrm{d}x$$

3.6.2　"分类问题监督式学习"的性能量度

1. 错误率和精度

针对"分类问题监督式学习"，最简单的性能量度就是观察其预测的错误率和正确率，用到的性能量度指标即为错误率和精度。

其中错误率即为预测错误的比率，也就是预测类别和实际类别不同的样本数在全部样本中的占比；精度即为预测正确的比率，也就是预测类别和实际类别相同的样本数在全部样本中的占比。基于上述定义，不难看出错误率和精度之和等于1，或者说错误率=1-精度。

错误率的数学公式为：

$$E(f:D) = \frac{1}{k}\sum_{i=1}^{k}\prod(f(x_i) \neq y_i)$$

精度的数学公式为：

$$ACC(f:D) = \frac{1}{k}\sum_{i=1}^{k}\prod(f(x_i) = y_i)$$

$$E(f:D) + ACC(f:D) = 1$$

上述公式可以进一步推广，对于数据分布为D，概率密度函数为p的样本集，其"均方误差"的数学公式为：

$$E(f:D) = \int_{x \sim D}\prod(f(x) \neq y)p(x)\mathrm{d}x$$

精度的数学公式为：

$$ACC(f:D) = \int_{x \sim D}\prod(f(x) = y)p(x)\mathrm{d}x$$

2. 查准率、查全率（召回率）、F1

在分类问题监督式学习中，除了观察预测的正确率、错误率外，很多情形下我们还需要特别关心特定类别是否被准确查找，比如针对员工行为管理中的异常行为界定，可能需要特别慎重，非常忌讳以莫须有的定性伤害员工的工作积极性，分类为异常行为的准确性非常重要，这时候就需要用到"查准率"的概念；也有很多情形下，我们还需要特别关心特定类别被查找得是否完整，比如针对某种传染性极强的病毒，核酸检测密切接触者是否为阳性，对阳性病例的查找的完整性就显得尤为重要，这时候就需要用到"查全率"的概念。

如果"分类问题监督式学习"为二分类问题，我们会很容易得到如表 3.1 所示的分类结果矩阵，该矩阵也被称为"混淆矩阵"（Confusion Matrix）。其中的"正例"通常表示研究者所关注的分类结果，比如授信业务发生违约，所以并不像字面意思那样必然代表正向分类结果；"反例"则是与"正例"所对应的分类，比如前述的授信业务不发生违约。

表 3.1　分类结果矩阵

样本		机器学习预测分类	
		正例	反例
真实分类	正例	TP 真正例 （true positive）	FN 假反例 （false negative）
	反例	FP 假正例 （false positive）	TN 真反例 （true negative）

在混淆矩阵中：

当样本真实的分类为正例，且机器学习预测分类也为正例时，说明机器学习预测正确，分类结果即为 TP（真正例）。

当样本真实的分类为反例，且机器学习预测分类也为反例时，说明机器学习预测正确，分类结果即为 TN（真反例）。

当样本真实的分类为正例，且机器学习预测分类为反例时，说明机器学习预测错误，分类结果即为 FN（假反例）。

当样本真实的分类为反例，且机器学习预测分类为正例时，说明机器学习预测错误，分类结果即为 FP（假正例）。

$$查准率 = \frac{TP}{TP + FP}$$

$$查全率 = \frac{TP}{TP + FN}$$

类似于统计学中的"第一类错误"（拒绝为真）和"第二类错误（接受伪值）"，查准率和查全率之间也存在两难选择的问题，如果我们要获得较高的查准率，减少"接受伪值"错误的发生，往往就需要在正例的判定上更加审慎一些，仅选取最有把握的正例，也就意味着会将更多实际为正例的样本"错杀误判"为反例样本，造成"拒绝为真"错误的增加，也就是查全率会降低。按照同样的逻辑，如果我们要获得较高的查全率，减少"拒绝为真"错误的发生，往往就需要在正例的判定上更加包容一些，也就意味着会将更多实际为反例的样本"轻信误判"为正例样本，造成"接受伪值"错误的增加，也就是查准率会降低。

注意
查全率也被称为"召回率""灵敏度""敏感度"。

为了平衡查准率与查全率，使用了 F1 值。F1 值为查准率和查全率的调和平均值。F1 的取值范围为 0~1，数值越大表示模型效果越好。

$$F1 = \frac{查准率 \times 查全率 \times 2}{查准率 + 查全率}$$

3. 累积增益图

前面提到"分类问题监督式学习"中查准率、查全率存在两难选择的问题，对这一问题用户可以使用累积增益图进行辅助决策。在针对二分类问题的很多机器学习算法中，系统对每个样本都会预测 1 个针对目标类别的概率值 p，如果 p 大于 0.5，则判定为目标类别，如果 p 小于 0.5，则判定为非目标类别。

根据概率值 p，用户将所有样本进行降序排列，拥有大的 p 值的样本将会被排在前面。累积增益图会在给定的类别中，通过把个案总数的百分比作为目标而显示出"增益"的个案总数的百分比。

下面以图 3.2 所示的某商业银行授信业务违约预测累积增益图为例进行讲解，其中"是"表示违约，"否"表示不违约。

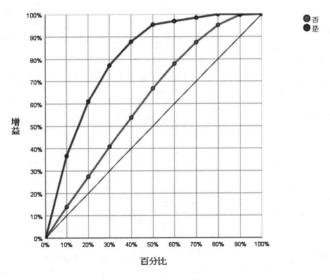

图 3.2　累积增益图

在图 3.2 所示的累计增益图中，"是" 类别曲线上的第一点的坐标为（10%，37%），即如果用户使用机器学习模型对数据集进行预测，并通过 "是" 预测拟概率 p 值对所有样本进行排序，将会期望预测拟概率 p 值排名前 10%的个案中含有实际上类别真实为"是"（违约）的所有个案的 37%。同样，"是"类别曲线上的第二点的坐标为（20%，61%），即预测拟概率 p 值排名前 20%的个案包括约 61%的违约者；"是"类别曲线上的第三点的坐标为（30%，77%），即预测拟概率 p 值排名前 30%的个案中包括 77%的违约者；以此类推，"是"类别曲线上的最后一点的坐标为（100%，100%），如果用户选择数据集的 100%，肯定会获得数据集中的所有违约者。

对角线为"基线"，也就是随机选择线。如果用户从评分数据集随机选择 10%的个案，那么从这里面期望"获取"的违约个案在全部违约个案中占比也肯定大约是 10%。所以从这种意义上讲，曲线离基线的上方越远，增益越大。

所以，累积增益图给商业银行授信部门决策者提供了一个重要依据，银行工作人员可以根据经营战略做出针对性的选择。如果这家商业银行更为关注或者最不能容忍的是还账问题，对信用风险高度厌恶，那么就倾向于提高查全率，降低"接受伪值"错误风险。在本例的累积增益图中，如果我们想要获取 90%以上的潜在违约者，那么需要移除预测拟概率 p 值排名前 40%以上的授信客户。如果这家商业银行更为关注市场拓展或者客户群的增加，而对风险有着相对较高的容忍度，那么可能就会倾向于提高查准率，降低"拒绝为真"错误风险，在本例的累积增益图中，我们只需拒绝贷款给预测拟概率 p 值排名前 10%以上的授信客户，就可以排除 37%的授信申请客户，尽可能保持了客户群的完整。

4. ROC 曲线与 AUC 值

ROC 曲线又被称为"接受者操作特征曲线""等感受性曲线"，ROC 曲线主要用于预测准确率情况。最初 ROC 曲线运用在军事上，现在广泛应用在各个领域，比如判断某种因素对于某种疾病的诊断是否有诊断价值。曲线上各点反映着相同的感受性，它们都是对同一信号刺激的反应，只不过是在几种不同的判定标准下所得的结果而已。

ROC 曲线如图 3.3 所示，是以虚惊概率（又被称为假阳性率、误报率，图中为"1-特异性"）为横轴，击中概率（又被称为敏感度、真阳性率，图中为"敏感度"）为纵轴所组成的坐标图，以及被试者在特定刺激条件下由于采用不同的判断标准得出的不同结果画出的曲线。虚惊概率 X 轴越接近零，击中概率 Y 轴越接近 1 代表准确率越好。

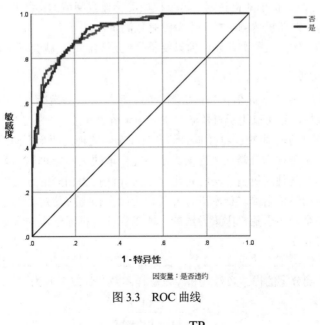

图 3.3 ROC 曲线

$$敏感度 = \frac{TP}{TP + FN}$$

（与前面介绍的查全率一致）

$$特异度 = \frac{TN}{TN + FP}$$

对于一条特定的 ROC 曲线来说，ROC 曲线的曲率反应敏感性指标是恒定的，所以它也叫等感受性曲线。对角线（图 3.3 中为直线）代表辨别力等于 0 的一条线，也叫作纯机遇线。ROC 曲线离纯机遇线越远，表明模型的辨别力越强。辨别力不同的模型的 ROC 曲线也不同。

当一条 ROC 曲线 X 能够完全包住另一条 ROC 曲线 Y 时，也就是对于任意既定特异性水平，曲线 X 在敏感度上的预测表现都能够大于或等于 Y，那么就可以说该曲线 X 能够全面优于曲线 Y。而如果两条曲线有交叉，则无法做出如此推断，根据要求的击中概率的不同而各有优劣。

比如根据既定的研究需要，将要求的击中概率选择为 0.7（对应图 3.3 所示的 ROC 曲线图中纵轴 0.7 处）时，违约概率为"是"的 ROC 曲线误报概率要显著高于违约概率为"否"的 ROC 曲线（体现在"违约概率为是的 ROC 曲线横轴对应点"在"违约概率为否的 ROC 曲线横轴对应点"的右侧）。

又比如根据既定的研究需要，将要求的击中概率选择为 0.9（对应图 3.3 所示的 ROC 曲线图中纵轴 0.9 处）时，违约概率为"是"的 ROC 曲线误报概率要显著低于违约概率为"否"的 ROC 曲线（体现在"违约概率为是的 ROC 曲线横轴对应点"在"违约概率为否的 ROC 曲线横轴对应点"的左侧）。

ROC 曲线下方的区域又被称为 AUC 值，是 ROC 曲线的数字摘要，取值范围一般为 0.5~1。使用 AUC 值作为评价标准是因为很多时候 ROC 曲线并不能清晰地说明哪个模型的效果更好，而作为一个数值，对应 AUC 值更大的模型预测效果更好。

当 AUC=1 时，是完美模型，采用这个预测模型时，存在至少一个阈值能得出完美预测。绝大多数预测的场合不存在完美模型。

当 0.5 < AUC < 1 时，优于随机猜测。这个模型妥善设置阈值的话能有预测价值。

当 AUC = 0.5 时，跟随机猜测一样，模型没有预测价值。

当 AUC < 0.5 时，比随机猜测还差；但只要总是反预测而行，就会优于随机猜测。

5. 科恩 kappa 得分

1960 年科恩等提出用 kappa 值作为评价判断的一致性程度的指标。科恩 kappa 得分既可以用于统计中来检验一致性，也可以用于机器学习中来衡量分类精度。

科恩 kappa 得分的基本思想：将样本的预测值和实际值视为两个不同的评分者，观察两个评分者之间的一致性。由于样本分类一致性的大小不完全取决于特定机器学习算法的性能，还可能由于随机因素的作用，致使随机猜测与特定机器学习算法得出相同的分类结论。或者说，没有采用特定机器学习算法的随机猜测对样本进行分类也可能会得出与特定机器学习算法一样的结论，而这种一致性结论完全是由于随机因素导致的。所以在评价机器学习的真正性能时，需要剔除掉随机因素这种虚高的水分。

前面我们介绍的混淆矩阵（见表 3.1），我们将观测一致性记为 P_O，也就是观察符合率，计算方法为用每一类正确分类的样本数量之和除以总样本数。计算公式为

$$P_O = \frac{TP + TN}{TP + FP + FN + TN}$$

我们将期望一致性记为 P_E，也就是随机符合率，量度的是评分者在相互独立时打分恰好一致

的概率。计算方法为将所有类别中随机判断一致的个数的相加之和除以总样本数。计算公式为：

$$P_{E=} \frac{\left(\frac{(TP+FP)\times(TP+FN)}{TP+FP+FN+TN}\right)+\left(\frac{(FN+TN)\times(FP+TN)}{TP+FP+FN+TN}\right)}{TP+FP+FN+TN}$$

kappa 得分即是在一致性判断中剔除随机因素的影响，计算公式为：

$$kappa = \frac{P_O - P_E}{1 - P_E}$$

公式中的分子量度的是从随机一致性到观测一致性的实际改进，而分母则是从随机一致性到完全一致性的最大改进，或者说是理论上能够实现的最大改进，起到了一种[0,1]标准化的作用。

kappa 取值为[0,1]，值越大代表一致性越强/分类精度越高。具体衡量标准如表 3.2 所示。

表 3.2　科恩 kappa 得分与效果对应表

科恩 kappa 得分	效果
kappa≤0.2	一致性很差
0.2＜kappa≤0.4	一致性较差
0.4＜kappa≤0.6	一致性一般
0.6＜kappa≤0.8	一致性较好
0.8＜kappa≤1	一致性很好

3.7　模型评估

前面我们提到，评估机器学习模型优劣的标准是模型的泛化能力，所以关注的应该是泛化误差而不是经验误差，一味追求经验误差的降低就会导致模型"过拟合"现象。但是泛化误差是难以直接观察到的，我们应该如何选择泛化能力比较好的模型呢？

机器学习中常用的量度模型的泛化能力的方法包括验证集法、K 折交叉验证、自助法。

3.7.1　验证集法

验证集法又被称为"留出法"，基本思路是将样本数据集划分为两个互斥的集合：训练集和测试集。其中训练集占比一般为 2/3~4/5，常用 70%；测试集占比一般为 1/5~1/3，常用 30%。训练集用来构建机器学习模型；测试集也被称为"验证集""保留集"，用来进行样本外预测，并计算测试集误差，估计模型预测能力。

　　验证集法的优点在于简单方便，但是也有自身劣势。一方面，验证集法的稳定性不足。验证集法的结果与随机分组高度相关，如果使用不同的随机数种子将数据分为不同的训练集和测试集，测试误差的波动可能会比较大。所以，在实施验证集法时，在训练集和测试集的划分方面需要注意保持数据分布的一致性，避免因样本集的划分而产生额外偏差，比如针对分类问题监督式学习，样本全集中有一个确定的正例/反例比例，假定为 90%/10%，而如果在抽取的训练集中正例/反例比例为 50%/50%，那么显然就会因样本集的划分产生较大的额外偏差，显著影响模型的泛化能力。

　　另一方面，验证集法的信息损失较为明显。因为我们评估的是使用训练集训练得到的模型，如果训练集比较大，接近样本全集，那么就能够更好地利用样本全集信息，得到的也更接近使用样本全集训练模型的结果，但是必然会造成测试集过小，不可避免地会影响对模型泛化能力的评价；而如果训练集比较小，其中的样本较少，那么就大概率不能很好地利用样本全集信息，会产生较大的拟合偏差，也会影响对模型泛化能力的评价。

　　为了实现对前述验证集法的改进，我们可以重复使用验证集法，这也是所谓的"重复验证集法"。具体的操作方式就是每次都把样本全集随机划分为训练集和测试集，然后重复很多次，最后将每次得到的测试集误差进行平均，从而在很大程度上提升了结果的稳定性，但是仍旧难以解决信息损失较为明显的问题。

3.7.2　K 折交叉验证

　　K 折交叉验证是针对验证集法的另外一种改进方式，也广泛用于机器学习实践。具体的操作方式就是首先把样本全集采用分层抽样的方式随机划分为大致相等的 K 个子集，每个子集包含约 $1/K$ 的样本，K 的取值通常为 5 或者 10，其中 10 最为常见。然后，每次都把 $K-1$ 个子集的并集，也就是约 $(K-1)/K$ 的样本作为训练集，把 $1/K$ 的样本作为测试集，基于训练集训练获得模型，基于测试集进行评价，计算测试集的均方误差。最后，将 K 次获得的 K 个验证集的均方误差进行平均，即为对测试误差的估计结果。

　　10 折交叉验证的简单示意图如图 3.4 所示。

　　K 折交叉验证由于是针对 K 个测试集的均方误差进行平均，所以较好地解决了验证集法的"稳定性不足"的问题；同时，由于进行了"交叉"验证，因此会覆盖到样本全集，所有的样本都有机会参与到训练集、测试集中，因而较好地解决了验证集法的"信息损失较为明显"的问题。

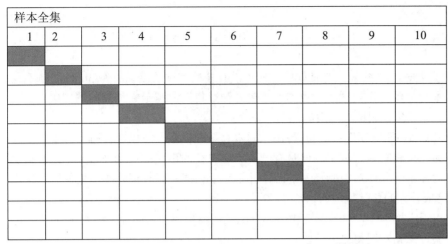

图 3.4　10 折交叉验证的简单示意图

假定样本全集中有 n 个样本，如果采取 n 折交叉验证，那么只有 1 种划分方式，即每个样本都构成 1 个测试集，其他 $n-1$ 个样本构成训练集，这种方法被称为"留一法"，属于 K 折交叉验证方法的特例。在"留一法"情形下，由于训练集相对于样本全集只减少了 1 个样本，因此它高度接近使用样本全集进行训练的结果，其评估结果也是相对准确的。但是，"留一法"的缺陷也很明显，那就是计算量非常大，有多少个样本就需要训练多少次模型，然后求平均值，如果是针对大数据样本，那么其计算时间开销将是非常大的。而且前面所说的"没有免费的午餐定理（No Free Lunch Theorem）"依旧适用，或者说，"留一法"也不可能在所有情形下都优于其他算法。

关于确定 K 值的问题，实质上也涉及偏差和方差权衡的问题。如果 K 的值非常大，比如前述的"留一法"，那么其偏差会比较小，但是由于"留一法"每次训练集的样本变化比较小，只有 1 个样本发生变动，所以其结果之间存在很高的正相关性，基于这些高度相关的结果进行平均，会导致其方差比较大。而如果 K 的值非常小，那么训练集在样本全集中的占比比较小，会产生相对较大的偏差，但是由于训练集较少，所以每次样本变化比较大，结果之间的相关性相对较小，将结果进行平均得到的方差也会相对较小。

与验证集法类似，我们可以重复使用 K 折交叉验证法，这也是所谓的"重复 K 折交叉验证法"。具体的操作方式就是把 K 折交叉验证法重复 K 次，最后将每次得到的结果误差进行平均。

3.7.3　自助法

在机器学习中，我们非常期望的是使用样本全集进行训练，以便能够充分利用样本全集信息，但是无论是验证集法还是 K 折交叉验证法，都保留了一部分样本没有用于训练模型，而"留一法"虽然每次训练集的样本变化比较小，但是其海量计算量在很多情形下成为不可承受之重。Efron 等（1993）提出的自助法是一种比较好的解决方案。

自助法本质上是一种有放回的再抽样，其实现过程是这样的：假设样本全集容量为 k，在样本全集中首先抽取一个示例记下其编号，再将它放回全集使得该样本在下次抽取时仍有可能被抽到，然后重新抽取一个示例，记下后放回全集，如此重复 k 次，就会得到由 k 个示例构成的"自主抽样样本集"。不难明确的一个事实就是，在抽样的过程中，有的样本很可能被多次重复抽到，而也有的样本一次也没有被抽到过，样本一次也没有被抽到过的概率计算如下：

$$\lim_{k \to \infty}\left(1 - \frac{1}{k}\right)^k = \mathrm{e}^{-1} \approx 0.368$$

当 k 趋近于正无穷大时，样本在 k 次抽样中一次也没有被抽到过的概率约为 36.8%，那么这些没有被抽到过的样本就可以当作测试集，也称作"包外测试集"，基于它计算的测试集误差也称为"袋外误差"，而不包含在测试集之内的样本即作为训练集。

自助法最大的优势就是可以获取更多的、超出原样本容量的样本，所以在针对小样本集或者难以有效划分训练集和测试集时非常有用。但是有一个不容忽视的事实：自助样本并不是来自真正的总体，或者说自助样本的总体与原始样本的总体并不完全相同，同时训练集中仅使用原样本集中 63.2% 的样本会造成较大的估计偏差。

所以自助法通常用于小样本集，机器学习中大部分的应用场景都使用验证集法与 K 折交叉验证法，其中 K 折交叉验证法相对用得更多一些。

3.8　机器学习项目流程

一个完整的机器学习项目的流程包括如下几个步骤：明确需解决的业务问题、获取与问题相关的数据、特征选择与数据清洗、训练模型与优化模型、模型融合、上线运行。各个步骤之间既环环相扣又相互融合。

1. 明确需解决的业务问题

机器学习项目的第一步就是明确需解决的业务问题。如果业务问题不够明确，那么就无法在此基础上选择恰当的机器学习算法模型：一方面由于机器学习的计算时间一般都比较长，会导致大量的时间和计算量的浪费；另一方面，根据"没有免费的午餐定理（No Free Lunch Theorem）"，算法的优劣评价仅针对特定业务问题，而不可能在解决所有问题方面都具有相对优势。明确需解决的业务问题，就是要明确是监督式学习还是非监督式学习；进一步地，如果是监督式学习，那么是分类问题还是回归问题，如果是分类问题，那么除了关注错误率和精度之外，应该更关注查准率还是查全率，等等。

2. 获取与问题相关的数据

在明确需解决的业务问题的前提下，前面我们提到，受噪声的影响，当数据给定时，机器学习所能达到的泛化能力的上限也就确定了，再优秀的机器学习算法所能做的也只是尽可能逼近泛化能力上限，所以获取与问题相关数据的质量至关重要。

数据质量体现在数据的完整性、准确性、相关性等多个方面：首先数据应该尽可能保持字段完整，且样本的各个特征（属性）及响应值尽可能有较少的缺失值；其次数据应该是准确的，无论是积累的历史数据还是人工审核后的虚拟数据，用户都应该实施必要的审查，尽可能降低数据本身的错误或偏差；然后数据与所需解决的业务问题之间还应该具备较强的相关性，或者说数据应该对解决业务问题有所帮助，而不是毫无关联。

除了数据质量之外，还应该对数据的样本全集容量有着恰当的评估，至少应该知晓数据的量级，结合拟确定的特征，估算数据集对于内存的消耗程度，如果计算量超出承受能力，那么就需要针对性地选择一些更加简单的算法，或者在选择特征方面更加审慎，必要时进行降维处理。

3. 特征选择与数据清洗

获取数据后，需要进行特征选择与数据清洗。在实务中，这一步通常与上一步"获取与问题相关的数据"同时进行，因为在很多情形下，我们只有进行了特征选择，才能依据选择的具体特征去获取相应的数据。

特征选择即选择能够影响响应变量的变量，或者说预期哪些因素能够对响应变量产生影响。比如商业银行个人授信业务中，如果响应变量为授信业务是否违约，那么可能需要选择客户的性别、职业、年收入水平、历史征信记录等系列变量作为模型的特征变量，而客户的爱好、身高、体重等变量可能不是很好的特征变量，因为这些对于客户是否违约的影响预期不够显著。所以，特征选择是基于对业务、对拟解决问题的深刻理解与洞察的，或者说机器学习成功的关键很大程度上并不在于技术人员或数据分析，更多的在于实施机器学习的相关业务领域专家的高能力、高水平和丰富的经验。

数据清洗是一个提高数据质量的过程，良好的数据清洗能够使得机器学习算法的效果和性能得到显著提高。针对数据的清洗，有归一化、标准化（Normalization）、离散化（Discretization）、因子化（Factor Analysis）、去除共线性、缺失值处理等多种方式。

离散化指将连续特征或者变量转变成离散特征或者变量的过程。离散化将原来连续的"线"转换为"段"，有利于对非线性关系进行诊断和描述，还可以通过合并类别的方式有效地克服数据中隐藏的缺陷。此外，一些数据挖掘分类算法（比如朴素贝叶斯法）也特别要求数据是分类特征或者变量，需要将连续特征变换成分类特征。

归一化和标准化都是对数据进行标准化处理。对数据进行标准化处理可以消除数据之间的量纲差距。当数据的量纲不同（数量级差别很大）时，经过标准化处理可以使得各指标值处于同一数量级别。归一化即线性函数归一化，将原始数据进行线性变换，并确保新的数据均映射到[0,1]区间内，实现对原始数据的等比缩放；标准化即将原始数据映射到均值为 0、标准差为 1 的分布上。

因子化和去除共线性都是为了减少数据之间的信息重叠，提高机器学习算法效率。很多情形下，多个特征对于响应变量的影响是存在信息重叠的，或者说这些特征之间存在高度的相关性，对于响应变量起到的作用都是相同的，这时候就需要使用因子化和去除共线性等方法进行降维处理。因子化是指从变量群中提取共性因子的统计技术，即从原数据集的多个特征变量中提取出少数几个因子，使用相对较少的因子来替代原来的特征变量进行分析，达到降维的目的。去除共线性即针对高度相关的特征因子进行删减或合并处理，事实上前面所述的因子化也是去除共线性的一种常用方法。

缺失值处理即针对存在缺失的数据，依照一定的估计方法计算出估计值，用它替代原数据集中的缺失值。常用的估计方法包括序列平均值、临近点的平均值、临近点的中间值、线性插值、邻近点的线性趋势等。

- 序列平均值：用整个序列有效数值的平均值作为缺失值的估计值。
- 临近点的平均值：指定缺失值上下邻近点的点数，将这些点数的有效数值的均值作为缺失值的估计值。
- 临近点的中间值：与临近点的平均值一样，本方法将用缺失值上下邻近点指定跨度范围内的有效数值的中位数作为缺失值的估计值。

- 线性插值：对缺失值的前一个和后一个有效值使用线性插值法计算估计值。如果序列的第一个或最后一个观测值缺失，则不能用这种方法替代这些缺失值。
- 邻近点的线性趋势：对原序列以序号为自变量，以选择变量为因变量求出线性回归方程，再用线性回归方程计算各缺失值处的趋势预测值，并用预测值替代相应的缺失值。

4. 训练模型与优化模型

在完成前述步骤后，正式进入机器学习的算法建模阶段，也就是用户基于获取的数据集和筛选的特征向量对模型进行算法训练。目前互联网上有很多成熟的、已经封装好的，并且开源免费的算法包供用户选择使用，而不必从头逐一写代码。需要说明和强调的是，虽然这些算法包也为用户带来了诸多便利，大大提升了用户的操作效率，但这并不意味着用户可以直接享受免费的劳动成果而惰于学习和思考。因为用户在真正使用这些算法包时，往往需要结合自身具体的研究情形进行必要和合理的调参（调整模型的参数），而这往往是基于用户对相应算法的深刻理解的。可以想象的是，如果用户对相应算法的原理一无所知，那么在调参时就会缺乏目标性和针对性，进而降低机器学习效率，甚至始终无法获取比较优良的算法模型。

训练模型时主要关注模型的"泛化"能力，尽可能减少我们在前面提出的"过拟合""欠拟合"问题，在"偏差""方差"之间找到平衡，并基于"性能量度"和"模型评估"中的注意事项客观地对模型优劣进行评价。

针对训练模型不及预期或认为还有更多优化空间的情况，就需要对模型进行优化：当模型出现过拟合时，基本调优思路是增加数据量，降低模型复杂度；当模型出现欠拟合时，基本调优思路是提高特征数量和质量，增加模型复杂度。在训练过程中，还要注意观察误差样本，全面分析误差产生的原因：究竟是参数的问题还是算法选择的问题，是特征的问题还是数据本身的问题，等等。

常用的优化方法包括更换其他机器学习算法（比如将决策树算法换成人工神经网络算法）、调整特定算法中的参数（比如针对人工神经网络算法变换函数）等。用户可对比不同情形下的各种结果，找出最为可用的模型。

优化后的新模型需要重新进行训练和评价，而训练和评价后的模型很可能需要再次优化，如此反复，直到用户满意为止。

5. 模型融合

实务中，提升算法准确度的方法主要就是前面所述的"特征选择与数据清洗"以及本节介绍的"模型融合"。模型融合的基本思想是在各种不同的机器学习任务中使结果获得提升，实现方式是训练多个模型（弱学习器，也称基学习器、个体学习器），然后按照一定的方法集成在一起（强学习器）。当弱学习器准确性越高（之间的性能表现不能差距太大），多样性越大（之间的相关性要尽可能的小）时，融合越好。一般来说，随着集成中弱学习器数目的增大，集成的错误率将呈指数级下降，最终趋向于零，这一点已有严格的数学公式证明。

（1）Boosting 方法（提升法）

如果弱学习器之间存在强依赖关系，必须串行生成序列化方法，则应选择 Boosting 方法。该方法主要优化 bias（偏差，或称模型的精确性），当然对于降低方差也有一定作用。Boosting 方法的操作实现过程如下：

① 首先从训练集用初始权重训练出一个弱学习器 x_1，得到该学习器的经验误差；然后对经验误差进行分析，基于分析结果调高学习误差率高的训练样本的权重，使得这些误差率高的训练样本在后面的学习器中能够受到更多的关注；最后基于更新权重后的训练集训练出一个新的弱学习器 x_2。

② 不断重复这一过程，直到满足训练停止条件（比如弱学习器达到指定数目），生成最终的强学习器。

③ 将弱分类器预测结果进行加权融合并输出，比如 AdaBoost 通过加权多数表决的方式融合并输出，即增大错误率小的分类器的权值，同时减小错误率较大的分类器的权值。

注　意

Boosting 算法在训练的每一轮要检查当前生成的弱学习器是否满足基本条件。

（2）Bagging 方法（袋装法、随机森林）

如果弱学习器之间不存在强依赖关系，可同时生成并行化方法，则应选择 Bagging（Bootstrap Aggregating）方法。Bagging 算法的思想是通过对样本采样的方式使弱学习器存在较大的差异，主要优化 variance（方差，或称模型的鲁棒性）。具体操作步骤如下：

① 采用前面介绍的自助法从样本全集中抽取 x 个样本，进行 y 轮抽取，最终形成 y 个相互独立的训练集。

② 使用 y 个相互独立的训练集，根据具体问题采用不同的机器学习方法分别训练得到 y 个模型。

③ 针对回归问题，将 y 个模型的均值作为最终结果；针对分类问题，将 y 个模型采用投票的方式（多数者胜出）得到分类结果。

在 Bagging 方法的基础上生成的随机森林法有效解决了决策树方法容易过拟合的问题（随机森林法、决策树方法将在后文详细介绍）。随机森林法较 Bagging 方法的进步体现在：除了自助法之外，还每次都随机抽取一定数量的特征（通常为 $sqrt(n)$，n 为全部特征个数），也就是说自变量（解释变量）也是随机的。最终针对回归问题，将每棵决策树结果的平均值作为最终结果；针对分类问题，对 y 个模型采用投票的方式（多数者胜出）得到分类结果。

不难看出，在前面所述的 Boosting 方法中，每一轮的训练集不变，只是训练集中每个样本在分类器中的权重发生了变化，根据上一轮的分类结果的错误率不断调整样本的权值，错误率越大则权重越大；每个弱分类器也都有相应的权重，对于分类误差小的分类器会有更大的权重，各个学习器只能顺序生成，因为后一个模型参数需要前一轮模型的结果。而在 Bagging 方法中，训练集是在从样本全集中有放回地选取的，从样本全集中选出的各轮训练集之间是相互独立的，而且使用的是均匀取样，每个样本的权重相等，同时所有弱分类器的权重相等，各个学习器可以并行生成。

6. 上线运行

当模型完成了融合工作，意味着在用户认知范围内以及可用资源条件限制下实现了最优解，或者虽不是最优解但至少是用户可接受的可用解，而整个机器学习算法阶段也基本宣告结束。下一步就是最终的上线运行，将之应用于实践，并且随着环境的不断变化及时、动态地持续修正。需要特别说明的是，上线阶段也非常重要，因为可能会出现实际运行中运行速度、资源消耗、稳定程度与项目预估时存在较大差异的情况，如果这一事项发生且难以通过小范围优化调整，可行性较差，那么可能就会重新建模，重复上述过程，直至可行为止。

3.9 习 题

1. 简述机器学习中示例、属性、响应变量、训练样本、测试样本的概念。
2. 请说明机器学习中"监督式学习"和"非监督式学习"的区别。
3. 简述误差、泛化、过拟合与欠拟合的概念。
4. 简述偏差、方差与噪声的概念。
5. 针对"回归问题监督式学习"的性能量度标准是什么？试用数学公式进行表达。
6. "分类问题监督式学习"的性能量度方式有哪些？试对各种性能量度方式进行简述。
7. 机器学习中常用的量度模型的泛化能力的方法有哪些？试分别阐述。
8. 简述机器学习的项目流程。

第 **4** 章

线性回归算法

线性回归算法是经典的机器学习算法之一，应用范围非常广泛，深受业界人士的喜爱。它是研究分析响应变量受到特征变量线性影响的方法。线性回归算法通过建立回归方程，使用各特征变量来拟合响应变量，并可使用回归方程进行预测。由于线性回归算法相对基础、简单，较易入门，因此本章除了介绍线性回归算法的基本原理及 Python 实现之外，还介绍了描述性分析、图形绘制、正态性检验、相关性分析等经典统计分析方法在 Python 中的实现。

4.1 线性回归算法的基本原理

本节介绍线性回归算法的基本原理。

4.1.1 线性回归算法的概念及数学解释

线性回归算法是一种较为基础的机器学习算法，基于特征（自变量、解释变量、因子、协变量）和响应变量（因变量、被解释变量）之间存在的线性关系。线性回归算法的数学模型为：

$$y = \alpha + \beta_1 x_1 + \beta_2 x_2 + \ldots + \beta_n x_n + \varepsilon$$

矩阵形式为：

$$y = \alpha + X\beta + \varepsilon$$

其中，$y = \begin{pmatrix} y_1 \\ y_2 \\ \vdots \\ y_n \end{pmatrix}$ 为响应变量，$\alpha = \begin{pmatrix} \alpha_1 \\ \alpha_2 \\ \vdots \\ \alpha_n \end{pmatrix}$ 为截距项，$\beta = \begin{pmatrix} \beta_1 \\ \beta_2 \\ \vdots \\ \beta_n \end{pmatrix}$ 为待估计系数，$X =$

$$\begin{pmatrix} x_{11} & x_{12} & \cdots & x_{1k} \\ x_{21} & x_{22} & \cdots & x_{2k} \\ \vdots & \vdots & \ddots & \vdots \\ x_{n1} & x_{n2} & \cdots & x_{nk} \end{pmatrix} 为特征，\ \varepsilon = \begin{pmatrix} \varepsilon_1 \\ \varepsilon_2 \\ \vdots \\ \varepsilon_n \end{pmatrix} 为误差项。$$

假定特征之间无多重共线性；误差项 ε_i（$i=1,2,\ldots,n$）之间相互独立，且均服从同一正态分布 $N(0,\sigma^2)$，σ^2 是未知参数，误差项满足与特征之间的严格外生性假定，以及自身的同方差、无自相关假定。

响应变量的变化可以由 $\alpha + X\beta$ 组成的线性部分和随机误差项 ε_i 两部分解释。对于线性模型，一般采用最小二乘估计法来估计相关的参数，基本原理是使残差平方和最小，即

$$\min \sum_{i=1}^{n} e_i^2 = \sum_{i=1}^{n}(y - \hat{\alpha} - \hat{\beta}X)$$，残差就是响应变量的实际值与拟合值之间的差值。

4.1.2   线性回归算法的优缺点

线性回归算法的优点体现在以下几个方面：

（1）线性回归算法基于特征和响应变量之间的线性关系，理解起来比较简单，实现起来也比较容易，在处理样本容量较小的数据集时比较有效。

（2）线性回归算法是许多强大的非线性模型的基础：一方面根据微积分相关原理，在足够小的范围内，非线性关系可以用线性函数来近似；另一方面，很多非线性模型可以通过线性变换的方式转换为线性模型，比如针对二次函数、三次函数、对数函数等非线性关系，我们可以将特征的二次项、三次项、交互项、对数值等命名为新的特征，与原特征值共同构成线性关系。

（3）线性回归模型十分容易理解，结果具有很好的可解释性。在线性回归算法中，特征的系数 β 即为该特征对于响应变量的边际效应，也就是说特征每一单位的增长能够引起响应变量多少单位的增加。系数 β 又可以分两方面来看，一方面通过计算系数的显著性水平观察其统计意义的显著性，当其显著性水平小于显著性 P 值（通常为 0.05）时，特征对于响应变量的影响是统计显著的；另一方面通过计算系数大小观察其经济意义的显著性，系数越大，说明特征对于响应变量的影响程度越大。

（4）线性模型中蕴含着机器学习的很多重要思想，比如其算法原理中的均方误差（MSE）最小化，本质上实现的是偏差与方差的权衡，等等。

（5）线性模型具有一定的稳定性。从技术角度，我们在评价模型的优劣时，通常从两个维度去评判，一是模型预测的准确性，二是模型预测的稳健性，两者相辅相成、缺一不可。关于模型预测的准确性，如果模型尽可能地拟合了历史数据信息，拟合优度很高，损失的信息量很小，而且对于未来的预测都很接近真实的发生值，那么这个模型一般被认为是质量较高的。而关于模型的稳健性，我们期望的是模型在对训练样本以外的样本进行预测时，模型的预测精度不应该有较大幅度的下降。一般来说，神经网络、决策树的预测准确性要优于判别分析和 Logistic 回归分析等线性分析，但是其稳健性弱于线性分析。

线性回归算法的缺点主要体现在：对于非线性数据或者数据特征间具有相关性的多项式回归难以建模，难以很好地表达高度复杂的数据。比如针对商业银行信贷客户违约量化评估与预测问

题，如果我们能够较为合理地判定信用风险和各个特征变量是一种线性关系，那么完全可以选择线性回归算法。但是如果我们无法较为合理地判定信用风险和各个特征变量之间的关系，那么使用神经网络、决策树建模技术可能就是更好的选择，这些相对更加复杂的建模技术对模型结构和假设施加最小需求，应用到响应变量和特征变量之间关系不明确的情形中。

4.2 数据准备

本节我们用于分析的数据是"数据 4.1"文件，它是 XX 生产制造企业 1994－2021 年的 profit（营业利润水平）、invest（固定资产投资）、labor（平均职工人数）、rd（研究开发支出）数据。下面我们以 profit 为响应变量，以 invest、labor、rd 为特征变量，开展线性回归算法。"数据 4.1"文件的内容如图 4.1 所示。

year	profit	invest	labor	rd
1997	777	146.5	358	46.81
1998	1088	184.5	532	73.35
1999	2003	214.5	666	123.13
2000	2864	254.5	755	154.41
2001	3399	303.5	876	253.67
2002	4123	339.5	1024	261.21
2003	5120	377.5	1134	373.85
2004	6532	438.5	1345	404.35
2005	7735	538.5	1678	489
2006	8765	684.5	1777	532
2007	9952	890.5	1899	588
2008	10034	1050.5	1934	614
2009	11873	1185.5	2034	784
2010	12328	1448.5	2346	901.91
2011	14321	1688.5	2489	1053.17
2012	16345	2020.5	2671	1243.43
2013	17654	2134	2871	1511.67
2014	19993	2219.5	3012	2024.38
2015	21232	2671.5	3123	2176.82
2016	23123	3096.5	3209	2345
2017	25321	3531.5	3341	2678
2018	29934	4007.5	3501	2899
2019	32008	4397.5	3623	3266
2020	35003	4815.5	3743	3588
2021	37891.5	5023	3809	3999

图 4.1 "数据 4.1"文件的数据内容

在进行分析之前，首先需要载入分析所需要的模块和函数，读取数据集并进行观察。操作演示与功能详解如下。

4.2.1 导入分析所需要的模块和函数

本例中需要导入 pandas、numpy、matplotlib、seaborn、statsmodels、sklearn 等模块。其中，pandas、numpy 用于数据读取、数据处理、数据计算；matplotlib.pyplot、seaborn、probplot 用于绘制图形，实现分析过程及结果的可视化；stats 模块用于统计分析；statsmodels 中的 statsmodels.formula.api 以及 sklearn 中的 LinearRegression 用于构建线性回归模型；train_test_split

用于把样本随机划分为训练样本和测试样本；mean_squared_error、r2_score 模块分别用于计算均方误差（MSE）和可决系数，评价模型优劣。

我们在 Spyder 代码编辑区依次输入以下代码并逐行运行，完成所需模块的导入。

```
import pandas as pd        # 导入 pandas，并简称为 pd
import numpy as np         # 导入 numpy，并简称为 np
import matplotlib.pyplot as plt  # 导入 matplotlib.pyplot，并简称为 plt
import seaborn as sns      # 导入 seaborn，并简称为 sns
from scipy import stats    # 导入 stats
from scipy.stats import probplot  # 导入 probplot
import statsmodels.formula.api as smf  # 导入 statsmodels.formula.api，并简称为 smf
from sklearn.linear_model import LinearRegression  # 导入 LinearRegression
from sklearn.model_selection import train_test_split  # 导入 train_test_split
from sklearn.metrics import mean_squared_error, r2_score  # 导入 mean_squared_error,
r2_score
```

4.2.2　数据读取及观察

首先需要将本书提供的数据文件放入安装 Python 的默认路径位置，并从相应位置进行读取，在 Spyder 代码编辑区输入以下代码并运行：

```
data=pd.read_csv('C:/Users/Administrator/.spyder-py3/数据4.1.csv')    # 读取数据 4.1.csv 文件
```

注意，因用户的具体安装路径不同，设计路径的代码会有差异，用户可以在"文件"窗口查看路径及文件对应的情况，如图 4.2 所示。

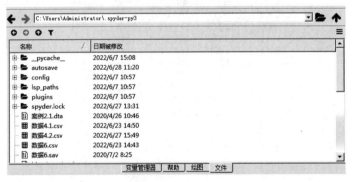

图 4.2　"文件"窗口

```
data.info()    # 观察数据信息。运行结果为：
```

```
<class 'pandas.core.frame.DataFrame'>
RangeIndex: 25 entries, 0 to 24
Data columns (total 5 columns):
 #   Column  Non-Null Count  Dtype
---  ------  --------------  -----
 0   year    25 non-null     int64
 1   profit  25 non-null     float64
 2   invest  25 non-null     float64
 3   labor   25 non-null     int64
 4   rd      25 non-null     float64
dtypes: float64(3), int64(2)
memory usage: 1.1 KB
```

数据集中共有 25 个样本（25 entries, 0 to 24）、5 个变量（total 5 columns）。5 个变量分别是 year、profit、invest、labor、rd，均包含 25 个非缺失值，其中 year、labor 的数据类型为整数型（int64），profit、invest、rd 的数据类型为浮点型（float64）。数据文件中共有 3 个浮点型（float64）变量、2 个整型（int64）变量，数据内存为 1.1KB。

```
len(data.columns)    # 列出数据集中变量的数量。运行结果为 5
data.columns    # 列出数据集中的变量, 运行结果为: Index(['year', 'profit', 'invest', 'labor',
'rd'], dtype='object'), 与前面的结果一致
data.shape    # 列出数据集的形状。运行结果为 (25, 5)，也就是 25 行 5 列，数据集中共有 25 个样本，5 个变量
data.dtypes    # 观察数据集中各个变量的数据类型, 结果如下, 与前面的结果一致
```

```
year        int64
profit      float64
invest      float64
labor       int64
rd          float64
dtype: object
```

```
data.isnull().values.any()    # 检查数据集是否有缺失值。结果为 False, 没有缺失值
data.isnull().sum()      # 逐个变量地检查数据集是否有缺失值。结果如下, 没有缺失值
```

```
year        0
profit      0
invest      0
labor       0
rd          0
dtype: int64
```

4.3 描述性分析

在进行数据分析时，当研究者得到的数据量很小时，可以通过直接观察原始数据来获得所有的信息。但是，当得到的数据量很大时，就必须借助各种描述性指标来完成对数据的描述工作。用少量的描述性指标来概括大量的原始数据，对数据展开描述的统计分析方法被称为描述性统计分析。

我们在 Spyder 代码编辑区内输入以下代码并运行：

```
data.describe()    # 对数据集进行描述性分析。describe() 函数可以查看数据的基本情况, 包括: count（非空
值数）、mean（平均值）、std（标准差）、min（最小值）、(25%、50%、75%) 分位数、max（最大值）等。运行结果为:
```

	year	profit	invest	labor	rd
count	25.000000	25.000000	25.000000	25.000000	25.000000
mean	2009.000000	14376.740000	1746.500000	2150.000000	1295.366400
std	7.359801	11115.466056	1581.645379	1108.545255	1217.760046
min	1997.000000	777.000000	146.500000	358.000000	46.810000
25%	2003.000000	5120.000000	377.500000	1134.000000	373.850000
50%	2009.000000	11873.000000	1185.500000	2034.000000	784.000000
75%	2015.000000	21232.000000	2671.500000	3123.000000	2176.820000
max	2021.000000	37891.500000	5023.000000	3809.000000	3999.000000

比如数据集中变量 profit 的 count（非空值数）为 25，mean（平均值）为 14376.74，std（标准差）为 11115.466056，min（最小值）为 777，（25%、50%、75%）分位数分别为 5120、

11873、21232，max（最大值）为 37891.5。

```
data.describe().round(2)    # 只保留两位小数，运行结果为:
              year    profit   invest    labor       rd
count        25.00     25.00    25.00    25.00    25.00
mean       2009.00  14376.74  1746.50  2150.00  1295.37
std           7.36  11115.47  1581.65  1108.55  1217.76
min        1997.00    777.00   146.50   358.00    46.81
25%        2003.00   5120.00   377.50  1134.00   373.85
50%        2009.00  11873.00  1185.50  2034.00   784.00
75%        2015.00  21232.00  2671.50  3123.00  2176.82
max        2021.00  37891.50  5023.00  3809.00  3999.00
```

结果跟前面的一致，但更加简捷清晰。

```
data.describe().round(2).T   # 只保留两位小数并转置，运行结果为:
        count      mean       std      min      25%      50%      75%  \
year     25.0   2009.00      7.36  1997.00  2003.00   2009.0  2015.00
profit   25.0  14376.74  11115.47   777.00  5120.00  11873.0  21232.00
invest   25.0   1746.50   1581.65   146.50   377.50   1185.5   2671.50
labor    25.0   2150.00   1108.55   358.00  1134.00   2034.0   3123.00
rd       25.0   1295.37   1217.76    46.81   373.85    784.0  2176.82

             max
year      2021.0
profit   37891.5
invest    5023.0
labor     3809.0
rd        3999.0
```

结果跟前面的一致，但很多用户可能更偏好这种查看方式。很多时候我们还需要单独求一些统计指标，比如求均值、方差、标准差、协方差等。描述性分析的常用函数如表 4.1 所示。

表 4.1　描述性分析的常用函数

常用函数	具体含义	常用函数	具体含义
count()	非空观测数量	sum()	所有值之和
mean()	所有值的平均值	median()	所有值的中位数
mode()	值的模值	std()	值的标准偏差
var()	方差	min()	所有值中的最小值
max()	所有值中的最大值	abs()	绝对值
prod()	数组元素的乘积	cumsum()	累计总和
cumprod()	累计乘积	skew()	偏度
cov()	协方差矩阵		

```
data.mean()    # 对数据集中的变量求均值，运行结果为:
year        2009.0000
profit     14376.7400
invest      1746.5000
labor       2150.0000
rd          1295.3664
dtype: float64
```

```
data.var()    # 对数据集中的变量求方差，运行结果为:
```

```
year        5.416667e+01
profit      1.235536e+08
invest      2.501602e+06
labor       1.228873e+06
rd          1.482940e+06
dtype: float64
```

结果中的 e+表示科学记数法，比如 e+01 即表示乘以 10，year 的方差即为 54.16667。

```
data.std()     # 对数据集中的变量求标准差，运行结果为：
```

```
year          7.359801
profit     11115.466056
invest      1581.645379
labor       1108.545255
rd          1217.760046
dtype: float64
```

```
data.cov()     # 对数据集中的变量求协方差，运行结果为：
```

	year	profit	invest	labor	rd
year	54.166667	7.949667e+04	1.105175e+04	8.139458e+03	8.439992e+03
profit	79496.666667	1.235536e+08	1.746151e+07	1.186445e+07	1.341083e+07
invest	11051.750000	1.746151e+07	2.501602e+06	1.646000e+06	1.913827e+06
labor	8139.458333	1.186445e+07	1.646000e+06	1.228873e+06	1.256714e+06
rd	8439.991667	1.341083e+07	1.913827e+06	1.256714e+06	1.482940e+06

4.4　图形绘制

在构建线性回归模型之前，我们可以通过针对变量绘制图形的方式初步研究变量的分布特征。常用的图形绘制方法包括直方图、密度图、小提琴图、箱图、正态 QQ 图、散点图和线图、热力图、回归拟合图、联合分布图等，这些图形绘制方法可以帮助用户快速了解数据点的分布，还可以发现异常值的存在。

4.4.1　直方图

直方图（Histogram）又称柱状图，是一种统计报告图，由一系列高度不等的纵向条纹或线段表示数据分布的情况。一般用横轴表示数据类型，纵轴表示分布情况。通过绘制直方图可以较为直观地传递有关数据的变化信息，使数据使用者能够较好地观察数据波动的状态，使数据决策者能够依据分析结果确定在什么地方需要集中力量改进工作。

绘制直方图常用的函数包括 plt.hist 和 sns.histplot。以绘制 invest 和 profit 的直方图为例，代码如下（注意需要全部选中这些代码并整体运行）：

```
    plt.figure(figsize=(20,10)) # figsize 用来设置图形的大小, figsize = (a, b), 其中 a 为图形的宽, b
为图形的高, 单位为英寸。本例中图形的宽为 20 英寸, 高为 10 英寸
    plt.subplot(1,2,1)        # 本代码的含义是指定作图位置。可以把 figure 理解成画布, subplot 就是将 figure
```

中的图像划分为几块，每块当中显示各自的图像，有利于进行比较。一般使用格式：subplot(m,n,p)。其中，m 为行数，即在同一画面划分 m 行个图形位置；n 为列数，即在同一画面划分 n 列个图形位置，本例中把绘图窗口划分成 1 行 2 列 2 块区域，然后在每个区域分别作图；p 为位数，即 p=1 表示在同一画面的 m 行、n 列的图形位置中从左到右、从上到下的第一个位置

```
    plt.hist(data['invest'], density=False)    # 绘制 invest 变量的直方图，参数 density 的值为 True 和
False，表示是否进行归一化处理
    plt.title("Histogram of 'invest'")    # 将 invest 变量的直方图的标题设置为 Histogram of 'invest'
    plt.subplot(1,2,2)        # 在 figure 画布从左到右、从上到下的第二个位置作图
    plt.hist(data['profit'], density=False)    # 绘制 profit 变量的直方图，不进行归一化处理
    plt.title("Histogram of 'profit'")    # 将 profit 变量的直方图的标题设置为 Histogram of 'profit'，
运行结果如图 4.3 所示
```

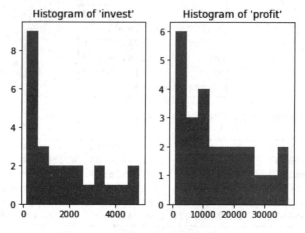

图 4.3　invest 和 profit 的直方图（1）

从运行结果中我们可以初步看出，invest 变量不服从正态分布特征，profit 变量的正态分布特征也不明显，需要结合更加精确的定量分析方法综合判断，后文详述。

注　意

　　运行结果需要到 Spyder 的"绘图"窗格查看，而不像其他代码的结果那样直接在"IPython 控制台"中展示。可以通过右键对图形进行复制，或者保存在计算机上。所有图形化展示的结果均是如此，后续不再赘述。

使用 sns.histplot 绘制直方图的代码如下（也需要全部选中这些代码并整体运行）：

```
    sns.displot(data['invest'],bins=10,kde=True)    # 针对 data['invest']绘制直方图，其中参数 bins 表
示设置多少个分组，即有多少个条形；kde 表示是否显示数据分布曲线，默认值是 False（不显示）
    plt.title("Histogram of 'invest'")    # 设置图形标题为 Histogram of 'invest'
    sns.displot(data['profit'],bins=10,kde=True)    # 针对 data['profit']绘制直方图
    plt.title("Histogram of 'profit'")  # 设置图形标题为 Histogram of 'profit'，运行结果如图 4.4 所示
```

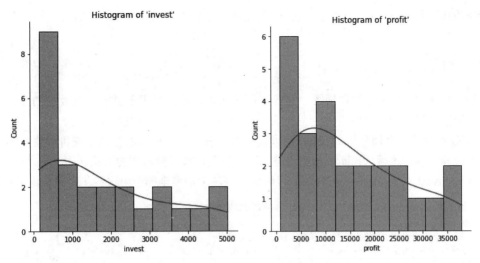

图 4.4 invest 和 profit 的直方图（2）

4.4.2 密度图

密度图（Density Plot）用于显示数据在连续时间段内的分布状况，是直方图的进化，使用平滑曲线来绘制数值水平，从而得出更平滑的分布。密度图的峰值显示数值在该时间段内最为高度集中的位置。相对于直方图，密度图不受所使用分组数量（直方图中的条形）的影响，所以能更好地界定分布形状。

以绘制 invest 和 profit 的密度图为例，代码如下（注意需要全部选中这些代码并整体运行）：

```
plt.subplot(1,2,1)#指定作图位置
sns.kdeplot(data['invest'],shade=True)#绘制 invest 变量的密度图，shade=True 表示密度曲线下方的面积
用阴影填充
plt.title("Density distribution of 'invest'")#将 invest 变量的密度图的标题设定为 Density
distribution of 'invest'
plt.subplot(1,2,2)#指定作图位置
sns.kdeplot(data['profit'],shade=True)#绘制 profit 变量的密度图，显示核密度曲线，shade=True 表示密
度曲线下方的面积用阴影填充
plt.title("Density distribution of 'profit'")#将 invest 变量的密度图的标题设定为 Density
distribution of ''profit''，运行结果如图 4.5 所示.
```

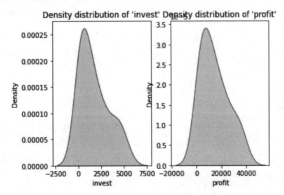

图 4.5 invest 和 profit 的密度图

从密度图可以看出，invest 变量、profit 变量都高度集中在稍大于 0 的区间内。

4.4.3 箱图

箱图（Box-Plot）又称为盒须图、盒式图或箱线图，是一种用于显示一组数据的分散情况的统计图。箱图提供了一种只用 5 个点总结数据集的方式，这 5 个点包括最小值、第一个四分位数 Q1、中位数点、第三个四分位数 Q3、最大值。数据分析者通过绘制箱图不仅可以直观明了地识别数据中的异常值，还可以判断数据的偏态、尾重以及比较几批数据的形状。

以绘制 invest 和 profit 的箱图为例，代码如下（注意需要全部选中这些代码并整体运行）：

```
plt.figure(figsize=(9,6))    # figsize 用来设置图形的大小
plt.subplot(1,2,1)        # 指定作图位置
plt.boxplot(data['invest']) # 绘制 invest 变量的箱图
plt.title("Boxlpot of 'invest'") # 标题设置为 Boxlpot of 'invest'
plt.subplot(1,2,2)        # 指定作图位置
plt.boxplot(data['profit']) # 绘制 profit 变量的箱图
plt.title("Boxlpot of 'profit'")   # 标题设置为 Boxlpot of 'profit'，运行结果如图 4.6 所示
```

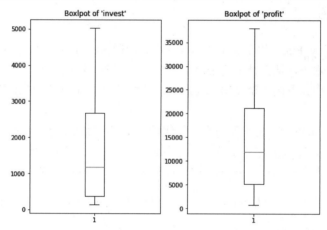

图 4.6 invest 和 profit 的箱图

箱图把所有的数据分成了 4 部分：第 1 部分是从顶线到箱体的上部，这部分数据值在全体数据中排名前 25%；第 2 部分是从箱体的上部到箱体中间的线，这部分数据值在全体数据中排名 25%以下、50%以上；第 3 部分是从箱体中间的线到箱体的下部，这部分数据值在全体数据中排名 50%以下、75%以上；第 4 部分是从箱体的底部到底线，这部分数据值在全体数据中排名后 25%。顶线与底线的间距在一定程度上表示了数据的离散程度，间距越大就越离散。

4.4.4 小提琴图

小提琴图其实是箱式图与密度图的结合，通过使用密度曲线描述一组或多组的数值数据分布。箱式图展示了分位数的位置，小提琴图则展示了任意位置的密度。以绘制 invest 和 profit 的密度图为例，代码如下（注意需要全部选中这些代码并整体运行）：

```
plt.subplot(1,2,1) # 指定作图位置
```

```
sns.violinplot(data['invest'])      # 绘制 invest 变量的小提琴图
plt.title("Violin plot of 'invest'")  # 标题设置为 Violin plot of 'invest'
plt.subplot(1,2,2)  # 指定作图位置
sns.violinplot(data['profit'])       # 绘制 profit 变量的小提琴图
plt.title("Violin plot of 'profit'")  # 标题设置为 Violin plot of 'profit'，运行结果如图 4.7 所示
```

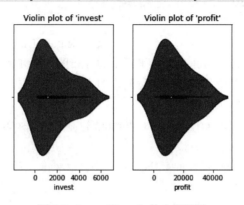

图 4.7　invest 和 profit 的小提琴图

4.4.5　正态 QQ 图

正态 QQ 图是由标准正态分布的分位数为横坐标，样本值为纵坐标的散点图，通过把测试样本数据的分位数与已知分布相比较来检验数据是否服从正态分布。如果 QQ 图中的散点近似地在图中的直线附近，就说明是正态分布，而且该直线的斜率为标准差，截距为均值。

以绘制 invest 和 profit 的正态 QQ 图为例，代码如下（注意需要全部选中这些代码并整体运行）：

```
plt.figure(figsize=(12,6))  # figsize 用来设置图形的大小
plt.subplot(1,2,1)              # 指定作图位置
probplot(data['invest'], plot=plt)   # 绘制 invest 变量的正态 QQ 图
plt.title("Q-Q plot of 'invest'")     # 标题设置为 Q-Q plot of 'invest'
plt.subplot(1,2,2)              # 指定作图位置
probplot(data['profit'], plot=plt)   # 绘制 profit 变量的正态 QQ 图
plt.title("Q-Q plot of 'profit'")     # 标题设置为 Q-Q plot of 'profit'，运行结果为如图 4.8 所示
```

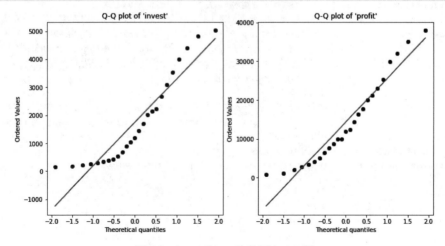

图 4.8　invest 和 profit 的正态 QQ 图

在 invest 和 profit 的正态 QQ 图中，散点与图中的直线都相对偏离较多，说明正态分布特征不够明显。

4.4.6　散点图和线图

作为对数据进行预处理的重要工具之一，散点图（Scatter Diagram）深受专家、学者们的喜爱。散点图的简要定义就是点在直角坐标系平面上的分布图。研究者对数据制作散点图的主要出发点是通过绘制该图来观察某变量随另一变量变化的大致趋势，据此可以探索数据之间的关联关系，甚至选择合适的函数对数据点进行拟合。

散点图的绘制函数是 plt.scatter() 和 sns.scatterplot()。其中 plt.scatter()的具体函数形式为：

```
matplotlib.pyplot.scatter(x, y, s=None, c=None, marker=None, cmap=None, norm=None,
vmin=None, vmax=None, alpha=None, linewidths=None, verts=None, edgecolors=None, *, data=None,
**kwargs)
```

函数中常用的参数说明如下：

- x，y 分别表示用于绘制散点图的 x 轴和 y 轴的数据点。
- s 用于控制散点的大小。
- c 即 color，用于设置散点标记的颜色，默认是蓝色（b），如果是红色，则为'r'。
- marker 用于设置散点标记的样式，默认为'o'。
- linewidth 用于设置标记点的长度。

线图与散点图的区别就是用一条线来替代散点标志，这样做可以更加清晰直观地看出数据走势，但却无法观察到每个散点的准确定位。从用途上看，线图常用于时间序列分析的数据预处理，用来观察变量随时间的变化趋势。此外，线图可以同时反映多个变量随时间的变化情况，所以线图的应用范围也非常广泛。

以绘制 invest 和 profit 的散点图和线图为例，代码如下（注意需要全部选中这些代码并整体运行）：

```
plt.figure(figsize=(12,6))   # 设置图形的宽为 12 英寸，图形的高为 6 英寸
plt.subplot(1,3,1) # 指定作图位置。在同一画面创建 1 行 3 列个图形位置，首先在从左到右的第一个位置作图
sns.scatterplot(data=data, x="invest", y="profit", hue="invest", alpha=0.6)    # 绘制
invest 和 profit 的散点图，使用的数据集为 data，x 轴为 invest，y 轴为 profit，参数 hue 的作用就是在图像中将输出
的散点图按照 hue 指定的变量（invest）的颜色种类进行区分，alpha 为散点的透明度，取值为 0~1
plt.title("Scatter plot")   # 将散点图的标题设置为 Scatter plot
plt.subplot(1,3,2)       # 指定作图位置
sns.lineplot(data=data, x="invest", y="profit")      # 绘制 invest 和 profit 的线图
plt.title("Line plot of invest, profit")   # 将标题设置为 Line plot of invest, profit
plt.subplot(1,3,3)       # 指定作图位置
sns.lineplot(data=data) # 绘制全部变量的线图
plt.title('Line Plot')  # 将标题设置为 Line Plot，运行结果如图 4.9 所示
```

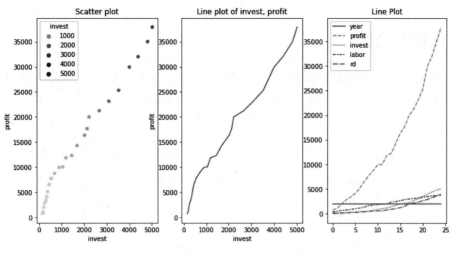

图 4.9　运行结果

　　图 4.9 中从左到右分别展示的是变量 invest 和 profit 的散点图、变量 invest 和 profit 的线图、数据集中所有变量的线图。

4.4.7　热力图

　　热力图是某种事物密集度的图形化显示，是展示差异的一种非常直观的方法。热力图的右侧是颜色带，也叫图例说明，代表了数值到颜色的映射，数值由小到大对应颜色由浅到深。数据值在图形中以颜色的深浅来表示数量的多少，从图中可以快速找到最大值与最小值所在的位置。

```
plt.figure(figsize=(10, 10)) # 设置图形
大小
    plt.subplot(1, 2, 1)    # 指定作图位置
    sns.heatmap(data=data,  cmap="YlGnBu",
annot = True) # 基于 data 数据绘制热力图，
cmap="YlGnBu"用来设置热力图的颜色色系，
annot=True 表示在热力图每个方格写入数据
    plt.title("Heatmap using seaborn")
    # 指定作图标题
    plt.subplot(1, 2, 2)    # 指定作图位置
    plt.imshow(data, cmap ="YlGnBu") # 实
现热力图绘制
    plt.title("Heatmap using matplotlib")
    # 指定作图标题，运行结果如图 4.10 所示
```

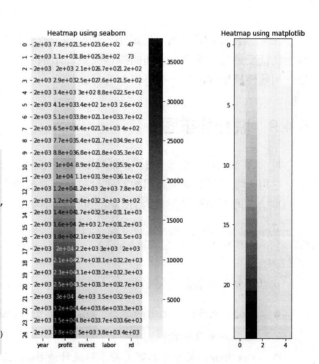

图 4.10　热力图

4.4.8　回归拟合图

散点图只能大致显示响应变量和特征之间的关系，为了深入研究其拟合关系，可以通过绘制回归拟合图的方式进行观察。回归拟合图应用最小二乘法原理，让误差的平方和最小，但回归拟合图反映的只是大概，并不精确，只能为后续真正做数据拟合提供参考信息。运行代码如下：

```
sns.regplot( x="invest", y="profit",data=data )    # 以"invest"为特征变量、"profit"为响应变量
绘制回归拟合图，运行结果如图4.11所示
```

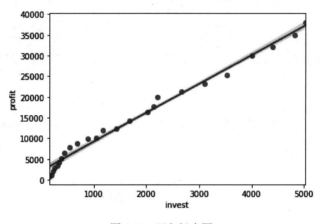

图4.11　回归拟合图

回归拟合图在研究简单的最小二乘回归分析时比较有用，也就是在只有 1 个特征变量时可以看出特征变量与响应变量之间的拟合关系。本例中可以看出 invest 与 profit 基本呈线性关系，所以使用线性模型算法是一个不错的选择。

4.4.9　联合分布图

联合分布图是一个多面板图形，比如散点图、二维直方图、核密度估计等在同一个图形上显示，它用来显示两个变量之间的双变量关系以及每个变量在单独坐标轴上的单变量分布。

联合分布图用到的函数为 sns.jointplot()，具体语法格式如下：

```
serborn.jointplot(x, y, data=None, kind="scatter", stat_func=, color=r, size=8, ratio=6,
space=0.3, dropna=True, xlim=None, ylim=None, joint_kws=None, marginal_kws=None, annot_kws=None,
**kwargs)
```

函数中常用参数的含义如下：

● kind：表示绘制图形的类型，kind 的类型可以是 hex, kde, scatter, reg, hist。当 kind='reg'时，它显示最佳拟合线。

● stat_func：用于计算有关关系的统计量并标注图。

● color：表示绘图元素的颜色。

● size：用于设置图的大小（正方形）。

- ratio：表示中心图与侧边图的比例。该参数的值越大，则中心图的占比会越大。
- space：用于设置中心图与侧边图的间隔大小。
- xlim，ylim：表示 x 轴、y 轴的范围。

本例中我们输入以下代码：

```
sns.jointplot(x = "invest", y = "profit", kind = "reg", data = data)  # 基于数据 data 绘制联
合分布图，x 轴为 invest，y 轴为 profit，绘图类型为 reg
    plt.title("Joint plot using sns")    # 为图表设置标题，运行结果如图 4.12 所示
```

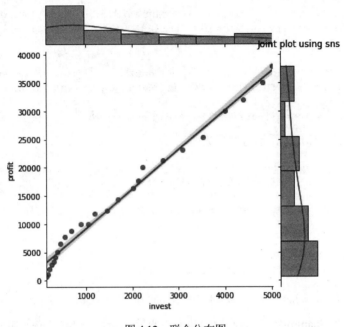

图 4.12　联合分布图

4.5　正态性检验

正态分布又称高斯分布（Gaussian distribution）。若随机变量 X 服从一个数学期望为 μ、方差为 σ^2 的正态分布，记为 $N(\mu,\sigma^2)$，其中期望值 μ 决定了其位置，标准差 σ 决定了分布的幅度。当 $\mu=0,\sigma=1$ 时的正态分布就是标准正态分布。有相当多的统计程序对数据要求比较严格，它们只有在变量服从或者近似服从正态分布的时候才是有效的，所以在对整理收集的数据进行预处理的时候需要对它们进行正态检验。Python 中常用的正态性检验包括 Shapiro-Wilk test 检验和 kstest 检验。

4.5.1　Shapiro-Wilk test 检验

使用 Shapiro-Wilk test 检验数据是否服从正态分布的代码如下：

```
    Ho = '数据服从正态分布'   # 定义原假设
    Ha = '数据不服从正态分布'  # 定义备择假设
    alpha = 0.05   # 定义显著性 P 值
    def normality_check(data):  # 定义 normality_check()函数
        for columnName, columnData in data.iteritems(): # 针对数据集中的变量和数值使用 for 循环做以下
操作
            print("Shapiro test for {columnName}".format(columnName=columnName))       # 输出
"Shapiro test for 变量名称"
            res = stats.shapiro(columnData)    # 调用 shapiro 方法开展正态分布检验，生成统计量 res
            pValue = round(res[1], 2) # 计算统计量 res 的 pValue
            if pValue > alpha:
                print("pValue={pValue}>{alpha}.不能拒绝原假设.{Ho}".format(pValue=pValue,
alpha=alpha, Ho=Ho))    # 如果 pValue 大于设置的 alpha 显著性 P 值，则输出"pValue = ** > alpha. 不能拒绝
原假设. 数据服从正态分布"
            else:
                print("pValue={pValue}<={alpha}.拒绝原假设.{Ha}".format(pValue=pValue,alpha=alpha,
Ha=Ha))   #如果 pValue 小于或等于设置的 alpha 显著性 P 值，则输出"pValue = **<=alpha. 拒绝原假设. 数据不服
从正态分布"
    normality_check(data)  # 把 data 传参给 normality_check()函数
```

选中上述代码并整体运行，运行结果为：

```
Shapiro test for year
pValue = 0.39 > 0.05. 不能拒绝原假设. 数据服从正态分布
Shapiro test for profit
pValue = 0.06 > 0.05. 不能拒绝原假设. 数据服从正态分布
Shapiro test for invest
pValue = 0.0 <= 0.05. 拒绝原假设. 数据不服从正态分布
Shapiro test for labor
pValue = 0.16 > 0.05. 不能拒绝原假设. 数据服从正态分布
Shapiro test for rd
pValue = 0.0 <= 0.05. 拒绝原假设. 数据不服从正态分布
```

综上所述，根据 Shapiro-Wilk test 检验结果，变量 year、profit、labor 服从正态分布，invest、rd 不服从正态分布。

4.5.2   kstest 检验

使用 kstest 检验数据是否服从正态分布的代码如下：

```
    Ho = '数据服从正态分布'   # 定义原假设
    Ha = '数据不服从正态分布'  # 定义备择假设
    alpha = 0.05          # 定义显著性 P 值
    def normality_check(data):  # 定义 normality_check()函数
        for columnName, columnData in data.iteritems():
            print("kstest for {columnName}".format(columnName=columnName))
            res = stats.kstest(columnData,'norm')
            pValue = round(res[1], 2)
            if pValue > alpha:
                print("pValue = {pValue} > {alpha}. 不能拒绝原假设. {Ho}".format(pValue=pValue,
alpha=alpha, Ho=Ho))
            else:
                print("pValue = {pValue} <= {alpha}. 拒绝原假设. {Ha}".format(pValue=pValue,
alpha=alpha, Ha=Ha))
```

```
normality_check(data)    # 把 data 传参给 normality_check()函数
```

选中上述代码并整体运行，运行结果为：

```
kstest for year
pValue = 0.0 <= 0.05. 拒绝原假设. 数据不服从正态分布
kstest for profit
pValue = 0.0 <= 0.05. 拒绝原假设. 数据不服从正态分布
kstest for invest
pValue = 0.0 <= 0.05. 拒绝原假设. 数据不服从正态分布
kstest for labor
pValue = 0.0 <= 0.05. 拒绝原假设. 数据不服从正态分布
kstest for rd
pValue = 0.0 <= 0.05. 拒绝原假设. 数据不服从正态分布
```

综上所述，根据 kstest 检验结果，变量 year、profit、invest、labor、rd 均不服从正态分布。

综合两种检验结果，我们可以认为 year、profit、invest、labor、rd 均不服从正态分布。

4.6 相关性分析

相关性分析通过计算皮尔逊相关系数、斯皮尔曼等级相关系数、肯德尔秩相关系数展开。其中皮尔逊相关系数是一种线性关联度量，适用于变量为定量连续变量且服从正态分布、相关关系为线性时的情形。如果变量不是正态分布的，或具有已排序的类别，相互之间的相关关系不是线性的，则更适合采用斯皮尔曼等级相关系数和肯德尔秩相关系数。

相关系数 r 有如下性质：

① $-1 \leqslant r \leqslant 1$，$r$ 绝对值越大，表明两个变量之间的相关程度越强。

② $0 < r \leqslant 1$，表明两个变量之间存在正相关。若 $r = 1$，则表明变量间存在着完全正相关的关系。

③ $-1 \leqslant r < 0$，表明两个变量之间存在负相关。若 $r = -1$，则表明变量间存在着完全负相关的关系。

④ $r = 0$，表明两个变量之间无线性相关。

应该注意的是，相关系数所反映的并不是一种必然的、确定的关系，也不是变量之间的因果关系，而仅仅是关联关系。

代码如下：

```
print(data.corr(method='pearson'))    # 输出变量之间的皮尔逊相关系数矩阵，运行结果为：
          year      profit    invest    labor     rd
year    1.000000  0.971751  0.949415  0.997645  0.941704
profit  0.971751  1.000000  0.993219  0.962867  0.990755
invest  0.949415  0.993219  1.000000  0.938787  0.993647
labor   0.997645  0.962867  0.938787  1.000000  0.930939
rd      0.941704  0.990755  0.993647  0.930939  1.000000
```

可以发现变量之间的相关性水平都非常高，体现在变量之间的相关性系数都非常大，变量之间存在着较强的正自相关。

全部选中这些代码并整体运行：

```
plt.subplot(1,1,1)
sns.heatmap(data.corr(), annot=True)  # 输出变量之间相关矩阵的热力图，运行结果如图 4.13 所示
```

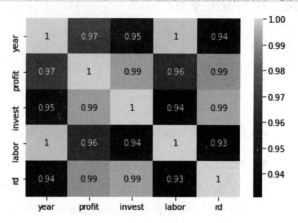

图 4.13　变量之间相关矩阵的热力图

热力图的右侧为图例说明，颜色越深表示相关系数越小，颜色越浅表示相关系数越大，左侧的矩阵则形象地展示了各个变量之间的相关情况。

说　明
皮尔逊相关系数：线性关联量度，适用于变量为定量连续变量且服从正态分布、相关关系为线性时的情形。若随机变量 X、Y 的联合分布是二维正态分布，x_i 和 y_i 分别为 n 次独立观测值，则皮尔逊相关系数公式为：$$r = \frac{\sum_{i=1}^{n}(x_i - \overline{x})(y_i - \overline{y})}{\sqrt{\sum_{i=1}^{n}(x_i - \overline{x})^2}\sqrt{\sum_{i=1}^{n}(y_i - \overline{y})^2}}$$　　"斯皮尔曼""肯德尔秩"为等级相关系数，当数据资料不服从双变量正态分布或总体分布未知或原始数据用等级表示时，宜选择斯皮尔曼等级相关系数、肯德尔秩相关系数。

下面我们以"数据 4.2"文件为例（关于数据 4.2 文件的详细介绍可见本章习题 1）说明斯皮尔曼等级相关系数的计算。代码如下：

```
data1=pd.read_csv('C:/Users/Administrator/.spyder-py3/数据 4.2.csv')    # 读取数据 4.2.csv 文件
print(data1.corr(method='spearman'))  # 输出变量之间的斯皮尔曼等级相关系数矩阵，运行结果为：
```

```
          month        M0        M1        M2
month  1.000000 -0.237762  0.951049  0.986014
M0    -0.237762  1.000000 -0.300699 -0.230769
M1     0.951049 -0.300699  1.000000  0.958042
M2     0.986014 -0.230769  0.958042  1.000000
```

从中可以看出中国 2020 年 1~12 月的流通中现金 M0 和狭义货币 M1 的斯皮尔曼相关系数为 −0.300699，流通中现金 M0 和广义货币 M2 的斯皮尔曼相关系数为 −0.230769，均呈现出不算很大

的负相关关系；狭义货币 M1 和广义货币 M2 的斯皮尔曼相关系数为 0.958042，呈现出较为强烈的正相关关系。

```
print(data1.corr(method='kendall'))    # 输出变量之间的肯德尔等级相关系数矩阵，运行结果为：
```

```
            month        M0        M1        M2
month   1.000000 -0.121212  0.878788  0.939394
M0     -0.121212  1.000000 -0.181818 -0.121212
M1      0.878788 -0.181818  1.000000  0.878788
M2      0.939394 -0.121212  0.878788  1.000000
```

结果与斯皮尔曼等级相关系数矩阵类似，限于篇幅不再详细解读。

4.7　使用 statsmodels 进行线性回归

在 Python 中，进行线性回归的模块主要包括 statsmodels 模块和 sklearn 模块。其中，statsmodels 模块的优势在于不仅可以进行预测，还可以进行统计推断，包括计算标准误差、P 值、置信区间等；而 sklearn 模块则无法进行统计推断，也就是不提供标准误差、P 值、置信区间等指标结果，但在机器学习方面效能相对更佳。

4.7.1　使用 smf 进行线性回归

使用 smf 进行线性回归的代码如下：

```
X = data.iloc[:, 2:5]    # 将数据集中的第 3 列至第 5 列作为特征
y = data.iloc[:, 1:2]    # 将数据集中的第 2 列作为响应变量
model = smf.ols('y~X', data=data).fit()    # 使用线性回归模型，并进行训练
print(model.summary())  # 输出估计模型摘要，运行结果为：
```

```
                           OLS Regression Results
==============================================================================
Dep. Variable:                      y   R-squared:                       0.996
Model:                            OLS   Adj. R-squared:                  0.995
Method:                 Least Squares   F-statistic:                     1651.
Date:                Mon, 27 Jun 2022   Prob (F-statistic):           4.42e-25
Time:                        11:35:45   Log-Likelihood:                -199.52
No. Observations:                  25   AIC:                             407.0
Df Residuals:                      21   BIC:                             411.9
Df Model:                           3
Covariance Type:            nonrobust
==============================================================================
                 coef    std err          t      P>|t|      [0.025      0.975]
------------------------------------------------------------------------------
Intercept    -315.6367    474.847     -0.665      0.513   -1303.134     671.861
x[0]            2.8590      0.940      3.043      0.006       0.905       4.813
x[1]            2.6269      0.413      6.357      0.000       1.768       3.486
x[2]            3.1275      1.151      2.716      0.013       0.733       5.522
==============================================================================
Omnibus:                        0.409   Durbin-Watson:                   0.875
Prob(Omnibus):                  0.815   Jarque-Bera (JB):                0.431
Skew:                          -0.264   Prob(JB):                        0.806
Kurtosis:                       2.631   Cond. No.                     1.15e+04
==============================================================================

Notes:
[1] Standard Errors assume that the covariance matrix of the errors is correctly specified.
[2] The condition number is large, 1.15e+04. This might indicate that there are
strong multicollinearity or other numerical problems.
```

从上述分析结果中可以看出：

（1）被解释变量为 y（Dep. Variable），模型（Model）为普通最小二乘法 OLS，估计方法（Method）为残差平方和最小（Least Squares），共有 25 个样本参与了分析（No. Observations = 25）。

（2）模型的可决系数（R-squared）为 0.996，模型修正的可决系数（Adj R-squared）= 0.995，说明模型的解释能力是非常高的。可决系数（R-squared）可以理解成有多大百分比的数据点落在最佳拟合线上，越接近于 1 越好。修正的可决系数（Adj R-squared）的意义在于：如果我们不断添加对模型预测没有贡献的新特征，那么会对 R-squared 值进行惩罚。如果 Adj. R-squared<R-Squared，则表明模型中存在无关预测因子。

（3）模型 F 检验将仅含有截距项的模型与当前含有特征的模型进行比较，原假设是"模型中所有回归系数都等于 0"，这意味着当前含有特征的模型是不显著的。本例中模型的 F 值（F-statistic）=1651，P 值（Prob (F-statistic)）= 4.42e-25，接近于 0，说明模型整体上是非常显著的。

（4）对数似然值为-199.52，AIC、BIC 分别为 407.0、411.9。

信息准则

在很多模型的拟合中需要用到信息准则的概念，在此特别进行介绍。众所周知，我们在拟合模型时，增加自由参数（或者理解为增加解释变量）可以在一定程度上提升拟合的效果，或者说提升模型的解释能力，但是自由参数（解释变量）增加的同时也会带来过拟合（Overfitting）的情况，甚至极端情况下出现多种共线性。为了达到一种平衡，帮助研究者合理选取自由参数（解释变量）的数目，统计学家们提出了信息准则的概念。信息准则鼓励数据拟合的优良性，但是同时针对多的自由参数（解释变量）采取了惩罚性措施。在应用信息准则时，无论何种信息准则，都是信息准则越小说明模型拟合得越好。假设有 n 个模型备选，可以一次计算出 n 个模型的信息准则值，并找出最小信息准则值相对应的模型作为最终选择。

常用的信息准则包括赤池信息准则（Akaike's Information Criterion，AIC）、贝叶斯信息准则（Schwarz's Bayesian Information Criterion，BIC，也称 SC、SIC、SBC、SBIC）以及汉南-昆信息准则（Hannan and Quinn Information Criterion，HQIC）。

其中赤池信息准则、贝叶斯信息准则的计算公式为：

$$\begin{cases} \text{AIC} = -\dfrac{2L}{n} + \dfrac{2k}{n} \\ \text{SC} = -\dfrac{2L}{n} + \dfrac{k\ln n}{n} \end{cases}$$

（5）模型的回归方程是：

```
profit=-315.6367+2.8590*invest+2.6269*labor+3.1275*rd
```

（6）常数项的系数标准误差是 474.8465，t 值为-0.66，P 值为 0.513，系数是非常显著的，95%的置信区间为[-1303.134，671.8607]。变量 invest 的系数标准误是 0.9396771，t 值为 3.04，P 值为 0.006，系数是非常显著的，95%的置信区间为[0.904872,4.813203]。变量 labor 的系数标准误差是 0.413203，t 值为 6.36，P 值为 0.000，系数是非常显著的，95%的置信区间为[1.767598，

3.486203]。变量 rd 的系数标准误差是 1.151358，t 值为 2.72，P 值为 0.013，系数是非常显著的，95%的置信区间为[0.7330987，5.52186]。

从上面的分析可以看出 invest（固定资产投资）、labor（平均职工人数）、rd（研究开发支出）3 个特征对于响应变量的 profit（营业利润水平）都是正向显著影响，特征每一单位的增长都会显著引起响应变量的增长。

（7）Durbin-Watson 即德宾-沃森检验值，简称 DW，是一个用于检验一阶变量自回归形式的序列相关问题的统计量，DW 在数值 2 附近说明模型变量无序列相关，越趋近于 0 说明正的自相关性越强，越趋近于 4 说明负的自相关性越强。本例中 Durbin-Watson=0.845，说明模型变量可能有一定的正自相关。

（8）在结果的后面有两点提示：第一点的含义是标准误差假定误差的协方差矩阵是正确指定的；第二点的含义是条件数（condition number）很大，为 1.15e+04，这可能表明有强多重共线性或其他数值问题。矩阵的条件数用于衡量矩阵乘法或逆的输出对输入误差的敏感性，条件数越大表明敏感性越差，在线性拟合中，条件数可以用来做多重共线性的诊断。

4.7.2　多重共线性检验

多重共线性检验的代码如下：

```
from statsmodels.stats.outliers_influence import variance_inflation_factor # 导入 variance_
inflation_factor 用于计算方差膨胀因子
    vif = pd.DataFrame()      #将 vif 设置为数据框形式
    vif["VIF Factor"] = [variance_inflation_factor(X.values, i) for i in range(X.shape[1])]
# 设置 vif 中的 VIF Factor 列为计算得到的方差膨胀因子的值
    vif["features"] = X.columns # 设置 vif 中的 features 列为 X 的列
    vif.round(1)   # 保留一位小数，运行结果为:
```

```
   VIF Factor features
0      196.8   invest
1       10.4    labor
2      171.9       rd
```

VIF（方差膨胀因子）是衡量回归模型多重共线性的指标。多重共线性是指线性回归模型中的解释变量之间由于存在高度相关关系而使模型估计失真或难以估计准确，包括严重的多重共线性和近似的多重共线性。在进行回归分析时，如果某一自变量可以被其他的自变量通过线性组合得到，那么数据就存在严重的多重共线性问题。近似的多重共线性是指某自变量能够被其他的自变量较多地解释，或者说自变量之间存在着很大程度的信息重叠。

多重共线性产生的原因包括经济变量相关的共同趋势、滞后变量的引入、样本资料的限制等。在数据存在多重共线性的情况下，最小二乘回归分析得到的系数值仍然是最优无偏估计的，但是会导致以下问题：完全共线性下参数估计量不存在；近似共线性下 OLS 估计量非有效；参数估计量经济含义不合理；变量的显著性检验失去意义，可能将重要的解释变量排除在模型之外；模型的预测功能失效。

解决多重共线性的办法包括剔除不显著的变量、进行因子分析提取出相关性较弱的几个主因子再进行回归分析、将原模型变换为差分模型、使用岭回归法减小参数估计量的方差等。

一般情况下，如果 VIF > 10，则说明特征之间存在多重共线性的问题。本例中，invest（固定资产投资）、labor（平均职工人数）、rd（研究开发支出）三个变量的 VIF 分别为 196.8、10.4、

171.9，均显著大于 10，说明特征之间的多重共线性还是比较明显的。

4.7.3　解决多重共线性问题

本例中我们采取剔除变量的方式来解决多重共线性问题，前面我们发现固定资产投资（invest）的 VIF 值最大，所以剔除掉该特征后进行回归，该特征在 data 数据文件中位于第 3 列（可在"变量管理器"界面双击打开"data"查看），代码如下：

```
X = data.iloc[:, 3:5]    #将数据集中的第 4 列至第 5 列作为自变量（相对于前面代码，剔除掉了第 3 列 invest）
y = data.iloc[:, 1:2]    # 将数据集中的第 2 列作为因变量
model = smf.ols('y~X', data=data).fit()    # 使用线性回归模型，并进行训练
print(model.summary())  # 输出估计模型摘要，运行结果为：
```

```
                           OLS Regression Results
==============================================================================
Dep. Variable:                      y   R-squared:                       0.994
Model:                            OLS   Adj. R-squared:                  0.993
Method:                 Least Squares   F-statistic:                     1797.
Date:                Mon, 27 Jun 2022   Prob (F-statistic):           4.22e-25
Time:                        16:13:12   Log-Likelihood:                -204.09
No. Observations:                  25   AIC:                             414.2
Df Residuals:                      22   BIC:                             417.8
Df Model:                           2
Covariance Type:            nonrobust
==============================================================================
                 coef    std err          t      P>|t|      [0.025      0.975]
------------------------------------------------------------------------------
Intercept   -544.9370    549.815     -0.991      0.332   -1685.184     595.310
x[0]           3.0479      0.457      6.675      0.000       2.101       3.995
x[1]           6.4605      0.416     15.543      0.000       5.598       7.322
==============================================================================
Omnibus:                        2.762   Durbin-Watson:                   0.841
Prob(Omnibus):                  0.251   Jarque-Bera (JB):                2.231
Skew:                          -0.716   Prob(JB):                        0.328
Kurtosis:                       2.701   Cond. No.                     8.94e+03
==============================================================================
```

可以发现，labor（平均职工人数）、rd（研究开发支出）两个变量依旧非常显著，同时模型的可决系数（R-squared）为 0.994，模型修正的可决系数（Adj R-squared）= 0.993，说明模型的解释能力依旧非常高，并未因特征变量的减少而下降很多。

```
vif = pd.DataFrame()
vif["VIF Factor"] = [variance_inflation_factor(X.values, i) for i in range(x.shape[1])]
vif["features"] = x.columns
vif.round(1)
```

运行结果为：

```
   VIF Factor features
0         8.7    labor
1         8.7       rd
```

可以发现 labor（平均职工人数）、rd（研究开发支出）两个变量的 VIF 都小于 10，多重共线性问题得到了较好的解决。

4.7.4　绘制拟合回归平面

绘制拟合回归平面的代码如下：

```
model = smf.ols('profit ~ labor + rd', data=data
results = model.fit()
results.params
```

上述代码的含义是以 profit 为响应变量，以 labor、rd 为特征变量，进行 OLS 回归，调用 fit()
方法对模型进行估计，并将结果储存到 results，查看 results 中的参数值，运行结果为：

```
Intercept    -544.936993
labor           3.047912
rd              6.460463
dtype: float64
```

由此得到模型的回归方程：

```
profit=-544.936993+3.047912*labor+6.460463*rd
```

继续输入以下代码：

```
import numpy as np
import matplotlib.pyplot as plt
from mpl_toolkits import mplot3d
xx = np.linspace(data.labor.min(), data.labor.max(), 100)
yy = np.linspace(data.rd.min(), data.rd.max(), 100)
xx.shape, yy.shape
```

上述代码的含义是导入所需模块，根据变量 labor、rd 的最大值与最小值定义一个 100 等分的
网格，运行结果显示 xx 与 yy 均为 100×1 的向量：$((100,), (100,))$。

```
XX, YY = np.meshgrid(xx,yy)
XX.shape, YY.shape
```

上述代码的含义是根据横轴的 xx 网格与纵轴的 yy 网格生成包含 xx 与 yy 全部取值的二维网
格，运行结果显示 XX 与 YY 均为 100×100 的矩阵：$((100, 100), (100, 100))$。

```
ZZ = results.params[0] + XX * results.params[1] + YY * results.params[2]
```

上述代码的含义是把 XX 与 YY 的每个组合取值带入回归方程，得到响应变量 ZZ 的预测值，
其中 results.params[0]为常数项，results.params[1]为 XX 的系数值，results.params[2]为 YY 的系数
值。

然后输入以下代码并运行：

```
fig = plt.figure()
ax = plt.axes(projection='3d')    # 在 ax 画轴上绘制三维图形
ax.scatter3D(data.labor, data.rd, data.profit,c='r')     # 绘制三维散点图，c='r'表示使用红色
ax.plot_surface(XX, YY, ZZ, rstride=10, cstride=10, alpha=0.2, cmap='viridis') # 绘制拟合回
归平面，其中 rstride 和 cstride 是用来控制行（row）平滑程度和列（column）平滑程度的参数，也可以理解成是行（row）
和列(column)方向的画图步幅，其值最小为 1，最大可以无穷大，但如果超过了行或列的默认栅格数后将对图像无影响，当
rstride 和 cstride 的值为 1 时图像不会变化，增加 rstride 和 cstride 的值会减少三维图像的平滑程度。参数
alpha=0.2 用来控制拟合回归平面的透明度，cmap='viridis'表示使用'viridis'作为色图
ax.set_xlabel('labor')  # 为 x 轴添加标签 labor
ax.set_ylabel('rd')     # 为 y 轴添加标签 rd
```

```
ax.set_zlabel('profit') # 为 z 轴添加标签 profit。运行结果如图 4.14 所示
```

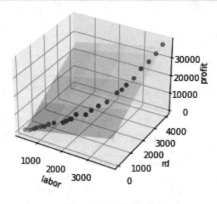

图 4.14   运行结果

从图中可以非常直观地看出 profit（营业利润水平）、labor（平均职工人数）、rd（研究开发支出）三者的组合点，可以较好地通过拟合回归平面来进行拟合（体现在所有的点几乎都位于拟合回归平面上），这也验证了三者存在线性回归关系的合理性。

4.8   使用 sklearn 进行线性回归

不难发现，在前面的分析中我们是使用样本全集进行的分析，并没有像第 3 章介绍的那样将样本划分为训练样本和测试样本，进而也无法考察算法模型的"泛化"能力，所以从严格意义上讲，前面的内容更多地属于使用 Python 开展统计分析的范畴，而非真正的机器学习。而前面提及的可决系数、修正的可决系数、MSE（均方误差）、AIC 及 BIC 信息准则等指标结果也都是针对样本全集的，反映的也都是样本内的预测效果而不是模型真实泛化能力的量度。下面我们使用 sklearn 进行线性回归，讲解真正意义上的机器学习操作。

4.8.1   使用验证集法进行模型拟合

验证集法将样本全集划分为训练样本和测试样本，代码如下：

```
X = data.iloc[:, 3:6]    # 将数据集中的第 4 列至第 5 列作为自变量
y = data.iloc[:, 1:2]    # 将数据集中的第 2 列作为因变量
X_train, X_test, y_train, y_test = train_test_split(x, y, test_size=0.3, random_state=0)
# 将样本全集划分为训练样本和测试样本，测试样本占比为 30%，random_state=0 的含义是设置随机数种子为 0，以保证随机抽样的结果可重复
X_train.shape, X_test.shape, y_train.shape, y_test.shape        # 观察四个数据的形状，运行结果为：
((17, 2), (8, 2), (17, 1), (8, 1))，即训练样本容量为 17，测试样本容量为 8，特征变量 x 有 2 个，响应变量 y 只有 1 个
model = LinearRegression()    # 使用线性回归模型
model.fit(X_train, y_train) # 基于训练样本拟合模型
model.coef_        # 计算上步估计得到的回归系数值，运行结果为：array([[3.46263171, 6.060433 ]])，即平均职工人数（labor）的回归估计系数为 3.46263171、研究开发支出（rd）的回归估计系数为 6.060433
model.score(X_test, y_test) # 观察模型在测试集中的可决系数（拟合优度），运行结果为：
```

0.9929927630408805，即模型在测试集中的可决系数（拟合优度）为 0.993

```
pred = model.predict(X_test)        # 计算响应变量基于测试集的预测结果，生成为 pred
pred.shape        # 观察 pred 数据形状，运行结果为：(8, 1)，也就是说预测的响应变量有 1 个，样本拟合值 8 个
mean_squared_error(y_test, pred)  # 计算测试集的均方误差，运行结果为：992543.8152182677
r2_score(y_test, pred)  # 计算测试集的可决系数，运行结果为：0.9929927630408805，与前述结果保持一致
```

4.8.2　更换随机数种子，使用验证集法进行模型拟合

下面我们更换随机数种子，并与上步得到结果进行对比，观察均方误差 MSE 的大小。

```
X_train, X_test, y_train, y_test = train_test_split(x, y, test_size=0.3, random_state=100)
# 更换随机数种子（random_state=100）
model = LinearRegression().fit(X_train, y_train)    # 基于训练样本拟合线性回归模型
pred = model.predict(X_test)        # 计算响应变量基于测试集的预测结果
mean_squared_error(y_test, pred)  # 计算测试集的均方误差
```

运行结果为：913707.2575857302，较上一步结果相对更小。

```
r2_score(y_test, pred)  # 计算测试集的可决系数
```

运行结果为：0.9927731937427586，较上一步结果略有下降。

4.8.3　使用 10 折交叉验证法进行模型拟合

下面我们使用 10 折交叉验证法进行模型拟合，首先导入所需模块：

```
from sklearn.model_selection import KFold
from sklearn.model_selection import cross_val_score
from sklearn.model_selection import LeaveOneOut
from sklearn.model_selection import RepeatedKFold
```

其次指定模型中的特征变量和响应变量：

```
X = data.iloc[:, 3:6]   # 将数据集中的第 4 列至第 5 列作为特征变量
y = data.iloc[:, 1:2]   # 将数据集中的第 2 列作为响应变量
```

然后拟合线性回归模型，并对模型性能进行评价：

```
model = LinearRegression()   # 使用线性回归模型
kfold = KFold(n_splits=10,shuffle=True, random_state=1) # 将样本全集分为 10 折
scores = cross_val_score(model, X, y, cv=kfold)       # 计算每一折的可决系数
scores    # 显示每一折的可决系数，运行结果为：array([0.88764934, 0.99357787, 0.97127709,
0.98949747, 0.99885212, 0.99909274, 0.98858874, 0.99516552, 0.8158804 , 0.96428546])
scores.mean()  # 计算各折样本可决系数的均值，运行结果为：0.9603866744663774
scores.std()   # 计算各折样本可决系数的标准差，运行结果为：0.057652713125645884
scores_mse = -cross_val_score(model, x, y, cv=kfold, scoring='neg_mean_squared_error')
# 得到每个子样本的均方误差
scores_mse    # 显示各折样本的均方误差，运行结果为：array([1184623.62833275, 843657.38622967,
2267922.27625153, 1122050.16599988, 208494.45434441, 64604.15517951, 1324424.57641144,
832053.73135295, 788171.99677182, 311965.80146379])
scores_mse.mean()   # 计算各折样本均方误差的均值，运行结果为：894796.8172337742，较验证集法有了明显的
下降
```

下面我们更换随机数种子，并与上步得到结果进行对比，观察均方误差 MSE 大小。

```
    kfold = KFold(n_splits=10, shuffle=True, random_state=100)    # 将随机数种子调整为
random_state=100
    scores_mse = -cross_val_score(model, X, y, cv=kfold, scoring='neg_mean_squared_error')
    # 得到每个子样本的均方误差
    scores_mse.mean()  # 计算各折样本均方误差的均值，运行结果为：936320.4383029329
```

4.8.4　使用 10 折重复 10 次交叉验证法进行模型拟合

下面我们使用 10 折重复 10 次交叉验证法进行模型拟合，代码如下：

```
    rkfold = RepeatedKFold(n_splits=10, n_repeats=10, random_state=1)         # 使用 10 折重复 10 次交
叉验证法
    scores_mse = -cross_val_score(model, X, y, cv=rkfold, scoring='neg_mean_squared_error')
    # 得到每个子样本的均方误差
    scores_mse.shape   # 观察均方误差的形状，运行结果为：(100,)
    scores_mse.mean()  # 计算均方误差的均值，运行结果为：948586.8450515572
```

下面我们绘制各子样本均方误差的直方图，全部选中以下代码并整体运行：

```
    sns.distplot(pd.DataFrame(scores_mse))      # 绘制各子样本均方误差的直方图
    plt.xlabel('MSE')  # 设置 x 轴标签
    plt.title('10-fold CV Repeated 10 Times') # 设置图标题，运行结果如图 4.15 所示
```

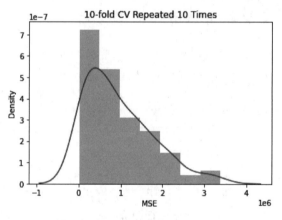

图 4.15　各子样本均方误差直方图

4.8.5　使用留一交叉验证法进行模型拟合

下面我们使用留一交叉验证法进行模型拟合，代码如下：

```
    loo = LeaveOneOut()       # 使用留一交叉验证法进行模型拟合
    scores_mse = -cross_val_score(model, X, y, cv=loo, scoring='neg_mean_squared_error')
    # 计算均方误差
    scores_mse.mean()  # 计算均方误差的均值，运行结果为：926095.7346274651
```

4.9　习　题

1. "数据 4.2"文件的内容（见图 4.16）是"中国 2020 年 1~12 月货币供应量统计"，摘编自《中国经济统计快报》2021 年 01 月刊。其中 M0 为流通中现金，M1 为狭义货币，M2 为广义货币。请使用数据进行以下分析：

month	M0	M1	M2
1	93249.2	545531.8	2023066.5
2	88187.1	552700.7	2030830.4
3	83022.2	575050.3	2080923.4
4	81485.2	570150.5	2093533.8
5	79707	581111	2100184
6	79459	604318	2134949
7	79867	591193	2125458
8	80043	601289	2136837
9	82370.9	602312.1	2164084.8
10	81036.4	609182.4	2149720.4
11	81593.6	618632.2	2172002.6
12	84314.5	625581	2186795.9

图 4.16　"数据 4.2"文件中的数据内容

（1）对 M0 流通中现金、M1 狭义货币、M2 广义货币进行描述性分析。

（2）对 M0 流通中现金、M1 狭义货币、M2 广义货币使用 Shapiro-Wilk test 检验和 kstest 检验两种方法进行正态性检验。

（3）绘制 M0 流通中现金、M1 狭义货币、M2 广义货币的直方图。

（4）绘制 M0 流通中现金、M1 狭义货币、M2 广义货币的密度图。

（5）绘制 M0 流通中现金、M1 狭义货币、M2 广义货币的箱图。

（6）绘制 M0 流通中现金、M1 狭义货币、M2 广义货币的小提琴图。

（7）绘制 M0 流通中现金、M1 狭义货币、M2 广义货币的正态 QQ 图。

（8）绘制 M1 狭义货币、M2 广义货币的散点图和线图，绘制 M0 流通中现金、M1 狭义货币、M2 广义货币的线图。

（9）绘制 M0 流通中现金、M1 狭义货币、M2 广义货币的热力图。

（10）绘制 M0 流通中现金、M1 狭义货币的回归拟合图。

（11）绘制 M0 流通中现金、M1 狭义货币的联合分布图。

2. "数据 4.3"文件中的数据是某商业银行相关经营数据（已经过处理，不涉及商业秘密），如图 4.17 所示。限于篇幅这里仅展示部分数据。其中 code 为客户编号、Profit contribution 为利润贡献度，作为响应变量；Net interest income 为净利息收入、Intermediate income 为中间业务收入、Deposit and finance daily 为日均存款加理财之和，均作为特征变量。请使用数据进行以下分析：

code	Profit contribution	Net interest income	Intermediate income	Deposit and finance daily
1	1109.9	618.42	1004.86	54821.86
2	2870.44	1039.36	3106.76	92199.62
3	952.1	1313.68	1	102790.62
4	-13.28	1	1	2.04
5	541361.76	778733.64	952.7	69145484.68
6	8265.64	640.5	12163.1	523592.74
7	415.26	55.16	629.34	4807.76
8	421231.08	385134.54	11066.26	58560540.32
9	4469.02	4921.16	1397.24	436871.3
10	690.68	184.72	1006.66	16313.8
11	-19.56	3	1.56	177.82
12	34758.74	14226.36	17609	1263119.66
13	196.68	4.3	331.98	295.76
14	1273.08	282.08	1509.08	24960.18
15	865.9	22.06	1247.56	1873.52
16	1171.66	700.82	1016.08	62139.96
17	-19.56	1.36	1	30.04

图 4.17　数据 4.3 文件中的数据内容

（1）对 Profit contribution，Net interest income，Intermediate income，Deposit and finance daily 进行描述性分析。

（2）对 Profit contribution，Net interest income，Intermediate income，Deposit and finance daily 使用 Shapiro-Wilk test 检验和 kstest 检验两种方法进行正态性检验。

（3）对 Profit contribution，Net interest income，Intermediate income，Deposit and finance daily 四个变量进行皮尔逊相关分析并绘制热图，进行斯皮尔曼、肯德尔相关分析。

（4）以 Profit contribution 为响应变量，其他三个变量为特征变量，使用 smf 进行线性回归并进行分析，在此基础上开展多重共线性检验。

（5）以 Profit contribution 为响应变量，其他三个变量为特征变量，使用 sklearn 进行线性回归，包括使用验证集法进行模型拟合、更换随机数种子使用验证集法进行模型拟合、使用 10 折交叉验证法进行模型拟合、使用 10 折重复 10 次交叉验证法进行模型拟合、使用留一交叉验证法进行模型拟合等。

第 **5** 章

二元 Logistic 回归算法

前面讲述的线性回归算法要求因变量是连续变量，但很多情况下因变量是离散而非连续的。例如，预测下雨的概率，是下雨还是不下雨；预测一笔贷款业务的资产质量，包括正常、关注、次级、可疑、损失等。Logistic 回归算法可以有效地解决这一问题，它包括二元 Logistic 回归算法、多元 Logistic 回归算法等。

当因变量只有两种取值，比如下雨、不下雨时，则使用二元 Logistic 回归算法来解决问题；当因变量有多种取值，比如贷款业务的资产质量包括正常、关注、次级、可疑、损失等，则使用多元 Logistic 回归算法来解决问题。

本章我们讲解二元 Logistic 回归算法的基本原理，并结合具体实例讲解该算法在 Python 中的实现与应用。

5.1　二元 Logistic 回归算法的基本原理

在线性回归算法中，我们假定因变量为连续定量变量，但在很多情况下，因变量只能取二值 (0,1)，比如是否满足某一特征等。因为一般回归分析要求因变量呈现正态分布，并且各组中具有相同的方差——协方差矩阵，所以直接用它来为二值因变量进行回归估计是不恰当的。这时候就可以用到本节介绍的二元 Logistic 回归算法。

二元 Logistic 回归算法的基本原理是考虑因变量 (0,1) 发生的概率，用发生概率除以没有发生概率再取对数。通过这一变换改变了"回归方程左侧因变量估计值取值范围为 0~1，而右侧取值范围是无穷大或者无穷小"这一取值区间的矛盾，也使得因变量和自变量之间呈线性关系。当然，正是由于这一变换，使得 Logistic 回归自变量系数不同于一般回归分析自变量系数，而是模型中每个自变量概率比的概念。

Logistic 回归系数的估计通常采用最大似然法。最大似然法的基本思想是先建立似然函数与对数似然函数，再通过使对数似然函数最大来求解相应的系数值，所得到的估计值称为系数的最大似然估计值。Logistic 模型的公式如下：

$$\ln \frac{p}{1-p} = \alpha + \mathbf{X}\beta + \varepsilon$$

其中，p 为发生的概率，$\alpha = \begin{pmatrix} \alpha_1 \\ \alpha_2 \\ \vdots \\ \alpha_n \end{pmatrix}$ 为模型的截距项，$\beta = \begin{pmatrix} \beta_1 \\ \beta_2 \\ \vdots \\ \beta_n \end{pmatrix}$ 为待估计系数，$\mathbf{X} =$

$\begin{pmatrix} x_{11} & x_{12} & \cdots & x_{1k} \\ x_{21} & x_{22} & \cdots & x_{2k} \\ \vdots & \vdots & \ddots & \vdots \\ x_{n1} & x_{n2} & \cdots & x_{nk} \end{pmatrix}$ 为自变量，$\varepsilon = \begin{pmatrix} \varepsilon_1 \\ \varepsilon_2 \\ \vdots \\ \varepsilon_n \end{pmatrix}$ 为误差项。通过公式也可以看出，Logistic 模型实质上是

建立了因变量发生的概率和自变量之间的关系，回归系数是模型中每个自变量概率比的概念。

所以，与线性回归算法不同的是，二元 Logistic 回归算法中所估计的参数不能被解释为特征变量对响应变量的边际效应。系数估计值 $\hat{\beta}_i$ 衡量的是因变量取 1 的概率会因自变量变化而如何变化；$\hat{\beta}_i$ 为正数表示自变量增加会引起因变量取 1 的概率提高，取 0 的概率降低；$\hat{\beta}_i$ 为负数则表示自变量增加会引起因变量取 0 的概率提高，取 1 的概率降低。

5.2　数据准备

本节我们用于分析的"数据 5.1"文件中的内容是 XX 银行 XX 省分行的 700 个对公授信客户的信息数据，如图 15.1 所示。这 700 个对公授信客户是以前曾获得贷款的客户，包括存量授信客户和已结清贷款客户。在数据文件中共有 9 个变量，V1~V9 分别代表"征信违约记录""资产负债率""行业分类""实际控制人从业年限""企业经营年限""主营业务收入""利息保障倍数""银行负债""其他渠道负债"。由于客户信息数据既涉及客户隐私，也涉及商业机密，因此进行了适当的脱密处理，对于其中的部分数据也进行了必要的调整。

针对 V1（征信违约记录），分别用 0、1 来表示未违约、违约。

针对 V3（行业分类），分别用 1、2、3、4、5 来表示"制造业""批发零售业""建筑业、房地产与基础设施""科教文卫""农林牧渔业"。

V1	V2	V3	V4	V5	V6	V7	V8	V9
0	20.33	3	2	3	2835.2	20.66	2101.48	429.27
0	36.59	1	11	27	6113.4	8.67	697.22	482.16
0	34.96	2	27	22	5670.4	19.67	932.9	1198.02
0	26.83	1	14	9	5138.8	21.54	3024.56	933.57
0	21.14	4	4	2	3278.2	16.92	196.4	621.15
0	36.59	2	5	16	1772	3.61	108.02	39.36
0	24.39	2	3	11	1949.2	12.85	1119.48	143.91
0	21.95	4	4	8	2303.6	7.9	707.04	103.32
0	20.33	2	10	5	2392.2	17.14	1001.64	353.01
0	20.33	2	10	2	3101	4.49	78.56	115.62
0	21.14	1	8	3	3987	29.9	5941.1	694.95
0	24.39	1	12	5	1949.2	19.01	1384.62	261.99
0	26.02	1	14	2	4784.4	17.14	3142.4	563.34
1	22.76	1	3	9	2126.4	20.11	1315.88	340.71
0	36.59	2	25	6	4430	5.92	549.92	189.42
0	18.7	2	9	3	2746.6	8.56	333.88	210.33
0	27.64	2	19	4	5227.4	10.1	1777.42	357.93
0	34.15	1	9	24	3632.6	6.36	923.08	115.62
0	31.71	2	21	6	4252.8	15.71	1895.26	536.28
1	21.14	2	2	1	1240.4	9.55	294.6	92.25
0	17.07	1	2	2	1417.6	8.78	147.3	115.62
0	28.46	2	15	16	3101	6.25	422.26	140.22
0	38.21	2	6	3	2303.6	12.74	117.84	317.34
1	18.7	1	2	3	1860.6	13.84	765.96	199.26
0	28.46	2	20	3	3721.2	9.44	206.22	356.7

图 5.1 "数据 5.1" 文件中的内容（限于篇幅仅展示部分）

要研究的是对公授信客户违约的影响因素，或者说哪些特征可以影响对公客户的信用状况，进而提出针对性的风险防控策略，所以把响应变量设置为 V1（征信违约记录），将其他变量作为特征变量。

模型构建的基本思路

商业银行对公客户违约问题本质上还是一种对客户的分类问题。基本逻辑是把客户是否守约作为响应变量，这一响应变量在测量方式上属于二分类变量，把客户分为"违约"和"守约"两类；把客户特征作为特征变量，客户特征包括客户的经营能力、盈利能力、偿债能力、发展潜力、现有负债及担保情况等，这些特征变量既可以是生产经营指标、财务指标等连续变量，也可以是是否对外担保、是否存在历史违约记录等分类变量。

当然，这一概念可以扩展，比如针对单笔债项进行预测，响应变量可能是多分类的，比如按资产质量五级分类，分为正常、关注、次级、可疑、损失等，这就是前面所述的需要使用多元 Logistic 回归算法或其他算法解决的问题了。特征变量也可能会扩展到除客户资质之外的其他影响因子，比如针对贸易融资业务，因为需要考虑贸易背景的真实性、贸易融资的自偿性，所以除了考虑借款人外，还应该充分考虑交易对手的资质、担保货品的特征、应收账款的特征、供应链整体运营状况等因子的影响。本例为讲解方便，采用了"V2 资产负债率"等 8 个特征变量，实务中大家需根据实际业务情况及数据的可获得性、便利程度等因素灵活选取特征变量。

5.2.1 导入分析所需的模块和函数

在进行分析之前，首先导入分析所需的模块和函数，读取数据集并进行观察。在 Spyder 代码编辑区依次输入以下代码并逐行运行，完成所需模块的导入。

```
import numpy as np        # 导入 numpy，并简称为 np，用于常规数据处理操作
import pandas as pd        # 导入 pandas，并简称为 pd，用于常规数据处理操作
import statsmodels.api as sm      # 导入 statsmodels.api，并简称为 sm，用于横截面模型和方法
import seaborn as sns     # 导入 seaborn，并简称为 sns，用于图形绘制
import matplotlib.pyplot as plt  # 导入 matplotlib.pyplot，并简称为 plt，用于图形绘制
from warnings import simplefilter    # 导入 simplefilter
simplefilter(action='ignore', category=FutureWarning)    # 消除 futureWarning 警告信息
from sklearn.linear_model import LogisticRegression       # 导入 LogisticRegression，用于开展二
元 Logistic 回归
from sklearn.model_selection import train_test_split        # 导入 train_test_split，用于分割训练
样本和测试样本
from sklearn import metrics  # 导入 metrics
from sklearn.metrics import classification_report  # 导入 classification_report，用于输出模型
性能量度指标
from sklearn.metrics import cohen_kappa_score  # 导入 cohen_kappa_score，用于计算 kappa 得分
from sklearn.metrics import plot_roc_curve        # 导入 plot_roc_curve，用于绘制 ROC 曲线
```

5.2.2 数据读取及观察

首先需要将本书提供的数据文件放入安装 Python 的默认路径位置，并从相应位置进行读取，在 Spyder 代码编辑区输入以下代码：

```
data=pd.read_csv('C:/Users/Administrator/.spyder-py3/数据 5.1.csv')        # 读取数据 5.1.csv 文件
```

注意，因用户的具体安装路径不同，设计路径的代码会有差异。成功载入后，变量管理器窗口如图 5.2 所示。

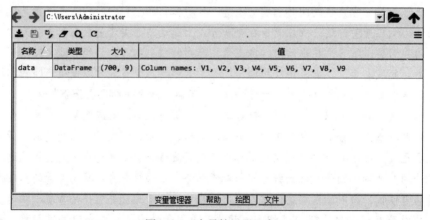

图 5.2　"变量管理器"窗口

```
data.info()    # 观察数据信息。运行结果为：
```

```
<class 'pandas.core.frame.DataFrame'>
RangeIndex: 700 entries, 0 to 699
Data columns (total 9 columns):
 #   Column  Non-Null Count  Dtype
---  ------  --------------  -----
 0   V1      700 non-null    int64
 1   V2      700 non-null    float64
 2   V3      700 non-null    int64
 3   V4      700 non-null    int64
 4   V5      700 non-null    int64
 5   V6      700 non-null    float64
 6   V7      700 non-null    float64
 7   V8      700 non-null    float64
 8   V9      700 non-null    float64
dtypes: float64(5), int64(4)
memory usage: 49.3 KB
```

数据集中共有 700 个样本（700 entries, 0 to 699）、9 个变量（total 9 columns）。9 个变量分别是 V1~V9，均包含 700 个非缺失值（700 non-null），其中 V1、V3、V4、V5 的数据类型为整型（int64），V2、V6、V7、V8、V9 的数据类型为浮点型（float64）。数据文件中共有 5 个浮点型（float64）变量、4 个整型（int64）变量，数据内存为 49.3KB。

```
len(data.columns)    # 列出数据集中变量的数量。运行结果为 9
data.columns         # 列出数据集中的变量，运行结果为：Index(['V1', 'V2', 'V3', 'V4', 'V5', 'V6',
'V7', 'V8', 'V9'], dtype='object')，与前面的结果一致
data.shape           # 列出数据集的形状。运行结果为((700, 9))，也就是 700 行 9 列，数据集中共有 700 个样
本，9 个变量
data.dtypes          # 观察数据集中各个变量的数据类型，运行结果如下，与前面的结果一致
```

```
V1          int64
V2        float64
V3          int64
V4          int64
V5          int64
V6        float64
V7        float64
V8        float64
V9        float64
dtype: object
```

```
data.isnull().values.any()    # 检查数据集是否有缺失值。结果为 False，没有缺失值
data.isnull().sum()           # 逐个变量地检查数据集是否有缺失值。结果为没有缺失值
```

```
V1    0
V2    0
V3    0
V4    0
V5    0
V6    0
V7    0
V8    0
V9    0
dtype: int64
```

```
data.head()    # 列出数据集中的前 5 个样本
```

```
     V1     V2  V3  V4  V5      V6     V7       V8       V9
0    0   20.33   3   2   3  2835.2  20.66  2101.48   429.27
1    0   36.59   1  11  27  6113.4   8.67   697.22   482.16
2    0   34.96   2  27  22  5670.4  19.67   932.90  1198.02
3    0   26.83   1  14   9  5138.8  21.54  3024.56   933.57
4    0   21.14   4   4   2  3278.2  16.92   196.40   621.15
```

5.3　描述性分析

本节我们针对各变量开展描述性分析。针对连续变量，通常使用计算平均值、标准差、最大值、最小值、四分位数等统计指标的方式来进行描述性分析；针对分类变量，通常使用交叉表的方式开展分析。

交叉表分析是描述统计的一种，分析特色是将数据按照行变量、列变量进行描述统计。比如我们要针对体检结果分析高血脂和高血压情况，则可以使用交叉表分析方法将高血脂作为行变量、高血压作为列变量（当然，行列变量也可以互换），对所有被体检者生成二维交叉表格描述统计分析。

在 Spyder 代码编辑区输入以下代码：

```
pd.set_option('display.max_rows', None)    # 显示完整的行，如果不运行该代码，那么描述性分析结果的行
可能会显示不全，中间有省略号
pd.set_option('display.max_columns', None)        # 显示完整的列，如果不运行该代码，那么描述性分析结
果的列可能会显示不全，中间有省略号
data.describe()    # 对数据文件中的所有变量进行描述性分析。运行结果为：
```

```
              V1          V2          V3          V4          V5
count  700.000000  700.000000  700.000000  700.000000  700.000000
mean     0.261429   28.341543    2.041429   10.388571    9.278571
std      0.439727    6.501841    0.947702    6.658039    6.824877
min      0.000000   16.260000    1.000000    2.000000    1.000000
25%      0.000000   23.580000    1.000000    5.000000    4.000000
50%      0.000000   27.640000    2.000000    9.000000    8.000000
75%      1.000000   32.520000    2.000000   14.000000   13.000000
max      1.000000   45.530000    5.000000   33.000000   35.000000

              V6          V7            V8          V9
count  700.000000  700.000000    700.000000  700.000000
mean  4040.286571   12.586629   1525.494914  376.162114
std   3261.740459    7.509957   2079.099385  404.365478
min   1240.400000    1.740000      9.820000    6.150000
25%   2126.400000    6.800000    363.340000  128.842500
50%   3012.400000   10.760000    839.610000  244.155000
75%   4873.000000   16.837500   1870.710000  483.082500
max  39515.600000   46.730000  20189.920000 3324.690000
```

本例中变量 V1 和变量 V3 均为分类离散变量，统计指标的意义不大，但是其他变量为连续变量，具有一定的参考价值。比如变量 V2 为资产负债率，参与分析的样本客户的资产负债率平均值为 28.341543，最大值为 45.530000，最小值为 16.260000，标准差为 6.501841，25%、50%、75%三个四分位数分别为 23.580000、27.640000、32.520000。其中 50%的四分位数也是中位数。

```
data.groupby('V1').describe().unstack()    # 按照 V1 变量的取值分组对其他变量开展描述性分析，运行结
```

果为:

```
        V1
V2  count  0    517.000000
          1    183.000000
    mean   0     28.873694
          1     26.838142
    std    0      6.266412
          1      6.924717
    min    0     16.260000
          1     16.260000
    25%    0     23.580000
          1     21.950000
    50%    0     28.460000
          1     25.200000
    75%    0     33.330000
          1     31.710000
    max    0     45.530000
          1     44.720000
```

由于结果过多，仅展示 V2，可以看到 V2 按照 V1 变量的取值分组展示了描述性分析指标。

```
pd.crosstab(data.V3, data.V1)    # 对变量 V3 和变量 V1 进行交叉表分析，pd.crosstab() 的第一个参数是
列，第二个参数是行。本例是以 V1 征信违约记录作为列变量，以 V3 行业分类作为行变量进行分析。运行结果为:
```

```
V1      0    1
V3
1      139   59
2      293   79
3       24   14
4       57   30
5        4    1
```

即未违约的客户中，有 139 个客户属于第 1 类行业"制造业"，有 293 个客户属于第 2 类行业"批发零售业"，有 24 个客户属于第 3 类行业"建筑业、房地产与基础设施"，有 57 个客户属于第 4 类行业"科教文卫"，有 4 个客户属于第 5 类行业"农林牧渔业"。

```
pd.crosstab(data.V3, data.V1, normalize='index')    # 对变量 V3 和变量 V1 进行交叉表分析，参数
normalize='index 是按行求百分比的概念，即每行之和等于 1。本例是以 V1 征信违约记录作为列变量，以 V3 行业分类作为
行变量，求每个行业分类中未违约客户和违约客户各自的百分比。运行结果为:
```

```
V1         0          1
V3
1      0.702020   0.297980
2      0.787634   0.212366
3      0.631579   0.368421
4      0.655172   0.344828
5      0.800000   0.200000
```

即在第 1 类行业"制造业"中，未违约的客户占比为 0.702020，违约的客户占比为 0.297980。在第 2 类行业"批发零售业"中，未违约的客户占比为 0.787634，违约的客户占比为 0.212366。在第 3 类行业"建筑业、房地产与基础设施"中，未违约的客户占比为 0.631579，违约的客户占比为 0.368421。在第 4 类行业"科教文卫"中，未违约的客户占比为 0.655172，违约的客户占比为 0.344828。在第 5 类行业"农林牧渔业"中，未违约的客户占比为 0.800000，违约的客户占比为 0.200000。

单纯从描述性分析的结果来看，"农林牧渔业"的客户违约占比最低，"建筑业、房地产与基础设施"的客户违约占比最高。

5.4　数据处理

本节对数据进行处理。

5.4.1　区分分类特征和连续特征并进行处理

首先定义一个函数 data_encoding()，该函数的作用是区分分类特征和连续特征，并对分类特征设置虚拟变量，对连续特征进行标准化处理。在 Spyder 代码编辑区输入以下代码并运行，完成对函数 data_encoding()的定义。

```
def data_encoding(data):    # 定义函数 data_encoding()
    data = data[["V1",'V2',"V3","V4","V5","V6","V7","V8","V9"]]    # 选择数据集中的变量
    Discretefeature=["V3"]    # 将"V3"设置为分类特征变量。数据文件中，除了响应变量 V1 之外，只有 V3 是分类变量
    Continuousfeature=['V2',"V4","V5","V6","V7","V8","V9"]    # 将'V2',"V4","V5","V6","V7","V8","V9"设置为连续特征变量
    df = pd.get_dummies(data,columns=Discretefeature)    # 将所有分类特征变量都设置为虚拟变量
df[Continuousfeature]=(df[Continuousfeature]-df[Continuousfeature].mean())/
(df[Continuousfeature].std())    # 针对所有连续特征变量进行标准化处理
    df["V1"]=data[["V1"]]    # 将 data 中的变量 V1 复制到 df 中
    return df
```

然后针对 data 文件运行上述函数，即为：

```
data=data_encoding(data)
```

执行代码完毕后，即完成对特征变量的区分并进行处理。我们还可以在变量管理器窗口查看 "data" 文件，可以发现针对 V3 变量生成了 "V3_1" ~ "V3_5" 五个虚拟变量。

5.4.2　将样本全集分割为训练样本和测试样本

前面章节中我们反复提及，机器学习的主要目的是进行预测，为了避免模型出现"过拟合"导致泛化能力不足的问题，需要将样本全集分割为训练样本和测试样本进行机器学习。在 Python 中输入以下代码：

```
X = data.drop(['V1','V3_5'],axis=1)    # 设置特征变量。在整个 data 数据文件中，首先需要把响应变量 V1 去掉，然后由于我们针对 V3 的每一个类别都生成了一个虚拟变量，因此需要删除一个虚拟变量，将被删除的类别作为参考类别，所以将最后一个类别 V3_5 删除。在这种情况下，其他 V3 类别的系数含义就是其他行业相对于"农林牧渔业"行业客户的违约对比情况
X['intercept'] = [1]*X.shape[0]    # 为 X 增加 1 列，设置模型中的常数项
y = data['V1']    # 设置响应变量，即 V1
print(data["V1"].value_counts())    # 输出 V1 变量的值，运行结果为：
```

```
0     517
1     183
Name: V1, dtype: int64
```

也就是说在 700 个样本中，V1（征信违约记录）为"否"的样本个数是"517"，为"是"的样本个数是"183"。

```
X_train, X_test, y_train, y_test = train_test_split(X, y, test_size=.3, random_state=100)
# 将样本示例全集划分为训练样本和测试样本，测试样本占比为 30%，random_state=100 的含义是设置随机数种子为
100，以保证随机抽样的结果可重复
X_train.head()          # 观察训练样本中特征变量的前 5 个值，运行结果为：
```

```
           V2        V4        V5        V6        V7        V8        V9   \
405  -0.858456 -0.809333 -0.187340 -0.722586 -0.902353 -0.610926 -0.772079
425   0.142799 -0.058361 -1.212999 -0.369461 -1.268533 -0.724282 -0.781204
244   0.018219  1.143194  0.984843 -0.260808 -1.004883 -0.648711 -0.610864
471   0.018219 -0.809333  0.398751 -0.152154  1.016433  0.116447  0.614983
224  -0.858456 -0.959527  0.105706 -0.804076  0.723489 -0.322810 -0.455732

     V3_1  V3_2  V3_3  V3_4  intercept
405     0     1     0     0          1
425     0     0     1     0          1
244     0     1     0     0          1
471     1     0     0     0          1
224     0     1     0     0          1
```

```
y_train.head()          # 观察训练样本中响应变量的前 5 个值，运行结果为：
```

```
405       0
425       0
244       0
471       1
224       0
Name: V1, dtype: int64
```

5.5　建立二元 Logistic 回归算法模型

本节介绍建立二元 Logistic 回归算法模型的方法。

5.5.1　使用 statsmodels 建立二元 Logistic 回归算法模型

1. 模型估计

在 Spyder 代码编辑区输入以下代码：

```
model = sm.Logit(y_train, X_train)    # 基于训练样本建立二元 Logistic 回归算法模型
results = model.fit()                 # 调用 fit() 方法进行估计，运行结果为：
```

```
Optimization terminated successfully.
         Current function value: 0.393596
         Iterations 8
```

即模型经过 8 次迭代后达到收敛，取得最优值。

```
results.params          # 输出二元 Logistic 回归模型的系数值
```

```
V2              0.305833
V4             -1.757745
V5             -0.786713
V6             -0.529739
V7              0.379669
V8              1.358899
V9              0.378773
V3_1           -0.838524
V3_2           -1.136780
V3_3           -1.600050
V3_4           -0.939403
intercept      -0.712570
dtype: float64
```

最终的回归方程为：

logit（*P*|*y*=违约）
=0.305833*V2-1.757745*V4-0.786713*V5-0.529739*V6+0.379669*V7+1.358899*V8+0.378773*V9-
0.838524*V3_1-1.136780*V3_2-1.600050*V3_3-0.939403*V3_4-0.712570

V2~V9 的对应关系分别为"V2 资产负债率""V3 行业分类""V4 实际控制人从业年限""V5 企业经营年限""V6 主营业务收入""V7 利息保障倍数""V8 银行负债""V9 其他渠道负债"。

V3_1~V3_4 分别用来表示"制造业""批发零售业""建筑业、房地产与基础设施""科教文卫"，参考类别为"V3_5 农林牧渔业"。

results.summary() # 得到二元 Logistic 回归模型的汇总信息。运行结果为：

```
<class 'statsmodels.iolib.summary.Summary'>
"""
                        Logit Regression Results
==============================================================================
Dep. Variable:                    V1   No. Observations:                  490
Model:                         Logit   Df Residuals:                      478
Method:                          MLE   Df Model:                           11
Date:                Mon, 04 Jul 2022   Pseudo R-squ.:                  0.3221
Time:                       16:10:52   Log-Likelihood:                -192.86
converged:                      True   LL-Null:                       -284.50
Covariance Type:           nonrobust   LLR p-value:                 2.169e-33
==============================================================================
                 coef    std err          z      P>|z|      [0.025      0.975]
------------------------------------------------------------------------------
V2             0.3058      0.177      1.729      0.084      -0.041       0.653
V4            -1.7577      0.281     -6.261      0.000      -2.308      -1.207
V5            -0.7867      0.196     -4.013      0.000      -1.171      -0.403
V6            -0.5297      0.483     -1.097      0.272      -1.476       0.416
V7             0.3797      0.267      1.419      0.156      -0.145       0.904
V8             1.3589      0.279      4.862      0.000       0.811       1.907
V9             0.3788      0.319      1.189      0.234      -0.246       1.003
V3_1          -0.8385      1.435     -0.584      0.559      -3.651       1.974
V3_2          -1.1368      1.431     -0.795      0.427      -3.941       1.667
V3_3          -1.6000      1.508     -1.061      0.289      -4.555       1.355
V3_4          -0.9394      1.455     -0.646      0.518      -3.791       1.912
intercept     -0.7126      1.412     -0.505      0.614      -3.480       2.054
==============================================================================
"""
```

在二元 Logistic 回归算法中，对系数显著性的检验依靠 z 统计量，观察 $P>|z|$ 的值可以发现"V4 实际控制人从业年限""V5 企业经营年限""V8 银行负债"这 3 个特征变量的系数值是显著的，体现在其 P 值均小于 0.05，"V2 资产负债率""V6 主营业务收入""V7 利息保障倍数"

"V9 其他渠道负债"这 4 个特征变量以及"V3 行业分类"各个虚拟变量的系数值不够显著，体现在其 P 值均大于 0.05。

"V8 银行负债"的系数显著为正，说明对公客户的资产负债率越高或其当前的银行负债越多，其违约概率越高，而且这种影响关系是非常显著的；"V4 实际控制人从业年限""V5 企业经营年限"的系数显著为负，说明对公客户的实际控制人从业年限或企业经营年限越长，其违约概率越低，而且这种影响关系是非常显著的。这些结论也非常符合商业银行的经营实际。

关于"V3 行业分类"，从系数的大小来看，"V3_3 建筑业、房地产与基础设施"的系数为负且绝对值最大，说明其违约概率最小，但其显著性 P 值大于 0.05，因此这一结论并不具有统计显著性，与前面描述性分析的结论也不一致，这是因为在模型中统筹考虑了其他因素。V3_1~V3_4 均为负值，说明其违约概率均小于"V3_5 农林牧渔业"（V3_5 系数为 0），但同样由于其显著性 P 值大于 0.05，因此这一结论也不具有统计显著性，与前面描述性分析的结论也不一致。

此外，可以发现模型中响应变量（Dep. Variable）为 V1，模型算法（Model）为 Logit，估计方法（Method）为最大似然估计（MLE），模型最终实现收敛（converged: True），协方差矩阵是非稳健的（Covariance Type: nonrobust），共有 490 个样本参与了分析（No. Observations），残差的自由度（Df Residuals）为 478，自由度等于样本数（No. Observations）减去模型中参数个数（特征变量数+1），Df Model 即模型中参数个数（特征变量数）。

LL-Null 值、LLR p-value 这两个指标与线性回归结果中 F 统计量和 P 值的功能是大体一致的，模型整体非常显著（p-value=2.169e-33 接近于 0）。此外，二元 Logistic 回归算法结果中的 Pseudo R-squ.是伪 R^2，虽然不等于 R^2，但也可以用来检验模型对变量的解释能力，因为二值选择模型是非线性模型，无法进行平方和分解，所以没有 R^2，但是伪 R^2 衡量的是对数似然函数的实际增加值占最大可能增加值的比重，所以也可以很好地衡量模型的拟合准确度。本例中伪 R^2 为 0.3221（Pseudo R-squ. =0.3221），说明模型的解释能力着实一般。

提　示

结果中的 Log-likelihood 是对数似然值（简记为 L），是基于最大似然估计得到的统计量。计算公式为：$L=-\dfrac{n}{2}\log 2\pi-\dfrac{n}{2}\log\hat{\sigma}^2-\dfrac{n}{2}$。对数似然值用于说明模型的精确性，$L$ 越大说明模型越精确。

```
np.exp(results.params) # 以优势比（Odds ratio）的形式输出二元 Logistic 回归模型的系数值。运行结果为：
```

```
V2           1.357755
V4           0.172433
V5           0.455339
V6           0.588759
V7           1.461800
V8           3.891906
V9           1.460491
V3_1         0.432348
V3_2         0.320851
V3_3         0.201887
V3_4         0.390861
intercept    0.490382
dtype: float64
```

与一般的回归形式不同，此处自变量的影响是以优势比（Odds Ratio）的形式输出的，它的含义是：在其他自变量保持不变的条件下，被观测自变量每增加 1 个单位时，y 取值为 1 的概率的变化倍数。从结果中可以看出，"V2 资产负债率""V7 利息保障倍数""V8 银行负债""V9 其他渠道负债" 4 个自变量的增加都会引起因变量取值为 1 大于 1 倍地增加，或者说这些自变量都是与因变量呈现正向变化的，都会使得因变量取 1 的概率更大；而"V3 行业分类""V4 实际控制人从业年限""V5 企业经营年限""V6 主营业务收入" 4 个自变量的增加都会引起因变量取值为 1 小于 1 倍地增加，或者说这些自变量都是与因变量呈现反向变化的，都会使得因变量取 0 的概率更大。

```
margeff = results.get_margeff()    # 计算每个变量的平均边际效应
margeff.summary()                  # 展示上一步模型的计算结果
```

```
<class 'statsmodels.iolib.summary.Summary'>
"""
            Logit Marginal Effects
=================================================
Dep. Variable:                  V1
Method:                       dydx
At:                        overall
=================================================
               dy/dx    std err        z      P>|z|     [0.025      0.975]
-------------------------------------------------------------------------
V2            0.0392      0.022     1.745     0.081     -0.005       0.083
V4           -0.2253      0.031    -7.380     0.000     -0.285      -0.165
V5           -0.1009      0.024    -4.263     0.000     -0.147      -0.054
V6           -0.0679      0.062    -1.100     0.272     -0.189       0.053
V7            0.0487      0.034     1.437     0.151     -0.018       0.115
V8            0.1742      0.033     5.315     0.000      0.110       0.238
V9            0.0486      0.041     1.191     0.234     -0.031       0.128
V3_1         -0.1075      0.184    -0.585     0.558     -0.468       0.253
V3_2         -0.1457      0.183    -0.797     0.426     -0.504       0.213
V3_3         -0.2051      0.192    -1.066     0.286     -0.582       0.172
V3_4         -0.1204      0.186    -0.647     0.518     -0.485       0.244
=================================================
"""
```

在该输出结果中，下面矩阵中第一列为变量；第二列 dy/dx 显示了每一个特征变量的平均边际影响，也就是特征变量的增加或减少都会引起因变量边际的增加或减少；第四列为 z 统计量；第五列为显著性 P 值。

分析结论与前面一致，"V2 资产负债率""V7 利息保障倍数""V8 银行负债""V9 其他渠道负债"的系数为正；"V3 行业分类""V4 实际控制人从业年限""V5 企业经营年限""V6 主营业务收入"的系数为负。

2. 计算训练误差

在 Spyder 代码编辑区输入以下代码：

```
table = results.pred_table()    # 基于训练样本对模型的回归结果进行预测，并计算混淆矩阵
table                           # 展示基于训练样本计算的混淆矩阵，运行结果为：
```

```
array([[328.,  31.],
       [ 57.,  74.]])
```

在基于训练样本计算的混淆矩阵中，行为实际观测值，列为预测值，即实际为未违约且预测也为未违约的客户共有 328 个，实际为违约且预测也为违约的客户共有 74 个，实际为未违约但预

测为违约的客户共有 31 个，实际为违约但预测为未违约的客户共有 57 个。

```
Accuracy = (table[0, 0] + table[1, 1]) / np.sum(table)
Accuracy        # 计算精度，运行结果为：0.8204081632653061，也就是说基于训练样本，模型计算的准确率为
0.8204081632653061
Error_rate = 1 - Accuracy
Error_rate      # 计算错误率，运行结果为：0.17959183673469392，也就是说基于训练样本，模型计算的错误率
为 0.17959183673469392
precision = table[1, 1] / (table[0, 1] + table[1, 1])
precision       # 计算查准率，运行结果为：0.7047619047619048，也就是说基于训练样本，模型计算的查准率为
0.7047619047619048
recall = table[1, 1] / (table[1, 0] + table[1, 1])
recall          # 计算查全率，运行结果为：0.5648854961832062，也就是说基于训练样本，模型计算的查全率为
0.5648854961832062
```

3. 计算测试误差

在 Spyder 代码编辑区输入以下代码：

```
prob = results.predict(X_test)
pred = (prob >= 0.5)
table = pd.crosstab(y_test, pred, colnames=['Predicted'])
table    # 展示基于测试样本计算的混淆矩阵，运行结果为：
```

```
Predicted  False  True
V1
0            143    15
1             26    26
```

在基于测试样本计算的混淆矩阵中，行为实际观测值，列为预测值，即实际为未违约且预测也为未违约的客户共有 143 个，实际为违约且预测也为违约的客户共有 26 个，实际为未违约但预测为违约的客户共有 15 个，实际为违约但预测为未违约的客户共有 26 个。

```
table = np.array(table) # 将 pandas DataFrame 转换为 numpy array
Accuracy = (table[0, 0] + table[1, 1]) / np.sum(table)
Accuracy        # 计算精度，运行结果为：0.8047619047619048，也就是说基于测试样本，模型计算的准确率为
0.8047619047619048
Error_rate = 1 - Accuracy
Error_rate      # 计算错误率，运行结果为：0.1952380952380952，也就是说基于测试样本，模型计算的错误率
为 0.1952380952380952
precision = table[1, 1] / (table[0, 1] + table[1, 1])
precision       # 计算查准率，运行结果为：0.6341463414634146，也就是说基于测试样本，模型计算的查准率为
0.6341463414634146
recall = table[1, 1] / (table[1, 0] + table[1, 1])
recall          # 计算查全率，运行结果为：0.5，也就是说基于测试样本，查全率为 0.5
```

5.5.2　使用 sklearn 建立二元 Logistic 回归算法模型

在 Spyder 代码编辑区依次输入以下代码：

```
model = LogisticRegression(C=1e10, fit_intercept=True)) # 本行代码的含义是使用 sklearn 建立二元
Logistic 回归算法模型，参数 C 表示正则化系数 λ 的倒数，越小的数值表示越强的正则化，本例中设置的 C 为 10 的 10 次方，
值很大，表示不施加惩罚，后面讲解高维数据惩罚回归时将详细解释；参数 fit_intercept=True 表示模型中包含常数项
print("训练样本预测准确率：{:.3f}".format(model.score(X_train, y_train))) # 计算训练样本预测对的
个数/总个数。运行结果为：训练样本预测准确率:0.820
print("测试样本预测准确率：{:.3f}".format(model.score(X_test, y_test)))    # 本行代码的含义是计算
```

测试样本预测对的个数/总个数。运行结果为：测试样本预测准确率:0.805

```
model.coef_    # 本行代码的含义是显示模型的系数。运行结果为:
        array([[ 0.3058704 , -1.75775938, -0.78669774, -0.52969182,  0.37967805,
          1.35888621,  0.37873985, -0.83863162, -1.13685597, -1.60009498,
         -0.93944297, -0.35623308]])
```

与前面使用 statsmodels 建立的二元 Logistic 回归算法模型估计得到的结果基本一致。

```
predict_target=model.predict(X_test)   # 生成样本响应变量的预测类别
predict_target        # 查看 predict_target,运行结果为:
```

```
array([1, 0, 0, 0, 0, 1, 1, 1, 0, 0, 0, 0, 0, 0, 0, 1, 0, 1, 1, 0, 0, 0,
       0, 0, 1, 0, 1, 0, 0, 0, 1, 0, 0, 0, 0, 0, 0, 1, 0, 0, 0, 1, 0, 0,
       0, 0, 1, 0, 0, 0, 1, 0, 0, 1, 1, 0, 1, 0, 0, 0, 0, 0, 1, 0, 0, 0, 0,
       0, 1, 0, 0, 0, 0, 1, 0, 1, 0, 0, 0, 0, 0, 0, 0, 0, 1, 0, 0, 0, 0,
       0, 0, 0, 0, 0, 0, 1, 0, 1, 0, 0, 0, 0, 0, 0, 1, 0, 1, 0, 0, 0,
       0, 0, 0, 0, 0, 0, 0, 0, 0, 0, 0, 0, 0, 0, 0, 0, 0, 0, 0, 0, 0, 0,
       0, 0, 1, 0, 0, 0, 0, 0, 1, 0, 1, 0, 1, 0, 1, 0, 1, 0, 0, 0, 1,
       0, 0, 0, 0, 0, 0, 1, 0, 0, 0, 0, 0, 0, 0, 0, 0, 0, 0, 0, 0, 0,
       0, 0, 0, 0, 0, 1, 0, 0, 0, 0, 0, 0, 0, 0, 0, 1, 1, 1,
       0, 0, 0, 0, 0, 0, 0, 1, 0, 0, 1], dtype=int64)
```

```
predict_target_prob=model.predict_proba(X_test)       # 生成样本响应变量的预测概率
predict_target_prob    # 查看 predict_target_prob,运行结果为:
```

```
array([[2.78842659e-01, 7.21157341e-01],
       [9.04208199e-01, 9.57918011e-02],
       [8.46410933e-01, 1.53589067e-01],
       [9.94228811e-01, 5.77118902e-03],
       [5.05443508e-01, 4.94556492e-01],
       [2.88920401e-01, 7.11079599e-01],
       [4.01961034e-01, 5.98038966e-01],
       [3.60538213e-02, 9.63946179e-01],
       [9.93269168e-01, 6.73083170e-03],
       [9.99658776e-01, 3.41223790e-04],
       [9.48382324e-01, 5.16176765e-02],
       [9.86787726e-01, 1.32122739e-02],
       [9.43142855e-01, 5.68571445e-02],
       [9.88381844e-01, 1.16181555e-02],
       [9.83371850e-01, 1.66281495e-02],
```

结果中第 1 列是样本预测为"未违约"的概率；第 2 列是样本预测为"违约"的概率。

```
predict_target_prob_lr=predict_target_prob[:,1]        # 仅切片样本预测为"违约"的概率
df= pd.DataFrame({'prob':predict_target_prob_lr,'target':predict_target,'labels':
list(y_test)})      # 构建 df 数据框,其中包括 prob、target、labels 3 列,分别表示前面生成的
predict_target_prob_lr、predict_target 以及响应变量测试样本列表 list(y_test)
    df.head()     # 观察 df 的前 5 个值,head 表示前几个值,如果不在括号内设置,默认为 5。运行结果为:
```

	prob	target	labels
0	0.721157	1	1
1	0.095792	0	0
2	0.153589	0	0
3	0.005771	0	0
4	0.494556	0	1

第一列为样本观测值编号，第二列 prob 是样本预测为"违约"的概率，第三列 target 为样本响应变量的预测类别，第四列 labels 列为样本响应变量的实际值。以第 1 个（序号为 0）样本为例，其预测为"违约"的概率为 0.721157，大于 0.5，所以其预测的类别为"违约"，其样本响应变量的实际值为 1，也是"违约"类别，即两者的结果一致。以此类推，前四个样本的预测值和实际值相同，均预测正确，第五个预测错误。

输入以下两行代码并运行：

```
print('预测正确总数：')        # 输出字符串'预测正确总数：'
 print(sum(predict_target==y_test))    # 输出预测正确的样本总数，运行结果为：
```

```
预测正确总数：
169
```

输入以下三行代码并全部选中并整体运行：

```
print('训练样本：')          # 输出字符串'训练样本：'
predict_Target=model.predict(X_train)      # 基于训练样本开展模型预测
 print(metrics.classification_report(y_train,predict_Target)))    # 输出基于训练样本的模型性能
量度指标。运行结果为：
```

```
训练样本：
              precision   recall  f1-score   support

          0       0.85      0.91      0.88       359
          1       0.70      0.56      0.63       131

    accuracy                          0.82       490
   macro avg       0.78      0.74      0.75       490
weighted avg       0.81      0.82      0.81       490
```

说明：

- precision：精度。针对未违约客户的分类正确率为 0.85，针对违约客户的分类正确率为 0.70。
- recall：召回率。即查全率，针对未违约客户的查全率为 0.91，针对违约客户的查全率为 0.56。
- f1-score：f1 得分。针对未违约客户的 f1 得分为 0.88，针对违约客户的 f1 得分为 0.63。
- support：支持样本数。未违约客户支持样本数为 359 个，违约客户支持样本数为 131 个。

accuracy、macro avg、weighted avg 是针对整个模型而言的，在二分类模型中：

- accuracy：正确率，分类正确样本数/总样本数。模型整体的预测正确率为 0.82。
- macro avg：用每一个类别对应的 precision、recall、f1-score 直接平均。比如针对 recall（召回率），即为（0.91+0.56）/2＝0.74。
- weighted avg：用每一类别支持样本数的权重乘对应类别指标。比如针对 recall（召回率），即为（0.91*359+0.56*131）/490＝0.82。

```
print(metrics.confusion_matrix(y_train, predict_Target))    # 基于训练样本输出混淆矩阵，运行结
果为：
```

```
[[328  31]
 [ 57  74]]
```

即真实分类为未违约且预测分类为未违约的样本个数为 328 个，真实分类为未违约而预测分类为违约的样本个数为 31 个，真实分类为违约且预测分类为违约的样本个数为 74 个，真实分类为违约而预测分类为未违约的样本个数为 57 个。

输入以下两行代码，然后全部选中这些代码并整体运行：

```
print('测试样本: ')  # 输出字符串'测试样本: '
print(metrics.classification_report(y_test,predict_target))) # 基于测试样本输出模型性能量度指标。
运行结果为:
```

```
测试样本:
              precision    recall  f1-score   support

           0       0.85      0.91      0.87       158
           1       0.63      0.50      0.56        52

    accuracy                           0.80       210
   macro avg       0.74      0.70      0.72       210
weighted avg       0.79      0.80      0.80       210
```

对该结果的解读与前述类似，这里不再赘述。可以发现基于测试样本和训练样本的模型性能指标量度基本一致。

```
print(metrics.confusion_matrix(y_test, predict_target)) # 基于测试样本输出混淆矩阵。运行结果为:
```

```
[[143  15]
 [ 26  26]]
```

即真实分类为未违约且预测分类为未违约的样本个数为 143 个，真实分类为未违约而预测分类为违约的样本个数为 15 个，真实分类为违约且预测分类为违约的样本个数为 26 个，真实分类为违约而预测分类为未违约的样本个数为 26 个。

5.5.3　特征变量重要性水平分析

在机器学习中，很多时候需要评价特征变量的重要性，或者说在众多的特征变量中哪些变量的贡献度较大，对于整个机器学习模型来说更加重要？

对于二元 Logistic 回归算法模型，其特征变量重要性水平体现为模型中回归方程的系数，在对各个变量进行标准化、有效消除变量量纲之间差距的前提下，特征变量系数的绝对值越大，对于响应变量预测整体结果的影响就越大。或者说，特征变量重要性水平分析本质上是回归系数的一种直观化、图形化展示。

在 Spyder 代码编辑区输入以下代码：

```
lr1=[i for item in model.coef_ for i in item] # 生成列表 lr1, 表中元素为每个特征变量的回归系数
lr1=np.array(lr1)  # 将 lr1 转换成 np 模块中的数组格式
lr1  # 查看 lr1, 运行结果为:
```

```
array([ 0.3058704 , -1.75775938, -0.78669774, -0.52969182,  0.37967805,
        1.35888621,  0.37873985, -0.83863162, -1.13685597, -1.60009498,
       -0.93944297, -0.35623308])
```

```
feature=list(X.columns)        # 提取 X 数据集的列名作为 feature
feature   # 查看 feature，运行结果为:
```

```
['V2',
 'V4',
 'V5',
 'V6',
 'V7',
 'V8',
 'V9',
 'V3_1',
 'V3_2',
 'V3_3',
 'V3_4',
 'intercept']
```

注意，以下四行代码因为含有 for 循环，所以需要全部选中这些代码并整体运行:

```
dic={}    # 创建一个空字典 dic
for i in range(len(feature)):    # 使用 for 循环执行以下操作
  dic.update({feature[i]:lr1[i]})    # 将空字典更新，键为 feature，值为 lr1
dic       # 查看 dic，运行结果为:
```

```
{'V2': 0.30587040000939736,
 'V4': -1.7577593761534125,
 'V5': -0.7866977412157216,
 'V6': -0.5296918248776235,
 'V7': 0.3796780480701529,
 'V8': 1.3588862122377834,
 'V9': 0.3787398458693686,
 'V3_1': -0.8386316154307599,
 'V3_2': -1.1368559736548358,
 'V3_3': -1.6000949774319604,
 'V3_4': -0.9394429714383492,
 'intercept': -0.3562330823458857}
```

```
df=pd.DataFrame.from_dict(dic,orient='index',columns=['权重'])    # 基于字典 dic 生成 df 数据框
df    # 查看 df，运行结果为:
```

```
               权重
V2          0.305870
V4         -1.757759
V5         -0.786698
V6         -0.529692
V7          0.379678
V8          1.358886
V9          0.378740
V3_1       -0.838632
V3_2       -1.136856
V3_3       -1.600095
V3_4       -0.939443
intercept  -0.356233
```

```
df=df.reset_index().rename(columns={'index':'特征'})    # 将 df 数据框重新设置，给第一列加上列名
'特征'。
df    # 查看 df，运行结果为:
```

```
        特征        权重
0        V2   0.305870
1        V4  -1.757759
2        V5  -0.786698
3        V6  -0.529692
4        V7   0.379678
5        V8   1.358886
6        V9   0.378740
7       V3_1  -0.838632
8       V3_2  -1.136856
9       V3_3  -1.600095
10      V3_4  -0.939443
11  intercept -0.356233
```

```
df=df.sort_values(by='权重',ascending=False)    # 将 df 数据框按照权重列变量降序排列
df    # 查看 df, 运行结果为:
```

```
        特征        权重
5        V8   1.358886
4        V7   0.379678
6        V9   0.378740
0        V2   0.305870
11  intercept -0.356233
3        V6  -0.529692
2        V5  -0.786698
7       V3_1  -0.838632
10      V3_4  -0.939443
8       V3_2  -1.136856
9       V3_3  -1.600095
1        V4  -1.757759
```

```
data_hight=df['权重'].values.tolist()    # 生成 data_hight 为 df['权重']的列表形式
data_hight    # 查看 data_hight, 运行结果为:
```

```
[1.3588862122377834,
 0.3796780480701529,
 0.3787398458693686,
 0.30587040000939736,
 -0.3562330823458857,
 -0.5296918248776235,
 -0.7866977412157216,
 -0.8386316154307599,
 -0.9394429714383492,
 -1.1368559736548358,
 -1.6000949774319604,
 -1.7577593761534125]
```

```
data_x=df['特征'].values.tolist()    # 生成 data_x 为 df['特征']的列表形式
data_x    # 查看 data_x, 运行结果为:
```

```
['V8',
 'V7',
 'V9',
 'V2',
 'intercept',
 'V6',
 'V5',
 'V3_1',
 'V3_4',
 'V3_2',
 'V3_3',
 'V4']
```

因为以下代码是绘图操作,所以需要全部选中所有代码并整体运行。

```
font = {'family': 'Times New Roman', 'size': 7, }  # font 为字体, 设置基准文本字体、字体尺寸
sns.set(font_scale=1.2)    # 以选定的 seaborn 样式中的字体大小为基准, 将字体放大指定的倍数, 本例中
```

为 1.2 倍

```
plt.rc('font',family='Times New Roman')    # 定义图形的默认属性
plt.figure(figsize=(6,6))    # 设置图形大小
plt.barh(range(len(data_x)), data_hight, color='#6699CC')    # 绘制水平条形图，color 为柱体颜色
plt.yticks(range(len(data_x)),data_x,fontsize=12)    # 添加 y 轴刻度标签（yticks），fontsize 表示
字体大小
plt.tick_params(labelsize=12)    # 设置标签尺寸 labelsize
plt.xlabel('Feature importance',fontsize=14)    # 设置 x 轴标签，font.size 表示字体大小
plt.title("LR feature importance analysis",fontsize = 14)    # 设置图形标题
plt.show()    # 显示图形。运行结果如图 5.3 所示
```

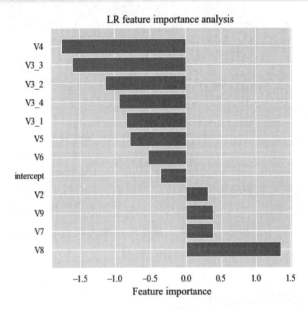

图 5.3　运行结果

在回归方程中"V8 银行负债""V7 利息保障倍数""V9 其他渠道负债""V2 资产负债率"的系数为正，且从大到小排列，所以在图形中体现在下方，处于横轴的右侧，并依次排列；"V4 实际控制人从业年限""V3 行业分类"各类别，"V5 企业经营年限""V6 主营业务收入"的系数为负，且按绝对值从大到小排列，所以在图形中体现在上方，处于横轴的左侧，并依次排列。此处与前面回归方程中的系数结果保持一致。

注　意

在解读特征变量重要性水平时，应注意是绝对值的概念，或者说对于系数为负的特征变量而言，并非以大小来判断重要性水平，而是以绝对值来判定，符号正负仅代表是正向影响还是反向影响。

5.5.4　绘制 ROC 曲线，计算 AUC 值

前面章节中我们讲到，ROC 曲线和 AUC 值也是评价分类监督式学习性能的重要量度指标。在 Spyder 代码编辑区输入以下代码，然后全部选中这些代码并整体运行：

```
plot_roc_curve(model, X_test, y_test)        # 基础测试样本绘制 ROC 曲线，并计算 AUC 值
x = np.linspace(0, 1, 100)  # np.linspace(start, stop, num)，即在间隔 start 和 stop 之间返回
num 个均匀间隔的数据，本例中为在 0~1 范围内返回 100 个均匀间隔的数据
plt.plot(x, x, 'k--', linewidth=1)        # 在图中增加 45 度黑色虚线，以便观察 ROC 曲线性能
plt.title('ROC Curve (Test Set)')        # 设置标题为'ROC Curve (Test Set)'。运行结果如图 5.4 所示
```

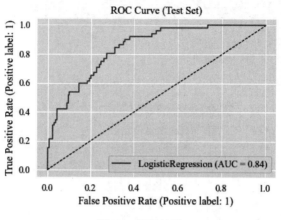

图 5.4   运行结果

ROC 曲线以虚惊概率（又被称为假阳性率、误报率、特异性）为横轴，以击中概率（又被称为敏感度、真阳性率）为纵轴，对角线（图中为 45 度黑色虚线）代表辨别力等于 0 的一条线，也叫纯机遇线。ROC 曲线离纯机遇线越远，表明模型的辨别力越强。可以发现本例的预测效果还可以，AUC 值为 0.84，远大于 0.5，具备一定的预测价值。

5.5.5   计算科恩 kappa 得分

在 Spyder 代码编辑区输入以下代码：

```
cohen_kappa_score(y_test, pred)    # 计算 kappa 得分。运行结果为：0.4831564374711582
```

根据前面"表 3.2 科恩 kappa 得分与效果对应表"可知，模型的一致性一般。说明从一致性的角度来看，模型还有较大的提升优化空间。

这一点也是符合实际情况的。本节从方法应用的角度选取了"资产负债率""主营业务收入""利息保障倍数"等财务指标特征变量，"行业分类""实际控制人从业年限""企业经营年限"等经营指标特征变量，以及"银行负债""其他渠道负债"等融资指标特征变量。事实上，在实际的商业银行经营过程中，这一问题是非常复杂的，远不是这几个特征变量所能涵盖的。商业银行对公客户授信业务的资产质量或者说预期客户是否违约会受到相当多因素的影响，包括但不限于客户在生产经营、财务管理、资本运作、现金流量、对外担保等方面的信息是非常关键的。

因此，从解决问题的角度来说，包括机器学习在内的建模并不仅是一种技术，而是一种过程，一种面向具体业务目标解决问题的过程，我们在选择并应用建模过程时也必须坚持这一点，要以解决实际问题为导向选择恰当的建模技术，合适的模型并不一定是复杂的，而是能够解释、预测相关问题的，所以一定不能以模型统计分析方法的复杂性而是要以模型解决问题的能力来评判模型的优劣。模型所能起到的仅仅是参考作用，要服务于真实的商业银行经营实践、针对对公授信业务，商业银行从业人员应该高度重视贷前调查、贷中审查、贷后检查时的关键风险信息或预警

信号，重点关注脱实向虚、多元恶化、虚假贸易背景或贷款资金挪用、短贷长用、担保圈、集团客户风险互相传染、债券违约、同业退出，以及其他重大利空信息等信息，针对集团客户把握集团客户关联交易、互保联保、交叉违约和传染性强等特点，重点关注客户决策及经营管理失误、行业政策变化、多元化经营及快速扩张、财务信息造假、企业资金链断裂、担保圈风险、第二还款来源不足等风险点对集团整体风险的影响。

5.6　习　题

习题部分用于分析的数据来自"数据 5.2"文件（见图 5.5），它是某网商 ABCD 商户（虚拟名）的客户信息数据和交易数据，由于客户信息数据涉及客户隐私，交易数据涉及商业机密，所以进行了适当的脱密处理，对于其中的部分数据也进行了必要的调整。在数据文件中共有 7 个变量，V1~V7 分别代表"是否购买本次推广产品""年龄""年收入水平""教育程度""成为会员年限""性别""婚姻状况"。

针对"V1 是否购买本次推广产品"，分别用 0、1 来表示未购买、购买。

针对"V3 年收入水平"，分别用 1、2、3、4 来表示"5 万元以下""5 万元~10 万元""10 万元~20 万元""20 万元以上"。

针对"V4 教育程度"，分别用 1、2、3、4、5 来表示"初中及以下""高中及中专""大学本专科""硕士研究生""博士研究生"。

针对"V6 性别"，分别用 0、1 来表示"男性""女性"。

针对"V7 婚姻状况"，分别用 0、1 来表示"否""是"。

V1	V2	V3	V4	V5	V6	V7
0	49	3	4	11	0	0
0	30	4	3	15	0	1
0	49	2	4	13	1	0
0	33	2	3	8	1	1
0	64	3	3	12	0	1
0	50	3	3	10	1	0
0	39	1	3	5	1	1
0	54	3	2	11	1	1
0	62	2	2	9	1	0
0	56	3	3	9	1	0
0	61	3	1	14	0	1
0	23	1	3	11	0	0
0	55	3	4	12	1	0
0	57	4	3	11	1	1
0	52	3	3	6	1	0
0	46	4	3	15	1	0
0	66	3	4	15	1	0
0	47	2	4	12	1	0
0	73	3	1	10	0	1
0	47	1	1	12	0	0
0	31	1	3	7	1	1
0	57	2	3	12	0	0
0	63	3	4	11	0	1
0	75	3	2	13	0	1
0	54	1	1	14	0	0

图 5.5　"数据 5.2"文件中的数据内容（限于篇幅仅展示部分）

我们要研究的是"最有可能进行采购的人"或者说哪些特征可以影响客户的潜在购买倾向，进而提出针对性的市场营销策略，所以把响应变量设置为"V1 是否购买本次推广产品"，将其他变量作为特征变量。请进行以下操作：

1. 载入分析所需要的库和模块。
2. 数据读取及观察。
3. 描述性分析。

（1）针对数据集中各变量计算平均值、标准差、最大值、最小值、四分位数等统计指标，针对连续变量的结果进行解读。

（2）按照 V1 变量的取值分组对其他变量开展描述性分析。

（3）针对分类变量"V1 是否购买本次推广产品""V3 年收入水平"使用交叉表的方式开展分析。

4. 数据处理。

（1）区分分类特征和连续特征并进行处理，对分类特征设置虚拟变量，对连续特征进行标准化处理。

（2）将样本全集分割为训练样本和测试样本，测试样本占比为 30%，设置随机数种子为 123，以保证随机抽样的结果可重复。

5. 使用 statsmodels 建立二元 Logistic 回归算法模型。

（1）开展模型估计。
（2）计算训练误差。
（3）计算测试误差。

6. 使用 sklearn 建立二元 Logistic 回归算法模型。
7. 开展特征变量重要性水平分析。
8. 绘制 ROC 曲线，计算 AUC 值。
9. 计算科恩 kappa 得分。

第 **6** 章

多元 Logistic 回归算法

当响应变量为离散变量且有多种取值时，则使用多元 Logistic 回归算法来解决问题。本章我们讲解多元 Logistic 回归算法的基本原理，并结合具体实例讲解该算法在 Python 中的实现与应用。

6.1　多元 Logistic 回归算法的基本原理

多元 Logistic 回归算法本质上是二元 Logistic 回归算法的拓展，用于响应变量取多个单值时的情形，如偏好选择、考核等级等。多元 Logistic 回归分析的基本原理同样是考虑响应变量（0,1）发生的概率，用发生概率除以没有发生概率再取对数。回归自变量系数也是模型中每个自变量概率比的概念，回归系数的估计同样采用迭代最大似然法。

多元 Logistic 回归算法的公式为：

$$\ln \frac{p}{1-p} = \alpha + X\beta + \varepsilon$$

其中，p 为事件发生的概率，$\alpha = \begin{pmatrix} \alpha_1 \\ \alpha_2 \\ \vdots \\ \alpha_n \end{pmatrix}$ 为模型的截距项，$\beta = \begin{pmatrix} \beta_1 \\ \beta_2 \\ \vdots \\ \beta_n \end{pmatrix}$ 为自变量系数，$X=$

$\begin{pmatrix} x_{11} & x_{12} & \cdots & x_{1k} \\ x_{21} & x_{22} & \cdots & x_{2k} \\ \vdots & \vdots & \ddots & \vdots \\ x_{n1} & x_{n2} & \cdots & x_{nk} \end{pmatrix}$ 为自变量，$\varepsilon = \begin{pmatrix} \varepsilon_1 \\ \varepsilon_2 \\ \vdots \\ \varepsilon_n \end{pmatrix}$ 为误差项。

6.2   数据准备

本节我们以"数据 6.1"文件中的数据为例进行讲解。数据 6.1 文件中记录的是某商业银行全体员工的 V1（收入档次）（1 为高收入，2 为中收入，3 为低收入）、V2（工作年限）、V3（绩效考核得分）、V4（违规操作积分）和 V5（职称情况）（1 为高级职称，2 为中级职称，3 为初级职称）等数据，如图 6.1 所示。

V1	V2	V3	V4	V5
3	2	110.9	107	2
3	5	73.8	73.5	2
3	2	111.3	101.9	2
3	4	247.7	202	2
3	8	227.5	167	2
3	2	99.8	86.3	2
3	11	120.9	109.7	2
3	12	175.1	156.4	2
3	16	98.8	87.9	1
3	5	207.8	189.4	2
3	10	101.2	76.1	2
3	6	179.5	186.2	2
3	10	193.7	143.3	2
3	1	78.5	67.1	1
3	7	91	94.9	2
3	8	206.2	178.8	2
3	8	250.5	222.7	2
3	5	60	62.3	2
3	5	95.7	89.1	2
3	3	104.6	88.3	2
3	1	186.8	198.3	2
3	6	88.2	82.7	2
3	8	105.2	96.8	2

图 6.1   "数据 6.1"文件中的数据内容

下面以 V1（收入档次）为响应变量，以 V2（工作年限）、V3（绩效考核得分）和 V4（违规操作积分）为特征变量，构建多元 Logistic 回归算法模型。

6.2.1   导入分析所需要的模块和函数

在进行分析之前，首先导入分析所需要的模块和函数，读取数据集并进行观察。在 Spyder 代码编辑区输入以下代码：

```
import numpy as np        # 导入 numpy，并简称为 np，用于常规数据处理操作
import pandas as pd        # 导入 pandas，并简称为 pd，用于常规数据处理操作
import seaborn as sns      # 导入 seaborn，并简称为 sns，用于图形绘制
import matplotlib.pyplot as plt    # 导入 matplotlib.pyplot，并简称为 plt，用于图形绘制
from sklearn.model_selection import train_test_split      # 导入 train_test_split，用于分割训练
样本和测试样本
from sklearn.linear_model import LogisticRegression        # 导入 LogisticRegression，用于开展多
元 Logistic 回归
from sklearn.metrics import confusion_matrix    # 导入 confusion_matrix，用于输出混淆矩阵
```

```
from sklearn.metrics import classification_report   # 导入 classification_report，用于输出模型
性能量度指标
    from sklearn.metrics import cohen_kappa_score   # 导入 cohen_kappa_score，用于计算 kappa 得分
```

6.2.2　数据读取及观察

首先需要将本书提供的数据文件放入安装 Python 的默认路径位置，并从相应位置进行读取，在 Spyder 代码编辑区输入以下代码：

```
data=pd.read_csv('C:/Users/Administrator/.spyder-py3/数据 6.1.csv')      # 读取数据 6.1.csv 文件
```

注意，因用户的具体安装路径不同，设计路径的代码会有差异。成功载入后，"变量管理器"窗口如图 6.2 所示。

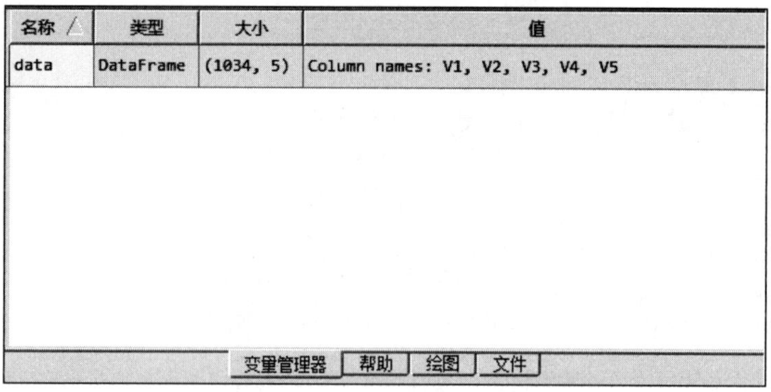

名称	类型	大小	值
data	DataFrame	(1034, 5)	Column names: V1, V2, V3, V4, V5

变量管理器　帮助　绘图　文件

图 6.2　"变量管理器"窗口

```
data.info()     # 观察数据信息。运行结果为：
```

```
<class 'pandas.core.frame.DataFrame'>
RangeIndex: 1034 entries, 0 to 1033
Data columns (total 5 columns):
 #   Column  Non-Null Count  Dtype
---  ------  --------------  -----
 0   V1      1034 non-null   int64
 1   V2      1034 non-null   int64
 2   V3      1034 non-null   float64
 3   V4      1034 non-null   float64
 4   V5      1034 non-null   int64
dtypes: float64(2), int64(3)
memory usage: 40.5 KB
```

数据集中共有 1034 个样本（1034 entries, 0 to 1033）、5 个变量（total 5 columns）。5 个变量分别是 V1~V5，均包含 1034 个非缺失值（1034 non-null），其中 V1、V2、V5 的数据类型为整型（int64），V3、V4 的数据类型为浮点型（float64），数据文件中共有 2 个浮点型（float64）变量、3 个整型（int64）变量，数据内存为 40.5KB。

```
    len(data.columns)   # 列出数据集中变量的数量。运行结果为 5
    data.columns        # 列出数据集中的变量，运行结果为：Index(['V1', 'V2', 'V3', 'V4', 'V5'],
dtype='object')，与前面的结果一致
    data.shape          # 列出数据集的形状。运行结果为(1034, 5)，也就是 1034 行 5 列，数据集中共有 1034 个样
本，5 个变量
    data.dtypes         # 观察数据集中各个变量的数据类型，与前面的结果一致
```

```
V1        int64
V2        int64
V3      float64
V4      float64
V5        int64
dtype: object
```

```
data.isnull().values.any()    # 检查数据集是否有缺失值。结果为 False，没有缺失值
data.isnull().sum()           # 逐个变量地检查数据集是否有缺失值。结果为没有缺失值
```

```
V1    0
V2    0
V3    0
V4    0
V5    0
dtype: int64
```

```
data.head()    # 列出数据集中的前 5 个样本
```

```
   V1  V2     V3     V4  V5
0   3   2  110.9  107.0   2
1   3   5   73.8   73.5   2
2   3   2  111.3  101.9   2
3   3   4  247.7  202.0   2
4   3   8  227.5  167.0   2
```

```
data.V1.value_counts()    # 列出数据集中 V1 变量"收入档次"取值的计数情况
```

```
2    417
3    407
1    210
Name: V1, dtype: int64
```

即 2 为中收入，样本个数为 417 个；3 为低收入，样本个数为 407 个；1 为高收入，样本个数为 210 个。

6.3 描述性分析及图形绘制

本节进行描述性分析并绘制图形。

6.3.1 描述性分析

在 Spyder 代码编辑区输入以下代码：

```
pd.set_option('display.max_rows', None)       # 显示完整的行，如果不运行该代码，那么描述性分析结
果的行可能会显示不全，中间有省略号
pd.set_option('display.max_columns', None)    # 显示完整的列，如果不运行该代码，那么描述性分析结
果的列可能会显示不全，中间有省略号
data.describe()    # 对数据文件中的所有变量进行描述性分析。运行结果为：
```

	V1	V2	V3	V4	V5
count	1034.000000	1034.000000	1034.000000	1034.000000	1034.000000
mean	2.190522	15.105416	161.608027	135.069632	1.657640
std	0.748970	8.635544	55.616922	45.025553	0.682235
min	1.000000	1.000000	24.600000	24.500000	1.000000
25%	2.000000	7.000000	115.425000	99.400000	1.000000
50%	2.000000	15.000000	158.550000	129.750000	2.000000
75%	3.000000	23.000000	206.275000	170.100000	2.000000
max	3.000000	30.000000	298.500000	249.800000	3.000000

变量 V1（收入档次）为离散变量，统计指标的意义不大，其他变量为连续变量，具有一定的参考价值，比如变量 V3 为绩效考核得分，参与分析的样本员工的绩效考核得分平均值为 161.608027，最大值为 298.500000，最小值为 24.600000，标准差为 55.616922，25%、50%、75% 三个四分位数分别为 115.425000、158.550000、206.275000。

6.3.2　绘制直方图

在 Spyder 代码编辑区输入以下代码，然后全部选中这些代码并整体运行：

```
sns.countplot(x=data['V1'])          # 绘制 data['V1']的计数条线图
plt.rcParams['font.sans-serif'] = ['SimHei']     # 解决图表中的中文显示问题
plt.title("收入档次直方图")           # 设置直方图标题为 "收入档次直方图"。运行结果如图 6.3 所示
```

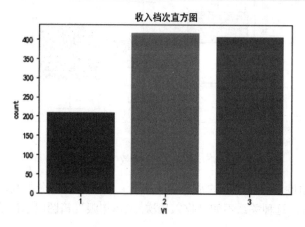

图 6.3　收入档次直方图

从图 6.3 中可以非常直观地看出响应变量 V1（收入档次）的类别分布情况。

6.3.3　绘制箱图

在 Spyder 代码编辑区输入以下代码并逐行运行：

```
sns.boxplot(x='V1', y='V2', data=data, palette="Blues")        # 绘制箱图，以 "V1 收入档次" 作为 x
轴，以 "V2 工作年限" 作为 y 轴，参数 palette 为调色板，palette="Blues"表示使用蓝色系的调色板。运行结果如图 6.4
所示
```

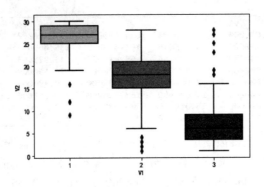

图 6.4   收入档次-工作年限箱图

关于箱图的详细解读可参考"第 4 章 线性回归算法"中相应的介绍。本例中我们设置 1 为高收入，2 为中收入，3 为低收入，通过箱图可以非常直观地发现，收入档次与工作年限紧密相关，工作年限越长，收入档次越高。

```
sns.boxplot(x='V1', y='V3', data=data, palette="Blues")    # 绘制箱图，以 "V1 收入档次" 作为 x 轴，以
"V3 绩效考核得分" 作为 y 轴，参数 palette 为调色板，palette="Blues"表示使用蓝色系的调色板。运行结果如图 6.5 所示
```

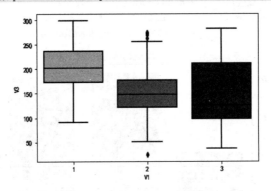

图 6.5   收入档次-绩效考核箱图

如果从中位数的角度（箱体中间的那条线）来看，绩效考核得分越高，收入档次也越高，但从整个箱体的角度来看，这种关系不如"收入档次-工作年限"箱图展示的那般明显。

```
sns.boxplot(x='V1', y='V4', data=data, palette="Blues")    # 绘制箱图，以 "V1 收入档次" 作为 x 轴，以
"V4 违规操作积分" 作为 y 轴，参数 palette 为调色板，palette="Blues"表示使用蓝色系的调色板。运行结果如图 6.6 所示
```

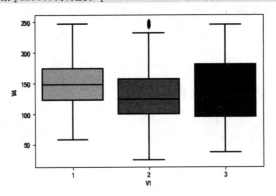

图 6.6   收入档次-违规操作积分箱图

同样地从箱图的角度来看，违规操作积分对收入档次的影响关系不够明显。

6.4   数据处理

本节对数据进行处理。

6.4.1   区分分类特征和连续特征并进行处理

首先定义一个函数 data_encoding()，该函数的作用是区分分类特征和连续特征，并对分类特征设置虚拟变量，对连续特征进行标准化处理。在 Spyder 代码编辑区输入以下代码，然后全部选中这些代码并整体运行，完成对函数 data_encoding() 的定义。

```
def data_encoding(data):      # 定义函数 data_encoding()
    data = data[["V1",'V2','V3',"V4"]]      # 选择数据集中的变量
    Discretefeature=[]                # 本例中没有分类特征变量，所以设置为空值
    Continuousfeature=['V2','V3','V4']      # 将'V2','V3','V4'设置为连续特征变量
    df = pd.get_dummies(data,columns=Discretefeature)      # 将所有分类特征变量都设置为虚拟变量
df[Continuousfeature]=(df[Continuousfeature]-
df[Continuousfeature].mean())/(df[Continuousfeature].std())      # 针对所有连续特征变量进行标准化处理
    df["V1"]=data[["V1"]]      # 将 data 中的变量 V1 复制到 df 中
    return df
```

然后针对 data 文件运行上述函数，代码如下：

```
data=data_encoding(data)
```

完成对特征变量的区分并进行处理。

6.4.2   将样本全集分割为训练样本和测试样本

在 Python 中输入以下代码：

```
    X = data.drop(['V1'],axis=1)      # 设置特征变量。前面已经界定 data =
data[["V1","V2","V3","V4"]]，这里把响应变量 V1 去掉即得到特征变量集
    y = data['V1']      # 设置响应变量，即 V1
    X_train,,X_test,y_train,y_test=train_test_split(X,y,test_size=0.3,stratify=y,random_state
=123)      # 将样本全集划分为训练样本和测试样本，测试样本占比为 30%；参数 stratify=y 是指依据标签 y，按原数据 y
中各类比例分配 train 和 test，使得 train 和 test 中各类数据的比例与原数据集一样；random_state=123 的含义是设置
随机数种子为 123，以保证随机抽样的结果可重复
```

6.5   建立多元 Logistic 回归算法模型

本节介绍建立多元 Logistic 回归算法模型的方法。

6.5.1 模型估计

在 Spyder 代码编辑区输入以下代码：

```
    model=LogisticRegression(multi_class='multinomial',solver = 'newton-cg', C=1e10,
max_iter=1e3)        # 本代码的含义是使用 sklearn 建立多元 Logistic 回归算法模型，其中的参数
multi_class='multinomial' 表示使用多元 Logistic 回归算法，solver = 'newton-cg' 表示使用 Newton-CG 算法
（牛顿法家族中的一种，利用损失函数二阶导数矩阵（即海森矩阵）来迭代优化损失函数），C=1e10 表示将惩罚力度设为 10⁻¹⁰,
max_iter=1e3 表示将最大迭代次数设置为 10³（如果不设置，默认为 100）
    model.fit(X_train, y_train)        # 调用 fit() 方法进行估计
    model.n_iter_        # 显示模型的迭代次数，运行结果为：array([[11]])，说明经过 11 次迭代后模型达到收敛
    model.intercept_        # 显示模型的截距项，运行结果为：array([-4.35273395, 3.04899109,
1.30374286])
    model.coef_        # 显示模型的回归系数，运行结果为：
```

```
array([[ 6.17754159,  1.54085729, -0.994662  ],
       [-0.70783178, -0.53809184,  0.22716026],
       [-5.4697098 , -1.00276544,  0.76750174]])
```

最终的回归方程有 3 个：
（1）高收入组：

$$\text{logit}\,(P\,|\,y=1)=-4.35273395+6.17754159\times V2+1.54085729\times V3-0.994662\times V4$$

（2）中收入组：

$$\text{logit}\,(P\,|\,y=2)=3.04899109-0.70783178\times V2-0.53809184\times V3+0.22716026\times V4$$

（3）低收入组：

$$\text{logit}\,(P\,|\,y=3)=1.30374286-5.4697098\times V2-1.00276544\times V3+0.76750174\times V4$$

从回归系数可以看出，V2（工作年限）的系数是高收入组＞中收入组＞低收入组，也就是说工作年限越长，越有更大的概率分类到更高的收入组，工作年限对于收入的影响是正向的。V3（绩效考核得分）的系数也是高收入组＞中收入组＞低收入组，也就是说绩效考核得分越高，越有更大的概率分类到更高的收入组，绩效考核得分对于收入的影响是正向的。V4（违规操作积分）的系数是高收入组＜中收入组＜低收入组，也就是说违规操作积分越低，越有更大的概率分类到更高的收入组，违规操作积分对于收入的影响是反向的。

6.5.2 模型性能分析

在 Spyder 代码编辑区输入以下代码：

```
    model.score(X_test, y_test)        # 计算模型预测的准确率。运行结果为：0.9646302250803859，也就是说
模型的预测准确率在 96.46% 以上，预测表现是非常不错的
    prob = model.predict_proba(X_test)        # 计算响应变量预测分类概率
    prob[:5]        # 显示前 5 个样本的响应变量预测分类概率。运行结果为：
               array([[2.99280110e-03, 9.08881458e-01, 8.81257408e-02],
```

```
               [7.67210504e-03, 9.77647052e-01, 1.46808431e-02],
               [5.42416970e-05, 6.17030146e-01, 3.82915612e-01],
               [1.41762401e-11, 3.15781341e-03, 9.96842187e-01],
               [9.90283321e-01, 9.71534002e-03, 1.33890815e-06]])
```

为了便于查看，我们可以不以科学记数法显示，而是直接显示数字，代码如下：

```
np.set_printoptions(suppress=True)
prob = model.predict_proba(X_test)
prob[:5]
```

运行结果为：

```
array([[0.0029928 , 0.90888146, 0.08812574],
       [0.00767211, 0.97764705, 0.01468084],
       [0.00005424, 0.61703015, 0.38291561],
       [0.        , 0.00315781, 0.99684219],
       [0.99028332, 0.00971534, 0.00000134]])
```

以第 1 个样本为例，其分类为高收入组的概率为 0.0029928，分类为中收入组的概率为 0.90888146，分类为低收入组的概率为 0.08812574，也就是说有 90.88%的概率为中收入组。以此类推，第 2~5 个样本的最大分组概率分别是中收入组 0.97764705、中收入组 0.61703015、低收入组 0.99684219、高收入组 0.99028332。

```
pred = model.predict(X_test)      # 计算响应变量预测分类类型
pred[:5]  # 显示前 5 个样本的响应变量预测分类类型。运行结果为: array([2, 2, 2, 3, 1], dtype=int64),
与上步预测分类概率的结果一致
table = confusion_matrix(y_test, pred)      # 基于测试样本输出混淆矩阵
table      # 显示混淆矩阵。运行结果为:
```

```
array([[ 59,   3,   1],
       [  0, 123,   3],
       [  0,   4, 118]], dtype=int64)
```

针对该结果解释如下：实际为高收入组且预测为高收入组的样本共有 59 个、实际为高收入组但预测为中收入组的样本共有 3 个、实际为高收入组但预测为低收入组的样本共有 1 个；实际为中收入组且预测为中收入组的样本共有 123 个、实际为中收入组但预测为高收入组的样本共有 0 个、实际为中收入组但预测为低收入组的样本共有 3 个；实际为低收入组且预测为低收入组的样本共有 118 个、实际为低收入组但预测为高收入组的样本共有 0 个、实际为低收入组但预测为中收入组的样本共有 4 个。该结果更直观的表示如表 6.1 所示。

表 6.1　预测分类与实际分类的结果

样本		预测分类		
		高收入组	中收入组	低收入组
实际分类	高收入组	59	3	1
	中收入组	0	123	3
	低收入组	0	4	118

```
sns.heatmap(table,cmap='r', annot=True)      # 生成混淆矩阵热力图, cmap='r'表示使用红色系,
annot=True 表示在格子上显示数字
plt.tight_layout()      # 输出混淆矩阵热力图。运行结果如图 6.7 所示
```

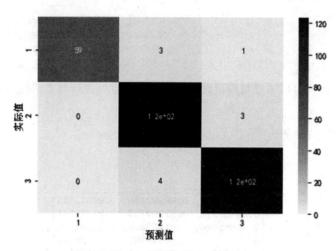

图 6.7　混淆矩阵热力图

热力图的右侧是颜色带，代表了数值到颜色的映射，数值由小到大对应色彩由浅到深。

```
print(classification_report(y_test, pred))        # 输出详细的预测效果指标，运行结果为：
```

	precision	recall	f1-score	support
1	1.00	0.94	0.97	63
2	0.95	0.98	0.96	126
3	0.97	0.97	0.97	122
accuracy			0.96	311
macro avg	0.97	0.96	0.97	311
weighted avg	0.97	0.96	0.96	311

说明：

● precision：精度。针对高收入组员工的分类正确率为 1.00，即分类全部正确；针对中收入组员工的分类正确率为 0.95；针对低收入组员工的分类正确率为 0.97。

● recall：召回率，即查全率。针对高收入组员工的查全率为 0.94，针对中收入组员工的查全率为 0.98，针对低收入组员工的查全率为 0.97。

● f1-score：f1 得分。针对高收入组员工的 f1 得分为 0.97，针对中收入组员工的 f1 得分为 0.96，针对低收入组员工的 f1 得分为 0.97。

● support：支持样本数。高收入组员工支持样本数为 63 个，中收入组员工支持样本数为 126 个，低收入组员工支持样本数为 122 个。

● accuracy：正确率，即分类正确样本数/总样本数，模型整体的预测正确率为 0.96。

● macro avg：用每一个类别对应的 precision、recall、f1-score 直接平均。比如针对 recall（召回率），即为（0.94+0.98+0.97）/ 3 = 0.96。

● weighted avg：用每一类别支持样本数的权重乘对应类别指标。比如针对 recall（召回率），即为（0.94×63+0.98×126+0.97×122）/ 311 = 0.97。

```
cohen_kappa_score(y_test, pred)   # 本代码的含义是计算 kappa 得分。运行结果为：0.9445902170391967
```

根据第 3 章的"表 3.2 科恩 kappa 得分与效果对应表"可知,模型的一致性非常好。根据前面的分析结果可知,模型的拟合效果或者说性能表现都是非常不错的。

6.6 习 题

继续使用"数据 6.1"数据文件,将 V5(职称情况)作为响应变量,将 V2(工作年限)、V3(绩效考核得分)和 V4(违规操作积分)作为特征变量,构建多元 Logistic 回归算法模型,完成以下操作:

1. 载入分析所需要的库和模块。
2. 数据读取及观察。
3. 描述性分析。

(1)针对连续变量,计算平均值、标准差、最大值、最小值、四分位数等统计指标。

(2)绘制 V5(职称情况)变量的条形图。

(3)绘制 V5(职称情况)与 V2(工作年限)、V3(绩效考核得分)和 V4(违规操作积分)的箱图。

4. 数据处理。

(1)区分分类特征和连续特征并进行处理,对分类特征设置虚拟变量,对连续特征进行标准化处理。

(2)将样本全集分割为训练样本和测试样本,测试样本占比为 30%,设置随机数种子为 123,以保证随机抽样的结果可重复。

5. 建立多元 Logistic 回归算法模型。

(1)开展模型估计。
(2)开展模型性能分析。

第 7 章

判别分析算法

判别分析算法最早由 Fisher 在 1936 年提出，是一种经典而常用的机器学习方法，本质上也是一种线性算法，常用来做特征提取、数据降维和任务分类，可用于二分类或多分类问题，在人脸识别或检测等领域发挥了重要作用。根据每一种分类的协方差矩阵是否相同，判别分析算法可以分为线性判别分析（Linear Discriminant Analysis，LDA）和二次判别分析（Quadratic Discriminant Analysis，QDA），其中线性判别分析假定每一种分类的协方差矩阵相同，而在样本集数据量较大或者观测类别较多时，等协方差矩阵的假设会被拒绝，就需要用到二次判别分析。本章我们讲解两种判别分析算法的基本原理，并结合具体实例讲解算法在 Python 中的实现与应用。

7.1 判别分析算法的基本原理

本节主要介绍判别分析算法的基本原理。

7.1.1 线性判别分析的基本原理

线性判别分析算法使用贝叶斯规则来确定示例属于哪一类的后验概率，该算法假设每个类别中的观测值均来自多元正态分布，并且预测变量的协方差在响应变量 Y 的所有 k 个水平上都是相同的，或者说假定不同分组样本的协方差矩阵近似相等。

线性判别分析算法的基本思想是"类间大、类内小"，实现过程是：首先将样本全集分为训练样本和测试样本，针对训练样本，设法找到一条直线，将所有样本投影到这条直线上，使得相同分类的样本在该直线上的投影尽可能落在一起，而不同分类的样本在该直线上的投影尽可能远离，一言以蔽之就是使得同类之间的差异性尽可能小，不同类之间的差异性尽可能大；然后针对测试样本，将它投影到已经找到的直线上，根据具体投影点的落地位置来判定样本的类别。

作为一种有监督的机器学习方法，线性判别分析在分类方面具有独特的优势，相对于主成分分析（Principle Component Analysis，PCA）算法（将在后面详细介绍）这种非监督式学习方法，线性判别分析充分利用了数据内部的原始分类信息。主成分分析算法通过寻找 k 个向量，将数据投影到这 k 个向量展开的线性子空间上，是在最大化两类投影中心距离准则下得到的分类结果，如图 7.1 所示，该算法将数据整体映射到了最方便表示这组数据的坐标轴上，或者说实现了投影误差最小化。但是由于主成分分析算法将整组数据进行映射时没有利用数据原始分类信息，因此分类效果并不理想。

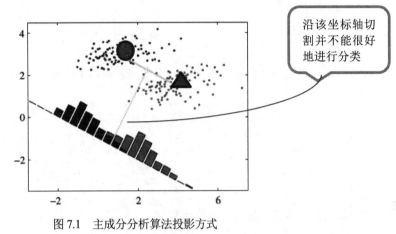

图 7.1　主成分分析算法投影方式

线性判别分析算法如图 7.2 所示，两组输入映射到了另一个坐标轴上，可以看出这是一种样本区分性更高的投影方式，虽然增加了分类信息之后两类中心之间的距离在投影之后有所减小，但投影后的样本点在每一类中分布得更为集中了，或者说每类内部的方差比图 7.1 中的更小，从而两类样本的可区分度提高了。

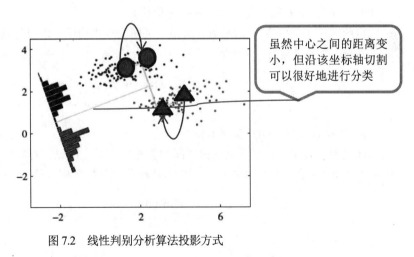

图 7.2　线性判别分析算法投影方式

7.1.2　线性判别分析的算法过程

从算法的角度来看，线性判别分析的实现过程如下：

（1）分别计算每一类的均值向量，均值向量之间的差异用来衡量类间距离。假定样本全集中共有两类，则有：

$$N = N_1 + N_2$$

$$\mu_{p1} = \frac{1}{N_1}\sum_{i=1}^{N_1} p_i$$

$$\mu_{p2} = \frac{1}{N_2}\sum_{i=1}^{N_2} p_i$$

（2）分别计算每一类的协方差矩阵，协方差之和用来衡量类内距离。

$$\sigma_{p1} = \frac{1}{N_1}\sum_{i=1}^{N_1}(p_i - \mu p_1)(p_i - \mu p_1)^T$$

$$\sigma_{p2} = \frac{1}{N_2}\sum_{i=1}^{N_2}(p_i - \mu p_2)(p_i - \mu p_2)^T$$

（3）基于前两步的结果写出代价函数。

$$\text{cost}(w) = \frac{(w^T\mu p_1 - w^T\mu p_2)^2}{w^T\sigma_{p1}w + w^T\sigma_{p2}w}$$

代价函数中的分子是两个类别均值向量大小之差的平方，分子的值越大，代表类间差异性越大；函数中的分母为两个类别样本点的协方差之和，分母的值越大，代表类内差异越大。

（4）求解权重系数 w 使得代价函数最优化。

代价函数是关于权重 w 的函数，所谓"类间大、类内小"的目标就是要求出使代价函数最大时的权重 w，或者说满足以下公式：

$$w = \frac{\text{argmax}}{w}\left(\frac{(w^T\mu p_1 - w^T\mu p_2)^2}{w^T\sigma_{p1}w + w^T\sigma_{p2}w}\right)$$

（5）根据权重系数判断新样本分类。

前面提到，类间距离用均值向量之间的差异来衡量，所以针对新样本或者测试样本，新样本点距离哪一个类别的均值向量更近，新样本就被预测分配到哪个类别，数学形式如下：

$$k = \frac{\text{argmin}}{k}|(w^T x - w^T\mu_k)|$$

7.1.3　二次判别分析的基本原理

二次判别分析是与线性判别分析类似的另外一种线性判别分析算法，二者区别在于：线性判别分析假设每一种分类的协方差矩阵相同，类别之间的判别边界是条直线；而二次判别分析假设每一种分类的协方差矩阵不同，类别之间的判别边界不是直线。所以，与 LDA 相比，QDA 通常更加灵活。

　　从方差-偏差的角度来看，二次判别分析和线性判别分析也是一种典型的方差-偏差取舍选择：LDA 因为假设每一种分类的协方差矩阵相同，所以相对方差更低；而 QDA 因为假设每一种分类的协方差矩阵不同，所以方差会更高，但由于它更加灵活，因此相对偏差更低。从应用场景来看，如果样本全集容量比较小，对协方差矩阵很难估计准确时，采取 LDA 方法相对更合适；而如果样本全集容量比较大，或者合理预期类间协方差矩阵差异比较大时，则采取 QDA 方法相对更合适。

　　二次判别分析的数学形式如下：

$$h(x) = \arg\max_k P(k|x)$$

$$= \arg\max_k \ln P(k|x)$$

$$= \arg\max_k \ln f_k(x) + \ln P(k)$$

$$= \arg\max_k \ln\left(\frac{e^{-\frac{(x-\mu_k)^T\sum_k^{-1}(x-\mu_k)}{2}}}{|\Sigma_k|^{\frac{1}{2}}(2\pi)^{\frac{p}{2}}}\right) + \ln P(k)$$

$$= \arg\max_k -\frac{1}{2}(x-\mu_k)^T\sum_k^{-1}(x-\mu_k) - \ln\left(|\Sigma_k|^{\frac{1}{2}}(2\pi)^{\frac{p}{2}}\right) + \ln P(k)$$

$$= \arg\max_k -\frac{1}{2}(x-\mu_k)^T\sum_k^{-1}(x-\mu_k) - \frac{1}{2}\ln\left(|\Sigma_k|\right) + \ln P(k)$$

其中二次判别函数为

$$-\frac{1}{2}(x-\mu_k)^T\sum_k^{-1}(x-\mu_k) - \frac{1}{2}\ln(|\Sigma_k|) + \ln P(k)$$

　　二次判别算法的基本原理是：针对某样本，其最优决策规则为，通过判别函数的计算使得将样本分类到类别 k 时，其二次判别函数能够取得最大值。

7.2　数据准备

　　本节我们以"数据 7.1"文件中的数据为例进行讲解。"数据 7.1"文件记录的是某商业银行在山东地区的部分支行的经营数据（虚拟数据，不涉及商业秘密），案例背景是该商业银行正在推动支行开展转型，实现所有支行的做大做强。数据文件中的变量包括这些商业银行全部支行的V1（转型情况）、V2（存款规模）、V3（EVA）、V4（中间业务收入）、V5（员工人数）。V1（转型情况）又分为 3 个类别："0"表示"未转型网点"，"1"表示"一般网点"，"2"表示"精品网点"。"数据 7.1"文件中的数据内容如图 7.3 所示。

V1	V2	V3	V4	V5
0	2520.35	277.115	51.4808	22
0	1702.4	282.35	62.126	51
0	1917.65	345.125	21.3194	44
0	1401.05	350.36	55.0292	42
1	3381.35	360.83	269.7074	32
0	1401.05	376.52	28.4162	24
0	1358	407.915	60.3518	26
0	1487.15	413.15	14.2226	41
0	1616.3	413.15	111.8036	55
0	1960.7	413.15	35.513	71
0	1917.65	439.31	31.9646	37
0	1616.3	491.63	69.2228	55
0	1314.95	507.32	102.9326	53
0	2520.35	517.79	180.9974	42
1	3510.5	528.245	81.6422	25
0	1616.3	549.17	134.8682	25
1	3941	585.8	147.2876	27
1	2606.45	591.035	269.7074	37
2	11259.5	601.49	766.4834	35
0	1831.55	622.43	35.513	51
0	1444.1	627.65	138.4166	73
0	2132.9	638.12	129.5456	49

图 7.3   "数据 7.1"文件中的数据内容

下面以 V1（转型情况）为响应变量，以 V2（存款规模）、V3（EVA）、V4（中间业务收入）、V5（员工人数）为特征变量，构建判别分析算法模型，包括线性判别分析和二次判别分析。

7.2.1   导入分析所需要的模块和函数

在进行分析之前，首先导入分析所需要的模块和函数，读取数据集并进行观察。在 Spyder 代码编辑区输入以下代码：

```
import numpy as np          # 导入 numpy，并简称为 np，用于常规数据处理操作
import pandas as pd          # 导入 pandas，并简称为 pd，用于常规数据处理操作
import matplotlib.pyplot as plt  # 导入 matplotlib.pyplot，并简称为 plt，用于图形绘制
import seaborn as sns        # 导入 seaborn，并简称为 sns，用于图形绘制
from sklearn.model_selection import train_test_split    # 导入 train_test_split，用于分割训练
样本和测试样本
from sklearn.discriminant_analysis import LinearDiscriminantAnalysis    # 导入
LinearDiscriminantAnalysis，用于线性判别分析
from sklearn.discriminant_analysis import QuadraticDiscriminantAnalysis    # 导入
QuadraticDiscriminantAnalysis，用于二次判别分析
from sklearn.metrics import confusion_matrix    # 导入 confusion_matrix，用于输出混淆矩阵
from sklearn.metrics import classification_report    # 导入 classification_report，用于输出模型
性能量度指标
from sklearn.metrics import cohen_kappa_score    # 导入 cohen_kappa_score，用于计算 kappa 得分
from mpl_toolkits.mplot3d import Axes3D          # 导入 Axes3D，用于画 3D 图
from sklearn.datasets import make_classification    # 导入 make_classification，用于生成分类数
据集
from sklearn.decomposition import PCA            # 导入 PCA，用于主成分分析
```

7.2.2　线性判别分析降维优势展示

前面提到线性判别分析不仅可以用来进行任务分类，还可以进行降维处理。由于线性判别分析降维的依据是贝叶斯规则，充分利用了既有分类信息，因此在降维时可以很好地保存样本特征和类别的信息关联。下面我们进行演示。

1. 绘制三维数据的分布图

首先生成一组三维数据，并通过绘制图形的方式观察其特征。在 Spyder 代码编辑区输入以下代码：

```
X, y = make_classification(n_samples=500, n_features=3, n_redundant=0,
                    n_classes=3, n_informative=2, n_clusters_per_class=1,
                    class_sep=0.5, random_state=100)  # 生成三类三维特征的数据，
n_samples=500 表示样本个数为 500，n_features=3 表示总的特征数量为 3（是从有信息的数据点、冗余数据点、重复数据点和特征点-有信息的点-冗余的点-重复点中随机选择的），n_redundant=0 表示冗余数据点为 0，n_informative=2 表示有信息的数据点为 2，n_classes=3 表示类别或者标签数量为 3，n_clusters_per_class=1 表示每个 class 中 cluster 数量为 1，class_sep 表示因子乘以超立方体边数，random_state=100 表示设置随机数生成器使用的种子为 100
    plt.rcParams['axes.unicode_minus']=False  # 解决图表中负号不显示的问题
    fig = plt.figure()    # 构建画布 fig
    ax = Axes3D(fig, rect=[0, 0, 1, 1], elev=20, azim=20)   # 在画布 fig 上绘制 3D 图形 ax，rect 是位置参数，接收一个由 4 个元素组成的浮点数列表，形如[left, bottom, width, height]，它表示添加到画布中的矩形区域的左下角坐标(x, y)以及宽度和高度。elev 是绕 y 轴旋转的角度，azim 是绕 z 轴旋转的角度
    ax.scatter(X[:, 0], X[:, 1], X[:, 2], marker='o', c=y)  # marker='o'表示散点标志形状为圆圈
```

运行结果如图 7.4 所示。

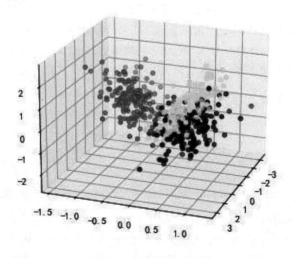

图 7.4　三维数据分布图

2. 使用 PCA 进行降维

```
pca = PCA(n_components=2)   # 构成 PCA 主成分分析模型，提取主成分的个数为 2
pca.fit(X)   # 基于 X 的数据调用 fit()方法拟合
print(pca.explained_variance_ratio_) # 输出 PCA 分析提取的两个主成分所能解释的方差比例，运行结果为：
[0.50105846 0.35125248]
```

可以发现第一主成分能够解释的方差比例为 50.11%，第二主成分能够解释的方差比例为

35.13%，提取的两个主成分能够涵盖初始变量中的大部分信息。

```
print(pca.explained_variance_)    # 输出 PCA 分析提取的两个主成分的特征值，运行结果为：[0.99824572
0.69979117]
```

关于方差比例、特征值等概念将在"第 11 章 主成分分析算法"中详解。

```
X_new = pca.transform(X)    # 将数据集 X 进行主成分变换，得到 X_new
plt.scatter(X_new[:, 0], X_new[:, 1], marker='o', c=y)    # 绘制 X_new 中的第一列和第二列（其实就
是两个主成分）之间的散点图，散点标志为圆圈，颜色为黄色
plt.show()    # 输出图形，运行结果如图 7.5 所示
```

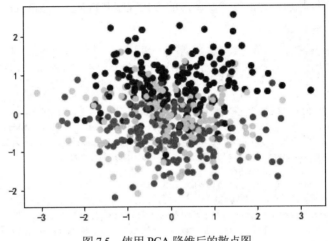

图 7.5   使用 PCA 降维后的散点图

从图 7.5 中可以发现两点：一是 PCA 分析将原始的三维特征数据成功降维成了二维数据，在图形上的直观表现就是将立体化的数据展现到了一个平面上，横轴和纵轴分别是第一主成分和第二主成分，各个散点反映的是样本；二是 PCA 分析降维方法并未保留样本特征和类别的信息关联，体现在各种类型的样本散点混合在一起。

3. 使用 LDA 进行降维

```
lda = LinearDiscriminantAnalysis()    # 构建 lda 模型
lda.fit(X, y))    # 基于 X, y 的数据调用 fit() 方法拟合
X_new = lda.transform(X)    # 将数据集 X 进行 lda 模型变换，得到 X_new
plt.scatter(X_new[:, 0], X_new[:, 1], marker='o', c=y)    # 绘制 X_new 中的第一列和第二列（其实就
是两个线性判元）之间的散点图，散点标志为圆圈，颜色为黄色
plt.show()    # 输出图形，结果如图 7.6 所示，降维后样本特征信息之间的关系得以保留
```

从图 7.6 中可以发现两点：一是 LDA 分析将原始的三维特征数据成功降维成了二维数据，在图形上的直观表现就是将立体化的数据展现到了一个平面上，横轴和纵轴分别是第一线性判元和第二线性判元，各个散点反映的是样本；二是 LDA 分析降维方法充分保留了样本特征和类别的信息关联，体现在各种类型的样本散点并未混合在一起，而是有着较为清晰的边界。

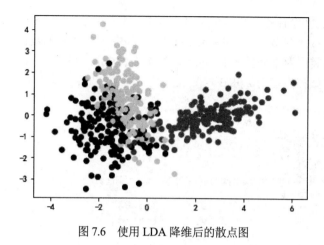

图 7.6　使用 LDA 降维后的散点图

7.2.3　数据读取及观察

首先需要将本书提供的数据文件放入安装 Python 的默认路径位置，并从相应位置进行读取。在 Spyder 代码编辑区输入以下代码：

```
data=pd.read_csv('C:/Users/Administrator/.spyder-py3/数据 7.1.csv')      # 读取数据 7.1.csv 文件
```

注意，因用户的具体安装路径不同，设计路径的代码会有差异。成功载入后，"变量管理器"窗口如图 7.7 所示。

名称	类型	大小	值
data	DataFrame	(48, 5)	Column names: V1, V2, V3, V4, V5

| 变量管理器 | 帮助 | 绘图 | 文件 |

图 7.7　"变量管理器"窗口

```
data.info()      # 观察数据信息。运行结果为：
```

```
<class 'pandas.core.frame.DataFrame'>
RangeIndex: 48 entries, 0 to 47
Data columns (total 5 columns):
 #   Column  Non-Null Count  Dtype
---  ------  --------------  -----
 0   V1      48 non-null     int64
 1   V2      48 non-null     float64
 2   V3      48 non-null     float64
 3   V4      48 non-null     float64
 4   V5      48 non-null     int64
dtypes: float64(3), int64(2)
memory usage: 2.0 KB
```

即数据集中共有 48 个样本（48 entries, 0 to 47）、5 个变量（total 5 columns）。5 个变量分别是 V1~V5，均包含 48 个非缺失值（48 non-null），其中 V1、V5 的数据类型为整型（int64），V2、V3、V4 的数据类型为浮点型（float64）。数据文件中共有 3 个浮点型（float64）变量、2 个整型（int64）变量，数据内存为 2.0KB。

```
len(data.columns)   # 列出数据集中变量的数量。运行结果为 5
data.columns        # 列出数据集中的变量，运行结果为：Index(['V1', 'V2', 'V3', 'V4', 'V5'],
dtype='object')，与前面的结果一致
data.shape          # 列出数据集的形状。运行结果为(48, 5)，也就是 48 行 5 列，数据集中共有 48 个样本，5 个
变量
data.dtypes         # 观察数据集中各个变量的数据类型，与前面的结果一致
```

```
V1        int64
V2      float64
V3      float64
V4      float64
V5        int64
dtype: object
```

```
data.isnull().values.any()   # 检查数据集是否有缺失值。结果为 False，没有缺失值
data.isnull().sum()          # 逐个变量地检查数据集是否有缺失值。结果为没有缺失值
```

```
V1    0
V2    0
V3    0
V4    0
V5    0
dtype: int64
```

```
data.head()     # 列出数据集中的前 5 个样本。运行结果为：
```

```
   V1       V2        V3         V4  V5
0   0  2520.35  277.115   51.4808  22
1   0  1702.40  282.350   62.1260  51
2   0  1917.65  345.125   21.3194  44
3   0  1401.05  350.360   55.0292  42
4   1  3381.35  360.830  269.7074  32
```

```
data.V1.value_counts()   # 列出数据集中 V1 变量"转型情况"取值的计数情况，运行结果为：
```

```
0    25
1    18
2     5
Name: V1, dtype: int64
```

即"0"表示"未转型网点"，样本个数为 25 个；"1"表示"一般网点"，样本个数为 18 个；"2"表示"精品网点"，样本个数为 5 个。

7.3　特征变量相关性分析

在 Spyder 代码编辑区输入以下代码：

```
X = data.drop(['V1'],axis=1)     # 设置特征变量，即除 V1 之外的全部变量
```

```
y = data['V1']        # 设置响应变量，即 V1
X.corr()              # 计算各个特征变量之间的相关系数，运行结果为：
```

```
        V2         V3         V4         V5
V2   1.000000   0.047265   0.611583  -0.065520
V3   0.047265   1.000000   0.512652  -0.052079
V4   0.611583   0.512652   1.000000  -0.093460
V5  -0.065520  -0.052079  -0.093460   1.000000
```

可以发现 V2（存款规模）与 V4（中间业务收入）之间的相关程度比较高，体现在相关系数为 0.611583，正相关关系明显；V3（EVA）与 V4（中间业务收入）之间的相关系数为 0.512652，同样具备较强的正相关性；其他变量之间的相关系数绝对值都比较小，相关关系不强。

```
sns.heatmap(X.corr(), cmap='Blues', annot=True)       # 绘制各个特征变量之间相关系数的热力图，运行
结果如图 7.8 所示
```

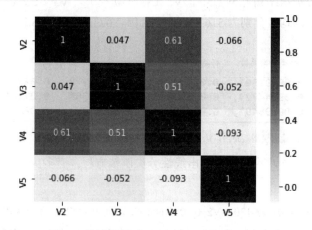

图 7.8　各个特征变量之间相关系数的热力图

热力图的右侧是颜色带，代表了数值到颜色的映射，数值由小到大对应色彩由浅到深，是对相关系数结果的更加直观的展示。热力图左侧可以看出 V2（存款规模）与 V4（中间业务收入）、V3（EVA）与 V4（中间业务收入）之间的相关关系比较明显（色块比较深）。

7.4　使用样本全集开展线性判别分析

本节使用样本全集开展线性判别分析。

7.4.1　模型估计及性能分析

在 Spyder 代码编辑区输入以下代码：

```
model = LinearDiscriminantAnalysis()  # 使用线性判别分析（LDA）算法
model.fit(X, y)      # 调用 fit()方法进行拟合
model.score(X, y)    # 计算模型预测准确率，运行结果为：0.8333333333333334，说明模型预测的准确率在
83.33%以上
```

```
model.priors_  # 输出样本观测值的先验概率，运行结果为：array([0.52083333, 0.375 , 0.10416667])
```

先验概率是指基于既有样本分类计算的分布概率，"未转型网点"的先验概率为 52.08%，"一般网点"的先验概率为 37.5%，"精品网点"的先验概率为 10.42%。

```
model.means_  # 输出每个类别每个特征变量的分组平均值，运行结果为：
```

```
array([[1802.276     ,  562.3628    ,  115.990712  ,   40.84      ],
       [2608.84166667,  895.94333333,  284.68953333,   37.27777778],
       [5163.62     , 1222.01     ,  673.16048  ,   38.2       ]])
```

未转型网点中，V2（存款规模）、V3（EVA）、V4（中间业务收入）、V5（员工人数）的均值分别为 1802.276，562.3628，115.990712，40.84；一般网点中，V2（存款规模）、V3（EVA）、V4（中间业务收入）、（V5 员工人数）的均值分别为 2608.84166667，895.94333333，284.68953333，37.27777778；精品网点中，V2（存款规模）、V3（EVA）、V4（中间业务收入）、V5（员工人数）的均值分别为 5163.62，1222.01，673.16048，38.2。

```
np.set_printoptions(suppress=True)    # 不以科学记数法显示，而是直接显示数字
model.coef_    # 输出分类函数系数，运行结果为：
```

```
array([[-0.00091301, -0.00510986, -0.00132272,  0.00811066],
       [ 0.00044724,  0.00318443,  0.00005389, -0.01101929],
       [ 0.00295497,  0.01408534,  0.0064196 , -0.00088386]])
```

```
model.intercept_  # 输出模型截距项，运行结果为：array([4.56877967,-4.33624197, -30.33779818])
```

基于模型系数和常数项，我们可以写出线性分类函数方程，有多少个分类就有多少个线性分类函数。

- 未转型网点：V1=-0.00091301×V2-0.00510986×V3-0.00132272×V4+0.00811066×V5+4.56877967
- 一般网点：V1=0.00044724×V2+0.00318443×V3+0.00005389×V4-0.01101929×V5-4.33624197
- 精品网点：V1=0.00295497×V2+0.01408534×V3+0.0064196×V4-0.00088386×V5-30.33779818

```
model.explained_variance_ratio_    # 输出可解释组间方差比例，运行结果为：array([0.98316198,
0.01683802])
```

第一线性判元的可解释组间方差比例为 0.98316198，第二线性判元可解释方差组间比例为 0.01683802，或者说，第一线性判元对于样本类别的区分度很高。

```
model.scalings_  # 输出线性判别系数（注意"线性判别系数"不同于前面所提的"分类函数系数"），运行结果为：
                 array([[-0.00070198, -0.0001132 ],
                        [-0.00362065,  0.00263812],
                        [-0.00128565, -0.00301653],
                        [ 0.00304935, -0.03282909]])
```

线性判别系数即线性判元对于特征变量的载荷，也是原理讲解部分提到的权重系数 w，其中第一线性判元在 V2（存款规模）、V3（EVA）、V4（中间业务收入）、V5（员工人数）上的载荷分别为-0.00070198、-0.00362065、-0.00128565、0.00304935，即运行结果的第一列；第二线性判元在 V2（存款规模）、V3（EVA）、V4（中间业务收入）、V5（员工人数）上的载荷分别为-0.0001132、0.00263812、-0.00301653、-0.03282909，即运行结果的第二列。

```
lda_scores = model.fit(X, y).transform(X) # 本代码的含义是计算样本的线性判别得分
lda_scores.shape   # 观察样本线性判别得分的形状，运行结果为：(48, 2)，即 48 个样本在 2 个线性判元上的线
```

性判别得分

```
lda_scores[:5, :]    # 展示前 5 个样本的线性判别得分情况，运行结果为：
```

```
array([[ 1.87487569, -0.14508918],
       [ 2.50485074, -1.02284433],
       [ 2.1575809 , -0.5287043 ],
       [ 2.45183162, -0.49244474],
       [ 0.71729927, -1.00828013]])
```

```
LDA_scores = pd.DataFrame(lda_scores, columns=['LD1', 'LD2'])    # 本代码的含义是将
lda_scores 转换成数据框形式
LDA_scores['网点类型'] = data['V1']    # 在上一步生成的 LDA_scores 中加上响应变量'V1'
LDA_scores.head()    # 展示前 5 个样本的线性判别得分与实际分类对应情况，运行结果为：
```

	LD1	LD2	网点类型
0	1.874876	-0.145089	0
1	2.504851	-1.022844	0
2	2.157581	-0.528704	0
3	2.451832	-0.492445	0
4	0.717299	-1.008280	1

```
d = {0: '未转型网点', 1: '一般网点', 2: '精品网点'}    # 创建一个字典 d，键-值对分别是 0: '未转型网
点', 1: '一般网点', 2: '精品网点'
LDA_scores['网点类型'] = LDA_scores['网点类型'].map(d)    # 将 LDA_scores 中的'网点类型'列用字典
d 进行映射
LDA_scores.head()    # 展示前 5 个样本的 LDA_scores，运行结果为：
```

	LD1	LD2	网点类型
0	1.874876	-0.145089	未转型网点
1	2.504851	-1.022844	未转型网点
2	2.157581	-0.528704	未转型网点
3	2.451832	-0.492445	未转型网点
4	0.717299	-1.008280	一般网点

```
plt.rcParams['axes.unicode_minus']=False    # 解决图表中负号不显示的问题
plt.rcParams['font.sans-serif'] = ['SimHei']    # 解决图表中中文显示的问题
sns.scatterplot(x='LD1', y='LD2', data=LDA_scores, hue='网点类型')    # 本命令的含义是使用
LDA_scores 数据以第一线性判元为 x 轴、以第二线性判元为 y 轴绘制散点图，分类标准为网点类型。运行结果如图 7.9 所示
```

从图 7.9 中可以非常直观地看出，第一线性判元（x 轴 LD1）可以有效地将样本按照网点类型分类为未转型网点、一般网点和精品网点，其中未转型网点在 LD1 上的数值最大，一般网点居中，精品网点最小。但是第二线性判元（y 轴 LD2）则在分类方面的贡献很小，体现在不同类型样本的 LD2 值都非常接近，或者说样本在纵轴上的区分度不高。

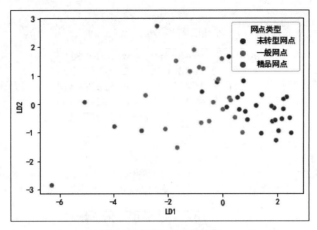

图 7.9　网点类型散点图

7.4.2　运用两个特征变量绘制 LDA 决策边界图

首先需要安装 mlxtend，代码如下：

```
pip --default-timeout=123 install mlxtend
```

如果安装不成功可尝试以下代码：

```
conda install mlxtend --channel conda-forge
```

然后导入 plot_decision_regions，代码如下：

```
from mlxtend.plotting import plot_decision_regions
```

然后运用两个特征变量绘制 LDA 决策边界图，代码如下：

```
X2 = X.iloc[:,0:2]        # 仅选取 V2（存款规模）、V3（EVA）作为特征变量
model = LinearDiscriminantAnalysis()  # 使用 LDA 算法
model.fit(X2, y)          # 调用 fit()方法进行拟合
model.score(X2, y)        # 计算模型预测准确率，运行结果为：0.8125，较使用全部特征变量时的
0.8333333333333334 下降很少。或者说，中间业务收入（V4）、员工人数（V5）两个特征变量的贡献很小
  model.explained_variance_ratio_       # 输出可解释组间方差比例，运行结果为：array([0.98904178,
0.01095822])
```

第一线性判元的可解释组间方差比例为 0.98904178，第二线性判元可解释方差组间比例为 0.01095822，或者说第一线性判元对于样本类别的区分度很高。

注意，以下代码用于绘图，需要全部选中并整体运行。

```
plot_decision_regions(np.array(X2), np.array(y), model)  # 运用 X2 中的两个特征变量绘制决策边界
plt.xlabel('存款规模')    # 将 x 轴设置为'存款规模'
plt.ylabel('EVA')        # 将 y 轴设置为'EVA'
plt.title('LDA 决策边界') # 将标题设置为'LDA 决策边界'，运行结果如图 7.10 所示
```

从图 7.10 中可以发现，使用 LDA 方法的决策边界是直线，两条直线将所有参与分析的样本分为三个类别，最右侧区域为精品网点区域，特点是存款规模足够高，或者 EVA 足够高且存款不能太低；中间区域是一般网点区域，特点是存款规模或 EVA 有一方面表现相对较好，可以是 EVA 很高但存款规模很低，也可以是存款规模比较高（但还没有达到精品网点的标准）但 EVA

相对较低，也可以是存款规模和 EVA 都处于中等水平；左下方区域是未转型网点区域，特点是
EVA 与存款规模同时较低。

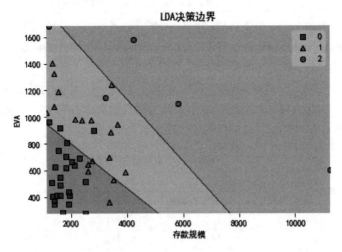

图 7.10　LDA 决策边界图

7.5　使用分割样本开展线性判别分析

在 Spyder 代码编辑区输入以下代码：

```
X_train,X_test,y_train,y_test=train_test_split(X,y,test_size=0.3,stratify=y,random_state=1
23)        # 将样本全集划分为训练样本和测试样本，测试样本占比为 30%，random_state=123 的含义是设置随机数种子为
123，以保证随机抽样的结果可重复
model = LinearDiscriminantAnalysis()  # 使用 LDA 算法
model.fit(X_train, y_train) # 基于训练样本调用 fit()方法进行拟合
model.score(X_test, y_test)  # 基于测试样本计算模型预测的准确率，运行结果为：0.7333333333333333，也
就是说基于测试样本计算模型预测的准确率为 73.33%
prob = model.predict_proba(X_test) # 计算响应变量预测分类概率
prob[:5]  # 显示前 5 个样本的响应变量预测分类概率。运行结果为：
```

```
array([[0.93624692, 0.06375294, 0.00000014],
       [0.        , 0.00000066, 0.99999934],
       [0.00314006, 0.3441454 , 0.65271455],
       [0.99267953, 0.00732047, 0.        ],
       [0.99244972, 0.00755027, 0.        ]])
```

以第 1 个样本为例，分类为未转型网点的概率为 0.93624692，分类为一般网点的概率为
0.06375294，分类为精品网点的概率为 0.00000014，也就是说有 93.62%的概率为未转型网点。以
此类推，第 2~5 个样本的最大分组概率分别是精品网点 0.99999934、精品网点 0.65271455、未转
型网点 0.99267953、未转型网点 0.99244972。

```
pred = model.predict(X_test)      # 计算响应变量预测分类类型
pred[:5]      # 显示前 5 个样本的响应变量预测分类类型。运行结果为：array([0, 2, 2, 0, 0],
dtype=int64)，与上一步预测分类概率的结果一致
confusion_matrix(y_test, pred)    # 输出测试样本的混淆矩阵。运行结果为：
```

```
array([[7, 1, 0],
       [2, 3, 1],
       [0, 0, 1]], dtype=int64)
```

针对该结果解释如下：实际为未转型网点且预测为未转型网点的样本共有 7 个，实际为未转型网点但预测为一般网点的样本共有 1 个，实际为未转型网点但预测为精品网点的样本共有 0 个；实际为一般网点且预测为一般网点的样本共有 3 个，实际为一般网点但预测为未转型网点的样本共有 2 个，实际为一般网点但预测为精品网点的样本共有 1 个；实际为精品网点且预测为精品网点的样本共有 1 个，实际为精品网点但预测为未转型网点的样本共有 0 个，实际为精品网点但预测为一般网点的样本共有 0 个。该结果更直观的表示如表 7.1 所示。

表 7.1　预测分类与实际分类的结果

样本		预测分类		
		未转型网点	一般网点	精品网点
实际分类	未转型网点	7	1	0
	一般网点	2	3	1
	精品网点	0	0	1

```
print(classification_report(y_test, pred))    # 输出详细的预测效果指标，运行结果为：
```

```
              precision    recall  f1-score   support

           0       0.78      0.88      0.82         8
           1       0.75      0.50      0.60         6
           2       0.50      1.00      0.67         1

    accuracy                           0.73        15
   macro avg       0.68      0.79      0.70        15
weighted avg       0.75      0.73      0.72        15
```

说明：

- precision：精度。针对未转型网点的分类正确率为 0.78，针对一般网点的分类正确率为 0.75，针对精品网点的分类正确率为 0.50。
- recall：召回率，即查全率。针对未转型网点的查全率为 0.88，针对一般网点的查全率为 0.50，针对精品网点的查全率为 1.00。
- f1-score：f1 得分。针对未转型网点的 f1 得分为 0.82，针对一般网点的 f1 得分为 0.60，针对精品网点的 f1 得分为 0.67。
- support：支持样本数。未转型网点支持样本数为 8 个，一般网点支持样本数为 6 个，精品网点支持样本数为 1 个。
- accuracy：正确率，即分类正确样本数/总样本数。模型整体的预测正确率为 0.73。
- macro avg：用每一个类别对应的 precision、recall、f1-score 直接平均。比如针对 recall（召回率），即为（0.88+0.50+1.00）/ 3 = 0.79。
- weighted avg：用每一类别支持样本数的权重乘对应类别指标。比如针对 recall（召回率），即为（0.88×8+0.50×6+1.00×1）/ 15 = 0.73。

```
cohen_kappa_score(y_test, pred)   # 本代码的含义是计算 kappa 得分。运行结果为：0.5275590551181102
```

根据"表 3.2 科恩 kappa 得分与效果对应表"可知，模型的一致性一般。根据前面的分析结果可知，模型的拟合效果或者说性能表现还是可以的。

7.6　使用分割样本开展二次判别分析

本节使用分割样本开展二次判别分析。

7.6.1　模型估计

在 Spyder 代码编辑区输入以下代码：

```
model = QuadraticDiscriminantAnalysis()  # 使用 QDA 算法
model.fit(X_train, y_train)  # 基于训练样本使用 fit 方法进行拟合
model.score(X_test, y_test)  # 基于测试样本计算模型预测的准确率，运行结果为：0.8666666666666667，也
```
就是说基于测试样本计算模型预测的准确率为 86.67%。二次判别分析的准确率要显著高于线性判别分析结果的 73.33%
```
prob = model.predict_proba(X_test)     # 计算响应变量预测分类概率
prob[:5]  # 显示前 5 个样本的响应变量预测分类概率。运行结果为：
```

```
array([[0.98717497, 0.01282503, 0.        ],
       [0.        , 1.        , 0.        ],
       [0.        , 1.        , 0.        ],
       [0.99947675, 0.00052325, 0.        ],
       [0.99908953, 0.00091047, 0.        ]])
```

第 1~5 个样本最大分类概率分别为未转型网点 0.98717497、一般网点 1、一般网点 1、未转型网点 0.99947675、未转型网点 0.99908953。

```
pred = model.predict(X_test)      # 计算响应变量预测分类类型
pred[:5]  # 显示前 5 个样本的响应变量预测分类类型。运行结果为：array([0, 1, 1, 0, 0], dtype=int64)，
```
与上一步预测分类概率的结果一致
```
confusion_matrix(y_test, pred)     # 输出测试样本的混淆矩阵。运行结果为：
```

```
array([[7, 1, 0],
       [0, 6, 0],
       [0, 1, 0]], dtype=int64)
```

关于该结果的解读与前面类似，这里不再赘述。可参阅表 7.2。

表 7.2　预测分类与实际分类的结果

样本		预测分类		
		未转型网点	一般网点	精品网点
实际分类	未转型网点	7	1	0
	一般网点	0	6	0
	精品网点	0	1	0

```
print(classification_report(y_test, pred))      # 输出详细的预测效果指标，运行结果为：
```

	precision	recall	f1-score	support
0	1.00	0.88	0.93	8
1	0.75	1.00	0.86	6
2	0.00	0.00	0.00	1
accuracy			0.87	15
macro avg	0.58	0.62	0.60	15
weighted avg	0.83	0.87	0.84	15

说明：

- precision：精度。针对未转型网点的分类正确率为 1，针对一般网点的分类正确率为 0.75，针对精品网点的分类正确率为 0.00。
- recall：召回率，即查全率。针对未转型网点的查全率为 0.88，针对一般网点的查全率为 1，针对精品网点的查全率为 0.00。
- f1-score：f1 得分。针对未转型网点的 f1 得分为 0.93，针对一般网点的 f1 得分为 0.86，针对精品网点的 f1 得分为 0.00。
- support：支持样本数。未转型网点支持样本数为 8 个，一般网点支持样本数为 6 个，精品网点支持样本数为 1 个。
- accuracy：正确率，即分类正确样本数/总样本数。模型整体的预测正确率为 0.87。
- macro avg：用每一个类别对应的 precision、recall、f1-score 直接平均。比如针对 recall（召回率），即为（0.88+1.00+0.00）/ 3 = 0.63。
- weighted avg：用每一类别支持样本数的权重乘对应类别指标。比如针对 recall（召回率），即为（0.88×8+1.00×6+0.00×1）/ 15 = 0.87。

```
cohen_kappa_score(y_test, pred)  # 本代码的含义是计算 kappa 得分。运行结果为：0.7520661157024793
```

根据"表 3.2 科恩 kappa 得分与效果对应表"可知，模型的一致性较好。

综合对比二次判别分析和线性判别分析的结果，可以发现不论是模型预测的准确率，还是一致性检验等指标，二次判别分析的预测效果都要更好一些。

7.6.2 运用两个特征变量绘制 QDA 决策边界图

在 Spyder 代码编辑区输入以下代码：

```
X2 = X.iloc[:, 0:2]      # 仅选取 V2（存款规模）、V3（EVA）作为特征变量
model = QuadraticDiscriminantAnalysis()    # 使用 QDA 算法
model.fit(X2, y)    # 调用 fit()方法进行拟合
model.score(X2, y) # 计算模型预测准确率，运行结果为：0.8958333333333334，较使用全部特征变量时的
0.8666666666666667 反而上升。或者说，中间业务收入（V4）、员工人数（V5）两个特征变量没有必要出现在模型中
```

注意，以下代码用于绘图，需要全部选中并整体运行。

```
plot_decision_regions(np.array(X2), np.array(y), model) # 运用 X2 中的两个特征变量绘制 QDA 决策边界图
plt.xlabel('存款规模')    # 将 x 轴设置为'存款规模'
plt.ylabel('EVA')      # 将 y 轴设置为'EVA'
```

```
plt.title('QDA 决策边界')        # 将标题设置为'QDA 决策边界'，运行结果如图 7.11 所示
```

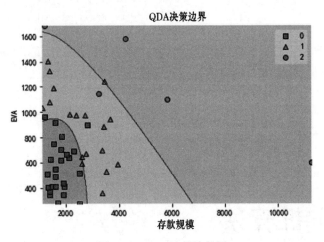

图 7.11　QDA 决策边界图

从图 7.11 中可以发现，使用 QDA 方法的决策边界是二次函数（抛物线），两条抛物线将所有参与分析的样本分为三个类别，与前面的线性判别分析结论类似，最右侧区域为精品网点区域，中间区域是一般网点区域，左下方区域是未转型网点区域，但是使用 QDA 方法分类要更准确一些。每个区域的特点这里不再赘述。

7.7　习　题

1. 使用"数据 6.1"文件中的数据，以 V1（收入档次）为响应变量，以 V2（工作年限）、V3（绩效考核得分）和 V4（违规操作积分）为特征变量，构建判别分析算法模型，完成以下操作。

（1）载入分析所需要的库和模块。

（2）数据读取及观察。

（3）特征变量相关性分析。

（4）使用样本全集开展线性判别分析。

① 模型估计及性能分析。

② 运用两个特征变量绘制 LDA 决策边界图。

（5）使用分割样本开展线性判别分析。

2. 使用"数据 5.1"文件中的数据，以 V1（征信违约记录）为响应变量，以其他变量为特征变量，使用分割样本开展二次判别分析。

（1）开展模型估计。

（2）开展模型性能分析。

（3）运用两个特征变量绘制 QDA 决策边界图。

第 **8** 章

朴素贝叶斯算法

朴素贝叶斯算法（Naive Bayesian algorithm）是在贝叶斯算法的基础上假设特征变量相互独立的一种分类方法，是贝叶斯算法的简化，常用于文档分类和垃圾邮件过滤。当"特征变量相互独立"的假设条件能够被有效满足时，朴素贝叶斯算法具有算法比较简单、分类效率稳定、所需估计参数少、对缺失数据不敏感等种种优势。而在实务中"特征变量相互独立"的假设条件往往不能得到满足，这在一定程度上降低了贝叶斯分类算法的分类效果，但这并不意味着朴素贝叶斯算法在实务中难以推广，反而它是堪与经典的"决策树算法"比肩的应用最为广泛的分类算法之一。本章我们讲解朴素贝叶斯算法的基本原理，并结合具体实例讲解该算法在 Python 中的实现与应用。

8.1 朴素贝叶斯算法的基本原理

本节介绍朴素贝叶斯算法的基本原理。

8.1.1 贝叶斯方法的基本原理

朴素贝叶斯算法来自贝叶斯方法，贝叶斯方法与传统经典统计方法有所区别，体现在对随机分布参数进行参数估计时，传统经典统计方法认为参数（如均值、方差）是固定的，或者说待估计参数是未知的常数，但数据是随机的，亦或者说用于估计参数的数据仅是总体的一个随机抽取样本，所以在估计参数时也会对既有样本进行"毫无偏见"的处理，而且因为总体不可观测，依据样本得到的参数估计量大概率会存在估计误差，传统经典统计理论中用置信区间表示这些误差的大小。在对概率的理解上，传统经典统计认为概率就是频率的稳定值，一旦离开了重复试验，就谈不上理解概率。而贝叶斯方法则恰好相反，它认为数据是固定的，但是待估计参数是随机的而不是常数，存在概率分布，而概率也是一种人们的主观概率，会随着更多样本的实际响应情况不断进行更新。传统经典统计方法与贝叶斯方法的区别如表 8.1 所示。

表 8.1　传统经典统计方法与贝叶斯方法的区别

传统经典统计方法	贝叶斯方法
概率就是频率的稳定值	概率会随样本更新
待估计参数是未知的常数	待估计参数是随机的而不是常数
数据是随机的	数据是固定的

以授信客户是否违约为例，假设一家商业银行授信客户的历史违约概率为 2%，如果该银行新增了 100 个授信客户，到期后都按时结清，没有违约，那么按照传统经典统计理论，根据 100 次未违约和 0 次违约的结果就会得出该银行新增客户的违约概率为 0%，未违约的概率为 100%；而按照贝叶斯理论，授信客户有先验违约概率 2%，随着每个客户还款结果的逐渐明朗，新增客户的违约概率也在不断更新，从一开始的 2%逐渐下降，随着越来越多未违约客户的出现，银行人员对于新增客户的还款信心也会不断增加，违约概率会不断下降，会不断接近于 0，但永远不会明确地等于 0。所以，贝叶斯理论考虑先验概率，对概率的理解是，人们对事件的信任程度或者说是对事物不确定性的一种主观判断，与个人因素等有关，这也是前述贝叶斯方法中称概率为主观概率的原因所在。

由此可以看出，传统经典统计理论基于样本估计参数，往往需要有大量的数据样本作为支持，统计抽样时所要求的样本独立同分布的条件也很难满足，一言以蔽之，需要使得样本能够充分代表总体的这一要求在实务中往往难以满足。比如前面提到的授信客户的例子，按照新增客户 0 违约的频率表现，会得出授信客户违约概率为 0 的判断，这一判断显然会存在较大偏差，不符合商业银行的经营实践。

贝叶斯理论的优势在于能够充分利用现有信息，将统计推断建立在后验分布的基础上。相对于传统经典统计理论，贝叶斯除了利用样本信息之外，还充分运用了先验概率（上例中的历史违约概率）信息，利用了参数的历史资料或先验知识，而模型中的参数估计值是建立在后验分布基础上的，由于后验分布综合了先验概率和样本信息的知识，既避免了只使用先验概率的主观偏见，也避免了单独使用样本信息的过拟合现象，可以对参数做出较先验分布更合理的估计。所以，如果样本全集容量比较小，或者说样本不足以充分代表总体，而是需要充分利用除样本之外的信息时，贝叶斯估计具有传统经典理论无可比拟的优势，不但可以减少因样本量小而带来的统计误差，而且在没有数据样本的情况下也可以进行推断，在对研究除观测数据外还具备较多信息的情况特别有效。

当然，如果样本全集的容量足够大，或者说样本能够充分代表总体，那么贝叶斯方法与传统经典统计方法的估计都是可靠的，估计出的参数也会是一致的。

8.1.2　贝叶斯定理

贝叶斯方法依据贝叶斯定理。贝叶斯定理解释如下：首先我们设定在事件 B 条件下发生事件 A 的条件概率，即 $P(A|B)$，从数学公式上来看，此条件概率等于事件 A 与事件 B 同时发生的概率除以事件 B 发生的概率。

$$P(A|B) = \frac{P(A \cap B)}{P(B)}$$

　　上述公式可以进行变换，得到事件 A 与事件 B 同时发生的概率，这一概率既等于"事件 B 发生的概率"乘以"事件 B 条件下，发生事件 A 的条件概率"，也等于"事件 A 发生的概率"乘以"事件 A 条件下，发生事件 B 的条件概率"，或者说，A 与 B 的角色可以互换。

$$P(A \cap B) = P(A \mid B) \times P(B) = P(B \mid A) \times P(A)$$

　　也就是说：

$$P(A \mid B) = \frac{P(B \mid A) \times P(A)}{P(B)}$$

　　这一公式即为贝叶斯定理。单纯从数学推导上看，定理并不复杂，或者说只是把常识用数学公式表达了出来。下面我们结合上一节中提到的先验概率、后验概率等概念，赋予公式的各个组成部分以具体含义：

- $P(A)$：先验概率。
- $P(B)$：证据。
- $P(B \mid A)$：条件概率。
- $P(A \mid B)$：后验概率。

　　即有：

$$后验概率 = \frac{条件概率 \times 先验概率}{证据}$$

　　下面以一个员工异常行为管理的案例为例。假设一家商业银行基于历史数据统计（案件、监管处罚、内外部审计、诚信举报、离职核查等各种渠道）发现其员工异常行为发生率为 0.005，其搭建的"非现场监测模型系统+人工复核"员工行为管理体系的检查准确率为 0.99。则有：

- $P(A)$：先验概率，员工异常行为发生率为 0.005。
- $1-P(A)$：员工异常行为未发生率等于 0.995。
- $P(B|A)$：条件概率，员工存在异常行为且被检查发现的概率为 0.99。
- $P(B)$：证据，通过全概率公式计算得到。

$$P(B) = P(A) \times P(B \mid A) + [1 - P(A)] \times P[B \mid (1 - P(A))]$$
$$= 0.005 \times 0.99 + 0.995 \times 0.01 = 0.00495 + 0.0095 = 0.0149$$

- 后验概率：

$$P(A|B) = \frac{P(B|A) \times P(A)}{P(B)} = \frac{0.99 \times 0.005}{0.0149} = 0.332215$$

　　也就是说，虽然该银行员工行为管理体系的检查准确率高达 0.99，但令人遗憾的是，如果某员工被该体系判定存在员工异常行为，但是其确实存在异常行为的概率只有不到三分之一（0.332215），被误判的可能性超过了三分之二。

　　但这并不意味着员工异常行为管理体系的彻底失效，如果让该员工再次接受体系检查，那么上次的后验概率就成为新的检查的先验概率，即用 0.332215 代替了 0.005，如果员工仍然被该体系判定存在员工异常行为，那么后验概率将变成：

$$P(A \mid B) = \frac{P(B \mid A) \times P(A)}{P(B)} = \frac{0.99 \times 0.332215}{0.332215 \times 0.99 + 0.667785 \times 0.01} = 0.980014942$$

也就是说，该员工被该体系前后两次判定存在员工异常行为，并且他确实存在异常行为的概率达到了 98% 以上，被误判的可能性已经很小了。按照同样的逻辑，如果该员工被该体系前后三次或更多次判定为存在员工异常行为，那么他被误判的可能性会继续下降，逐渐接近于 0。

这一原理也提示我们，在进行员工异常行为排查时要注意两点：一是在界定员工异常行为时，为最大程度保护员工工作的热情，不应该以一次发现而下定论，因为被"误判"的可能性较大，即使相应的监测模型已经非常成熟和完善了（例子中达到了 99% 以上）；二是应该高度重视前后多次排查存在异常行为的员工，这部分员工被"误判"的可能性较低，应该及时采取果断措施，防止引发案件风险。

8.1.3　朴素贝叶斯算法的基本原理

朴素贝叶斯方法是在贝叶斯算法的基础上进行了相应的简化，即假定给定目标值时特征变量之间相互条件独立。前面我们讲解贝叶斯定理，把 A 作为响应变量，把 B 作为特征变量，即有

$$P(A \mid B) = \frac{P(B \mid A) \times P(A)}{P(B)}$$

进一步地，假设 A 可以分为 m 类，B 拓展成为一个特征变量集，共有 d 个特征变量，即有：

$$A = \{a_1, a_2, \ldots, a_m\}$$
$$B = \{b_1, b_2, \ldots, b_d\}$$

朴素贝叶斯方法假定给定目标值时特征变量之间相互条件独立，即

$$P(B \mid A) = \prod_{i=1}^{d} P(b_i \mid A)$$

则后验概率为：

$$P(A \mid B) = \frac{P(B \mid A) \times P(A)}{P(B)} = \frac{\prod_{i=1}^{d} P(b_i \mid A) \times P(A)}{P(B)}$$

基于上式，某样本属于类别 a_i 的朴素贝叶斯计算公式为：

$$P(a_i \mid b_1, b_2, \ldots, b_d) = \frac{\prod_{i=1}^{d} P(b_i \mid a_i) \times P(a_i)}{\prod_{j=1}^{d} P(b_j)}$$

当"特征变量相互独立"的假设条件能够被有效满足时，朴素贝叶斯算法具有算法比较简单、分类效率稳定、所需估计参数少、对缺失数据不敏感等种种优势。而在实务中"特征变量相互独立"的假设条件往往不能得到满足，这在一定程度上降低了贝叶斯分类算法的分类效果。但这并不意味着朴素贝叶斯算法在实务中难以推广，反而它是堪与经典的"决策树算法"比肩的应用最为广泛的分类算法之一，这是因为：

（1）实务中机器学习使用的特征变量可能非常多，比如在商业银行授信业务客户违约分类中可能需要用到上百个特征变量，或者说数据集的维数会非常多，这些特征变量之间的协方差矩阵难以估计，或者说一般的贝叶斯方法是难以落地实施的。

（2）虽然多个特征变量之间不太可能做到完全独立，但是在很多场景下，特征变量之间的相关性可能会起到抵消的效果，从而虽然未满足独立条件，但仍然能够得到较为准确的预测。

（3）在第 3 章中我们提到，机器学习领域关注的更多的是模型的预测效果，即拟合值与实际值的差距，而对于假设条件是否能够得到满足、具体特征之间的相关性等并未过多考虑。或者说，"预测效果好坏"才是判定模型优劣的根本标准。

8.1.4　拉普拉斯修正

不难发现，朴素贝叶斯计算公式中的分子为条件概率和先验概率的乘积，如果其中一项取值为 0，那么整个公式的值也将为 0。事实上，我们在进行机器学习时，如果把样本全集随机划分为训练样本和测试样本，那么在训练样本中很可能会出现某一类别没有样本进入的情形，但这种情形只是因为相应类型的样本没有在训练样本中被观测到，而不是其取值概率确实为 0，从而造成分类结果的失真。

拉普拉斯修正又叫拉普拉斯平滑，是为了解决上述零概率问题而引入的处理方法。如果样本全集为 D，训练集中的样本类别数为 N，N_i 表示训练集样本第 i 个属性上的取值个数，拉普拉斯修正原理为：

原来的先验概率 $P(A) = \dfrac{|D_y|}{|D|}$，拉普拉斯修正为：$P(A) = \dfrac{|D_y|+1}{|D|+N}$

原来的条件概率 $P(B|A) = \dfrac{|D_{y,x}|}{|D_C|}$，拉普拉斯修正为：$P(B|A) = \dfrac{|D_{y,x}|+1}{|D_C|+N_i}$

也就是说，通过拉普拉斯修正，即使响应变量的某类别没有出现，先验概率或条件概率也不会等于 0，从而解决了前述分类结果失真的问题。当然，拉普拉斯修正中分子"+1"也可以根据实际情况设置成"+c"，c 为一个比较小的整数，即：

$$P(A) = \frac{|D_y|+c}{|D|+N\times c}$$

$$P(B|A) = \frac{|D_{y,x}|+c}{|D_C|+N_i\times c}$$

8.1.5　朴素贝叶斯算法分类及适用条件

与其他机器学习算法相比，朴素贝叶斯算法所需要的样本量比较少（当然样本量肯定是多多益善），样本量少于特征变量数目，那么估计效果也会被削弱。对比支持向量机、随机森林等算法，朴素贝叶斯算法往往估计效果偏弱，但胜在运行速度更快。Python 的 sklearn 模块有四种朴素贝叶斯算法，包括高斯朴素贝叶斯、多项式朴素贝叶斯、补集朴素贝叶斯、二项式朴素贝叶斯。

（1）高斯朴素贝叶斯（Gaussian Naive Bayes）

该算法假设每个特征变量的数据都服从高斯分布（也就是正态分布），用来估计每个特征下每个类别上的条件概率。高斯朴素贝叶斯的决策边界是曲线，可以是环形也可以是弧线。高斯朴素贝叶斯擅长处理连续型特征变量。相对于前面介绍的 Logistic 回归，如果算法的目的是获得对概率的预测，并且希望越准确越好，那么应该首选 Logistic 算法；而如果数据十分复杂，或者满足稀疏矩阵的条件（在矩阵中，若数值为 0 的元素数目远远多于非 0 元素的数目，并且非 0 元素分布没有规律，则称该矩阵为稀疏矩阵），那么高斯朴素贝叶斯算法就更占优势。

（2）多项式朴素贝叶斯（Multinomial Naive Bayes）

该算法通常被用于文本分类，它假设所有特征变量是离散型特征变量，所有特征变量都符合多项式分布。多项式分布来源于统计学中的多项式实验，多项式实验的概念是：在 n 次重复试验中每项试验都有不同的可能结果，但在任何给定的试验中，特定结果发生的概率是不变的。多项式朴素贝叶斯算法擅长处理分类型特征变量，但受到样本不均衡问题（即分类任务中不同类别的训练样本数目差别很大的情况，一般地，样本类别比例（Imbalance Ratio）（多数类 vs 少数类）明显大于 1:1（如 5:1）就可以归为样本不均衡问题）影响较为严重。

（3）补集朴素贝叶斯（Complement Naive Bayes）

该算法是前述多项式朴素贝叶斯算法的改进，不仅能够解决样本不均衡问题，还在一定程度上放松了"所有特征变量之间条件独立的朴素假设"。补集朴素贝叶斯在召回率方面表现较为出色，如果算法的目的是找到少数类（存在异常行为的员工、存在洗钱行为等），则补集朴素贝叶斯算法是一种不错的选择。

（4）二项式朴素贝叶斯（Bernoulli Naive Bayes）

也称伯努利朴素贝叶斯，该算法假设所有特征变量是离散型特征变量，所有特征变量都符合伯努利分布（二项分布，取值为两个，注意这两个值并不必然为 0、1 取值，也可以为 1、2 取值等）。二项式朴素贝叶斯算法要求将特征变量取值转换为二分类特征向量，如果某特征变量本身不是二分类的，那么可以使用类中专门用来二值化的参数 binarize 来转换数据，使它符合算法。

8.2　数据准备

本节主要是准备数据，以便后面演示朴素贝叶斯算法。

8.2.1　案例数据说明

本节我们以"数据 8.1"文件和"数据 8.2"文件中的数据为例进行讲解。"数据 8.1"与上一章中的"数据 7.1"类似，同样记录的是某商业银行在山东地区的部分支行的经营数据（虚拟数据，不涉及商业秘密），变量包括这些商业银行全部支行的 V1（转型情况）、V2（存款规模）、V3（EVA）、V4（中间业务收入）、V5（员工人数）。但与"数据 7.1"不同的是，V1（转型情况）分为两个类别："0"表示"未转型网点"；"1"表示"已转型网点"。"数据 8.1"中的数据内容如图 8.1 所示。

V1	V2	V3	V4	V5
0	2520.35	277.115	51.4808	22
0	1702.4	282.35	62.126	51
0	1917.65	345.125	21.3194	44
0	1401.05	350.36	55.0292	42
1	3381.35	360.83	269.7074	32
0	1401.05	376.52	28.4162	24
0	1358	407.915	60.3518	26
0	1487.15	413.15	14.2226	41
0	1616.3	413.15	111.8036	55
1	1960.7	413.15	35.513	71
0	1917.65	439.31	31.9646	37
0	1616.3	491.63	69.2228	55
0	1314.95	507.32	102.9326	53
0	2520.35	517.79	180.9974	42
1	3510.5	528.245	81.6422	25
0	1616.3	549.17	134.8682	25
1	3941	585.8	147.2876	27
1	2606.45	591.035	269.7074	37
1	11259.5	601.49	766.4834	35
0	1831.55	622.43	35.513	51
1	1444.1	627.65	138.4166	73
0	2132.9	638.12	129.5456	49

图 8.1　"数据 8.1"文件中的数据内容

　　针对"数据 8.1"的朴素贝叶斯模型，我们以 V1（转型情况）为响应变量，以 V2（存款规模）、V3（EVA）、V4（中间业务收入）、V5（员工人数）为特征变量。不难发现，各个特征变量均为连续型变量，所以我们使用高斯朴素贝叶斯算法进行拟合。

　　"数据 8.2"的案例数据是来自 XX 在线小额贷款金融公司（虚拟名，如有雷同纯属巧合）的 2417 个存量客户的信息数据，具体包括客户的 V1（信用情况）、V2（年龄）、V3（贷款收入比）、V4（名下贷款笔数）、V5（教育水平）、V6（是否为他人提供担保）等。由于客户信息数据涉及客户隐私和消费者权益保护，也涉及商业机密，因此本章在介绍时进行了适当的脱密处理，对于其中的部分数据也进行了必要的调整。

　　针对"数据 8.2"的朴素贝叶斯模型，我们以 V1（信用情况）为响应变量，其中分类为"0"表示"未违约客户"，分类为"1"表示"违约客户"；V2（年龄）、V3（贷款收入比）、V4（名下贷款笔数）、V5（教育水平）、V6（是否为他人提供担保）为特征变量。其中 V2（年龄）为连续变量，其他变量为分类变量；V3（贷款收入比）取值为"1""2""3"分别表示"40% 及以下""40%~70%""70% 及以上"；V4（名下贷款笔数）取值为"1""2"分别表示"3 笔及以下""4 笔及以上"；V5（教育水平）取值为"1""2"分别表示"大学专科及以下""大学本科及以上"；V6（是否为他人提供担保）取值为"1""2"分别表示"有对外担保""无对外担保"。"数据 8.2"文件中的数据内容如图 8.2 所示。

　　不难发现，数据集中大部分特征变量为分类变量，其中 V3（贷款收入比）有 3 类取值，而 V4（名下贷款笔数）、V5（教育水平）、V6（是否为他人提供担保）这三个变量均为二项分布，所以我们使用多项式朴素贝叶斯算法、补集朴素贝叶斯算法、二项式朴素贝叶斯算法进行拟合。

V1	V2	V3	V4	V5	V6
1	60.8	3	2	1	1
1	59.78	3	2	2	1
1	59.75	2	1	1	1
1	59.74	3	2	1	1
1	59.44	2	2	1	1
1	59.29	1	1	1	1
1	59.23	3	2	1	2
1	59.2	2	1	1	1
1	59.15	3	2	2	2
1	59.09	1	2	1	2
1	58.69	1	2	1	2
1	58.54	2	2	1	1
1	58.41	3	1	1	1
1	58.36	2	2	2	2
1	58.16	3	1	1	1
1	58.12	2	2	1	1
1	58.09	2	1	1	1
1	58	3	1	1	1
1	57.92	3	2	1	2
1	57.86	2	2	2	2
1	57.51	3	2	2	2
1	57.44	3	2	1	1
1	57.43	3	2	1	1
1	57.39	3	2	1	1
1	57.36	3	2	1	2

图 8.2　"数据 8.2"文件中的数据内容

8.2.2　导入分析所需要的模块和函数

在进行分析之前，首先导入分析所需要的模块和函数，读取数据集并进行观察。在 Spyder 代码编辑区输入以下代码：

```
import numpy as np        # 导入 numpy，并简称为 np，用于常规数据处理操作
import pandas as pd       # 导入 pandas，并简称为 pd，用于常规数据处理操作
import matplotlib.pyplot as plt  # 导入 matplotlib.pyplot，并简称为 plt，用于图形绘制
import seaborn as sns     # 导入 seaborn，并简称为 sns，用于图形绘制
from sklearn.model_selection import train_test_split    # 导入 train_test_split，用于分割训练
样本和测试样本
from sklearn.naive_bayes import GaussianNB        # 导入 GaussianNB 即高斯朴素贝叶斯
from sklearn.naive_bayes import MultinomialNB     # 导入 MultinomialNB 即多项式朴素贝叶斯
from sklearn.naive_bayes import ComplementNB      # 导入 ComplementNB 即补集朴素贝叶斯
from sklearn.naive_bayes import BernoulliNB       # 导入 BernoulliNB 即二项式朴素贝叶斯
from sklearn.metrics import cohen_kappa_score     # 导入 cohen_kappa_score，用于计算 kappa 得分
from sklearn.metrics import plot_roc_curve        # 导入 plot_roc_curve，用于绘制 ROC 曲线
from sklearn.metrics import confusion_matrix      # 导入 confusion_matrix，用于输出混淆矩阵
from sklearn.metrics import classification_report  # 载入 classification_report，用于输出模型
性能量度指标
from sklearn.model_selection import StratifiedKFold # 导入 StratifiedKFold，用于分层划分抽样，
抽样后的训练集和验证集的样本分类比例和原有的数据集尽量是一样的
from sklearn.model_selection import GridSearchCV   # 导入 GridSearchCV，用于参数的网格搜索
from mlxtend.plotting import plot_decision_regions  # 导入 plot_decision_regions，用于绘制决策边
界图
```

8.3　高斯朴素贝叶斯算法示例

本节介绍高斯朴素贝叶斯算法的使用示例。

8.3.1　数据读取及观察

首先需要将本书提供的数据文件放入安装 Python 的默认路径位置，并从相应位置进行读取，在 Spyder 代码编辑区输入以下代码：

```
data=pd.read_csv('C:/Users/Administrator/.spyder-py3/数据 8.1.csv')    # 读取数据 8.1.csv 文件
```

注意，因用户的具体安装路径不同，设计路径的代码会有差异。成功载入后，"变量管理器"窗口如图 8.3 所示。

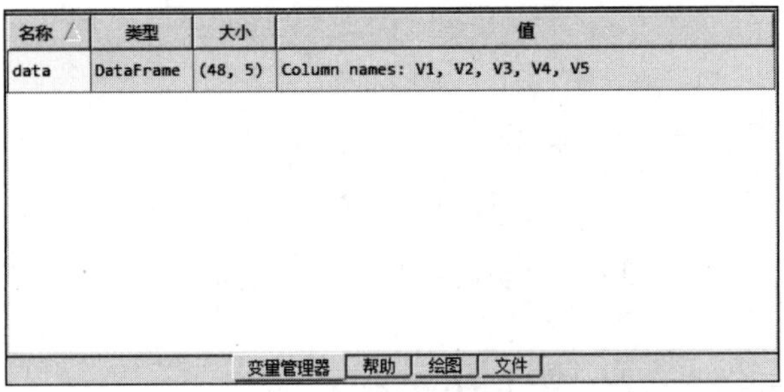

名称	类型	大小	值
data	DataFrame	(48, 5)	Column names: V1, V2, V3, V4, V5

变量管理器　帮助　绘图　文件

图 8.3　"变量管理器"窗口

```
data.info()        # 观察数据信息。运行结果为：
```

```
<class 'pandas.core.frame.DataFrame'>
RangeIndex: 48 entries, 0 to 47
Data columns (total 5 columns):
 #   Column  Non-Null Count  Dtype
---  ------  --------------  -----
 0   V1      48 non-null     int64
 1   V2      48 non-null     float64
 2   V3      48 non-null     float64
 3   V4      48 non-null     float64
 4   V5      48 non-null     int64
dtypes: float64(3), int64(2)
memory usage: 2.0 KB
```

数据集中共有 48 个样本（48 entries, 0 to 48）、5 个变量（total 5 columns）。5 个变量分别是 V1~V5，均包含 48 个非缺失值（48 non-null），其中 V1、V5 的数据类型为整型（int64），V2、V3、V4 的数据类型为浮点型（float64）。数据文件中共有 3 个浮点型（float64）变量、2 个整型（int64）变量，数据内存为 2.0KB。

```
data.isnull().values.any()       # 检查数据集是否有缺失值。结果为 False，没有缺失值
data.V1.value_counts()           # 列出数据集中 V1 变量"转型情况"取值的计数情况，运行结果为：
```

```
1    25
0    23
Name: V1, dtype: int64
```

"0"表示"未转型网点"，样本个数为 23 个；"1"表示"已转型网点"，样本个数为 25 个。

```
data.V1.value_counts(normalize=True)  # 列出数据集中 V1 变量"转型情况"取值的占比情况。运行结果为：
```

```
1    0.520833
0    0.479167
Name: V1, dtype: float64
```

"已转型网点"占比为 0.520833，"未转型网点"占比为 0.479167。

8.3.2 将样本全集分割为训练样本和测试样本

在 Spyder 代码编辑区输入以下代码：

```
X = data.drop(['V1'],axis=1)        # 设置特征变量，即除 V1 之外的全部变量
y = data['V1']           # 设置响应变量，即 V1
X_train,X_test,y_train,y_test=train_test_split(X,y,test_size=0.3,stratify=y,random_state=1
23)            # 将样本全集划分为训练样本和测试样本，测试样本占比为 30%，random_state=100 的含义是设置随机数种子为
123，以保证随机抽样的结果可重复
```

8.3.3 高斯朴素贝叶斯算法拟合

在 Spyder 代码编辑区输入以下代码：

```
model = GaussianNB()         # 使用高斯朴素贝叶斯算法
model.fit(X_train, y_train) # 基于训练样本调用 fit()方法进行拟合
 model.score(X_test, y_test) )    # 基于测试样本计算预测准确率，运行结果为：0.8，因为我们的样本容量比
较小，所以预测准确率能够达到 80%还是不错的，这也在一定程度上说明了朴素贝叶斯对于小样本数据集的适用性较好
```

8.3.4 绘制 ROC 曲线

在 Spyder 代码编辑区输入以下代码，然后全部选中这些代码并整体运行：

```
plt.rcParams['font.sans-serif'] = ['SimHei']    # 解决图表中中文显示的问题
plot_roc_curve(model, X_test, y_test)      # 绘制 ROC 曲线，并计算 AUC 值
x = np.linspace(0, 1, 100)        # np.linspace(start, stop, num) ，即在间隔 start 和 stop 之间
返回 num 个均匀间隔的数据，本例中为在 0~1 范围内返回 100 个均匀间隔的数据
plt.plot(x, x, 'k--', linewidth=1)    # 在图中增加 45 度黑色虚线，以便观察 ROC 曲线性能
plt.title('高斯朴素贝叶斯 ROC 曲线')       # 设置标题为'高斯朴素贝叶斯 ROC 曲线'。运行结果如图 8.4 所示
```

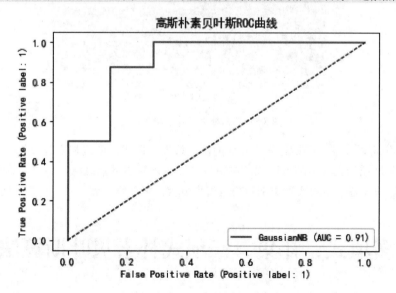

图 8.4　高斯朴素贝叶斯 ROC 曲线

关于 ROC 曲线以及 AUC 值的具体含义在"第 5 章 二元 Logistic 回归算法"中已有详细介

绍，这里不再赘述。本例中 ROC 曲线离纯机遇线较远，模型的预测效果还可以。AUC 值为 0.91，远大于 0.5，具备较高的预测价值。

8.3.5   运用两个特征变量绘制高斯朴素贝叶斯决策边界图

在 Spyder 代码编辑区输入以下代码：

```
X2 = X.iloc[:, 0:2]        # 仅选取 V2（存款规模）、V3（EVA）作为特征变量
model = GaussianNB()       # 使用高斯朴素贝叶斯算法
model.fit(X2, y)           # 调用 fit()方法进行拟合
model.score(X2, y)         # 计算模型预测准确率，运行结果为：0.875，较使用全部特征变量时的 0.8 反而上升。
或者说，中间业务收入（V4）、员工人数（V5）这两个特征变量没必要出现在模型中
```

注意，以下代码用于绘图，需要全部选中并整体运行：

```
plt.rcParams['axes.unicode_minus']=False           # 解决图表中负号不显示的问题
plt.rcParams['font.sans-serif'] = ['SimHei']       # 解决图表中中文显示的问题
plot_decision_regions(np.array(X2), np.array(y), model)   # 运用 X2 中的两个特征变量绘制决策边界
plt.xlabel('存款规模')      # 将 x 轴设置为'存款规模'
plt.ylabel('EVA')         # 将 y 轴设置为'EVA'
plt.title('高斯朴素贝叶斯决策边界')   # 将标题设置为'高斯朴素贝叶斯决策边界'，运行结果如图 8.5 所示
```

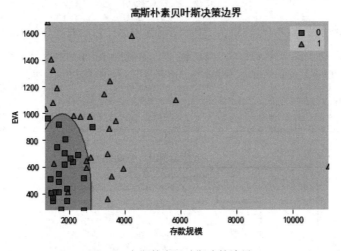

图 8.5   高斯朴素贝叶斯决策边界

从图 8.5 中可以发现，高斯朴素贝叶斯的决策边界是曲线，曲线将所有参与分析的样本分为两个类别，右侧区域为已转型网点区域，左下方区域是未转型网点区域，边界较为清晰，分类效果也比较好，体现在各样本的实际类别与决策边界分类区域基本一致。

8.4   多项式、补集、二项式朴素贝叶斯算法示例

本节介绍多项式、补集、二项式朴素贝叶斯算法的使用示例。

8.4.1 数据读取及观察

首先需要将本书提供的数据文件放入安装 Python 的默认路径位置，并从相应位置进行读取，在 Spyder 代码编辑区输入以下代码：

```
data=pd.read_csv('C:/Users/Administrator/.spyder-py3/数据8.2.csv')    # 读取数据 8.2.csv 文件
data.info()    # 观察数据信息。运行结果为:
```

```
<class 'pandas.core.frame.DataFrame'>
RangeIndex: 2417 entries, 0 to 2416
Data columns (total 6 columns):
 #   Column  Non-Null Count  Dtype
---  ------  --------------  -----
 0   V1      2417 non-null   int64
 1   V2      2417 non-null   float64
 2   V3      2417 non-null   int64
 3   V4      2417 non-null   int64
 4   V5      2417 non-null   int64
 5   V6      2417 non-null   int64
dtypes: float64(1), int64(5)
memory usage: 113.4 KB
```

数据集中共有 2417 个样本（2417 entries, 0 to 2416）、6 个变量（total 6 columns）。6 个变量分别是 V1~V6，均包含 2417 个非缺失值（48 non-null），其中 V2 的数据类型为浮点型（float64），其他变量的数据类型为整型（int64）。

```
data.isnull().values.any()    # 检查数据集是否有缺失值。结果为 False，没有缺失值
data.V1.value_counts()    # 列出数据集中 V1 变量"信用情况"取值的计数情况，运行结果为:
```

```
1    1411
0    1006
Name: V1, dtype: int64
```

"1"表示"违约客户"，样本个数为 1411 个；"0"表示"未违约客户"，样本个数为 1006 个。

```
data.V1.value_counts(normalize=True)  # 列出数据集中 V1 变量"信用情况"取值的占比情况，运行结果为:
```

```
1    0.583782
0    0.416218
Name: V1, dtype: float64
```

"违约客户"占比为 0.583782，"未违约客户"占比为 0.416218。

8.4.2 将样本全集分割为训练样本和测试样本

在 Spyder 代码编辑区输入以下代码：

```
X = data.drop(['V1'],axis=1)    # 设置特征变量，即除 V1 之外的全部变量
y = data['V1']    # 设置响应变量，即 V1
X_train,X_test,y_train,y_test=train_test_split(X,y,test_size=0.3,stratify=y,random_state=123)    # 将样本全集划分为训练样本和测试样本，测试样本占比为 30%，random_state=123 的含义是设置随机数种子为 123，以保证随机抽样的结果可重复
```

8.4.3　多项式、补集、二项式朴素贝叶斯算法拟合

在 Spyder 代码编辑区输入以下代码：

（1）多项式朴素贝叶斯方法

```
    model = MultinomialNB(alpha=0)    # 采取多项式朴素贝叶斯方法，不进行拉普拉斯修正。alpha 为拉普拉斯平
滑参数，相当于人为地给概率加上噪声，如果设置为 0 则表示完全没有平滑选项。alpha 具体设置成多少比较合适取决于数据集
的实际情况，最优参数也是可以被计算并确定的，这一点将在后文详述
    model.fit(X_train, y_train)    # 基于训练样本使用 fit 方进行拟合
    model.score(X_test, y_test)    # 基于测试样本计算模型预测准确率，运行结果为：0.8154269972451791
    model = MultinomialNB(alpha=1)    # 采取多项式朴素贝叶斯方法进行拉普拉斯修正，设置 alpha 值为 1
    model.fit(X_train, y_train)    # 基于训练样本使用 fit 方进行拟合
    model.score(X_test, y_test)    # 基于测试样本计算模型预测准确率，运行结果为：0.8168044077134986
```

可以发现采用拉普拉斯修正后，模型预测准确率略有提升。

（2）补集朴素贝叶斯方法

```
    model = ComplementNB(alpha=1)        # 采取补集朴素贝叶斯方法进行拉普拉斯修正，设置 alpha 值为 1
    model.fit(X_train, y_train)          # 基于训练样本使用 fit 方进行拟合
    model.score(X_test, y_test)          # 基于测试样本计算模型预测准确率，运行结果为：0.8223140495867769
```

可以发现采用补集朴素贝叶斯方法并进行拉普拉斯修正后，模型预测准确率得以进一步提升。

（3）二项式朴素贝叶斯方法

```
    model = BernoulliNB(alpha=1)         # 采取二项式朴素贝叶斯方法进行拉普拉斯修正，设置 alpha 值为 1
    model.fit(X_train, y_train)          # 基于训练样本调用 fit() 方进行拟合
    model.score(X_test, y_test)          # 基于测试样本计算模型预测准确率，运行结果为：0.5840220385674931
```

可以发现采用二项式朴素贝叶斯方法并进行拉普拉斯修正后，模型预测准确率有了较大程度的下降。因为本例中的大部分特征变量均为二值变量，比较适合采用二项式朴素贝叶斯方法，但却出现了预测准确率较多项式、补集朴素贝叶斯方法下降较多的不合理情形，说明需要通过调整参数的方式进行优化。

```
    model = BernoulliNB(binarize=2, alpha=1)    # 采取二项式朴素贝叶斯方法进行拉普拉斯修正，设置参数
binarize=2, alpha 值为 1。其中参数 binarize 为特征变量二值化的阈值，也就是说大于阈值和小于阈值的值将分别被归为
一类，而不论大于阈值或小于阈值的程度如何，从而将非二值变量有效转换为二值变量；如果设置为 None，则假定特征变量已经
被二值化完毕。本例中将特征变量值大于 2 的归为一类，小于 2 的归为另一类。同 alpha 值一样，binarize 具体设置成多少
比较合适取决于数据集的实际情况，最优参数也是可以被计算并确定的，这一点将在后文详述
    model.fit(X_train, y_train)    # 基于训练样本调用 fit() 方进行拟合
    model.score(X_test, y_test)    # 基于测试样本计算模型预测准确率，运行结果为：0.6914600550964187
```

可以发现增加参数 binarize=2 后，相较于未设置时预测准确率有了一定的提升，但仍显著弱于多项式、补集朴素贝叶斯方法算法的表现。下面讲述寻求最优 binarize 和 alpha 参数的方法。

8.4.4　寻求二项式朴素贝叶斯算法拟合的最优参数

1. 通过将样本分割为训练样本、验证样本、测试样本的方式寻找最优参数

该方法适用于样本全集容量较大的情形。之前我们讲过的分割样本的方式是将样本一分为二地分割为训练样本和测试样本，现在我们针对训练样本进一步拆分为训练样本和验证样本，使得样本成为三部分（前面"3.7.1 验证集法"一节中有所介绍）。其中训练样本依旧用来对模型进行

训练以拟合模型，测试样本也依旧用于评价模型性能，而新分割出的验证样本则用来寻求最优参数。

具体实现方法是：首先设定可供选择的参数集合（即 binarize 和 alpha 值的多种组合），并分别依据训练样本进行模型拟合；然后分别使用验证样本计算这些模型预测的准确率，找出最优模型（预测准确率最高的模型）对应的参数；再后将训练样本集和验证样本集进行合并，基于合并后的样本集运用最优模型参数进行训练；最后基于测试样本计算预测准确率等指标来评价模型优劣。

```
    X_trainval, X_test, y_trainval, y_test = train_test_split(X, y, test_size=0.3, stratify=y,
random_state=10)   # 将样本全集划分为训练样本和测试样本，测试样本占比为30%，设置随机数种子为10，以保证随机
抽样的结果可重复
    X_train, X_val, y_train, y_val = train_test_split(X_trainval, y_trainval, test_size=0.2,
stratify=y_trainval, random_state=100)     # 从剩余的70%的样本集（训练集+验证集）中再随机抽取20%作为验
证集，即验证集包括70%×20%=14%的样本
    y_train.shape, y_val.shape, y_test.shape   # 观察样本集形状，得到各样本集的样本容量。运行结果为：
((1352,), (339,), (726,))，也就是训练样本、验证样本、测试样本的样本容量分别为1352、339、726
```

注意，以下代码涉及 for 循环，需要全部选中并整体运行：

```
    best_val_score = 0      # 设置best_val_score的起始值为0
    for binarize in np.arange(0, 5.5, 0.5):   # 设置binarize参数范围为0~5.5（不含），步长为0.5，并
使用for循环
        for alpha in np.arange(0, 1.1, 0.1):   # 设置alpha参数范围为0~1.1（不含），步长为0.1，并使用
for循环
            model = BernoulliNB(binarize=binarize, alpha=alpha)     # 设置模型为二项式朴素贝叶斯算法
            model.fit(X_train, y_train)     # 基于训练样本调用 fit()方法拟合模型
            score = model.score(X_val, y_val)   # 基于验证样本计算模型预测准确率 score
            if score > best_val_score:     # 如果新得到的 score 大于之前的 best_val_score
                best_val_score = score        # 则将 best_val_score 更新为新得到的 score
                best_val_parameters = {'binarize': binarize, 'alpha': alpha}     # 同时也更新参数
binarize、alpha
    best_val_score             # 计算验证集的最优预测准确率，运行结果为：0.7876106194690266
    best_val_parameters        # 得到最优参数，运行结果为：{'binarize': 1.0, 'alpha': 0.0}
    model = BernoulliNB(**best_val_parameters)      # 使用前面得到的最优参数构建伯努利朴素贝叶斯模型
    model.fit(X_trainval, y_trainval)     # 使用前述70%的样本集（训练集+验证集）进行伯努利朴素贝叶斯估计
    model.score(X_test, y_test)   # 输出基于测试样本得到的预测准确率，运行结果为：0.7851239669421488
```

需要注意的是，基于测试样本得到的预测准确率 0.7851239669421488 才是评价模型优劣的参考值，而非前面基于验证集计算的最优预测准确率 0.7876106194690266。

2. 采用 10 折交叉验证方法寻找最优参数

该方法适用于样本全集容量较小的情形，关于 10 折交叉验证方法的基本原理可参见前面"3.7.2 K 折交叉验证"一节。

具体实现方法与前面的"分割样本为三部分"类似但略有不同：首先设定可供选择的参数集合（即 binarize 和 alpha 值的多种组合），定义字典形式的参数网络 param_grid；其次调用 kfold 函数，作用是将参与训练的样本集分为 10 折；然后构建模型 model，调用 GridSearchCV 函数，算法模型为伯努利朴素贝叶斯模型，参数网络为前面生成的参数集合 param_grid，交叉验证方法为前面构建的 kfold 函数；再后将 model 模型用于训练样本集，使用 fit 方法进行拟合，基于不同参数组合进行伯努利朴素贝叶斯估计；最后基于测试样本计算预测准确率等指标来评价模型优劣，

并可查看最优参数和最优预测准确率等拟合信息。

```
    param_grid = {'binarize': np.arange(0, 5.5, 0.5), 'alpha': np.arange(0, 1.1, 0.1)}    # 定义
字典形式的参数网络
    kfold = StratifiedKFold(n_splits=10, shuffle=True, random_state=1)          # 保持每折子样本中响应
变量各类别数据占比相同
    model = GridSearchCV(BernoulliNB(), param_grid, cv=kfold)          # 构建伯努利朴素贝叶斯模型,使用上
一步得到的参数网络,使用 10 折交叉验证方法进行交叉验证
    model.fit(X_trainval, y_trainval)    # 使用训练样本集,即前述 70%的样本集(训练集+验证集)进行伯努利
朴素贝叶斯估计
    model.score(X_test, y_test)  # 输出基于测试样本得到的预测准确率,运行结果为: 0.7851239669421488
    model.best_params_        # 输出最优参数,运行结果为: {'alpha': 0.0, 'binarize': 1.0},即最优参数组
合为'alpha': 0.0, 'binarize': 1.0
    model.best_score_           # 计算最优预测准确率,运行结果为: 0.77119039331709
    outputs = pd.DataFrame(model.cv_results_)  # 得到每个参数组合的详细交叉验证信息 outputs,并转换为数
据框形式
    pd.set_option('display.max_columns', None) # 将显示完整的列,如果不运行该代码,那么分析结果的列可能
会显示不全,中间有省略号
    outputs.head(3)        # 展示前 3 行,运行结果为:
```

	mean_fit_time	std_fit_time	mean_score_time	std_score_time	param_alpha \
0	0.0062	0.000872	0.0038	0.000400	0.0
1	0.0069	0.000831	0.0039	0.000538	0.0
2	0.0073	0.000640	0.0045	0.000671	0.0

	param_binarize	params	split0_test_score \
0	0.0	{'alpha': 0.0, 'binarize': 0.0}	0.582353
1	0.5	{'alpha': 0.0, 'binarize': 0.5}	0.582353
2	1.0	{'alpha': 0.0, 'binarize': 1.0}	0.688235

	split1_test_score	split2_test_score	split3_test_score	split4_test_score \
0	0.585799	0.585799	0.585799	0.585799
1	0.585799	0.585799	0.585799	0.585799
2	0.769231	0.828402	0.810651	0.739645

	split5_test_score	split6_test_score	split7_test_score	split8_test_score \
0	0.585799	0.585799	0.579882	0.579882
1	0.585799	0.585799	0.579882	0.579882
2	0.792899	0.757396	0.810651	0.781065

	split9_test_score	mean_test_score	std_test_score	rank_test_score
0	0.579882	0.583679	0.002683	45
1	0.579882	0.583679	0.002683	45
2	0.733728	0.771190	0.040535	1

　　　　结果展示了不同参数组合情形下 10 折样本的每个子样本集的预测准确率以及所有样本平均准确率等情况,以第一行为例,编号为 0,参数组合为{'alpha': 0.0, 'binarize': 0.0},第一个 10 折样本(split0_test_score)的预测准确率为 0.582353,所有样本平均预测(mean_test_score)准确率为 0.583679。

　　　　注意,以下代码用于绘图,需要全部选中并整体运行:

```
    scores = np.array(outputs.mean_test_score).reshape(11,11)          # 将平均预测准确率组成 11×11 矩阵
    ax = sns.heatmap(scores, cmap='Oranges', annot=True, fmt='.3f')    # 绘制热力图将 10 折交叉验证
方法寻找最优参数的过程可视化,cmap='Oranges'表示使用橙色系,annot=True 表示在格子上显示数字
    ax.set_xlabel('binarize')    # 设置 x 轴标签为 binarize
    ax.set_xticklabels([0, 0.5, 1, 1.5, 2, 2.5, 3, 3.5, 4, 4.5,5])      # 设置 x 轴刻度标签
    ax.set_ylabel('alpha')       # 设置 y 轴标签为 alpha
    ax.set_yticklabels([0, 0.1, 0.2, 0.3, 0.4, 0.5, 0.6, 0.7, 0.8, 0.9, 1])    # 设置 y 轴刻度标签
    plt.tight_layout()           # 展示图形,运行结果如图 8.6 所示
```

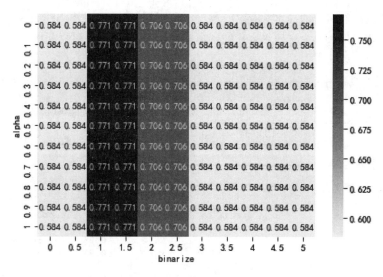

图 8.6 10 折交叉验证热力图

从图 8.6 中可以非常直观地看出{'alpha': 0.0, 'binarize': 1.0}为最优参数组合，在该参数组合下，伯努利朴素贝叶斯模型的预测准确率达到了 0.771（当然这并不是唯一最优组合，还有一些其他参数组合也能达到相同预测效果）。

8.4.5 最优二项式朴素贝叶斯算法模型性能评价

下面针对最优二项式朴素贝叶斯模型进行模型性能指标考察评价，在 Spyder 代码编辑区输入以下代码：

```
prob = model.predict_proba(X_test)      # 计算响应变量预测分类概率
prob[:5]        # 显示前 5 个样本的响应变量预测分类概率。运行结果为：
```

```
array([[0.36733724, 0.63266276],
       [0.61361002, 0.38638998],
       [0.61361002, 0.38638998],
       [0.96510635, 0.03489365],
       [0.61361002, 0.38638998]])
```

以第 1 个样本为例，其分类为未违约客户的概率为 0.36733724，分类为违约客户的概率为 0.63266276，也就是说有 63.27%的概率为违约客户。以此类推，第 2~5 个样本的最大分组概率分别是未违约客户 0.61361002、未违约客户 0.61361002、未违约客户 0.96510635、未违约客户 0.61361002。

```
pred = model.predict(X_test)        # 计算响应变量预测分类类型
pred[:5]        # 显示前 5 个样本的响应变量预测分类类型。运行结果为：array([1, 0, 0, 0, 0],
dtype=int64)，与上一步预测分类概率的结果一致
print(confusion_matrix(y_test, pred))        # 输出测试样本的混淆矩阵。运行结果为：
                        [[231  71]
                         [ 85 339]]
```

针对该结果解释如下：实际为未违约客户且预测为未违约客户的样本共有 231 个、实际为未

违约客户但预测为违约客户的样本共有 71 个；实际为违约客户且预测为违约客户的样本共有 339 个、实际为违约客户但预测为未违约客户的样本共有 85 个。该结果更直观地表示如表 8.2 所示。

表 8.2　预测分类和实际分类的结果

样本		预测分类	
		未违约客户	违约客户
实际分类	未违约客户	231	71
	违约客户	85	339

```
print(classification_report(y_test,pred)))        # 输出详细的预测效果指标，运行结果为：
```

```
              precision    recall  f1-score   support

           0       0.73      0.76      0.75       302
           1       0.83      0.80      0.81       424

    accuracy                           0.79       726
   macro avg       0.78      0.78      0.78       726
weighted avg       0.79      0.79      0.79       726
```

说明：

- precision：精度。针对未违约客户的分类正确率为 0.73，针对违约客户的分类正确率为 0.83。
- recall：召回率，即查全率。针对未违约客户的查全率为 0.76，针对违约客户的查全率为 0.80。
- f1-score：f1 得分。针对未违约客户的 f1 得分为 075，针对违约客户的 f1 得分为 0.81。
- support：支持样本数。未违约客户支持样本数为 302 个，违约客户支持样本数为 424 个。
- accuracy：正确率，即分类正确样本数/总样本数。模型整体的预测正确率为 0.79。
- macro avg：用每一个类别对应的 precision、recall、f1-score 直接平均。比如针对 recall（召回率），即为（0.76+0.80）/ 2 = 0.78。
- weighted avg：用每一类别支持样本数的权重乘对应类别指标。比如针对 recall（召回率），即为（0.76×302+0.80×424）/ 726 = 0.78。

```
cohen_kappa_score(y_test, pred)        # 计算 kappa 得分。运行结果为：0.5606895160664691
```

根据"表 3.2 科恩 kappa 得分与效果对应表"可知，模型的一致性一般。但综合考虑前面一系列分析结果，模型的拟合效果或者说性能表现还是可以的。

8.5　习　题

使用"数据 5.1"文件，将 V1（征信违约记录）作为响应变更，将 V2（资产负债率）、V3（行业分类）、V4（实际控制人从业年限）、V5（企业经营年限）、V6（主营业务收入）、V7（利息保障倍数）、V8（银行负债）、V9（其他渠道负债）作为特征变量，构建朴素贝叶斯算法模型，完成以下操作：

1. 载入分析所需的库和模块。

2. 数据读取及观察。

3. 将样本全集分割为训练样本和测试样本。

4. 构建高斯朴素贝叶斯算法模型。

（1）高斯朴素贝叶斯算法拟合。

（2）绘制 ROC 曲线。

（3）只运用 V7（利息保障倍数）、V8（银行负债）两个特征变量开展高斯朴素贝叶斯算法，并绘制高斯朴素贝叶斯决策边界图。

5. 构建多项式朴素贝叶斯算法模型。

6. 构建补集朴素贝叶斯算法模型。

7. 构建二项式朴素贝叶斯算法模型。

8. 寻求二项式朴素贝叶斯算法拟合的最优参数。

（1）通过将样本分割为训练样本、验证样本、测试样本的方式寻找最优参数。

（2）采用 10 折交叉验证方法寻找最优参数。

9. 开展最优二项式朴素贝叶斯算法模型性能评价。

第 9 章

高维数据惩罚回归算法

我们在实务中运用机器学习时，经常会遇到样本数据集中特征变量很多的情形，比如前面所述的商业银行对公客户违约问题，特征变量可能涉及客户的经营能力、盈利能力、偿债能力、发展潜力、现有负债及担保情况等方方面面，即便是从业经验丰富、专业水平极高的银行从业人员，在选取特征变量时也会不可避免地创建较多的特征变量，而且对公客户不像个人客户那样样本数量相对较少，这时候就会产生高维数据并带来的"维度灾难"问题。本章介绍的高维数据惩罚回归算法是解决这一问题的有效方法之一，包括岭回归、Lasso 回归和弹性网回归。本章我们讲解各种高维数据惩罚回归算法的基本原理，并结合具体实例讲解该算法在 Python 中的实现与应用。

9.1　高维数据惩罚回归算法简介

本节介绍各种高维数据惩罚回归算法的基本原理。

9.1.1　高维数据惩罚回归算法的基本原理

前面第 3 章中讲到，开展机器学习时，经常会在训练样本时出现"过拟合"的现象导致模型的"泛化"能力下降，这一点对于高维数据体现得尤为明显。所谓高维数据是指样本数据集中的特征变量很多，维度就是特征变量的个数。高维数据会导致"维度灾难（Curse of Dimensionality）"的问题。"维度灾难"是指随着特征变量个数的增加，为了达到相同的预测效果，所需要的样本个数呈指数型增加，而如果受条件限制，样本个数无法增加或增加不够充分，那么就会导致模型的预测能力下降。"维度灾难"的发生本质上是因为特征变量过多导致对训练样本的拟合过于充分，虽然显著增强了对训练样本的拟合能力，但同时也引入了过多的"噪声"信息或随机性特征，而这些特征并没有出现在新数据或未来的数据中，从而导致模型的"泛化"

能力不足。

所谓"大道至简"，奥卡姆剃刀定律指出，一个满足预测性能条件下尽量简单的模型才能够有比较好的泛化能力。这一定律本质也反映了偏差和方差的权衡，特征变量过多或者模型过于复杂，偏差虽然会变小，但方差就会变大，为使得整体的均方误差变小，需要在偏差和方差之间找到一种平衡。

针对前述"维度灾难"问题，一般来说有 3 种方法可供选择：增加样本全集容量，降低维度，正则化。关于增加样本全集容量的方法很好理解，如果能够突破条件限制，找到更多合适的样本可供研究，显然是一种非常好的选择；关于降维方法，常用主成分分析方法，这一方法将在后面章节中详解。

本章主要讲解正则化的方法，或者称作惩罚回归算法。正则化都可以看作损失函数的惩罚项，惩罚项的大小随着特征数量的增加而增加，惩罚回归的原理是回归系数的选择应使残差平方和与惩罚项之和最小。所以在引入特征时，特征对模型拟合或预测的贡献必须足以抵消引入带来的惩罚项的增加时，才会被保留下来，从而提高了引入特征变量的成本。或者说应该以一种更加审慎的态度看待特征引入工作。正则化的具体方法包括岭回归、Lasso 回归和弹性网回归（Elastic Nets）。

9.1.2　岭回归

在特征变量之间存在严格多重共线性时，会有多个 OLS 估计量能够使得残差平方和最小且可决系数为 1，为了得到唯一回归系数，则需对系数的取值范围进行限制，增加惩罚项（正则项）。模型拥有的自由度越低，就越不容易过度拟合数据。岭回归使用 L2 正则化方法，引入惩罚项 $\gamma_2 \|\beta\|_2^2$，该惩罚项基于回归系数大小的平方。在岭回归方法下，回归系数 β 不再仅仅使得残差平方和 $(Y - X\beta)^T(Y - X\beta)$ 最小，而是要使得残差平方和与惩罚项之和最小，其数学公式为：

$$\hat{\beta}^{\text{ridge}} = \arg\min_{\beta}((Y - X\beta)^T(Y - X\beta) + \gamma_2 \|\beta\|_2^2)$$

其中的 γ_2 为调节系数，用来控制正则化（惩罚）的力度，取值范围为大于或等于 0，惩罚的力度越大，就越不容易过度拟合数据。如果 $\gamma_2 = 0$，则岭回归就是线性模型。如果 γ_2 非常大，则所有特征向量的系数都将无限接近于零。从"方差-偏差"的角度看，γ_2 提升了模型的偏差，但是显著降低了方差，恰当的 γ_2 值将实现更优平衡。

由于岭回归对输入特征的大小非常敏感，所以在执行岭回归之前，需要对数据进行标准化处理（在 Python 中常常使用 StandardScaler()函数）。当然大多数正则化模型都应该做类似处理。

9.1.3　Lasso 回归

Lasso 回归又称为最小绝对收缩和选择算子回归（Least Absolute Shrinkage and Selection Operator Regression，也称套索回归），它的基本原理与岭回归基本相同，区别在于 Lasso 回归使用 L1 正则化方法，引入惩罚项 $\gamma_1 \|\beta\|_1$，该惩罚项基于回归系数大小的绝对值。在 Lasso 方法下，回归系数 β 同样是使得残差平方和与惩罚项之和最小，其数学公式为：

$$\hat{\beta}^{\text{lasso}} = \arg\min_{\beta}((Y - X\beta)^T(Y - X\beta) + \gamma_1 \|\beta\|_1)$$

其中的 γ_1 为调节系数，用来控制正则化（惩罚）的力度，取值范围为大于或等于 0。在选择最优调节系数时，常使用 K 折交叉验证方法（CV），通过实现交叉验证误差最小化的方式来获取。

9.1.4　弹性网回归

弹性网回归的基本原理同样与岭回归、Lasso 回归基本相同，区别在于弹性网回归同时使用 L2 正则化方法和 L1 正则化方法，其正则项是岭回归和 Lasso 回归的正则项的混合，引入的惩罚项为 $\alpha\gamma_1\|\beta\|_1+(1-\alpha)\gamma_2\|\beta\|_2^2$，实质上是将单一的惩罚项按照一定的权重分别分配给了 L2 正则化和 L1 正则化，同时兼顾了两种正则化方法。其数学公式为：

$$\hat{\beta}^{\text{el.net}}=\arg\min_{\beta}((Y-X\beta)^T(Y-X\beta)+\alpha\gamma_1\|\beta\|_1+(1-\alpha)\gamma_2\|\beta\|_2^2)$$

其中的α为权重分配比例，当$\alpha=0$时，弹性网回归即等同于岭回归，而当$\alpha=1$时，即等同于 Lasso 回归；γ_1、γ_2分别为 L1 正则化、L2 正则化的调节系数。

9.1.5　惩罚回归算法的选择

岭回归只收缩回归系数而不进行变量筛选，而 Lasso 回归的特色在于具有变量选择功能和变量空间降维功能，或者说具有自动执行特征选择并产生稀疏模型的能力，通过将不重要特征的权重设置为零实现大量冗余变量的去除，只保留与响应变量最相关的特征变量，在有效简化模型的同时可以保留数据集中最重要的信息。所以如果我们依据经济社会相关理论文献或者实践经验能够合理判断真正显著影响响应变量的特征变量较少，也就是说真实的模型本来就是稀疏模型，那么就应该倾向于选择 Lasso 回归算法，否则就应该选择岭回归算法。

如果特征数量显著超过训练样本集中样本数量，或者多个特征变量之间存在强相关时，Lasso 回归的预测表现可能不够稳定，那么使用弹性网回归这种折中的算法就更为合适，因为弹性网回归会倾向于将这些强相关的特征变量都选上。从前面的公式也可以看出，当$\alpha=0$时，弹性网回归即等同于岭回归，而当$\alpha=1$时，即等同于 Lasso 回归，所以弹性网回归算法事实上已经包含了岭回归、Lasso 回归两种算法，计算边界更广，预测能力也更强。

9.2　数据准备

我们用一个手机游戏玩家体验评价影响因素建模实例来进行讲解。以手机玩家的体验评价得分（Y）为响应变量，构建起包括游戏流行程度（X_1）、游戏资源要求（X_2）、游戏花费成本（X_3）、游戏具体内容（X_4）和游戏广告植入（X_5）五个方面的特征变量的手机游戏玩家体验评价影响因素理论模型。

$$Y=f(X_1,X_2,X_3,X_4,X_5)$$

在此基础上，再将游戏流行程度、游戏资源要求、游戏花费成本、游戏具体内容和游戏广告植入等变量进一步细分为 13 个子变量。其中游戏流行程度变量细分为游戏知名度对玩家体验评价影响、玩家数量对玩家体验评价影响 2 个子变量；游戏资源要求变量细分为游戏对硬件要求对玩家体验评价影响、游戏对网速要求对玩家体验评价影响、游戏对流量要求对玩家体验评价影响 3 个子变量；游戏花费成本变量细分为游戏金钱花费对玩家体验评价影响、游戏时间花费对玩家体验评价影响、游戏脑力花费对玩家体验评价影响 3 个子变量；游戏具体内容变量细分为游戏界面对玩家体验评价影响、游戏操控对玩家体验评价影响、游戏趣味性对玩家体验评价影响 3 个子变量；游戏广告植入变量细分为启动界面广告对玩家体验评价影响、游戏中广告影响对玩家体验评价影响 2 个子变量，如表 9.1 所示。

表 9.1　手机游戏玩家体验评价影响因素

变量	子变量
游戏流行程度	游戏知名度对玩家体验评价影响 popularity1
	玩家数量对玩家体验评价影响 popularity2
游戏资源要求	游戏对硬件要求对玩家体验评价影响 resources1
	游戏对网速要求对玩家体验评价影响 resources2
	游戏对流量要求对玩家体验评价影响 resources3
游戏花费成本	游戏金钱花费对玩家体验评价影响 spend1
	游戏时间花费对玩家体验评价影响 spend2
	游戏脑力花费对玩家体验评价影响 spend3
游戏具体内容	游戏界面对玩家体验评价影响 content1
	游戏操控对玩家体验评价影响 content2
	游戏趣味性对玩家体验评价影响 content3
游戏广告植入	启动界面广告对玩家体验评价影响 advertisement1
	游戏中广告影响对玩家体验评价影响 advertisement2

　　然后通过调查问卷的形式获取数据，最终形成的数据文件为"数据 9.1"。"数据 9.1"中设置了 14 个变量，即 V1~V14 分别用来表示玩家体验评价 appraise、游戏知名度影响 popularity1、玩家数量影响 popularity2、游戏对硬件要求影响 resources1、游戏对网速要求影响 resources2、游戏对流量要求影响 resources3、游戏金钱花费 spend1、游戏时间花费 spend2、游戏脑力花费 spend3、游戏界面 content1、游戏操控 content2、游戏趣味性影响 content3、启动界面广告影响 advertisement1、游戏中广告影响 advertisement2。"数据 9.1"文件中的数据内容如图 9.1 所示。

V1	V2	V3	V4	V5	V6	V7	V8	V9	V10	V11	V12	V13	V14
3	8	7	7	5	5	5	7	3	4	5	9	6	2
3	5	3	3	5	6	3	5	5	6	6	6	6	4
6	2	6	2	6	5	2	4	3	4	2	4	4	6
3	3	3	3	4	3	4	4	2	4	2	4	5	5
6	2	6	4	8	4	2	4	3	6	4	6	3	5
6	5	2	4	4	5	3	4	5	6	8	6	7	5
5	5	2	5	3	4	3	5	5	3	5	4	3	3
3	3	2	3	5	2	5	3	3	3	3	4	3	3
5	5	2	2	4	2	5	3	5	3	5	5	3	3
4	4	2	4	2	4	2	4	3	4	3	4	4	4
7	8	7	9	6	7	7	7	7	7	6	6	5	5
7	7	4	8	5	7	4	5	5	6	4	5	6	8
5	5	3	5	4	5	6	6	3	3	7	5	5	5
6	6	2	6	4	6	6	6	5	5	5	6	6	6
7	5	4	5	5	4	4	5	6	6	6	7	5	7
4	4	4	4	3	4	4	4	4	3	4	4	4	4
8	8	7	6	6	7	7	8	8	9	9	9	8	8
7	7	7	5	4	7	6	6	7	6	6	6	6	6
5	5	2	5	3	5	5	5	5	4	2	8	3	3
9	9	7	6	6	6	6	6	9	6	9	9	9	9

图 9.1　"数据 9.1"文件中的数据内容

9.2.1　导入分析所需要的模块和函数

在进行分析之前，首先导入分析所需要的模块和函数，读取数据集并进行观察。在 Spyder 代码编辑区输入以下代码：

```
import numpy as np          # 导入 numpy，并简称为 np，用于常规数据处理操作
import pandas as pd         # 导入 pandas，并简称为 pd，用于常规数据处理操作
from sklearn.model_selection import Kfold  # 导入 KFold，用于 K 折交叉验证
from sklearn.preprocessing import StandardScaler     # 导入 StandardScaler，用于数据标准化
from sklearn.linear_model import Ridge      # 导入 Ridge，用于岭回归
from sklearn.linear_model import RidgeCV    # 导入 RidgeCV，通过 RidgeCV 可以设置多个参数值，算法使
用交叉验证获取最佳参数值
from sklearn.linear_model import Lasso      # 导入 Lasso，用于 Lasso 回归
from sklearn.linear_model import LassoCV    # 导入 LassoCV，通过 LassoCV 可以设置多个参数值，算法使
用交叉验证获取最佳参数值
from sklearn.linear_model import ElasticNet     # 导入 ElasticNet，用于 ElasticNet 回归
from sklearn.linear_model import ElasticNetCV  # 导入 ElasticNetCV，通过 ElasticNetCV 可以设置
多个参数值，算法使用交叉验证获取最佳参数值
from sklearn.model_selection import train_test_split     # 导入 train_test_split，用于分割训练
样本和测试样本
```

9.2.2　数据读取及观察

首先需要将本书提供的数据文件放入安装 Python 的默认路径位置，并从相应位置进行读取，在 Spyder 代码编辑区输入以下代码：

```
data=pd.read_csv('C:/Users/Administrator/.spyder-py3/数据 9.1.csv')      # 读取数据 9.1.csv 文件
```

注意，因用户的具体安装路径不同，设计路径的代码会有差异。成功载入后，"变量管理器"窗口如图 9.2 所示。

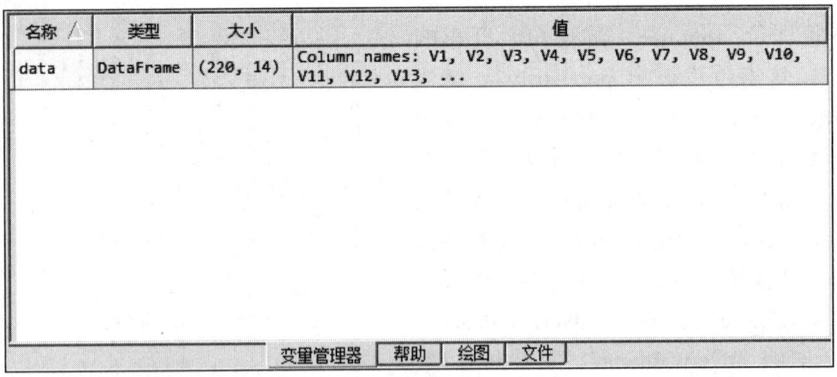

名称	类型	大小	值
data	DataFrame	(220, 14)	Column names: V1, V2, V3, V4, V5, V6, V7, V8, V9, V10, V11, V12, V13, ...

变量管理器　帮助　绘图　文件

图 9.2　"变量管理器"窗口

```
data.info()   # 观察数据信息。运行结果为：
```

```
<class 'pandas.core.frame.DataFrame'>
RangeIndex: 220 entries, 0 to 219
Data columns (total 14 columns):
 #   Column  Non-Null Count  Dtype
---  ------  --------------  -----
 0   V1      220 non-null    int64
 1   V2      220 non-null    int64
 2   V3      220 non-null    int64
 3   V4      220 non-null    int64
 4   V5      220 non-null    int64
 5   V6      220 non-null    int64
 6   V7      220 non-null    int64
 7   V8      220 non-null    int64
 8   V9      220 non-null    int64
 9   V10     220 non-null    int64
 10  V11     220 non-null    int64
 11  V12     220 non-null    int64
 12  V13     220 non-null    int64
 13  V14     220 non-null    int64
dtypes: int64(14)
memory usage: 24.2 KB
```

数据集中共有 220 个样本（220 entries, 0 to 219）、14 个变量（total 14 columns）。14 个变量分别是 V1~V14，均包含 220 个非缺失值（48 non-null），数据类型均为整型（int64），数据内存为 24.2KB。

```
data.isnull().values.any()    # 检查数据集是否有缺失值。结果为 False，没有缺失值
data.V1.value_counts()        # 列出数据集中 V1 变量"玩家体验评价 appraise"取值分布情况
```

```
6    37
4    36
7    35
8    30
5    28
3    27
9    14
2    13
Name: V1, dtype: int64
```

可以发现 V1 变量的取值分布相对比较均衡。

9.3　变量设置及数据处理

在 Spyder 代码编辑区输入以下代码：

```
y = data['V1']        # 设置响应变量，即 V1
X_pre= data.drop(['V1'],axis=1)  # 设置原始特征变量，即除 V1 之外的全部变量
scaler = StandardScaler()        # 调用 StandardScaler()函数
X = scaler.fit_transform(X_pre)  # 对原始特征变量进行标准化处理，运行结果可在"变量管理器"窗口查看
（双击相应单元格也可查看对应变量详情），如图 9.3 所示
```

名称 △	类型	大小	值
data	DataFrame	(220, 14)	Column names: V1, V2, V3, V4, …
scaler	preprocessing._data.StandardScaler	1	StandardScaler object of sklea…
X	Array of float64	(220, 13)	[[1.18410321 0.77436839 0.7… -1 …
X_pre	DataFrame	(220, 13)	Column names: V2, V3, V4, V5, …
y	Series	(220,)	Series object of pandas.core.series module

变量管理器　帮助　绘图　文件

图 9.3   在"变量管理器"窗口查看运行结果

```
np.set_printoptions(suppress=True)   # 不以科学记数法显示，而是直接显示数字
np.mean(X,axis=0)   # 观察新生成的特征变量的均值，运行结果为：array([-0., -0.,  0., -0., -0.,  0., 0., -0.,  0., -0., -0.,  0., -0.])
np.std(X,axis=0)   # 观察新生成特征变量的标准差，运行结果为：array([1., 1., 1., 1., 1., 1., 1., 1., 1., 1., 1., 1., 1.])
```

可以发现所有特征变量都完成了标准化，即均值取值为 0，标准差取值为 1。

9.4   岭回归算法

本节主要介绍岭回归算法的实现与应用。

9.4.1   使用默认惩罚系数构建岭回归模型

前面我们提到岭回归本质上是增加了 L2 正则项，而正则项中有调节系数，可以用来控制正则化（惩罚）的力度，取值范围为大于或等于 0，惩罚的力度越大，就越不容易过度拟合数据。调节系数（惩罚系数）的初始值为 1，下面我们以默认的惩罚系数 1 为例进行模型拟合。在 Spyder 代码编辑区输入以下代码：

```
model = Ridge()   # 建立岭回归算法模型
model.fit(X, y)   # 调用 fit()方法进行拟合
model.score(X, y)   # 计算岭回归模型拟合优度（可决系数），运行结果为：0.738909256162628
model.intercept_   # 输出岭回归的常数项，运行结果为：5.5636363636363635
pd.DataFrame(model.coef_, index=X_pre.columns, columns=['Coefficient'])   # 以数据框形式展
现回归系数，运行结果为：
```

```
        Coefficient
V2        0.198541
V3        0.218993
V4        0.201397
V5        0.198097
V6        0.247338
V7        0.109189
V8        0.276529
V9        0.066459
V10       0.559893
V11       0.168595
V12       0.177502
V13      -0.003048
V14       0.067884
```

```
y_hat= model.predict(X)        # 得到响应变量的拟合值
pd.DataFrame(y_hat,  y)        # 将响应变量的拟合值和实际值进行对比，运行结果为：
```

```
            0
V1
3    5.892256
3    4.241998
6    4.263232
3    3.233047
3    3.216578
..        ...
7    6.470893
7    7.347703
7    6.551677
2    3.083671
4    3.910738

[220 rows x 1 columns]
```

　　左侧为 V1 变量的实际值，右侧为拟合值，可以发现两侧的数值还是比较接近的，这也说明预测效果还是基本可以的。

9.4.2　使用留一交叉验证法寻求最优惩罚系数构建岭回归模型

　　虽然，设置的惩罚系数的初始值为默认值 1，但是我们可以找到最优惩罚系数，并使用它得到更好的模型拟合效果。寻求方法有很多种，下面我们使用留一交叉验证法寻求岭回归最优惩罚系数。在 Spyder 代码编辑区输入以下代码：

```
alphas = np.logspace(-4,4,100)   # 定义一个参数网络，以 10 作为对数底，从 $10^{-4}$ 到 $10^4$（即 $[10^{-4}, …, 10^4]$）取 100 个参数
```

说　明
np.logspace()函数的完整形式是:
np.logspace(start, stop, num=50, endpoint=True, base=10.0, dtype=None, axis=0)
其中，start 代表序列的起始值; stop 代表序列的终止值; num 为生成的序列数个数; base 代表序列空间的底数，默认基底为 10。

```
model = RidgeCV(alphas=alphas)   # 将惩罚参数设置为参数网络中的取值
model.fit(X, y)     # 调用 fit()方法进行拟合。在运行结果中可以看到各个惩罚系数值：
```

```
RidgeCV(alphas=array([      0.0001    ,    0.00012045,     0.00014508,
0.00017475,
             0.00021049,    0.00025354,     0.00030539,     0.00036784,
             0.00044306,    0.00053367,     0.00064281,     0.00077426,
             0.0009326 ,    0.00112332,     0.00135305,     0.00162975,
             0.00196304,    0.00236449,     0.00284804,     0.00343047,
             0.00413201,    0.00497702,     0.00599484,     0.00722081,
             0.00869749,    0.01047616,     0.01261857,     0.01519911,
             0.01830738,    0.02205131,     0.0.0...
             65.79332247,   79.24828984,    95.45484567,    114.97569954,
             138.48863714,  166.81005372,   200.92330026,   242.01282648,
             291.50530628,  351.11917342,   422.92428744,   509.41380148,
             613.59072734,  739.07220335,   890.21508545,   1072.26722201,
             1291.54966501, 1555.67614393,  1873.81742286,  2257.01971963,
             2718.58824273, 3274.54916288,  3944.20605944,  4750.8101621 ,
             5722.36765935, 6892.61210435,  8302.17568132,  10000.        ]))
```

```
model.alpha_    # 输出最优惩罚系数，运行结果为：95.45484566618347
model.score(X, y)    # 计算岭回归模型拟合优度（可决系数），运行结果为：0.7302795253451542
```

因为上一步获取的参数是在从 10^{-4} 到 10^4 的范围内取的 100 个参数（这也是为了在更大范围内搜索参数），但也很可能不够精细，可以在更细化的范围内进一步精确搜寻最佳参数。初步得到的最优惩罚系数为95.45484566618347，处于 50~150，我们可以在此区间内继续创建一个参数网络：

```
model = RidgeCV(alphas=np.linspace(50, 150,1000))    # 将惩罚参数设置为参数网络中的取值
np.linspace 主要用来创建等差数列，基本形式为 numpy.linspace(start,stop,num) 表示在 start 和 stop 之间返回
num 个均匀间隔的数据
model.fit(X, y)    # 调用 fit()方法进行拟合，从运行结果中可以看到各个惩罚系数值为：
```

```
RidgeCV(alphas=array([ 50.      ,  50.1001001 ,  50.2002002 ,  50.3003003 ,
           50.4004004 ,  50.5005005 ,  50.6006006 ,  50.7007007 ,
           50.8008008 ,  50.9009009 ,  51.001001  ,  51.1011011 ,
           51.2012012 ,  51.3013013 ,  51.4014014 ,  51.5015015 ,
           51.6016016 ,  51.7017017 ,  51.8018018 ,  51.9019019 ,
           52.002002  ,  52.1021021 ,  52.2022022 ,  52.3023023 ,
           52.4024024 ,  52.5025025 ,  52.6026026 ,  52.7027027 ,
           52.8028028 ,  52.9029029 ,  53.0030...
           146.8968969 , 146.996997  ,  147.0970971 ,  147.1971972 ,
           147.2972973 , 147.3973974 ,  147.4974975 ,  147.5975976 ,
           147.6976977 , 147.7977978 ,  147.8978979 ,  147.997998  ,
           148.0980981 , 148.1981982 ,  148.2982983 ,  148.3983984 ,
           148.4984985 , 148.5985986 ,  148.6986987 ,  148.7987988 ,
           148.8988989 , 148.998999  ,  149.0990991 ,  149.1991992 ,
           149.2992993 , 149.3993994 ,  149.4994995 ,  149.5995996 ,
           149.6996997 , 149.7997998 ,  149.8998999 ,  150.        ]))
```

```
model.alpha_    # 输出最优惩罚系数，运行结果为：97.14714714714715
model.score(X, y)    # 计算岭回归模型拟合优度（可决系数），运行结果为：0.7300615227106513，可以发现相较
初步获得最优惩罚系数时的拟合优度（可决系数）0.7302795253451542 差别不大
```

9.4.3　使用 K 折交叉验证法寻求最优惩罚系数构建岭回归模型

我们还可以使用 K 折交叉验证法寻求岭回归最优惩罚系数，代码如下：

```
alphas=np.linspace(10, 100,1000)    # 定义一个参数网络
kfold = KFold(n_splits=10, shuffle=True, random_state=1)    # 定义 10 折随机分组样本
model = RidgeCV(alphas=alphas, cv=kfold)    # 将惩罚参数设置为参数网络中的取值
model.fit(X, y)    # 调用 fit()方法进行拟合，从运行结果中可以看到各个惩罚系数值为：
```

```
RidgeCV(alphas=array([ 10.        ,  10.09009009,  10.18018018,  10.27027027,
        10.36036036,  10.45045045,  10.54054054,  10.63063063,
        10.72072072,  10.81081081,  10.9009009 ,  10.99099099,
        11.08108108,  11.17117117,  11.26126126,  11.35135135,
        11.44144144,  11.53153153,  11.62162162,  11.71171171,
        11.8018018 ,  11.89189189,  11.98198198,  12.07207207,
        12.16216216,  12.25225225,  12.34234234,  12.43243243,
        12...
        97.56756757,  97.65765766,  97.74774775,  97.83783784,
        97.92792793,  98.01801802,  98.10810811,  98.1981982 ,
        98.28828829,  98.37837838,  98.46846847,  98.55855856,
        98.64864865,  98.73873874,  98.82882883,  98.91891892,
        99.00900901,  99.0990991 ,  99.18918919,  99.27927928,
        99.36936937,  99.45945946,  99.54954955,  99.63963964,
        99.72972973,  99.81981982,  99.90990991, 100.        ]),
        cv=KFold(n_splits=10, random_state=1, shuffle=True))
```

```
model.alpha_           # 输出最优惩罚系数，运行结果为：94.14414414414414
model.score(X, y)      # 计算岭回归模型拟合优度（可决系数），运行结果为：0.7304474645861052
model.intercept_       # 输出岭回归的常数项，运行结果为：5.5636363636363635
pd.DataFrame(model.coef_, index=X_pre.columns, columns=['Coefficient'])     # 以数据框形式展
现回归系数，运行结果为：
```

	Coefficient
V2	0.169285
V3	0.204776
V4	0.190471
V5	0.183349
V6	0.220803
V7	0.132166
V8	0.225958
V9	0.089289
V10	0.376612
V11	0.210036
V12	0.200400
V13	0.040316
V14	0.095486

```
y_hat= model.predict(X)       # 得到响应变量的拟合值
pd.DataFrame(y_hat, y)        # 将响应变量的拟合值和实际值进行对比，运行结果为：
```

```
             0
V1
3     5.900108
3     4.362860
6     4.442648
3     3.499975
3     3.422564
..         ...
7     6.323128
7     7.289525
7     6.453539
2     3.232303
4     4.177765

[220 rows x 1 columns]
```

9.4.4　划分训练样本和测试样本下的最优岭回归模型

在 Spyder 代码编辑区输入以下代码：

```
X_train, X_test, y_train, y_test = train_test_split(X, y, test_size=0.3, random_state=1)
    # 将样本全集划分为训练样本和测试样本，测试样本占比为 30%，random_state=1 的含义是设置随机数种子为 1，以保
证随机抽样的结果可重复
```

```
model = RidgeCV(alphas=np.linspace(10, 100,1000))   # 将惩罚参数设置为参数网络中的取值
model.fit(X_train, y_train) # 调用 fit()方法进行拟合
model.alpha_   # 获得最优 alpha 值，运行结果为：56.3963963963964
model.score(X_test, y_test) # 计算岭回归模型拟合优度（可决系数），运行结果为：0.735452802578278
```

综上所述，岭回归模型下最优拟合优度（可决系数）为 0.735452802578278。

9.5　Lasso 回归算法

本节主要介绍 Lasso 回归算法的实现与应用。

9.5.1　使用随机选取惩罚系数构建岭回归模型

前面我们提到 Lasso 回归的本质是增加了 L1 正则项，而正则项中也有调节系数。下面以随机选取的惩罚系数 0.2 为例进行模型拟合。在 Spyder 代码编辑区输入以下代码：

```
model = Lasso(alpha=0.2)     # 建立 Lasso 回归算法模型
model.fit(X, y)   # 调用 fit()方法进行拟合
model.score(X, y)   # 计算 Lasso 回归模型拟合优度（可决系数），运行结果为：0.7126870355706731
model.intercept_   # 输出 Lasso 回归的常数项，运行结果为：5.5636363636363635
pd.DataFrame(model.coef_, index=X_pre.columns, columns=['Coefficient'])     # 以数据框形式展
现回归系数，运行结果为：
```

	Coefficient
V2	0.198219
V3	0.191452
V4	0.134379
V5	0.121706
V6	0.186231
V7	0.018833
V8	0.213286
V9	0.003119
V10	0.613417
V11	0.149286
V12	0.139953
V13	0.000000
V14	0.000000

可以发现 Lasso 回归与岭回归最大的不同就是很多变量的系数直接被设置成取 0 处理，从而实现了特征变量选择和降维。

```
y_hat= model.predict(X)     # 得到响应变量的拟合值
pd.DataFrame(y_hat, y)     # 将响应变量的拟合值和实际值进行对比，运行结果为：
```

左侧为 V1 变量的实际值，右侧为拟合值，可以发现两侧的数值还是比较接近的，这也说明预测效果还是基本可以的。

```
               0
V1
3       5.898748
3       4.590386
6       4.247778
3       3.586661
3       3.651723
..          ...
7       6.603327
7       7.004842
7       6.303532
2       3.635157
4       4.057258

[220 rows x 1 columns]
```

9.5.2　使用留一交叉验证法寻求最优惩罚系数构建 Lasso 回归模型

与岭回归类似，在 Lasso 回归中，我们同样可以找到最优惩罚系数，并使用它得到更好的模型拟合效果。寻求方法有很多种，下面我们使用留一交叉验证法寻求 Lasso 回归最优惩罚系数。在 Spyder 代码编辑区输入以下代码：

```
alphas=np.linspace(0, 0.3,100)    # 定义一个参数网络，从 0 到 0.3 按照均匀间隔取 100 个参数
```

说　明

np.linspace()函数的完整形式是：

```
np.linspace(start, stop, num=50, endpoint=True, retstep=False, dtype=None, axis=0)
```

其中，start 代表序列的起始值，stop 代表序列的终止值，num 为生成的序列数个数。

```
model = LassoCV(alphas=alphas)    # 将惩罚参数设置为参数网络中的取值
model.fit(X, y)        # 调用 fit()方法进行拟合，在运行结果中可以看到各个惩罚系数值
```

```
LassoCV(alphas=array([0.        , 0.0030303 , 0.00606061, 0.00909091, 0.01212121,
       0.01515152, 0.01818182, 0.02121212, 0.02424242, 0.02727273,
       0.03030303, 0.03333333, 0.03636364, 0.03939394, 0.04242424,
       0.04545455, 0.04848485, 0.05151515, 0.05454545, 0.05757576,
       0.06060606, 0.06363636, 0.06666667, 0.06969697, 0.07272727,
       0.07575758, 0.07878788, 0.08181818, 0.08484848, 0.08787879,
       0.09090...
       0.1969697 , 0.2       , 0.2030303 , 0.20606061, 0.20909091,
       0.21212121, 0.21515152, 0.21818182, 0.22121212, 0.22424242,
       0.22727273, 0.23030303, 0.23333333, 0.23636364, 0.23939394,
       0.24242424, 0.24545455, 0.24848485, 0.25151515, 0.25454545,
       0.25757576, 0.26060606, 0.26363636, 0.26666667, 0.26969697,
       0.27272727, 0.27575758, 0.27878788, 0.28181818, 0.28484848,
       0.28787879, 0.29090909, 0.29393939, 0.2969697 , 0.3       ]))
```

```
model.alpha_        # 输出最优惩罚系数，运行结果为：0.0030303030303030303
model.score(X, y)   # 计算 Lasso 回归模型拟合优度（可决系数），运行结果为：0.7389034472327229。可以发
现相较随机选取惩罚系数 0.2 的拟合优度（可决系数）0.7126870355706731 有了较大程度的提升
```

9.5.3　使用 K 折交叉验证法寻求最优惩罚系数构建 Lasso 回归模型

我们还可以使用 K 折交叉验证法寻求岭回归最优惩罚系数，代码如下：

```
alphas=np.linspace(0, 0.3,100)    # 定义一个参数网络
```

```
kfold = KFold(n_splits=10, shuffle=True, random_state=1)    # 定义 10 折随机分组样本
model = LassoCV(alphas=alphas, cv=kfold)    # 将惩罚参数设置为参数网络中的取值
model.fit(X, y)    # 调用 fit()方法进行拟合，从运行结果中可以看到各个惩罚系数值为：
```

```
LassoCV(alphas=array([0.        , 0.0030303 , 0.00606061, 0.00909091, 0.01212121,
       0.01515152, 0.01818182, 0.02121212, 0.02424242, 0.02727273,
       0.03030303, 0.03333333, 0.03636364, 0.03939394, 0.04242424,
       0.04545455, 0.04848485, 0.05151515, 0.05454545, 0.05757576,
       0.06060606, 0.06363636, 0.06666667, 0.06969697, 0.07272727,
       0.07575758, 0.07878788, 0.08181818, 0.08484848, 0.08787879,
       0.09090...
       0.21212121, 0.21515152, 0.21818182, 0.22121212, 0.22424242,
       0.22727273, 0.23030303, 0.23333333, 0.23636364, 0.23939394,
       0.24242424, 0.24545455, 0.24848485, 0.25151515, 0.25454545,
       0.25757576, 0.26060606, 0.26363636, 0.26666667, 0.26969697,
       0.27272727, 0.27575758, 0.27878788, 0.28181818, 0.28484848,
       0.28787879, 0.29090909, 0.29393939, 0.2969697 , 0.3       ]),
        cv=KFold(n_splits=10, random_state=1, shuffle=True))
```

```
model.alpha_        # 输出最优惩罚系数，运行结果为：0.00909090909090909
model.score(X, y)    # 计算 Lasso 回归模型拟合优度（可决系数），运行结果为：0.7388541786682902，可以发
现与前面使用留一交叉验证法获取的 Lasso 回归最优惩罚系数（0.7389034472327229）差别不大，但略有下降
model.intercept_    # 输出 Lasso 回归的常数项，运行结果为：5.5636363636363635
pd.DataFrame(model.coef_, index=X_pre.columns, columns=['Coefficient'])    # 以数据框形式展
现回归系数。运行结果为（很多案例中有的变量的系数直接被设置成 0，本例为例外）：
```

	Coefficient
V2	0.199009
V3	0.218232
V4	0.197938
V5	0.194643
V6	0.245857
V7	0.103948
V8	0.274626
V9	0.062905
V10	0.566526
V11	0.165504
V12	0.174112
V13	0.000000
V14	0.062383

9.5.4   划分训练样本和测试样本下的最优 Lasso 回归模型

在 Spyder 代码编辑区输入以下代码：

```
model =LassoCV(alphas=np.linspace(0, 0.3,100))    # 将惩罚参数设置为参数网络中的取值
model.fit(X_train, y_train)    # 调用 fit()方法进行拟合
model.alpha_        # 获得最优 alpha 值，运行结果为 0.02727272727272727
model.score(X_test, y_test)  # 计算 Lasso 回归模型拟合优度（可决系数），运行结果为
0.7004860162966546
```

综上所述，Lasso 回归模型下最优拟合优度（可决系数）为 0.7389034472327229。

9.6 弹性网回归算法

本节主要介绍弹性网回归算法的实现与应用。

9.6.1 使用随机选取惩罚系数构建弹性网回归模型

前面我们提到弹性网回归的本质是增加了 L1 正则项、L2 正则项，两个正则项中均有调节系数，下面以随机选取的 L2 正则项惩罚系数 0.01、L1 正则项惩罚系数 0.5 为例进行模型拟合。在 Spyder 代码编辑区输入以下代码：

```
model = ElasticNet(alpha=1, l1_ratio=0.1)          # 建立弹性网回归算法模型，其中 alpha 为 L2 正则项惩
罚系数，l1_ratio 为 L1 正则项惩罚系数
model.fit(X, y)      # 调用 fit()方法进行拟合
model.score(X, y)    # 计算弹性网回归模型拟合优度（可决系数），运行结果为：0.6953876844628015
model.intercept_     # 输出弹性网回归的常数项，运行结果为：5.5636363636363635
pd.DataFrame(model.coef_, index=X_pre.columns, columns=['Coefficient'])      # 以数据框形式展
现回归系数，运行结果为：
```

	Coefficient
V2	0.148142
V3	0.174526
V4	0.153335
V5	0.145697
V6	0.180086
V7	0.106808
V8	0.176308
V9	0.078728
V10	0.303208
V11	0.194247
V12	0.180221
V13	0.038049
V14	0.077048

可以发现弹性网回归不像 Lasso 回归那样有的变量的系数直接被设置成 0。

```
y_hat= model.predict(X)      # 得到响应变量的拟合值
pd.DataFrame(y_hat, y)       # 将响应变量的拟合值和实际值进行对比，运行结果为：
```

	0
V1	
3	5.869023
3	4.581374
6	4.602890
3	3.849270
3	3.764550
..	...
7	6.230193
7	7.030924
7	6.277420
2	3.619991
4	4.412117

[220 rows x 1 columns]

左侧为 V1 变量的实际值，右侧为拟合值，可以发现两侧的数值还是比较接近的，这也说明预测效果还是基本可以的。

9.6.2　使用 K 折交叉验证法寻求最优惩罚系数构建弹性网回归模型

与岭回归、Lasso 回归类似，在弹性网回归中，我们同样可以找到最优惩罚系数，并使用它得到更好的模型拟合效果。寻求方法有很多种，限于篇幅，我们仅使用 K 折交叉验证法寻求弹性网回归最优惩罚系数。代码如下：

```
alphas = np.logspace(-3, 0, 100)      # 定义一个参数网络
kfold = KFold(n_splits=10, shuffle=True, random_state=1)      # 定义 10 折随机分组样本
model = ElasticNetCV(cv=kfold, alphas = alphas, l1_ratio=[0.0001, 0.001, 0.01, 0.1, 0.5,
1])       # 将正则项 L2 惩罚参数 alphas 设置为参数网络中的取值，正则项 L1 惩罚参数 l1_ratio 设置为[0.0001,
0.001, 0.01, 0.1, 0.5, 1]中的取值
model.fit(X, y)      # 调用 fit()方法进行拟合，从运行结果中可以看到各个惩罚系数值为：
```

```
ElasticNetCV(alphas=array([0.001      , 0.00107227, 0.00114976, 0.00123285,
0.00132194,
        0.00141747, 0.00151991, 0.00162975, 0.00174753, 0.00187382,
        0.00200923, 0.00215443, 0.00231013, 0.00247708, 0.00265609,
        0.00284804, 0.00305386, 0.00327455, 0.00351119, 0.00376494,
        0.00403702, 0.00432876, 0.00464159, 0.00497702, 0.0053367 ,
        0.00572237, 0.00613591, 0.00657933, 0.0070548 , 0.00756463,...
        0.18738174, 0.2009233 , 0.21544347, 0.23101297, 0.24770764,
        0.26560878, 0.28480359, 0.30538555, 0.32745492, 0.35111917,
        0.37649358, 0.40370173, 0.43287613, 0.46415888, 0.49770236,
        0.53366992, 0.57223677, 0.61359073, 0.65793322, 0.70548023,
        0.75646333, 0.81113083, 0.869749  , 0.93260335, 1.        ]),
           cv=KFold(n_splits=10, random_state=1, shuffle=True),
           l1_ratio=[0.0001, 0.001, 0.01, 0.1, 0.5, 1])
```

```
model.alpha_      # 输出正则项 L2 最优惩罚系数，运行结果为：0.40370172585965536
model.l1_ratio_      # 输出正则项 L1 最优惩罚系数，运行结果为：0.0001
model.score(X, y)      # 计算弹性网回归模型拟合优度（可决系数），运行结果为：0.7311201354397932。可以发现
相较未使用弹性网回归最优惩罚系数（0.6953876844628015）有了非常显著的提高
model.intercept_      # 输出弹性网回归的常数项，运行结果为：5.5636363636363635
pd.DataFrame(model.coef_, index=X_pre.columns, columns=['Coefficient'])      # 以数据框形式展
现回归系数。运行结果为：
```

	Coefficient
V2	0.169944
V3	0.205564
V4	0.191448
V5	0.184256
V6	0.222066
V7	0.132010
V8	0.227941
V9	0.088448
V10	0.381950
V11	0.209926
V12	0.200558
V13	0.038716
V14	0.094847

从运行结果中可以看出没有变量的系数被直接设置成 0。

9.6.3　划分训练样本和测试样本下的最优弹性网回归模型

在 Spyder 代码编辑区输入以下代码：

```
model = ElasticNetCV(cv=kfold, alphas =np.logspace(-3, 0, 100), l1_ratio=[0.0001, 0.001,
0.01, 0.1, 0.5, 1])     # 构建交叉验证弹性网回归模型，将正则项 L2 惩罚参数 alphas 设置为 np.logspace(-3, 0,
100)参数网络中的取值，正则项 L1 惩罚参数 l1_ratio 设置为[0.0001, 0.001, 0.01, 0.1, 0.5, 1]中的取值
    model.fit(X_train, y_train)      # 基于训练样本调用 fit()方法进行拟合
    model.alpha_           # 获得最优 alpha 值，运行结果为 0.1
    model.l1_ratio_        # 输出正则项 L1 最优惩罚系数，运行结果为：0.5
    model.score(X_test, y_test)       # 基于测试样本计算岭回归模型拟合优度（可决系数），运行结果为：
0.7065456283078861
```

综上所述，弹性网回归模型下最优拟合优度（可决系数）为 0.7311201354397932。

对比岭回归、Lasso 回归和弹性网回归三种高维数据惩罚回归算法，岭回归得到的最优拟合优度为 0.735452802578278，Lasso 回归得到的最优拟合优度为 0.7389034472327229，弹性网回归得到的最优拟合优度为 0.7311201354397932。可以发现 Lasso 回归在本例中预测表现最佳，而弹性网回归则最差，岭回归居中，但总体上各方法之间差别不大。

9.7　习　题

本习题使用"数据 9.2"文件中的数据。"数据 9.2"文件记录的是某电子商务平台上某网商企业记录的 2021 年全年销售数据。该网商企业的店铺名称叫作 ZE 果业，主要经营芒果、木瓜、橙子等新鲜水果以及松子、核桃、开心果等坚果。数据分析采用的样本数据包括交易金额、消费者年龄、消费者信用、注册时间、在线时间、整体好评率等数据。共设置了 6 个变量，即 V1~V6 分别用来表示交易金额、消费者年龄、消费者信用、注册时间、在线时间、整体好评率。请以 V1（交易金额）为响应变量，以 V2（消费者年龄）、V3（消费者信用）、V4（注册时间）、V5（在线时间）、V6（整体好评率）为特征变量，构建惩罚回归算法模型，完成以下操作：

1. 载入分析所需要的库和模块。
2. 数据读取及观察。
3. 变量设置及数据处理。
4. 构建岭回归算法模型。

（1）使用默认惩罚系数构建岭回归模型。

（2）使用留一交叉验证法寻求最优惩罚系数构建岭回归模型。

（3）使用 K 折交叉验证法寻求最优惩罚系数构建岭回归模型。

（4）划分训练样本和测试样本下构建最优岭回归模型。

5. 构建 Lasso 回归算法模型。

（1）使用留一交叉验证法寻求最优惩罚系数构建 Lasso 回归模型。

（2）使用 K 折交叉验证法寻求最优惩罚系数构建 Lasso 回归模型。

（3）划分训练样本和测试样本下构建最优 Lasso 回归模型。

6. 构建弹性网回归算法模型。

（1）使用 K 折交叉验证法寻求最优惩罚系数构建弹性网回归模型。

（2）划分训练样本和测试样本下构建最优弹性网回归模型。

第 10 章

K 近邻算法

K 近邻算法（K-Nearest Neighbor，KNN）是一种简单、懒惰（Lazy Learning）的监督式学习算法。简单是因为它不使用参数估计，只考虑特征变量之间的距离，基于距离来解决分类问题或回归问题。懒惰是因为它没有显式的学习过程或训练过程，只有接到预测任务时才会开始寻找近邻点，预测效率相对偏低。同时 K 近邻算法也针对的是有响应变量的数据集，所以也是一种监督式学习方式。K 近邻算法既能够用来解决分类问题，也能够用来解决回归问题。本章我们讲解 K 近邻算法的基本原理，并结合具体实例讲解该算法在 Python 中解决分类问题和回归问题的实现与应用。

10.1　K 近邻算法简介

本节主要介绍 K 近邻算法的基本原理。

10.1.1　K 近邻算法的基本原理

K 近邻算法的基本原理：首先通过所有的特征变量构筑起一个特征空间，特征空间的维数就是特征变量的个数，然后针对某个测试样本 d_i，按照参数 K 在特征空间内寻找与它最为近邻的 K 个训练样本观测值，最后依据这 K 个训练样本的响应变量值或实际分类情况获得测试样本 d_i 的响应变量拟合值或预测分类情况。

针对分类问题，按照"多数票规则"来确定，也就是说，K 个训练样本中包含样本数最多的那一类是什么，测试样本 d_i 的分类就是什么；针对回归问题，则按照 K 近邻估计量来确定，也就是将 K 个训练样本响应变量值的简单平均值作为测试样本 d_i 的响应变量拟合值。

由此可以看出，K 近邻算法比较简单，也没有使用参数，所以当不了解数据分布或者没有任何先验知识时，K 近邻算法是一个不错的选择。

在使用 K 近邻算法时，需要注意以下几点：

（1）所有的特征变量均需为连续变量。这是因为 K 近邻算法中的核心概念是"近邻"，那么怎么来衡量"近邻"呢？这就需要定义"距离"，通常情况下是用欧氏距离。

欧氏距离是最常见的距离量度，衡量的是多维空间中两个样本点之间的绝对距离。假设有 n 个特征（即 n 维特征空间），训练样本 x 的特征变量向量为 $(x_1, x_2, ..., x_n)$，训练样本 y 的特征变量向量为 $(y_1, y_2, ..., y_n)$，则测试样本 y 与训练样本 x 之间的欧氏距离为：

$$d(x,y) = \sqrt{(x_1 - y_1)^2 + (x_2 - y_2)^2 + ... + (x_n - y_n)^2} = \sqrt{\sum_{i=1}^{n}(x_i - y_i)^2}$$

从上面的公式也可以看出，欧氏距离是针对连续变量的，如果特征变量为分类变量，那么欧氏距离将无法计算。

注　意

除了欧氏距离之外，还有以下几种距离量度可供使用：

（1）标准化欧氏距离：对于各个特征变量进行标准化处理（均值为 0，标准差为 1）以后的欧式距离。

（2）曼哈顿距离（Manhattan Distance）：$d(x,y) = \sqrt{\sum_{i=1}^{n}|x_i - y_i|}$。

（3）切比雪夫距离（Chebyshev Distance）：$d(x,y) = \max|x_i - y_i|(i=1,2,...,n)$。

（4）闵可夫斯基距离（Minkowski Distance）：$d(x,y) = \sqrt[p]{\sum_{i=1}^{n}(|x_i - y_i|)^p}$，其中当 $p=1$ 时即为曼哈顿距离，$p=2$ 时即为欧氏距离。

（5）带权重的闵可夫斯基距离（Minkowski Distance）：$d(x,y) = \sqrt{\sum_{i=1}^{n}(w*|x_i - y_i|)^p}$，$w$ 为权重。

（6）马氏距离（Mahalanobis Distance）：$d(x,y) = \sqrt{(x-y)^T S^{-1}(x-y)}$，$S^{-1}$ 为样本协方差矩阵的逆矩阵。

（2）在进行 K 近邻算法之前，需要对特征变量进行标准化。因为原始数据的量纲差距可能很大，如果不进行标准化，可能会因为量纲的问题引起距离测算的较大偏差，容易被那些取值范围大的变量所主导，可能会造成某个特征值对结果的影响过大，从而大大降低模型的效果。

（3）当 K 值较小时，K 近邻算法对于"噪声"比较敏感。因为 K 近邻算法在寻找 K 个近邻值时，并不依据响应变量的信息，只是通过特征变量在特征空间内寻找，所以即使一些特征变量对于响应变量的预测是毫无意义的（也就是所谓的"噪声"），也会被不加分别地考虑，从而在一定程度上形成了干扰，影响了预测效果。

（4）K 近邻算法适用于样本全集容量较大且远大于特征变量数的情形。因为对于高维数据来说，针对特定测试样本，可能很难找到 K 个训练样本近邻值，估计效率也会大大下降。

在 Python 中，K 近邻算法针对分类问题的函数为 KNeighborsClassifier()，而针对回归问题的函数 KNeighborsRegressor()。

10.1.2　*K* 值的选择

K 值代表着在 *K* 近邻算法中选择多少个近邻值用于算法构建，也是 *K* 近邻算法中最为重要的参数。比较极端的情形有两种：一种是 *K* 取值为 1 的时候，也就说对于特定样本，只选择与自己最近的近邻值，最近近邻值的响应变量值为多少或者分为何类，特定样本也就相应地取值为多少或者分为何类，完全一致；另一种是 *K* 取值为整个样本容量的时候，也就是说对于每一个样本，都是用所有的样本作为其近邻值，不再区分。

不难看出，这两种极端情形都不可取。如果 *K* 取值过小，整体模型变得复杂，那么就仅使用较小的邻域中的训练样本进行预测，只有距离非常近的（相似的）样本才会起作用，这会导致模型的方差过大，或者说容易过拟合，导致模型的泛化能力不足，比如在前述 *K* 取值为 1 的时候，可以通过数学公式证明其泛化错误率上界为贝叶斯最优分类器错误率的两倍；如果而 *K* 取值过大，整体模型变得简单，那么就会使用过大邻域中的训练样本进行预测，距离非常远的（不太相似的）样本也会起作用，这会导致模型的偏差过大，或者说容易欠拟合，导致模型没有充分利用最临近（相似）样本的信息，比如在前述 *K* 取值为整个样本容量的时候，*K* 近邻算法对每一个测试样本的预测结果将会变得一样（或者说每个测试样本在整个样本全集中的位置与地位都是一样的）。

所以，从 *K* 取值为 1 开始，随着取值的不断增大，*K* 近邻算法的预测效果会逐渐提升，然而当达到一定数值（也就是最优数值）后，随着取值进一步的增大，*K* 近邻算法的预测效果就会逐渐下降。针对特定问题，需要找到最为合适的 *K*，使得 *K* 近邻算法能够达到最优效果。

在 *K* 值的具体选择方面，要注意以下三点：一是在大多数情况下，*K* 值都比较小；二是为了避免产生相等占比的情况，*K* 值一般取奇数；三是为了更加精确地找到合适的 *K* 值，建议设置一个 *K* 值的取值区间，然后通过交叉验证等方法分别计算其预测效果，从而找到最好的 *K* 值。

10.1.3　*K* 近邻算法的变种

1. 设置 *K* 个近邻样本的权重

前面我们介绍的 *K* 近邻算法，*K* 个训练样本的地位是完全一样的，只要成为 *K* 个中的一个，不论这些训练样本与测试样本 d_i 之间的距离如何，都会被不加区别地对待。但是在很多情况下，用户可能会希望给予距离测试样本 d_i 更近的训练样本以更大的权重，这时候就可以在 KNeighborsClassifier 或 KNeighborsRegressor 函数中加入 weights 参数。

weights 参数用于设置近邻样本的权重，可选择为"uniform"，"distance"或自定义权重。

● "uniform"为默认选项，即所有最近邻样本权重都一样。

● "distance"意味着训练样本权重和特定测试样本 d_i 的距离成反比例，距离越近、权重越大。

如果样本是呈簇状分布的，即不同种类的样本在特征空间中聚类效果较好，那么采取"uniform"是不错的；如果样本分布比较乱，不同类别的样本相互交织在一起，那么使用"distance"，即在预测类别或者做回归时，更近的近邻所占的影响因子更大，可能预测效果更优。除此之外，用户还可以自定义权重，进一步调优参数。

2. 限定半径最近邻法

前面我们讲述的 K 近邻算法，针对某个测试样本 d_i，是在特征空间内寻找与其最为近邻的 K 个训练样本观测值来完成计算，不论这些近邻值与特定测试样本 d_i 实际的距离如何，只考虑找到 K 个值。还有一种算法是限定半径最近邻法，它使用距离半径（radius）的方式，也就说针对某个测试样本 d_i，在特征空间内寻找距离半径以内的训练样本，只要是在距离半径以内的训练样本，不论其个数有多少，都将作为近邻值来处理。在 Python 中，限定半径最近邻法分类函数和回归函数分别是 RadiusNeighborsClassifier 和 RadiusNeighborsRegressor。

半径的设置通过参数 radius 来实现，参数默认值是 1.0。在具体数值的选择方面，总体原则是应尽量保证每类训练样本与其他类别样本之间的距离足够远。所以半径的选择与样本分布紧密相关，用户可以通过交叉验证法来选择一个较小的半径。

此外，在 RadiusNeighborsClassifier 和 RadiusNeighborsRegressor 中也可以加入 weights 参数，用于调节距离在半径以内的近邻样本的权重，其含义与 K 近邻算法相同。

10.2　数据准备

本节主要是准备数据，以便后面演示 K 近邻算法的实现。

10.2.1　案例数据说明

本节我们以"数据 4.1"和"数据 8.1"文件中的数据为例进行讲解，关于数据详情可参阅"第 4 章 线性回归算法"及"第 8 章 朴素贝叶斯算法"中的相关介绍。针对"数据 4.1"，我们讲解回归问题的 K 近邻算法，以 V1（营业利润水平）为响应变量，以 V2（固定资产投资）、V3（平均职工人数）、V4（研究开发支出）为特征变量。针对"数据 8.1"，我们讲解分类问题的 K 近邻算法，以 V1（转型情况）为响应变量，以 V2（存款规模）、V3（EVA）、V4（中间业务收入）、V5（员工人数）为特征变量。

10.2.2　导入分析所需要的模块和函数

在进行分析之前，首先导入分析所需要的模块和函数读，取数据集并进行观察。在 Spyder 代码编辑区输入以下代码：

```
import numpy as np          # 导入 numpy，并简称为 np
import pandas as pd         # 导入 pandas，并简称为 pd
import matplotlib.pyplot as plt # 导入 matplotlib.pyplot，并简称为 plt
from sklearn.model_selection import Kfold       # 导入 Kfold，用于 K 折交叉验证
from sklearn.model_selection import cross_val_score # 导入 cross_val_score，用于交叉验证评分
from sklearn.model_selection import train_test_split    # 导入 train_test_split，用于分割训练
样本和测试样本
from sklearn.preprocessing import StandardScaler    # 导入 StandardScaler 用于数据标准化
from sklearn.neighbors import KNeighborsRegressor   # 导入 KNeighborsRegressor 用于 K 近邻回归
from sklearn.neighbors import KNeighborsClassifier, RadiusNeighborsClassifier   # 导入
```

KNeighborsClassifier, RadiusNeighborsClassifier 用于 K 近邻分类、限定半径最近邻分类
```
from sklearn.metrics import mean_squared_error      # 导入 mean_squared_error 计算均方误差
```

10.3　回归问题 *K* 近邻算法示例

本节主要演示回归问题 *K* 近邻算法的实现。

10.3.1　变量设置及数据处理

首先需要将本书提供的数据文件放入安装 **Python** 的默认路径位置，并从相应位置进行读取。在 Spyder 代码编辑区输入以下代码：

```
data=pd.read_csv('C:/Users/Administrator/.spyder-py3/数据 4.1.csv')      # 读取数据 4.1.csv 文件
```

注意，因用户的具体安装路径不同，设计路径的代码会有差异。成功载入后，"变量管理器"窗口如图 10.1 所示。

名称	类型	大小	值
data	DataFrame	(25, 4)	Column names: V1, V2, V3, V4

图 10.1　"变量管理器"窗口

```
X = data.drop(['V1'],axis=1)       # 设置特征变量，即除 V1 之外的全部变量
y = data['V1']      # 设置响应变量，即 V1
X_train,X_test,y_train,y_test=train_test_split(X,y,test_size=0.3,random_state=123)    # 将样
本全集划分为训练样本和测试样本，测试样本占比为 30%，random_state=123 的含义是设置随机数种子为 123，以保证随机
抽样的结果可重复
scaler = StandardScaler()      # 导入标准化函数，即把变量的原始数据变换成均值为 0、标准差为 1 的标准化数据
scaler.fit(X_train)       # 基于特征变量的训练样本估计标准化函数
X_train_s = scaler.transform(X_train)        # 将上一步得到的标准化函数应用到训练样本集
X_test_s = scaler.transform(X_test)          # 将上一步得到的标准化函数应用到测试样本集
```

10.3.2　构建 *K* 近邻回归算法模型

在"变量管理器"窗口（见图 10.2），我们可以看到 X_train_s 中共有 17 个样本观测值，X_test_s 中共有 8 个样本观测值，所以理论上 *K* 的最小取值为 1，最大取值为 17，即在特征空间内将所有训练样本观测值作为近邻值。

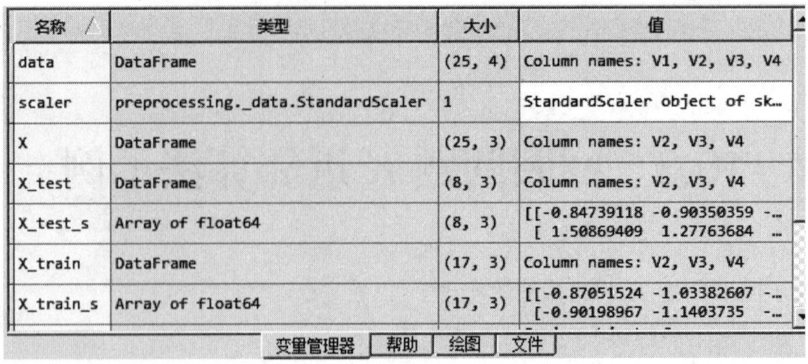

名称	类型	大小	值
data	DataFrame	(25, 4)	Column names: V1, V2, V3, V4
scaler	preprocessing._data.StandardScaler	1	StandardScaler object of sk...
X	DataFrame	(25, 3)	Column names: V2, V3, V4
X_test	DataFrame	(8, 3)	Column names: V2, V3, V4
X_test_s	Array of float64	(8, 3)	[[-0.84739118 -0.90350359 -... [1.50869409 1.27763684 ...
X_train	DataFrame	(17, 3)	Column names: V2, V3, V4
X_train_s	Array of float64	(17, 3)	[[-0.87051524 -1.03382607 -... [-0.90198967 -1.1403735 ...

变量管理器　帮助　绘图　文件

图 10.2 "变量管理器"窗口

首先我们选择最小值 K=1 进行计算并观察结果，在 Spyder 代码编辑区输入以下代码：

```
model = KNeighborsRegressor(n_neighbors=1)    # 构建 K 近邻回归模型，K=1
model.fit(X_train_s, y_train)    # 基于标准化后的训练样本调用 fit()方法拟合模型
pred = model.predict(X_test_s)    # 基于测试样本的特征开展模型预测
pred    # 运行结果为：array([ 3399., 25321., 35003., 23123., 17654.,  8765.,  5120.,
9952.])。正如前面所讲述的，K=1 就是直接选择了最邻近样本的响应变量值作为预测值，所以没有任何平均计算在里面，没有
小数，就是训练样本原始数据集中 V1 的值
mean_squared_error(y_test, pred) # 输出模型的均方误差，运行结果为：4890587.5
model.score(X_test_s, y_test)    # 输出模型的拟合优度（可决系数），运行结果为：0.9518473763043744，
可以发现预测效果还是很不错的
```

下面我们选择最大值 K=17 进行计算并观察结果，在 Spyder 代码编辑区中输入以下代码：

```
model = KNeighborsRegressor(n_neighbors=17)    # 构建 K 近邻回归模型，K=17
model.fit(X_train_s, y_train)    # 基于标准化后的训练样本调用 fit()方法拟合模型
pred = model.predict(X_test_s)    # 基于测试样本的特征开展模型预测
pred    # 运行结果为：array([13616.20588235, 13616.20588235, 13616.20588235,
13616.20588235,13616.20588235, 13616.20588235, 13616.20588235, 13616.20588235])，正如前面所讲述的，
如果令 K 等于全部训练样本观测值的个数，那么预测的所有测试样本的特征向量值为同一个数值（训练样本集中 V1 变量所有值
的平均值）
mean_squared_error(y_test, pred) # 输出模型的均方误差，运行结果为：107212855.70415226，可以发现相
较于 K=1 时，均方误差变得非常大
model.score(X_test_s, y_test)    # 输出模型的拟合优度（可决系数），运行结果为：-
0.05561556685274338，拟合优度为负值，说明预测效果极差
```

下面我们选择中间值 K=9 进行计算并观察结果，在 Spyder 代码编辑区中输入以下代码：

```
model = KNeighborsRegressor(n_neighbors=9)    # 构建 K 近邻回归模型，K=9
model.fit(X_train_s, y_train)    # 基于标准化后的训练样本调用 fit()方法拟合模型
pred = model.predict(X_test_s)    # 基于测试样本的特征开展模型预测
pred    # 运行结果为：array([ 5093.44444444, 21945.27777778, 21945.27777778,
18840.88888889,15925.55555556,  6376.88888889,  5093.44444444,  7847.22222222])
mean_squared_error(y_test, pred) # 输出模型的均方误差，运行结果为：22576134.324845675，介于 K=1 和
K=17 之间
model.score(X_test_s, y_test)    # 输出模型的拟合优度（可决系数），运行结果为：0.7777158468903402，
拟合优度也介与 K=1 和 K=17 之间
```

10.3.3　如何选择最优的 K 值

从上一节可以看出，K 值不宜取太小或太大，那么应该如何选择最优的 K 值呢？我们在

Spyder 代码编辑区输入以下代码（注意，以下代码涉及 for 循环，需要全部选中并整体运行）：

```
scores = []          # 生成 score 列表
ks = range(1, 17)    # 设置 KS 的范围为 range(1, 17)，即从 1 到 17 范围内按 1 为步长递增的值
for k in ks:         # 针对 ks 中的值 k
    model = KNeighborsRegressor(n_neighbors=k)  # 构建 K 近邻回归模型，K 值为 k
    model.fit(X_train_s, y_train)          # 基于标准化后的训练样本调用 fit() 方法拟合模型
    score = model.score(X_test_s, y_test)  # 基于测试样本的特征开展模型预测
    scores.append(score)  # 在列表 scores 最后（末尾）添加新得到的 score
max(scores)          # 当 K 取从 1 到 17 范围内的值时，最优模型的拟合优度（可决系数），运行结果为
0.9903233535011939，可以发现这个预测结果已经非常高了
index_max = np.argmax(scores)     # 生成 index_max 变量，取值为使 score 取值最大的列表索引
index_max            # 查看 index_max，结果是 3，即索引为 3，也就是第 4 个，K=4
print(f'最优 K 值：{ks[index_max]}')  # 输出最优模型的 K 值，运行结果为：最优 K 值：4。也就是说当 K=4
时，模型是最优的，拟合优度为 0.9903233535011939
```

下面，我们以图形的形式展示最优 *K* 值（注意，以下代码用于绘图，需要全部选中并整体运行）。

```
plt.rcParams['font.sans-serif'] = ['SimHei']   # 解决图表中中文显示的问题
plt.plot(ks, scores, 'o-')  # 绘制 K 的取值和模型拟合优度的关系图
plt.xlabel('K')   # 设置 X 轴标签为"K"
plt.axvline(ks[index_max], linewidth=1, linestyle='--', color='k')    # 在 K 取最优值处绘制一
条垂直的虚线（'--'），线的宽度为 1，颜色为'k'
plt.ylabel('拟合优度')   # 设置 Y 轴标签为"拟合优度"
plt.title('不同 K 取值下的拟合优度')   # 设置标题为"不同 K 取值下的拟合优度"
plt.tight_layout()  # 输出图形
```

运行结果如图 10.3 所示，可以看到在 *K*=4 时拟合优度达到最大，从 1 到 4 拟合优度逐渐上升，但是在 4 以后又逐渐下降。

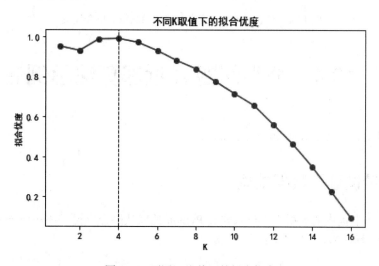

图 10.3　不同 *K* 取值下的拟合优度

10.3.4　最优模型拟合效果图形展示

下面，我们以图形的形式将测试样本响应变量原值和预测值进行对比，观察模型拟合效果。

在 Spyder 代码编辑区输入以下代码（注意，以下代码用于绘图，需要全部选中并整体运行）：

```
model = KNeighborsRegressor(n_neighbors=4)      # 选取前面得到的最优 K 值 4 构建 K 近邻算法模型
model.fit(X_train_s, y_train)    # 基于训练样本进行拟合
pred = model.predict(X_test_s)    # 对响应变量进行预测
t = np.arange(len(y_test))        # 求得响应变量在测试样本中的个数，以便绘制图形
plt.rcParams['font.sans-serif'] = ['SimHei']    # 解决图表中中文显示的问题
plt.plot(t, y_test, 'r-', linewidth=2, label=u'原值')    # 绘制响应变量原值曲线
plt.plot(t, pred, 'g-', linewidth=2, label=u'预测值')    # 绘制响应变量预测曲线
plt.legend(loc='upper right')    # 将图例放在图的右上方
plt.grid()    # 显示网格线
plt.show()    # 展示图形
```

运行结果如图 10.4 所示，可以看到测试样本响应变量原值和预测值的拟合是非常好的，体现在两条线几乎重合在一起。

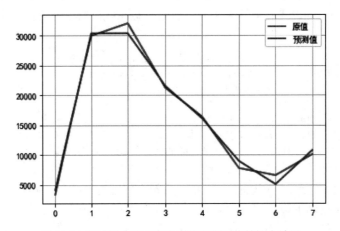

图 10.4　测试样本响应变量原值和预测值的拟合效果

10.4　分类问题 *K* 近邻算法示例

本节主要演示分类问题 *K* 近邻算法的实现。

10.4.1　变量设置及数据处理

首先需要将本书提供的数据文件放入安装 Python 的默认路径位置，并从相应位置进行读取，在 Spyder 代码编辑区输入以下代码：

```
data=pd.read_csv('C:/Users/Administrator/.spyder-py3/数据 8.1.csv')      # 读取数据 8.1.csv 文件
```

注意，因用户的具体安装路径不同，设计路径的代码会有差异，成功载入后，"变量管理器"窗口如图 10.5 所示。

名称 △	类型	大小	值
data	DataFrame	(48, 5)	Column names: V1, V2, V3, V4, V5

图 10.5　"变量管理器"窗口

```
X = data.drop(['V1'],axis=1)        # 设置特征变量，即除 V1 之外的全部变量
y = data['V1']        # 设置响应变量，即 V1
X_train,X_test,y_train,y_test=train_test_split(X,y,test_size=0.3,random_state=123)    # 将样
本全集划分为训练样本和测试样本，测试样本占比为 30%，random_state=123 的含义是设置随机数种子为 123，以保证随机
抽样的结果可重复
scaler = StandardScaler()        # 引入标准化函数，即把变量的原始数据变换成均值为 0、标准差为 1 的标准化数据
scaler.fit(X_train) # 基于特征变量的训练样本估计标准化函数
X_train_s = scaler.transform(X_train)    # 将上一步得到的标准化函数应用到训练样本集
X_test_s = scaler.transform(X_test)        # 将上一步得到的标准化函数应用到测试样本集
```

10.4.2　构建 *K* 近邻分类算法模型

在"变量管理器"窗口（见图 10.6），我们可以看到 X_train_s 中共有 33 个样本观测值，X_test_s 中共有 15 个样本观测值，所以理论上 *K* 的最小取值为 1，最大取值为 33，即在特征空间内将所有训练样本观测值作为近邻值。

名称 △	类型	大小	值
scores	list	16	[0.9518473763043744,...
t	Array of int32	(8,)	[0 1 2 3 4 5 6 7]
X	DataFrame	(48, 4)	Column names: V2, V3, V4, V5
X_test	DataFrame	(15, 4)	Column names: V2, V3, V4, V5
X_test_s	Array of float64	(15, 4)	[[10.20989587 -0.587... [0.26571261 -0.82 ...
X_train	DataFrame	(33, 4)	Column names: V2, V3, V4, V5
X_train_s	Array of float64	(33, 4)	[[0.55962936 -0.383... [-0.12617638 0.47 ...

变量管理器　帮助　绘图　文件

图 10.6　"变量管理器"窗口

首先我们选择最小值 *K*=1 进行计算并观察结果，在 Spyder 代码编辑区输入以下代码：

```
model = KNeighborsClassifier(n_neighbors=1)        # 构建 K 近邻分类模型，K=1
model.fit(X_train_s, y_train)    # 基于标准化后的训练样本调用 fit()方法拟合模型
pred = model.predict(X_test_s)    # 基于测试样本对模型进行预测
model.score(X_test_s, y_test)        # 输出模型的分类准确率（与回归问题中 score 代表拟合优度不同，分类问
题中的 score 是预测准确率的概念），运行结果为：0.8666666666666667，可以发现结果还是很不错的
```

下面我们选择最大值 *K*=33 进行计算并观察结果，在 Spyder 代码编辑区中输入以下代码：

```
model = KNeighborsClassifier(n_neighbors=33)        # 构建 K 近邻分类模型，K=33
model.fit(X_train_s, y_train)        # 基于标准化后的训练样本调用 fit()方法拟合模型
pred = model.predict(X_test_s)        # 基于测试样本对模型进行预测
model.score(X_test_s, y_test)        # 运行结果为：0.3333333333333333，模型的分类准确率还不到 0.5，低
于随机预测
```

10.4.3　如何选择最优的 *K* 值

与回归问题相同，针对分类问题我们也可以选取最优 *K* 值。在 Spyder 代码编辑区输入以下代码（以下代码含义与前述相同，不再注释）：

```
scores = []
ks = range(1, 33)
for k in ks:
    model = KNeighborsRegressor(n_neighbors=k)
    model.fit(X_train_s, y_train)
    score = model.score(X_test_s, y_test)
    scores.append(score)
max(scores)    # 当 K 取从 1 到 33 范围内的值时，最优模型的拟合优度（可决系数）运行结果为
0.9333333333333333，可以发现拟合优度已经非常高了
index_max = np.argmax(scores)
print(f'最优 K 值: {ks[index_max]}')    # 输出最优模型的 K 值，运行结果为：最优 K 值：9。也就是说，当
K=9 时，模型是最优的，分类准确率为 0.9333333333333333
```

下面，我们以图形的形式展示最优 *K* 值（注意，以下代码用于绘图，需要全部选中并整体运行）。

```
plt.rcParams['font.sans-serif'] = ['SimHei']    # 解决图表中中文显示的问题
plt.plot(ks, scores, 'o-')    # 绘制 K 的取值和模型预测准确率的关系图
plt.xlabel('K')    # 设置 X 轴标签为 "K"
plt.axvline(ks[index_max], linewidth=1, linestyle='--', color='k')    # 在 K 取最优值处绘制一
条垂直的虚线（'--'），线的宽度为 1，颜色为 'k'
plt.ylabel('预测准确率')    # 设置 Y 轴标签为 "预测准确率"
plt.title('不同 K 取值下的预测准确率')    # 设置标题为 "不同 K 取值下的预测准确率"
plt.tight_layout())    # 展示图形
```

运行结果如图 10.7 所示，可以看到在 *K*=9 时预测准确率达到最大，但最优解并不是唯一的，有多个 *K* 值都达到了相同的预测准确率。

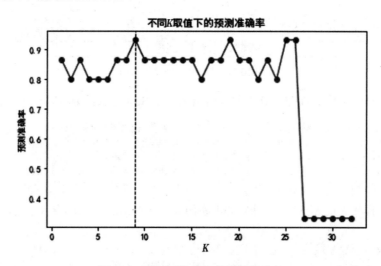

图 10.7　不同 *K* 取值下的预测准确率

10.4.4　最优模型拟合效果图形展示

下面，我们以图形的形式将测试样本响应变量原值和预测值进行对比，观察模型拟合效果。在 Spyder 代码编辑区输入以下代码（注意，以下代码用于绘图，需要全部选中并整体运行）：

```
model = KNeighborsClassifier(n_neighbors=9)    # 选取前面得到的最优 K 值 9 构建 K 近邻算法模型
model.fit(X_train_s, y_train)    # 基于训练样本进行拟合
pred = model.predict(X_test_s)    # 对响应变量进行预测
t = np.arange(len(y_test))    # 求得响应变量在测试样本中的个数，以便绘制图形
plt.rcParams['font.sans-serif'] = ['SimHei']    # 解决图表中中文显示的问题
plt.plot(t, y_test, 'r-', linewidth=2, label=u'原值')    # 绘制响应变量原值曲线
plt.plot(t, pred, 'g-', linewidth=2, label=u'预测值')    # 绘制响应变量预测曲线
plt.legend(loc='upper right')    # 将图例放在图的右上方
plt.grid()    # 显示网格线
plt.show()    # 展示图形
```

运行结果如图 10.8 所示，可以看到测试样本响应变量原值和预测值的拟合是非常好的，体现在除个别值外，两条线几乎重合在一起。

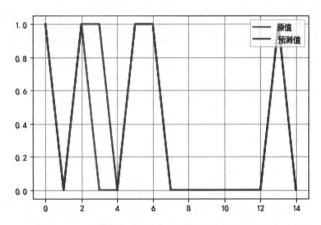

图 10.8　测试样本响应变量原值和预测值的拟合效果

10.4.5　绘制 K 近邻分类算法 ROC 曲线

在 Spyder 代码编辑区输入以下代码：

```
scaler = StandardScaler()    # 引入标准化函数，即把变量的原始数据变换成均值为 0、标准差为 1 的标准化数据
scaler.fit(X)    # 基于特征变量的全部样本估计标准化函数
X_s = scaler.transform(X)    # 对数据集 X 进行标准化转换生成 X_s
```

注意，以下代码用于绘图，需要全部选中并整体运行。

```
plt.rcParams['font.sans-serif'] = ['SimHei']    # 解决图表中中文显示的问题
plot_roc_curve(model,X_s, y)    # 绘制 ROC 曲线，并计算 AUC 值
x = np.linspace(0, 1, 100)    # np.linspace(start, stop, num)，即在间隔 start 和 stop 之间
返回 num 个均匀间隔的数据，本例中为在 0~1 返回 100 个均匀间隔的数据
plt.plot(x, x, 'k--', linewidth=1)    # 在图中增加 45 度黑色虚线，以便观察 ROC 曲线性能
plt.title('K 近邻算法 ROC 曲线')    # 设置标题为'K 近邻算法 ROC 曲线'。运行结果如图 10.9 所示
```

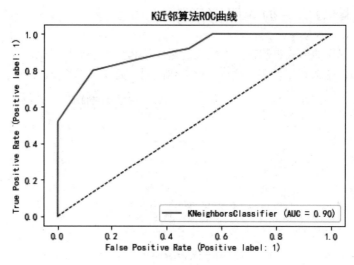

图 10.9　K 近邻算法 ROC 曲线

关于 ROC 曲线以及 AUC 值的具体含义在 "第 5 章　二元 Logistic 回归算法" 中已有详细介绍，此处不再赘述。本例中 ROC 曲线离纯机遇线较远，模型的预测效果还可以。AUC 值为 0.90，远大于 0.5，具备较高的预测价值。

10.4.6　运用两个特征变量绘制 *K* 近邻算法决策边界图

在 Spyder 代码编辑区输入以下代码：

```
X2 = X.iloc[:, 0:2]            # 仅选取 V2（存款规模）、V3（EVA）作为特征变量
model = KNeighborsClassifier(n_neighbors=9)#使用 K 近邻分类算法，K=9
scaler = StandardScaler()     # 构建标准化函数 scaler
scaler.fit(X2)                # 基于 X2 数据集采用 fit() 方法拟合标准化函数 scaler
X2_s = scaler.transform(X2) # 将 X2 数据集标准化为 X2_s 数据集
model.fit(X2_s, y) # 调用 fit() 方法进行拟合
model.score(X2_s, y)      # 计算模型预测准确率，运行结果为：0.8541666666666666
```

注意，以下代码用于绘图，需要全部选中并整体运行。

```
plt.rcParams['font.sans-serif'] = ['SimHei']     # 解决图表中文显示问题
plot_decision_regions(np.array(X2_s), np.array(y), model)
plt.xlabel('存款规模')     # 将 x 轴设置为'存款规模'
plt.ylabel('EVA')          # 将 y 轴设置为'EVA'
plt.title('K 近邻算法决策边界')          # 将标题设置为'K 近邻算法决策边界'，运行结果如图 10.10 所示
```

从图 10.10 中可以发现，*K* 近邻算法的决策边界是不规则形状，这一边界将所有参与分析的样本分为两个类别，右侧区域为已转型网点区域，左下方区域是未转型网点区域，边界较为清晰，分类效果也比较好，体现在各样本的实际类别与决策边界分类区域基本一致。

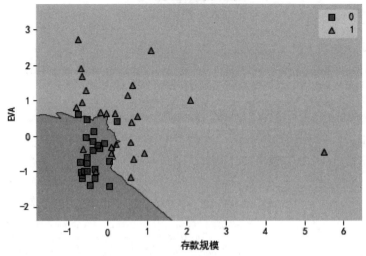

图 10.10 *K* 近邻算法决策边界图

10.4.7 普通 KNN 算法、带权重 KNN、指定半径 KNN 三种算法的对比

1. 基于验证集法（将样本分割为训练样本和测试样本）进行对比

在 Spyder 代码编辑区输入以下代码：

```
models = []    # 建立一个名为 models 的空列表
models.append(('KNN', KNeighborsClassifier(n_neighbors=9)))    # 普通 KNN 分类算法，K=9，添加至列表 models
models.append(('KNN with weights', KNeighborsClassifier(n_neighbors=9,
weights='distance')))    # 带权重 KNN，K=9，将权重参数设置成'distance'，添加至列表 models
models.append(('Radius Neighbors', RadiusNeighborsClassifier(radius=100)))    # 指定半径 KNN 算法，半径设为 100，添加至列表 models
results = []    # 建立一个名为 results 的空列表
for name, model in models:    # 针对列表 models 中前述生成的三个 model
    model.fit(X_train_s, y_train)    # 基于标准化训练样本调用 fit()方法进行拟合
    results.append((name, model.score(X_test_s, y_test)))    # 将得到的预测准确率添加至列表 results
for i in range(len(results)):    # 针对列表 results 内的值
    print('name: {}; score: {}'.format(results[i][0], results[i][1]))    # 按照一定格式输出预测准确率
```

运行结果为：

```
name: KNN; score: 0.9333333333333333
name: KNN with weights; score: 0.9333333333333333
name: Radius Neighbors; score: 0.3333333333333333
```

可以发现在本例中，普通 KNN 算法和带权重 KNN 算法的预测准确率是一致的，达到了 0.9333333333333333；但是指定半径 KNN 算法表现非常差，在指定半径为 100 时，预测准确率只有 0.3333333333333333。

2. 基于 10 折交叉验证法进行对比

在 Spyder 代码编辑区输入以下代码（以下代码与前述类似，不再注释）：

```
models = []
models.append(('KNN', KNeighborsClassifier(n_neighbors=9)))
models.append(('KNN with weights', KNeighborsClassifier(n_neighbors=9,
weights='distance')))
models.append(('Radius Neighbors', RadiusNeighborsClassifier(radius=10000)))
results = []
for name, model in models:
    kfold = KFold(n_splits=10)
    cv_result = cross_val_score(model, X_s, y, cv=kfold)
    results.append((name, cv_result))
for i in range(len(results)):
    print('name: {}; cross_val_score: {}'.format(results[i][0], results[i][1].mean()))
```

运行结果为：

```
name: KNN; cross_val_score: 0.6900000000000001
name: KNN with weights; cross_val_score: 0.7300000000000001
name: Radius Neighbors; cross_val_score: 0.24000000000000005
```

可以发现在本例中，基于 10 折交叉验证法下带权重 KNN 算法的预测准确率是最优的，达到了 0.73；其次为普通 KNN 算法，预测准确率达到了 0.69；指定半径 KNN 算法表现非常差，在指定半径为 10000 时（之所以取这么大，是因为本例中如果把半径设得很小，会导致很多测试样本无法找到近邻值），预测准确率只有 0.24。

10.5 习 题

1. 使用"数据 9.2"文件中的数据（详情已在第 9 章的习题部分中介绍），以 V1（交易金额）为响应变量，以 V2（消费者年龄）、V3（消费者信用）、V4（注册时间）、V5（在线时间）、V6（整体好评率）为特征变量，构建 K 近邻回归算法模型，完成以下操作：

（1）载入分析所需要的库和模块。

（2）变量设置及数据处理。

（3）以 K 能取到的最小值、最大值、中间值分别构建 K 近邻回归算法模型。

（4）选择最优的 K 值，利用最优 K 值构建 K 近邻回归算法模型。

（5）图形化展示最优模型拟合效果。

2. 使用"数据 5.1"文件中的数据（详情已在第 5 章中介绍），以 V1（征信违约记录）为响应变量，以 V2（资产负债率）、V6（主营业务收入）、V7（利息保障倍数）、V8（银行负债）、V9（其他渠道负债）为特征变量，构建 K 近邻分类算法模型，完成以下操作：

（1）载入分析所需要的库和模块。

（2）变量设置及数据处理。

（3）以 K 能取到的最小值、最大值、中间值分别构建 K 近邻分类算法模型。

（4）选择最优的 K 值，利用最优 K 值构建 K 近邻分类算法模型。

（5）图形化展示最优模型拟合效果。

（6）绘制 K 近邻分类算法 ROC 曲线。

（7）运用 V2（资产负债率）、V8（银行负债）两个特征变量绘制 K 近邻算法决策边界图。

（8）使用普通 KNN 算法、带权重 KNN、指定半径 KNN 三种算法分别构建模型并进行对比。

第 11 章

主成分分析算法

主成分分析算法（Principal Component Analysis，PCA）是一种非监督式学习算法，针对没有响应变量而仅有特征变量的数据集，其主要作用就是降维。在很多时候，各个特征变量之间可能会存在较多的信息重叠，或者说相关性比较强，比如线性回归分析中的多重共线性关系，而当我们的样本观测值数较少，但是选取的变量过多的话，就会产生高维数据及其带来的"维度灾难"问题，也可以理解成是模型的自由度太小，进而造成构建效果欠佳。这时候就需要用到降维的方法，即针对有过多特征变量的数据集，在尽可能不损失信息或者少损失信息的情况下，将多个特征变量减少为少数几个潜在的主成分，这几个主成分可以高度概括数据中的信息，这样，既减少了变量个数，又能最大程度的保留原有特征变量中的信息。本章我们讲解主成分分析算法的基本原理，并结合具体实例讲解该算法在 Python 中的实现与应用。

11.1 主成分分析算法简介

本节主要介绍主成分分析算法的基本原理、数学概念、特征值、主成分得分及载荷等内容。

11.1.1 主成分分析算法的基本原理

主成分分析是一种降维分析的统计过程，该过程通过正交变换将原始的 n 维数据集变换到一个新的被称作主成分的数据集中，也就是将众多的初始特征变量整合成少数几个相互无关的主成分特征变量，而这些新的特征变量尽可能地包含了初始特征变量的全部信息，然后用这些新的特征变量来代替以前的特征变量进行分析。比如在线性回归分析算法中，可能会遇到样本个数小于变量个数，即高维数据的情形，或者原始特征变量之前存在较强相关性造成多重共线性的情况，那么我们完全可以先进行主成分分析，以提取的主成分作为新的特征变量，再进行线性回归分析等监督式学习。

　　当然，主成分分析本质上只是一种坐标变换，经过变换之后得到的主成分由于集合了多个原始特征变量的信息，所以其经济含义很可能不再清晰，无法有效地就特征变量对响应变量的具体影响关系做出清晰解释，但这不妨碍它在降维方面的巨大优势，尤其是针对机器学习这一更多关注预测而不是关注解释的领域更是如此。

　　具体来说，主成分分析法从原始特征变量到新特征变量是一个正交变换（坐标变换），通过正交变换，将其原随机向量（分量间有相关性）转换成新随机向量（分量间不具有相关性），也就是将原随机向量的协方差矩阵变换成对角矩阵。变换后的结果中，第一个主成分具有最大的方差值，每个后续的主成分在与前述主成分正交的条件限制下也具有最大方差。降维时仅保存前 m（$m < n$）个主成分即可保持最大的数据信息量。

　　如图 11.1 所示，原来特征空间内有两个特征变量 x_1 和 x_2，样本观测值需要由这两个特征变量共同描述，但是我们进行正交变换（坐标变换）之后，将原特征变量 x_1 和 x_2 转换为新特征变量 y_1 和 y_2，可以发现样本观测值几乎只用 y_1 这一个特征变量就可以进行描述了。

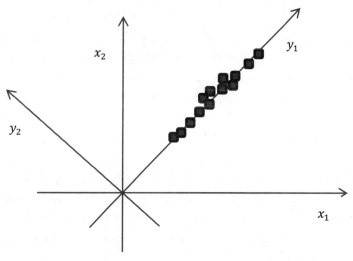

图 11.1　特征变量正交变换示例图

11.1.2　主成分分析算法的数学概念

　　主成分分析算法的数学概念为：假设原始特征向量 $\boldsymbol{X} = \left(X_1, X_2, ..., X_p \right)^{\mathrm{T}}$ 是一个 p 维随机特征向量，首先将其标准化为 $\boldsymbol{ZX} = \left(ZX_1, ZX_2, ..., ZX_p \right)^{\mathrm{T}}$，使得每一个变量的平均值为 0，方差为 1。之所以需要进行标准化，是因为如果变量之间的方差差别较大，主成分分析就会被较大方差的变量所主导，使得分析结果严重失真。

　　然后考虑它的线性变换，如果样本个数 n 大于或等于特征变量个数 p（这也是大多数情况），则提取主成分 F_i 为：

$$F_i = a_{1i} \times ZX_1 + a_{2i} \times ZX_2 + ... + a_{pi} \times ZX_p$$

　　也就是说进行坐标变换，将 p 维随机特征向量 X 转换成 p 维随机特征向量 $\boldsymbol{F}$。但是这一坐标变换需满足如下优化条件：一方面是第一个主成分 F_1 最可能多地保留原始特征向量 X 的信息，实现途径是使得 F_1 的方差尽可能大；另一方面，接下来的每一个主成分都要尽可能多地保留原始特征向量 X 的信息，但同时又不能跟前面已经提取的主成分的信息有所重叠，也就是说各个主成分之间是相互正交的，或者说需要满足 $\mathrm{cov}(F_i,F_j)=0$，其中 $j=1,2,\ldots,i-1$。在满足上述条件下，各主成分的方差依次递减，不同的主成分之间相互正交（没有相关性），达到前几个主成分 F_i 就可以代表原始特征向量 X 大部分信息的效果。

而如果样本个数 n 小于特征变量个数 p，则只能提取 $n-1$ 个主成分，不然主成分之间就会产生严重多重共线性。

在主成分个数的具体确定方面，如果从尽可能保持原始特征变量信息的角度出发，最终选取的主成分的个数可以通过各个主成分的累积方差贡献率来确定，一般情况下以累积方差贡献率大于或等于 85% 为标准。如果单纯从降维的角度出发，可以直接限定提取的主成分的个数，以达到降维效果为目的，保留主成分。

11.1.3　主成分的特征值

除了前面所述的方差贡献率之外，主成分的特征值也可以代表该主成分的解释能力，特征值是方差的组成部分，所有主成分的特征值加起来就是分析中主成分的方差之和，即主成分的"总方差"。

由于我们提取的各个主成分之间是完全不相关的，分析的是一个零相关矩阵，因此标准化为单位方差。比如针对 10 个原始特征变量提取了 10 个主成分，10 个主成分的总方差就是 10。

在某次分析中第一个主成分的特征值为 6.61875，其方差贡献率就是 66.19%（6.61875/10），或者说该主成分能够解释总方差的 66.19%；第二个主成分的特征值为 1.47683，其方差贡献率就是 14.77%（1.47683/10），或者说该主成分能够解释总方差的 14.77%。

特征值越大解释能力越强，通常情况下只有特征值大于 1 的主成分是有效的，因为平均值就是 1（结合前面讲解的 10 个主成分的总方差就是 10 来理解），如果某主成分的特征值低于 1，则说明该主成分对于方差的解释还没有达到平均水平，所以不建议保留。该方法也可以用来作为"确定主成分个数"的判别标准。

11.1.4　样本的主成分得分

每个样本主成分的具体取值称为主成分得分。图 11.2 即为主成分得分的图形展示。（图片来源：《SPSS 数据挖掘与案例分析应用实践》杨维忠著，机械工业出版社，第 11 章 城镇居民消费支出结构研究及政策启示）

该研究针对某年度中国大中城市城镇居民消费支出科目提取了两个主成分：第一主成分（纵轴）代表食品、家庭设备用品及服务、交通和通信、教育文化娱乐服务、居住、杂项商品和服务，第二主成分（横轴）代表衣着、医疗保健。图中直观地展示了各大中城市在两个主成分方面的优势（或短板），可以通过划分为四个象限（（0，0）为原点）的方式进行解释，比如位于第一象限的有上海、广州、北京、南京、青岛、大连、天津，表示这 7 个城市在消费支出的两个主成分方面都领先其他城市。

图形

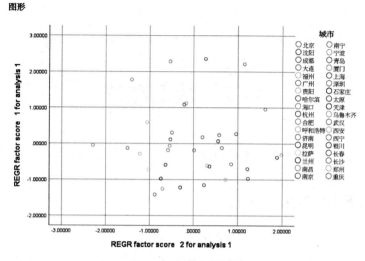

图 11.2　主成分得分图

11.1.5　主成分载荷

　　主成分载荷表示每个变量对于主成分的影响，常用特征向量矩阵来表示，图 11.3 即为一个示例。（图片来源：《Stata 统计分析从入门到精通》杨维忠、张甜著，清华大学出版社，第 11 章主成分分析与因子分析）

Principal components (eigenvectors)

Variable	Comp1	Comp2	Comp3	Comp4	Comp5	Comp6	Comp7
V2	0.3669	-0.0292	0.1501	0.0770	-0.4435	-0.4078	0.0228
V3	0.2243	-0.3380	0.6741	0.2771	0.4064	-0.0283	0.2359
V4	0.3760	-0.0203	-0.0404	0.1164	-0.2705	-0.4969	0.0681
V5	0.3705	0.0179	0.0527	-0.0671	0.3307	-0.0240	-0.8547
V6	0.3510	-0.1240	0.1737	0.0699	-0.4773	0.7470	-0.0310
V7	0.3595	-0.0411	-0.2491	-0.0309	0.4535	0.1048	0.3765
V8	0.3669	0.0081	-0.3220	-0.0573	0.0097	0.0834	0.0282
V9	0.3590	0.0807	-0.3474	-0.1394	0.1280	0.0474	0.2086
V10	0.0489	0.7182	0.0121	0.6840	0.0740	0.0850	0.0077
V11	0.1341	0.5871	0.4493	-0.6347	0.0152	0.0004	0.1468

Variable	Comp8	Comp9	Comp10	Unexplained
V2	-0.3880	-0.2994	0.4821	0
V3	0.2699	-0.0737	0.0649	0
V4	0.1808	0.3612	-0.5960	0
V5	-0.0965	-0.0368	-0.0628	0
V6	-0.0742	0.0401	-0.1803	0
V7	-0.6171	0.2547	-0.0440	0
V8	0.5108	0.4043	0.5710	0
V9	0.2938	-0.7302	-0.2070	0
V10	0.0060	-0.0175	0.0268	0
V11	0.0318	0.0987	-0.0108	0

图 11.3　特征向量矩阵

　　图 11.3 中 Comp1~Comp10 代表提取的 10 个主成分，V2~V11 代表 10 个原始变量，针对主成分 1（Comp1），其在 V2~V11 上的载荷分别是 0.3669、0.2243、0.3760、0.3705、0.3510、0.3595、0.3669、0.3590、0.0489、0.1341。需要说明的是，每个主成分荷载的列式平方和为 1，如

针对主成分 1，即有：

$$0.3669^2 + 0.2243^2 + \cdots + 0.0489^2 + 0.1341^2 = 1$$

11.2 数据准备

本节主要介绍准备数据，以便后面演示主成分分析算法的实现。

11.2.1 案例数据说明

本节我们以"数据 11.1"文件中的数据为例进行讲解，其中记录的是"中国 2021 年 1~3 月份地区主要能源产品产量统计"，数据摘编自《中国经济景气月报》（2021 年 04 月刊）。该数据文件中共有 21 个变量，是 V1~V21，分别代表地区、汽油万吨、煤油万吨、柴油万吨、燃料油万吨、石脑油万吨、液化石油气万吨、石油焦万吨、石油沥青万吨、焦炭万吨、煤气亿立方米、火力发电量亿千瓦/小时、水力发电量亿千瓦/小时、核能发电量亿千瓦/小时、风力发电量亿千瓦/小时、太阳能发电量亿千瓦/小时、原煤万吨、原油万吨、天然气亿立方米、煤层气亿立方米、液化天然气万吨，如图 11.4 所示。

V1	V2	V3	V4	V5	V6	V7	V8	V9	V10	V11	V12
北京	54.3	24.1	35.5	0.5	44.5	10.1	11	0	0	0	140.7
天津	109.1	25.5	65.4	0.1	101.2	20.4	22.9	0	41.2	74.1	199.5
河北	139.4	21.4	116.7	66.6	17.3	38.3	12.3	57.5	1084.6	933.5	884.8
山西	0	0	0	0	0	0	0	0	2500.9	267.5	927.8
内蒙古	41.7	4.4	40.4	1.9	10.1	9.1	0	0	1122	125.1	1429.4
辽宁	509.1	109.7	510.7	83.7	233.1	87.1	87.4	190	584.5	339.4	523.9
吉林	61.4	7.3	63	8.3	21.3	3.5	5.1	0	106.1	60.1	250.2
黑龙江	140.9	11.3	86.4	10	0.9	40.7	4.8	1.1	328.6	41.5	287.8
上海	147.3	61.8	154.6	31.1	55.9	28.2	27.5	18.3	138	63.7	242.9
江苏	193.5	76.8	131.9	94.9	97.5	45.3	37.5	102.9	372.3	421.4	1339.1
浙江	182.2	150.1	218.3	72	93.1	174.7	47	105.3	51.7	35.6	857.7
安徽	69.9	13.5	41.2	2.8	3.9	18.8	6.3	0	320.2	126.6	714
福建	86	104.8	83.3	30.6	15.8	34.6	9.3	31.6	55.5	70.5	613.8
江西	57.5	15.1	51.1	7.6	9.8	11.6	8.9	1.7	169.4	99.8	331.9
山东	517.6	35.5	718.1	239.4	218.8	384.7	271.1	649.5	813.5	269.5	1441.1
河南	61.2	13.9	54.2	1.3	6.7	18	0	24	385.9	120.1	700.4
湖北	106.3	23.4	110.5	5.2	45.9	15.2	23	4.7	219.9	101.2	664.5
湖南	46.9	13.5	33.1	2.2	1.9	12.6	5.9	2.2	154.2	91.2	374.3
广东	342.9	159.9	371.2	167.1	162.7	119.1	74	92.5	145.9	99.3	1292.4
广西	125.5	32	132.9	7.1	3	25	11.7	23.9	257.7	148.9	483.8
海南	70.5	31.9	63.9	16.7	6	23.8	0	2	0	0	78.1
重庆	0	0	0	0	0	0	0	0	78.2	40.5	232.5
四川	58.6	29.9	45.1	3.8	0.2	6.1	0	17.8	260.9	97.6	760.5
贵州	0	0	0	0	0	0	0	0	106.7	22	589
云南	58.9	15.2	64.4	0	0	10.6	4.8	5.3	283.3	90.4	672.2

图 11.4   "数据 11.1"文件中的数据内容（内容过多，仅展示部分）

下面我们针对 V2（汽油万吨）、V3（煤油万吨）、V4（柴油万吨）、V5（燃料油万吨）、V6（石脑油万吨）、V7（液化石油气万吨）、V8（石油焦万吨）、V9（石油沥青万吨）、V10（焦炭万吨）、V11（煤气亿立方米）共 10 个变量开展主成分分析。

11.2.2　导入分析所需要的模块和函数

在进行分析之前，首先需要导入分析所需要的模块和函数，读取数据集并进行观察。在 Spyder 代码编辑区输入以下代码：

```
import numpy as np          # 导入 numpy，并简称为 np
import pandas as pd         # 导入 pandas，并简称为 pd
import matplotlib.pyplot as plt  # 导入 matplotlib.pyplot，并简称为 plt
import seaborn as sns       # 导入 seaborn，并简称为 sns
from sklearn.preprocessing import StandardScaler    # 导入 StandardScaler 用于数据标准化
from sklearn.decomposition import PCA       # 导入 PCA，用于主成分分析
```

11.2.3　变量设置及数据处理

首先需要将本书提供的数据文件放入安装 Python 的默认路径位置，并从相应位置进行读取，在 Spyder 代码编辑区输入以下代码：

```
data=pd.read_csv('C:/Users/Administrator/.spyder-py3/数据 11.1.csv')  # 读取数据 11.1.csv 文件
```

注意，因用户的具体安装路径不同，设计路径的代码会有差异。成功载入后，"变量管理器"窗口如图 11.5 所示。

名称	类型	大小	值
data	DataFrame	(31, 21)	Column names: V1, V2, V3, V4, V5, V6, V7, V8, V9, V10, V11, V12, V13, ...

图 11.5　"变量管理器"窗口

```
X = data.iloc[:,1:11]    # 设置分析所需要的特征变量
X.info()                 # 观察数据信息。运行结果为：
```

```
<class 'pandas.core.frame.DataFrame'>
RangeIndex: 31 entries, 0 to 30
Data columns (total 10 columns):
 #   Column  Non-Null Count  Dtype
---  ------  --------------  -----
 0   V2      31 non-null     float64
 1   V3      31 non-null     float64
 2   V4      31 non-null     float64
 3   V5      31 non-null     float64
 4   V6      31 non-null     float64
 5   V7      31 non-null     float64
 6   V8      31 non-null     float64
 7   V9      31 non-null     float64
 8   V10     31 non-null     float64
 9   V11     31 non-null     float64
dtypes: float64(10)
memory usage: 2.5 KB
```

数据集中共有 31 个样本（31 entries, 0 to 30）、10 个变量（total 10 columns）。10 个变量分别是 V2~V11，它们均包含 31 个非缺失值（31 non-null）。所有变量的数据类型均为浮点型（float64），数据内存为 2.5KB。

```
len(X.columns)     # 列出数据集中变量的数量。运行结果为 10
X.columns     # 列出数据集中的变量，运行结果为：Index(['V2', 'V3', 'V4', 'V5', 'V6', 'V7', 'V8', 'V9', 'V10', 'V11'], dtype='object')，与前面的结果一致
X.shape     # 列出数据集的形状。运行结果为(31, 10)，也就是 31 行 10 列，数据集中共有 31 个样本，10 个变量
```

```
X.dtypes          # 观察数据集中各个变量的数据类型，与前面的结果一致
```

```
V2       float64
V3       float64
V4       float64
V5       float64
V6       float64
V7       float64
V8       float64
V9       float64
V10      float64
V11      float64
dtype: object
```

```
X.isnull().values.any()          # 检查数据集是否有缺失值。结果为 False，没有缺失值
X.isnull().sum()                 # 逐个变量地检查数据集是否有缺失值。结果为没有缺失值
```

```
V2       0
V3       0
V4       0
V5       0
V6       0
V7       0
V8       0
V9       0
V10      0
V11      0
dtype: int64
```

```
X.head(10)        # 列出数据集中的前 10 个样本
```

	V2	V3	V4	V5	V6	V7	V8	V9	V10	V11
0	54.3	24.1	35.5	0.5	44.5	10.1	11.0	0.0	0.0	0.0
1	109.1	25.5	65.4	0.1	101.2	20.4	22.9	0.0	41.2	74.1
2	139.4	21.4	116.7	66.6	17.3	38.3	12.3	57.5	1084.6	933.5
3	0.0	0.0	0.0	0.0	0.0	0.0	0.0	0.0	2500.9	267.5
4	41.7	4.4	40.4	1.9	10.1	9.1	0.0	0.0	1122.0	125.1
5	509.1	109.7	510.7	83.7	233.1	87.1	87.4	190.0	584.5	339.4
6	61.4	7.3	63.0	8.3	21.3	3.5	5.1	0.0	106.1	60.1
7	140.9	11.3	86.4	10.0	40.7	4.8	1.1	328.6	41.5
8	147.3	61.8	154.6	31.1	55.9	28.2	27.5	18.3	138.0	63.7
9	193.5	76.8	131.9	94.9	97.5	45.3	37.5	102.9	372.3	421.4

在主成分分析算法中，需要对参与分析的特征变量进行标准化，具体操作如下：

```
scaler=StandardScaler()          # 引入标准化函数，即把变量的原始数据变换成均值为 0、标准差为 1 的标准化数据
scaler.fit(X)          # 基于特征变量的样本观测值估计标准化函数
X_s = scaler.transform(X)        # 将上一步得到的标准化函数应用到样本全集，得到 X_s
X_s = pd.DataFrame(X_s, columns=X.columns)          # X_train 标准化为 X_train_s 以后，原有的特征变量
名称会消失，该步操作就是把特征变量名称加回来，不然在进行一些分析时系统会反复进行警告提示
```

11.2.4　特征变量相关性分析

在 Spyder 代码编辑区输入以下代码：

```
print(X_s.corr(method='pearson'))          # 输出变量之间的皮尔逊相关系数矩阵，运行结果为：
```

```
          V2        V3        V4        V5        V6        V7        V8      \
V2   1.000000  0.606280  0.966058  0.862134  0.909407  0.784373  0.832705
V3   0.606280  1.000000  0.531200  0.587745  0.636796  0.453554  0.344715
V4   0.966058  0.531200  1.000000  0.886504  0.868540  0.861070  0.919711
V5   0.862134  0.587745  0.886504  1.000000  0.817718  0.891380  0.883510
V6   0.909407  0.636796  0.868540  0.817718  1.000000  0.750205  0.803289
V7   0.784373  0.453554  0.861070  0.891380  0.750205  1.000000  0.939025
V8   0.832705  0.344715  0.919711  0.883510  0.803289  0.939025  1.000000
V9   0.797207  0.287031  0.882474  0.869174  0.745533  0.943058  0.978082
V10  0.100626 -0.180894  0.126203  0.124363  0.003641  0.071036  0.106661
V11  0.335223  0.099328  0.265556  0.377767  0.250739  0.198328  0.221806

          V9       V10       V11
V2   0.797207  0.100626  0.335223
V3   0.287031 -0.180894  0.099328
V4   0.882474  0.126203  0.265556
V5   0.869174  0.124363  0.377767
V6   0.745533  0.003641  0.250739
V7   0.943058  0.071036  0.198328
V8   0.978082  0.106661  0.221806
V9   1.000000  0.156830  0.292440
V10  0.156830  1.000000  0.467484
V11  0.292440  0.467484  1.000000
```

可以发现很多变量之间的相关性水平都非常高，体现在变量之间的相关性系数都非常大，变量之间存在着较强的正自相关，比较适合用于主成分分析。

在 Spyder 代码编辑区输入以下代码，然后全部选中这些代码并整体运行：

```
plt.subplot(1,1,1)
sns.heatmap(X_s.corr(), annot=True)    # 输出变量之间相关矩阵的热力图，运行结果如图 11.6 所示
```

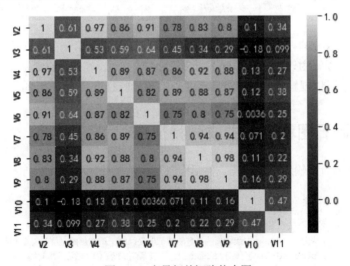

图 11.6 变量相关矩阵热力图

热力图的右侧为图例说明，颜色越深表示相关系数越小，颜色越浅表示相关系数越大；左侧的矩阵则形象地展示了各个变量之间的相关情况。

11.3　主成分分析算法示例

本节主要演示主成分分析算法的实现。

11.3.1　主成分提取及特征值、方差贡献率计算

在 Spyder 代码编辑区输入以下代码：

```
model = PCA()          # 将模型设置为主成分分析算法
model.fit(X_s)         # 基于 X_s 的数据调用 fit()方法进行拟合
np.set_printoptions(suppress=True)   # 不以科学记法显示，而是直接显示数字
model.explained_variance_   # 计算提取的各个主成分的特征值，运行结果为: array([6.83937558,
1.52606072, 0.92577468, 0.48539968, 0.30047921, 0.1221568 , 0.07627725, 0.03601643, 0.01648759,
0.00530539])
```

可以发现各个主成分的特征值是降序排列的，提取的第一个主成分的特征值最大，为 6.83937558，然后越来越小，并且只有前两个主成分的特征值是大于 1 的。

```
model.explained_variance_ratio_          # 计算各主成分的方差贡献率，运行结果为: array([0.66187506,
0.1476833 , 0.0895911 , 0.04697416, 0.02907863,0.01182163, 0.00738167, 0.00348546, 0.00159557,
0.00051343])
```

可以发现各个主成分的方差贡献率也是降序排列的，提取的第一个主成分的方差贡献率最大，为 0.66187506，可以理解为该主成分解释了所有原始特征变量 66.19%的信息；第 2 个主成分的方差贡献率为 0.1477，可以理解为该主成分解释了所有原始特征变量 14.77%的信息；以此类推。

11.3.2　绘制碎石图观察各主成分特征值

在 Spyder 代码编辑区输入以下代码，然后全部选中这些代码并整体运行：

```
plt.plot(model.explained_variance_, 'o-')          # 绘制碎石图观察各主成分特征值
plt.axhline(model.explained_variance_[2], color='r', linestyle='--', linewidth=2)   # 调用
可视化函数 plt.axhline()绘制一条水平线, 其中 model.explained_variance_[2], color='r', linestyle='--',
linewidth=2 表示在第 3 个主成分（Python 中起始值为 0）的特征值处绘制一条红色的宽度为 2 的虚线
plt.rcParams['font.sans-serif'] = ['SimHei']       # 解决图表中中文显示的问题
plt.xlabel('主成分')      # 将图中 x 轴的标签设置为'主成分'
plt.ylabel('特征值')      # 将图中 y 轴的标签设置为'特征值'
plt.title('各主成分特征值碎石图')      # 将图的标题设置为'各主成分特征值碎石图', 运行结果如图 11.7 所示
```

从图 11.7 中可以非常直观地看出各主成分特征值的变化情况。

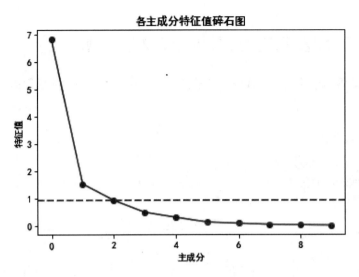

图 11.7　各主成分特征值碎石图

11.3.3　绘制碎石图观察各主成分方差贡献率

在 Spyder 代码编辑区输入以下代码，然后全部选中这些代码并整体运行：

```
plt.plot(model.explained_variance_ratio_, 'o-')        # 绘制碎石图观察各主成分方差贡献率
plt.axhline(model.explained_variance_ratio_[2], color='r', linestyle='--', linewidth=2)
    # 调用可视化函数 plt.axhline()绘制一条水平线，其中 model.explained_variance_[2], color='r',
linestyle='--', linewidth=2 表示在第 3 个主成分（Python 中起始值为 0）的特征值处绘制一条红色的宽度为 2 的虚线
plt.xlabel('主成分')        # 将图中 x 轴的标签设置为'主成分'
plt.ylabel('方差贡献率')    # 将图中 y 轴的标签设置为'方差贡献率'
plt.title('各主成分方差贡献率碎石图')        # 将图的标题设置为'各主成分方差贡献率碎石图'，运行结果如图
11.8 所示
```

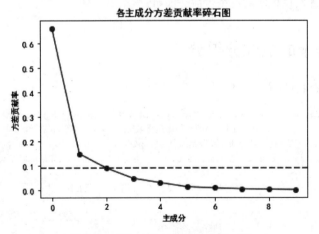

图 11.8　各主成分方差贡献率碎石图

从图 11.8 中可以非常直观地看出各主成分方差贡献率的变化情况。

11.3.4　绘制碎石图观察主成分累积方差贡献率

在 Spyder 代码编辑区输入以下代码，然后全部选中这些代码并整体运行：

```
plt.plot(model.explained_variance_ratio_.cumsum(), 'o-')   # 绘制碎石图观察主成分累积方差贡献率
plt.xlabel('主成分')          # 将图中 x 轴的标签设置为'主成分'
plt.ylabel('累积方差贡献率')     # 将图中 y 轴的标签设置为'累积方差贡献率'
plt.axhline(0.85, color='r', linestyle='--', linewidth=2)     # 调用可视化函数 plt.axhline()，
在累积方差贡献率=0.85 处绘制一条红色的宽度为 2 的虚线
plt.title('主成分累积方差贡献率碎石图')     # 将图的标题设置为'主成分累积方差贡献率碎石图'，运行结果如图
11.9 所示
```

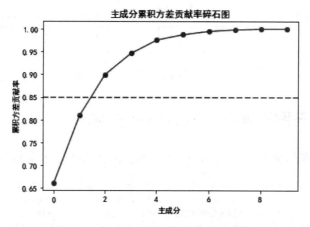

图 11.9　主成分累积方差贡献率碎石图

从图 11.9 中可以发现当提取主成分个数为 2 时，没有超过 85%的红线，而当提取主成分个数为 3 时，就超过了 85%的红线，也就是说，如果我们将"累积方差贡献率大于或等于 85%"作为选取主成分的标准，那么仅提取前三个主成分即可。

11.3.5　计算样本的主成分得分

在 Spyder 代码编辑区输入以下代码：

```
scores=pd.DataFrame(model.transform(X_s),columns=['Comp'+str(n)forninrange(1,11)])   # 计算
样本的主成分得分（已标准化），pd.DataFrame()函数的作用是将输出结果以数据框形式展示，而 columns=['Comp'+
str(n)forninrange(1,11)]表示将列名分别设置为 Comp1~Comp10
pd.set_option('display.max_columns',None)        # 显示完整的列，如果不运行该代码，则列显示不完整，
中间有省略号
scores.head(10)     # 显示前 10 个样本的主成分得分（已标准化），运行结果为：
```

```
      Comp1      Comp2      Comp3      Comp4      Comp5      Comp6      Comp7    \
0  -1.121102  -0.900331   0.245397   0.101449   0.233355   0.428181  -0.013456
1  -0.365241  -0.740140  -0.070480   0.201244   0.824230   0.873170  -0.144981
2   0.756510   3.829692  -1.913348   2.105650  -0.389670  -0.217255  -0.044589
3  -1.436642   3.821121  -0.033593  -2.041316  -0.446734   0.588313  -0.084488
4  -1.317840   1.327292   0.253220  -0.793076  -0.048931   0.221434  -0.006843
5   5.304432  -0.053191  -1.724806  -0.430690   1.966554  -0.017174  -0.427510
6  -1.218802  -0.368855   0.355048   0.287498   0.265492   0.044190   0.166775
7  -0.819153  -0.149990   0.427140  -0.129600   0.119735  -0.447679  -0.044683
8   0.249485  -0.842412  -0.446787  -0.177543   0.143784  -0.079675   0.010899
9   1.795439   0.539232  -1.474734   0.837798  -0.220241   0.418401   0.427746

      Comp8      Comp9     Comp10
0   0.046662  -0.004187   0.034027
1  -0.096763  -0.150453   0.093889
2  -0.126223  -0.174295  -0.061676
3   0.121670  -0.003981   0.051476
4  -0.065230   0.003425  -0.039681
5   0.047883   0.161585  -0.078607
6  -0.029928  -0.020756  -0.075407
7  -0.516190   0.032656   0.187107
8   0.147870  -0.097929   0.065208
9   0.144711   0.298618   0.105142
```

11.3.6 绘制二维图形展示样本在前两个主成分上的得分

在 Spyder 代码编辑区输入以下代码，然后全部选中这些代码并整体运行：

```
V1=pd.Series(data.V1)          # 从数据集 data 中提取 V1 变量，并通过 pd.Series()函数转换成序列形式
plt.figure(figsize=(9,9))      # 设置绘图的尺寸为(9,9)
plt.rcParams['axes.unicode_minus']=False     # 解决图表中负号不显示的问题
sns.scatterplot(x='Comp1', y='Comp2',hue=V1, style=V1,data=scores)       # 绘制散点图，x 轴为
'Comp1'，y 轴为'Comp2'；data 为数据，需要为 pandas.DataFrame 型参数，不能包含非数值型数据，本例中为前面生成
的 scores；hue 为对输入数据进行分组的序列，使用不同颜色对各组的数据加以区分，本例中设置为 V1；style 为对输入数据
进行分组的序列，使用不同点标记对各组的数据加以区分，本例中也设置为 V1
plt.title('样本的主成分得分')  # 设置图形标题为'样本的主成分得分'，运行结果如图 11.10 所示
```

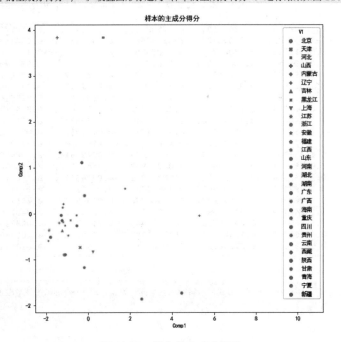

图 11.10　样本的主成分得分

11.3.7　绘制三维图形展示样本在前三个主成分上的得分

在 Spyder 代码编辑区输入以下代码，然后全部选中这些代码并整体运行：

```
fig = plt.figure()        # 生成一个画板，但仅有
画板并不能用来画图，需要在子图(subplot)或者轴域(Axes)
中画图
    ax = fig.add_subplot(111, projection='3d')
    # 在前面已生成的画板中生成了一个子图 ax，基于 ax 变
量绘制三维图
    plt.rcParams['axes.unicode_minus']=False
    # 解决图表中负号不显示的问题
    ax.scatter(scores['Comp1'],
scores['Comp2'], scores['Comp3'],c='r')
    # 基于前三个主成分的 scores 绘制三维散点图，散点的
颜色为红色
    ax.set_xlabel('Comp1')        # 将 x 轴标签设置
为'Comp1'
    ax.set_ylabel('Comp2')        # 将 y 轴标签设置
为'Comp2'
    ax.set_zlabel('Comp3')        # 将 z 轴标签设置
为'Comp3'，运行结果如图 11.11 所示
```

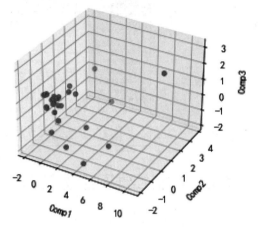

图 11.11　三个主成分得分的三维图

11.3.8　输出特征向量矩阵，观察主成分载荷

在 Spyder 代码编辑区输入以下代码：

```
model.components_        # 计算主成分载荷，观察每个变量对于主成分的影响，运行结果为：
```

```
array([[ 0.36690549,  0.22434591,  0.37599656,  0.37054219,  0.35097683,
         0.35953245,  0.36693521,  0.35902664,  0.04891442,  0.13413364],
       [-0.02919712, -0.33803748, -0.02033253,  0.01792923, -0.12397877,
        -0.04106258,  0.00813852,  0.08067247,  0.71822938,  0.58707642],
       [-0.15009569, -0.67413794,  0.04035735, -0.0527027 , -0.17365762,
         0.2491389 ,  0.32204221,  0.3474    , -0.01211189, -0.4492563 ],
       [-0.07699255, -0.27713   , -0.11639434,  0.06711286, -0.06992628,
         0.03088664,  0.05729369,  0.13940802, -0.68395647,  0.63471415],
       [ 0.44348817, -0.40640978,  0.27051312, -0.33066346,  0.47725081,
        -0.45351672, -0.0097102 , -0.1280173 , -0.07399316, -0.01517255],
       [-0.40778603, -0.02831592, -0.49687397, -0.02403509,  0.74701823,
         0.10483931,  0.08341766,  0.04735027,  0.08496518,  0.00041959],
       [-0.02281581, -0.23592007, -0.06811999,  0.85472897,  0.03095885,
        -0.37650314, -0.02822426, -0.20855931, -0.0076617 , -0.14681234],
       [-0.38797112,  0.26994791,  0.18076257, -0.09650516, -0.07418378,
        -0.61708934,  0.51082997,  0.29380746,  0.00595234,  0.03178339],
       [ 0.29941799,  0.07365997, -0.3611512 ,  0.03681963, -0.04011575,
        -0.25469448, -0.40429336,  0.73017448,  0.01747078, -0.09871946],
       [ 0.48208592,  0.06488398, -0.59601182, -0.06283927, -0.18033951,
        -0.04398028,  0.57100682, -0.20703964,  0.02678347, -0.01077997]])
```

```
round(pd.DataFrame(model.components_.T, index=X_s.columns, columns=['Comp' + str(n) for n
in range(1, 11)]), 2)        # 以数据框形式展示特征向量矩阵，设置索引为样本的 V1 变量取值，列名为
'Comp1~Comp10'，运行结果为：
```

	Comp1	Comp2	Comp3	Comp4	Comp5	Comp6	Comp7	Comp8	Comp9	Comp10
V2	0.37	-0.03	-0.15	-0.08	0.44	-0.41	-0.02	-0.39	0.30	0.48
V3	0.22	-0.34	-0.67	-0.28	-0.41	-0.03	-0.24	0.27	0.07	0.06
V4	0.38	-0.02	0.04	-0.12	0.27	-0.50	-0.07	0.18	-0.36	-0.60
V5	0.37	0.02	-0.05	0.07	-0.33	-0.02	0.85	-0.10	0.04	-0.06
V6	0.35	-0.12	-0.17	-0.07	0.48	0.75	0.03	-0.07	-0.04	-0.18
V7	0.36	-0.04	0.25	0.03	-0.45	0.10	-0.38	-0.62	-0.25	-0.04
V8	0.37	0.01	0.32	0.06	-0.01	0.08	-0.03	0.51	-0.40	0.57
V9	0.36	0.08	0.35	0.14	-0.13	0.05	-0.21	0.29	0.73	-0.21
V10	0.05	0.72	-0.01	-0.68	-0.07	0.08	-0.01	0.01	0.02	0.03
V11	0.13	0.59	-0.45	0.63	-0.02	0.00	-0.15	0.03	-0.10	-0.01

11.4　习　题

　　使用"数据 11.1"文件中的数据,针对 V12(火力发电量亿千瓦/小时)、V13(水力发电量亿千瓦/小时)、V14(核能发电量亿千瓦/小时)、V15(风力发电量亿千瓦/小时)、V16(太阳能发电量亿千瓦/小时)、V17(原煤万吨)、V18(原油万吨)、V19(天然气亿立方米)、V20(煤层气亿立方米)、V21(液化天然气万吨)共 11 个变量开展主成分分析。

1. 导入分析所需的库和模块。
2. 变量设置及数据处理。
3. 特征变量相关性分析。
4. 主成分提取及特征值、方差贡献率计算。
5. 绘制碎石图观察各主成分特征值。
6. 绘制碎石图观察各主成分方差贡献率。
7. 绘制碎石图观察主成分累积方差贡献率。
8. 计算样本的主成分得分。
9. 绘制二维图形展示样本在前两个主成分上的得分。
10. 绘制三维图形展示样本在前三个主成分上的得分。
11. 输出特征向量矩阵,观察主成分载荷。

第 **12** 章

聚类分析算法

聚类分析算法（Principal Component Analysis，PCA）也是一种非监督式学习算法，针对的是没有响应变量而仅有特征变量的数据集，其主要作用就是快速分类。虽然是非监督式学习算法，但聚类分析也有很多应用场景，比如电商平台系统对具有相似购买行为的用户进行聚类，针对划分好的客户类别，将某用户购买的产品在同一类别用户内进行推荐，实现精准促销；或者根据以往销售记录及其他特征对产品进行聚类，若某用户购买了一款产品，则继续向他推送同一类别的其他产品。又比如大型连锁企业依据销售情况对全辖门店进行有效分类，根据聚类结果制订生产计划、开展物流配送、实现更有效率的资源配置等。本章我们讲解聚类分析算法的基本原理，并结合具体实例讲解该算法在 Python 中的实现与应用。

12.1　聚类分析算法简介

本节主要介绍聚类分析算法的基本原理、划分聚类分析、层次聚类分析、测度样本数据之间的距离等内容。

12.1.1　聚类分析算法的基本原理

聚类分析是根据特征变量，按照一定的标准对样本进行分类。

按照分析方法的不同，聚类分析分成两个宽泛的类别，即划分聚类分析和层次聚类分析。划分聚类分析是一种快速聚类方式，它将数据看作 K 维空间上的点，以距离为标准进行聚类分析，将样本分为指定的 K 类，包括 K 个平均数的聚类分析方法、K 个中位数的聚类分析方法。划分聚类分析过程只限于连续数据，要求预先指定聚类数目。

层次聚类分析也称为系统聚类分析，基本思路是对相近程度最高的两类进行合并，组成一个新类并不断重复此过程，直到所有的个体都归为一类。层次聚类分析通常只限于较小的数据文件

（要聚类的对象最多只有数百个）。

12.1.2　划分聚类分析

划分聚类分析的基本思想是将观测到的样本划分到一系列事先设定好的不重合的分组中去。划分聚类分析方法主要包括两种：一种是 K 个平均数的聚类分析方法，即 K 均值聚类分析方法，此方法的操作流程是通过迭代过程将样本分配到具有最接近的平均数的组，然后找出这些聚类；另一种是 K 个中位数的聚类分析方法，此方法的操作流程是通过迭代过程将样本分配到具有最接近的中位数的组，然后找出这些聚类。

以 K 均值聚类分析为例，其基本原理是：首先指定聚类的个数并按照一定的规则选取初始聚类中心，让个案向最近的聚类中心靠拢，形成初始分类，然后按最近距离原则不断修改不合理分类，直至合理为止。

比如用户选择 x 个特征变量参与聚类分析，最后要求聚类数为 y，那么将由系统首先选择 y 个样本（当然也可由用户指定）作为初始聚类中心，x 个特征变量组成 x 维特征空间。每个样本在 x 维特征空间中是一个点，y 个事先选定的样本案就是 y 个初始聚类中心点。然后系统按照距这几个初始聚类中心距离最小的原则把样本分派到各类中心所在的类，构成第一次迭代形成的 y 类。

然后系统根据组成每一类的样本，计算各特征变量均值，每一类中的 x 个特征均值在 x 维特征空间中又形成 y 个点，这就是第二次迭代的聚类中心。按照这种方法依次迭代下去，直到达到指定的迭代次数或达到终止迭代的要求，迭代停止，形成最终聚类中心。

K 均值聚类分析计算量小、占用内存少并且处理速度快，因此比较适合处理大样本的聚类分析。

划分聚类分析方法与层次聚类分析方法相比，它在计算上相对简单且计算速度更快一些，但是它也有自己的缺点——要求事先指定样本聚类的精确数目，这与聚类分析探索性的本质是不相适应的。

12.1.3　层次聚类分析

层次聚类分析也称为系统聚类分析。与划分聚类分析方法的原理不同，层次聚类分析的基本原理是根据选定的特征来识别相对均一的个案（变量）组，使用的算法是首先将每个个案（或变量）都视为一类，然后根据类与类之间的距离或相似程度将最近的类加以合并，再计算新类与其他类之间的相似程度，并选择最相似的加以合并，这样每合并一次就减少一类，不断继续这一过程，最终实现完全聚类，即把所有的观测样本汇集到一个组中。

在实际分析中常用到的一个层次聚类分析工具是树状图，如图 12.1 所示。（图片来源：《Stata 统计分析从入门到精通》杨维忠、张甜著，清华大学出版社，第 12 章 聚类分析。）

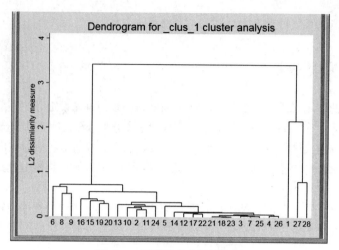

图 12.1   层次聚类分析树状图

从图 12.1 中可以直观地看到具体的聚类情况，如 21、18、23 号样本聚合在一起（当然图片放大后，可能会进一步细分，比如 21、18、23 号样本首先是 18、23 号合并，然后与 21 合并），3、7、25 号样本聚合在一起。

那么，到底分成了多少类呢？这取决于研究的需要和实际的情况，需要用户加入自己的判断，确定好分类需求后，从聚类分析树状图最上面使用分割框往下进行分割。例如需要把所有样本观测值分成两类时，分析结果如图 12.2 所示。

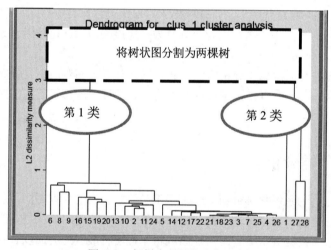

图 12.2   把样本观测值分为两类

从图 12.2 中可以发现 1、27、28 三个样本为第 2 类，其他样本为第 1 类。如果需要把所有样本观测值分成 3 类，就需要自上而下继续进行分割（图中的分割框下移），分析结果如图 12.3 所示。

从图 12.3 中可以发现 1 号样本为第 2 类，27 号、28 号样本为第 3 类，其他样本为第 1 类。

与划分聚类分析方法相比，层次聚类分析方法的计算过程更为复杂，计算速度相对较慢，但是它不要求事先指定需要分类的数量，这一点是符合聚类分析探索性的本质特点的，所以这种聚类分析方法应用也非常广泛。

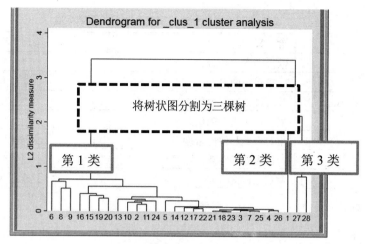

图 12.3　把样本观测值分为 3 类

根据类与类之间的距离的量度方式的不同，层次聚类分析的方法可以分为很多种，具体如表 12.1 所示。

表 12.1　层次聚类分析方法的分类

层次聚类分析的方法	类与类之间的距离的量度方式
最短联结法聚类分析（Single-Linkage Cluster Analysis）	定义类与类之间的距离为两类中最近的样本之间的距离
最长联结法聚类分析（Complete-Linkage Cluster Analysis）	定义类与类之间的距离为两类中最远的样本之间的距离
平均联结法聚类分析（Average-Linkage Cluster Analysis）	定义类与类之间的距离为两类中各样本的平均数之间的距离
中位数联结法聚类分析（Median-Linkage Cluster Analysis）	定义类与类之间的距离为两类中各样本的中位数之间的距离
重心联结法聚类分析（Centroid-Linkage Cluster Analysis）	定义类与类之间的距离为两类中各样本的重心之间的距离
ward 联结法聚类分析（ward-Linkage Cluster Analysis）	两个聚类之间的距离等于点到质心的偏差平方和，使类内各样本的偏差平方和最小，类间偏差平方和尽可能大

实务中可根据实际情况灵活选用。

12.1.4　样本距离的测度

无论是划分聚类分析还是层次聚类分析，本质都是按照一定的距离对样本进行分割，在一定标准距离范围以内的样本被划分为一个类别，所以如何测度样本数据之间的距离就变得非常重要。现就常用的距离测度方法介绍如下：

1. 针对连续特征变量数据的距离标准

常用的针对连续变量数据的距离标准如表 12.2 所示。

表 12.2   常用的针对连续变量数据的距离标准

简写	含义	适用变量类型
Euclidean（L2）	欧氏距离	连续变量数据
L2squared	欧氏距离的平方	连续变量数据
Manhattan（L1）	曼哈顿距离，也称绝对值距离	连续变量数据
Linfinity	最大值距离，闵氏距离	连续变量数据
correlation	相关系数相似性量度	连续变量数据
L(#)	闵可夫斯基距离，需要在括号内指定 p 值	连续变量数据
cosine	余弦相似度	连续变量数据

具体介绍如下：

（1）欧氏距离

欧式距离指两个样本观测值（或指标、变量）差值平方和的平方根，数学公式为：

$$d_{xy} = \sqrt{\sum_{i=1}^{n}(x_i - y_i)^2}$$

（2）欧氏距离的平方

欧式距离的平方指两个样本观测值（或指标、变量）差值的平方和，数学公式为：

$$d_{xy} = \sum_{i=1}^{n}(x_i - y_i)^2$$

（3）曼哈顿距离，也称绝对值距离

绝对值距离指两个样本观测值（或指标、变量）差值绝对值之和，数学公式为：

$$d_{xy} = \sum_{i=1}^{n}|x_i - y_i|$$

（4）最大值距离

最大值距离指两个样本观测值（或指标、变量）差值绝对值的最大值，数学公式为：

$$d_{xy} = \max|x_i - y_i|$$

（5）相关系数相似性量度

相关系数相似性量度的数学公式为：

$$r = \frac{\sum_{i=1}^{n}(x_i - \bar{x})(y_i - \bar{y})}{\sqrt{\sum_{i=1}^{n}(x_i - \bar{x})^2}\sqrt{\sum_{i=1}^{n}(y_i - \bar{y})^2}}$$

$$d_{xy} = 1 - r$$

（6）闵可夫斯基距离

闵可夫斯基距离指两个样本观测值（或指标、变量）p 次幂绝对差之和的 p 次根，数学公式为：

$$d_{xy} = \left(\sum_{u=1}^{n} |x_u - y_u|^p \right)^{\frac{1}{p}}$$

p 值取值范围为 1~7。当 $p=1$ 时，就是"块"（曼哈顿距离）；当 $p=2$ 时，就是欧式距离；当 p 趋近于无穷大时，就是切比雪夫距离。

（7）余弦相似度距离

余弦相似度距离的数学公式为：

$$d_{xy} = \frac{\sum_{i=1}^{n} (x_i y_i)^2}{\sqrt{\sum_{i=1}^{n} (x_i)^2} \sqrt{\sum_{i=1}^{n} (y_i)^2}}$$

2. 针对分类特征变量数据的距离标准

常用的针对分类变量数据的距离标准如表 12.3 所示。

表 12.3　针对分类变量数据的距离标准

简写	含　义	适用变量类型
matching	简单匹配系数	分类变量数据
Jaccard	Jaccard 相似系数	分类变量数据
Russell	Russell 和 Rao 相似系数	分类变量数据
Hamann	Hamann 相似系数	分类变量数据
Dice	Dice 相似系数	分类变量数据
antiDice	反 Dice 相似系数	分类变量数据
Sneath	Sneath 和 Sokal 相似系数	分类变量数据
Rogers	Rogers 和 Tanimoto 相似系数	分类变量数据
Ochiai	Ochiai 相似系数	分类变量数据
Yule	Yule 相似系数	分类变量数据
Anderberg	Anderberg 相似系数	分类变量数据
Kulczynski	Kulczynski 相似系数	分类变量数据
Pearson	Pearson 相似系数	分类变量数据
Gower2	与 Pearson 相同分母的相似系数	分类变量数据

针对聚类分析算法，同样要求首先对特征变量数据进行标准化，之所以这么做，是因为如果不进行标准化，少数变量可能会对距离影响过大，使得分析结果严重失真。

12.2　数据准备

本节主要是准备数据，以便后面演示划分聚类分析算法和层次聚类分析算法的实现。

12.2.1　案例数据说明

本节我们以"数据 12.1"文件中的数据为例进行讲解，其中的数据为"中国 2019 年分地区连锁餐饮企业基本情况统计"，摘编自《中国统计年鉴》（2020）。这个数据文件中共有 9 个变量，V1~V9 分别表示地区、总店数、门店总数、年末从业人数、年末餐饮营业面积、餐位数、营业额、商品购进总额、统一配送商品购进额，如图 12.4 所示。

V1	V2	V3	V4	V5	V6	V7	V8	V9
北京	95	6114	16.3	240.8	68.4	480.42	174.29	152.28
天津	9	813	3.5	25.9	7.8	49.54	21.88	5.13
河北	5	23	0.1	4.1	0.7	2.52	1.6	0.61
山西	4	110	0.5	4.1	1.2	7.52	3.85	3.63
内蒙古	3	111	0.3	6.5	0.7	18.27	16.08	0.12
辽宁	13	996	1.6	35.6	12.8	65.81	58.14	52.85
黑龙江	4	79	0.2	2.9	0.9	3.92	1.36	1.2
江苏	18	1798	5.6	52.2	16.8	122.3	59.43	23.56
浙江	31	2028	4.9	68.3	22.1	137.91	44.65	34.52
安徽	8	738	1.7	19.9	5.8	33.04	9.91	9.77
福建	23	821	3	25.3	7.5	45.71	15.55	11.68
江西	4	177	0.4	6.1	2	11.33	7.05	6.89
山东	17	749	2.2	43.2	11.1	68.55	17.91	15.68
河南	14	273	0.7	8.7	4.6	13.79	4.66	3.33
湖北	34	1601	3.4	50.4	13.6	90.81	27.4	22.01
湖南	18	1023	4.2	53.7	22.8	56.6	18.61	16.1
广西	4	381	1	7.9	2.5	16.56	4.53	4.53
海南	1	8	0	0.3	0.1	1.01	0.28	0.28
重庆	12	1279	4.1	64.7	18.5	81.8	25.74	12.84
四川	10	1486	5.6	54.3	20.3	107.28	19.98	13.01
贵州	2	16	0	1.7	0.3	0.56	0.22	0.22
云南	5	258	0.7	5.6	2.8	14.58	4.65	2.83
西藏	1	6	0	0.1	0.1	0.67	0.15	0.15
陕西	10	475	1.6	15.9	8.9	29.6	10.36	10.3

图 12.4　"数据 12.1"文件中的数据内容（数据过大，仅显示部分）

下面我们用 V3（门店总数）、V6（餐位数）、V7（营业额）、V8（商品购进总额）4 个变量对所有样本观测值开展划分聚类分析。

12.2.2　导入分析所需要的模块和函数

在进行分析之前，首先需要导入分析所需要的模块和函数，读取数据集并进行观察。在 Spyder 代码编辑区输入以下代码：

```
import numpy as np          # 导入 numpy，并简称为 np
import pandas as pd         # 导入 pandas，并简称为 pd
import matplotlib.pyplot as plt      # 导入 matplotlib.pyplot，简称为 plt
import seaborn as sns       # 导入 seaborn，并简称为 sns
from sklearn.cluster import KMeans    # 导入 KMean 用于 K 均值聚类
from sklearn.cluster import AgglomerativeClustering      # 导入 AgglomerativeClustering 用于层次聚类
from sklearn.preprocessing import StandardScaler    # 导入 StandardScaler 用于数据标准化
from scipy.cluster.hierarchy import linkage, dendrogram, fcluster     # 导入 linkage, dendrogram, fcluster 用于层次聚类、树状图绘制等
```

12.2.3 变量设置及数据处理

首先需要将本书提供的数据文件放入安装 Python 的默认路径位置，并从相应位置进行读取。在 Spyder 代码编辑区输入以下代码：

```
data=pd.read_csv('C:/Users/Administrator/.spyder-py3/数据 12.1.csv')  # 读取数据 12.1.csv 文件
```

注意，因用户的具体安装路径不同，设计路径的代码会有差异。成功载入后，"变量管理器"窗口如图 12.5 所示。

名称	类型	大小	值
data	DataFrame	(28, 9)	Column names…

图 12.5 "变量管理器"窗口

```
X = data.iloc[:,[2,5,6,7]]        # 设置分析所需要的特征变量
X.info()          # 观察数据信息。运行结果为：
```

```
<class 'pandas.core.frame.DataFrame'>
RangeIndex: 28 entries, 0 to 27
Data columns (total 4 columns):
 #   Column  Non-Null Count  Dtype
---  ------  --------------  -----
 0   V3      28 non-null     int64
 1   V6      28 non-null     float64
 2   V7      28 non-null     float64
 3   V8      28 non-null     float64
dtypes: float64(3), int64(1)
memory usage: 1.0 KB
```

数据集中共有 28 个样本（28 entries, 0 to 27）、4 个变量（total 4 columns）。4 个变量分别是 V3，V6，V7，V8，均包含 28 个非缺失值（28 non-null），所有变量的数据类型均为浮点型（float64），数据内存为 1.0KB。

```
len(X.columns)      # 列出数据集中变量的数量。运行结果为 4
X.columns           # 列出数据集中的变量，运行结果为：Index(['V3', 'V6', 'V7', 'V8'],
dtype='object')，与前面的结果一致
X.shape             # 列出数据集的形状。运行结果为(28, 4)，也就是 28 行 4 列，数据集中共有 28 个样本，4 个
变量
X.dtypes            # 观察数据集中各个变量的数据类型，运行结果如下，与前面的结果一致
```

```
V3        int64
V6      float64
V7      float64
V8      float64
dtype: object
```

```
X.isnull().values.any()      # 检查数据集是否有缺失值。结果为 False，没有缺失值
X.isnull().sum()             # 逐个变量地检查数据集是否有缺失值。运行结果如下，结果为没有缺失值
```

```
V3      0
V6      0
V7      0
V8      0
dtype: int64
```

```
X.head(10)    # 列出数据集中的前 10 个样本，运行结果为：
```

```
       V3    V6      V7      V8
0    6114  68.4  480.42  174.29
1     813   7.8   49.54   21.88
2      23   0.7    2.52    1.60
3     110   1.2    7.52    3.85
4     111   0.7   18.27   16.08
5     996  12.8   65.81   58.14
6      79   0.9    3.92    1.36
7    1798  16.8  122.30   59.43
8    2028  22.1  137.91   44.65
9     738   5.8   33.04    9.91
```

在聚类分析算法中，需要对参与分析的特征变量进行标准化，具体操作如下：

```
scaler=StandardScaler()      # 引入标准化函数，即把变量的原始数据变换成均值为 0、标准差为 1 的标准化数据
scaler.fit(X)        # 基于特征变量的样本观测值估计标准化函数
X_s = scaler.transform(X)    # 将上一步得到的标准化函数应用到样本全集，得到 X_s
X_s = pd.DataFrame(X_s, columns=X.columns)    # X_train 标准化为 X_train_s 以后，原有的特征变量
名称会消失，该步操作就是把特征变量名称加回来，不然在进行一些分析时系统会反复进行警告提示
```

12.2.4　特征变量相关性分析

在 Spyder 代码编辑区输入以下代码：

```
print(X_s.corr(method='pearson'))       # 输出变量之间的皮尔逊相关系数矩阵，运行结果为：
```

```
          V3        V6        V7        V8
V3  1.000000  0.950715  0.986353  0.933464
V6  0.950715  1.000000  0.974679  0.951723
V7  0.986353  0.974679  1.000000  0.968097
V8  0.933464  0.951723  0.968097  1.000000
```

可以发现所有变量之间的相关性水平都非常高，体现在变量之间的相关性系数都非常大。

在 Spyder 代码编辑区输入以下代码，然后全部选中这些代码并整体运行：

```
plt.subplot(1,1,1)
sns.heatmap(X_s.corr(), annot=True)    # 输出变量之间相关矩阵的热力图，运行结果如图 12.6 所示
```

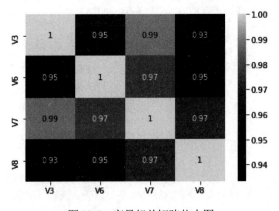

图 12.6　变量相关矩阵热力图

热力图的右侧为图例说明，颜色越深表示相关系数越小，颜色越浅表示相关系数越大；左侧的矩阵则形象地展示了各个变量之间的相关情况。

12.3　划分聚类分析算法示例

本节主要介绍划分聚类分析算法的实现。

12.3.1　使用 *K* 均值聚类分析方法对样本进行聚类（*K*=2）

在 Spyder 代码编辑区输入以下代码：

```
model = KMeans(n_clusters=2, random_state=2)    # 调用 KMeans()函数构建模型，设置聚类数为 2，设置
随机数种子为 2，以确保结果可重复
model.fit(X_s)        # 基于 X_s 数据调用 fit()方法进行拟合
model.labels_         # 输出各样本的分类情况，运行结果为: array([1, 0, 0, 0, 0, 0, 0, 0, 0, 0, 0,
0, 0, 0, 0, 0, 0, 0, 0, 0, 0, 0, 0, 0, 0, 0, 1, 1])
pd.DataFrame(model.labels_.T, index=data.V1,columns=['聚类'])    # 以数据框形式展示样本聚类结
果，设置索引为样本的 V1 变量取值，列名为'聚类'。运行结果为:
```

	聚类
V1	
北京	1
天津	0
河北	0
山西	0
内蒙古	0
辽宁	0
黑龙江	0
江苏	0
浙江	0
安徽	0
福建	0
江西	0

输出结果较多，限于篇幅这里仅展示部分，实际上可以看到每个省市的聚类情况。

```
model.cluster_centers_  # 输出每个聚类中心位置，运行结果为: array([[-0.32781311, -0.30317224, -
0.32613626, -0.3079158 ],[ 2.73177589, 2.52643533, 2.71780219, 2.56596498]])
model.inertia_          # 输出组内平方总和，运行结果为: 18.537903978514013
```

12.3.2　使用 *K* 均值聚类分析方法对样本进行聚类（*K*=3）

在 Spyder 代码编辑区输入以下代码：

```
model = KMeans(n_clusters=3, random_state=2)    # 调用 KMeans()函数构建模型，设置聚类数为 3，设置
随机数种子为 2，以确保结果可重复
model.fit(X_s)        # 基于 X_s 数据调用 fit()方法进行拟合
model.labels_         # 输出各样本的分类情况，运行结果为: array([1, 0, 2, 2, 2, 0, 2, 0, 0, 0, 0,
2, 0, 2, 0, 0, 2, 2, 0, 0, 2, 2, 2, 2, 2, 2, 1, 1])
pd.DataFrame(model.labels_.T, index=data.V1,columns=['聚类'])    # 以数据框形式展示样本聚类结
果，设置索引为样本的 V1 变量取值，列名为'聚类'。运行结果为:
```

```
          聚类
V1
北京      1
天津      0
河北      0
山西      0
内蒙古     0
辽宁      2
黑龙江     0
江苏      2
浙江      2
安徽      0
福建      0
江西      0
```

输出结果较多，限于篇幅这里仅展示部分，实际上可以看到每个省市的聚类情况。

```
np.set_printoptions(suppress=True)    # 不以科学记数法显示，而是直接显示数字
model.cluster_centers_          # 输出每个聚类中心位置，运行结果为：
```

```
array([[-0.51832505, -0.58593523, -0.52383679, -0.52611602],
       [ 2.73177589,  2.52643533,  2.71780219,  2.56596498],
       [ 0.07702477,  0.29769912,  0.09397736,  0.15575968]])
```

```
model.inertia_      # 输出组内平方总和，运行结果为：7.756368657944996
```

12.3.3 使用 *K* 均值聚类分析方法对样本进行聚类（*K*=4）

在 Spyder 代码编辑区输入以下代码：

```
model = KMeans(n_clusters=4, random_state=2)    # 调用 KMeans()函数构建模型，设置聚类数为 4，设置
随机数种子为 2，以确保结果可重复
model.fit(X_s)        # 基于 X_s 数据调用 fit()方法进行拟合
model.labels_          # 输出各样本的分类情况，运行结果为：array([2, 3, 3, 3, 3, 0, 3, 0, 0, 3, 3,
3, 0, 3, 0, 0, 3, 3, 0, 0, 3, 3, 3, 3, 3, 3, 1, 1])
pd.DataFrame(model.labels_.T, index=data.V1,columns=['聚类'])   # 以数据框形式展示样本聚类结果，设
置索引为样本的 V1 变量取值，列名为'聚类'。运行结果为：
```

```
          聚类
V1
北京      2
天津      3
河北      3
山西      3
内蒙古     3
辽宁      0
黑龙江     3
江苏      0
浙江      0
安徽      3
福建      3
江西      3
```

输出结果较多，限于篇幅这里仅展示部分，实际上可以看到每个省市的聚类情况。

```
np.set_printoptions(suppress=True)    # 不以科学记数法显示，而是直接显示数字
model.cluster_centers_          # 输出每个聚类中心位置，运行结果为：
```

```
array([[ 0.07702477,  0.29769912,  0.09397736,  0.15575968],
       [ 2.78150983,  2.07558801,  2.45100258,  2.04443374],
       [ 2.632308  ,  3.42812998,  3.25140141,  3.60902746],
       [-0.51832505, -0.58593523, -0.52383679, -0.52611602]])
```

```
model.inertia_        # 输出组内平方总和，运行结果为：4.462886824794819
```

12.4　层次聚类分析算法示例

本节主要演示层次聚类分析算法的实现。

12.4.1　最短联结法聚类分析

首先在 Spyder 代码编辑区输入以下代码：

```
linkage_matrix = linkage(X_s, 'single')        # 得到不同样本之间的连接矩阵
```

然后输入以下代码，再全部选中这些代码并整体运行：

```
plt.rcParams['font.sans-serif'] = ['SimHei']      # 解决图表中中文显示的问题
dendrogram(linkage_matrix)                        # 基于连接矩阵绘制聚类分析树状图
plt.title('最短联结法聚类分析树状图')               # 设置树状图标题，运行结果如图12.7所示
```

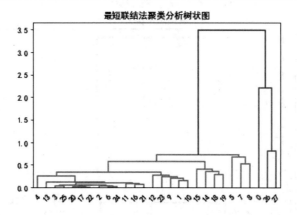

图 12.7　最短联结法聚类分析树状图

关于树状图的解读，我们在 12.1 节的原理部分已有介绍。层次聚类分析中并未明确规定分类数，具体分类数取决于研究者的实际情况。如果我们根据研究实际有着较为明确的聚类数，比如需要将样本分为 3 类，可以输入以下代码去实现：

```
model = AgglomerativeClustering(n_clusters=3, linkage='single')    # 设置层次聚类模型，其中分类
数设置为 3 类，聚类分析方法为最短联结法
model.fit(X_s)        # 基于 X_s 数据调用 fit() 方法进行拟合
model.labels_         # 输出各样本的分类情况，运行结果为：array([2, 1, 1, 1, 1, 1, 1, 1, 1, 1, 1,
1, 1, 1, 1, 1, 1, 1, 1, 1, 1, 1, 1, 1, 1, 1, 1, 1, 0, 0], dtype=int64)
pd.DataFrame(model.labels_.T, index=data.V1,columns=['聚类'])        # 以数据框形式展示样本聚类结
果，设置索引为样本的 V1 变量取值，列名为'聚类'。运行结果为：
```

	聚类
V1	
北京	2
天津	1
河北	1
山西	1
内蒙古	1
辽宁	1
黑龙江	1
江苏	1
浙江	1
安徽	1
福建	1
江西	1

输出结果较多，限于篇幅这里仅展示部分，实际上可以看到每个省市的聚类情况。

12.4.2 最长联结法聚类分析

首先在 Spyder 代码编辑区输入以下代码：

```
linkage_matrix = linkage(X_s , 'complete')        # 得到不同样本之间的连接矩阵
```

然后依次输入以下代码，再全部选中这些代码并整体运行：

```
dendrogram(linkage_matrix)                # 基于连接矩阵绘制聚类分析树状图
plt.title('最长联结法聚类分析树状图')        # 设置树状图标题，运行结果如图 12.8 所示
```

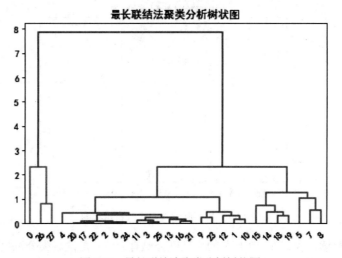

图 12.8 最长联结法聚类分析树状图

```
    model = AgglomerativeClustering(n_clusters=3, linkage='complete')        # 设置层次聚类模型，其
中分类数设置为 3 类，聚类分析方法为最长联结法
    model.fit(X_s)     # 基于 X_s 数据调用 fit()方法进行拟合
    model.labels_      # 输出各样本的分类情况，运行结果为: array([0, 2, 2, 2, 2, 1, 2, 1, 1, 2, 2,
2, 2, 2, 1, 1, 2, 2, 1, 1, 2, 2, 2, 2, 2, 2, 0, 0], dtype=int64)
    pd.DataFrame(model.labels_.T, index=data.V1,columns=['聚类'])        # 以数据框形式展示样本聚类结
果，设置索引为样本的 V1 变量取值，列名为'聚类'。运行结果为:
```

聚类
V1
北京　　0
天津　　2
河北　　2
山西　　2
内蒙古　2
辽宁　　1
黑龙江　2
江苏　　1
浙江　　1
安徽　　2
福建　　2
江西　　2

输出结果较多，限于篇幅这里仅展示部分，实际上可以看到每个省市的聚类情况。

12.4.3　平均联结法聚类分析

首先在 Spyder 代码编辑区输入以下代码：

```
linkage_matrix = linkage(X_s, 'average')    # 得到不同样本之间的连接矩阵
```

然后输入以下代码，再全部选中这些代码并整体运行：

```
dendrogram(linkage_matrix)              # 基于连接矩阵绘制聚类分析树状图
plt.title('平均联结法聚类分析树状图')       # 设置树状图标题，运行结果如图 12.9 所示
```

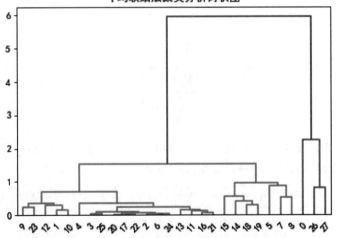

图 12.9　平均联结法聚类分析树状图

```
model=AgglomerativeClustering(n_clusters=3,affinity='euclidean',linkage='average')
    # 设置层次聚类模型，其中分类数设置为 3 类，样本之间的距离测度方式为'euclidean'（这也是默认设置，之所以特别
列出是为了便于与后面引用其他距离方式进行对比），聚类分析方法为平均联结法
    model.fit(X_s)      # 基于 X_s 数据调用 fit()方法进行拟合
    model.labels_       # 输出各样本的分类情况，运行结果为：array([2, 0, 0, 0, 0, 0, 0, 0, 0, 0, 0,
0, 0, 0, 0, 0, 0, 0, 0, 0, 0, 0, 0, 0, 0, 0, 1, 1], dtype=int64)
    pd.DataFrame(model.labels_.T, index=data.V1,columns=['聚类'])        # 以数据框形式展示样本聚类结
果，设置索引为样本的 V1 变量取值，列名为'聚类'。运行结果为：
```

```
        聚类
V1
北京      2
天津      0
河北      0
山西      0
内蒙古    0
辽宁      0
黑龙江    0
江苏      0
浙江      0
安徽      0
福建      0
江西      0
```

输出结果较多，限于篇幅这里仅展示部分，实际上可以看到每个省市的聚类情况。

下面我们设置样本之间的距离测度方式为'manhattan'。

```
model=AgglomerativeClustering(n_clusters=3,affinity='manhattan',linkage='average')
# 设置层次聚类模型，其中分类数设置为 3 类，样本之间的距离测度方式为'manhattan'，聚类分析方法为平均联结法
model.fit(X_s)          # 基于 X_s 数据调用 fit()方法进行拟合
model.labels_           # 输出各样本的分类情况，运行结果为: array([2, 0, 0, 0, 0, 0, 0, 0, 0, 0, 0,
0, 0, 0, 0, 0, 0, 0, 0, 0, 0, 0, 0, 1, 1], dtype=int64)
    pd.DataFrame(model.labels_.T, index=data.V1,columns=['聚类'])       # 以数据框形式展示样本聚类结
果，设置索引为样本的 V1 变量取值，列名为'聚类'。运行结果为:
```

```
        聚类
V1
北京      2
天津      0
河北      0
山西      0
内蒙古    0
辽宁      0
黑龙江    0
江苏      0
浙江      0
安徽      0
福建      0
江西      0
```

输出结果较多，限于篇幅这里仅展示部分，实际上可以看到每个省市的聚类情况。

下面我们再设置样本之间的距离测度方式为'cosine'。

```
model = AgglomerativeClustering(n_clusters=3, affinity='cosine',linkage='average')
# 设置层次聚类模型，其中分类数设置为 3 类，样本之间的距离测度方式为'cosine'，聚类分析方法为平均联结法
model.fit(X_s)          # 基于 X_s 数据调用 fit()方法进行拟合
model.labels_           # 输出各样本的分类情况，运行结果为: array([0, 1, 1, 1, 1, 2, 1, 0, 0, 1, 1,
1, 1, 1, 0, 0, 1, 1, 0, 0, 1, 1, 1, 1, 1, 1, 0, 0], dtype=int64)
    pd.DataFrame(model.labels_.T, index=data.V1,columns=['聚类'])       # 以数据框形式展示样本聚类结
果，设置索引为样本的 V1 变量取值，列名为'聚类'。运行结果为:
```

```
            聚类
V1
北京        0
天津        1
河北        1
山西        1
内蒙古      1
辽宁        2
黑龙江      1
江苏        0
浙江        0
安徽        1
福建        1
江西        1
```

输出结果较多,限于篇幅这里仅展示部分,实际上可以看到每个省市的聚类情况,与前面使用'euclidean'、'manhattan'两种距离测度时的聚类差别较大。

12.4.4　ward 联结法聚类分析

首先在 Spyder 代码编辑区输入以下代码:

```
linkage_matrix = linkage(X_s, 'ward')          # 得到不同样本之间的连接矩阵
```

然后输入以下代码,再全部选中这些代码并整体运行:

```
dendrogram(linkage_matrix)              # 基于连接矩阵绘制聚类分析树状图
plt.title('ward 联结法聚类分析树状图')   # 设置树状图标题,运行结果如图 12.10 所示
```

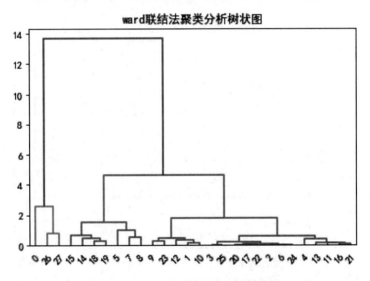

图 12.10　ward 联结法聚类分析树状图

```
    model=AgglomerativeClustering(n_clusters=3,linkage='ward')      # 设置层次聚类模型,其中分类数设置
为 3 类,样本之间的距离测度方式为'euclidean'(这也是默认设置),聚类分析方法为平均联结法
    model.fit(X_s)        # 基于 X_s 数据调用 fit()方法进行拟合
    model.labels_        # 输出各样本的分类情况,运行结果为: array([0, 1, 1, 1, 1, 2, 1, 2, 2, 1, 1,
1, 1, 1, 2, 2, 1, 1, 2, 2, 1, 1, 1, 1, 1, 1, 0, 0], dtype=int64)
    pd.DataFrame(model.labels_.T, index=data.V1,columns=['聚类'])         # 以数据框形式展示样本聚类结
```

果，设置索引为样本的 V1 变量取值，列名为'聚类'。运行结果为：

	聚类
V1	
北京	0
天津	1
河北	1
山西	1
内蒙古	1
辽宁	2
黑龙江	1
江苏	2
浙江	2
安徽	1
福建	1
江西	1

输出结果较多，限于篇幅这里仅展示部分，实际上可以看到每个省市的聚类情况。

12.4.5　重心联结法聚类分析

首先在 Spyder 代码编辑区输入以下代码：

```
linkage_matrix = linkage(X_s, 'centroid')        # 得到不同样本之间的连接矩阵
```

然后输入以下代码，再全部选中这些代码并整体运行：

```
dendrogram(linkage_matrix)                # 基于连接矩阵绘制聚类分析树状图
plt.title('重心联结法聚类分析树状图')        # 设置树状图标题。运行结果如图 12.11 所示
```

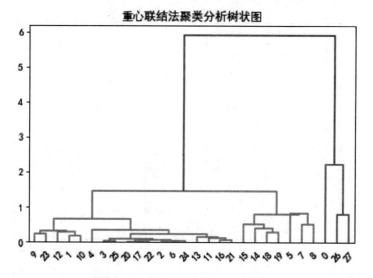

图 12.11　重心联结法聚类分析树状图

```
    labels = fcluster(linkage_matrix, t=3, criterion='maxclust')        # 基于前面得到的不同样本之间
的连接矩阵设置层次聚类模型，开展重心联结法聚类分析，其中两个参数 t=3 以及 criterion='maxclust'表示最多设置 3
个分类
    labels    # 输出各样本的分类情况，运行结果为：array([3, 1, 1, 1, 1, 1, 1, 1, 1, 1, 1, 1, 1, 1, 1, 1,
1, 1, 1, 1, 1, 1, 1, 1, 1, 1, 1, 1, 2, 2], dtype=int32)
    pd.DataFrame(labels.T, index=data.V1,columns=['聚类'])        # 以数据框形式展示样本聚类结果，设置索引
```

为样本的 V1 变量取值,列名为'聚类'。运行结果为:

	聚类
V1	
北京	3
天津	1
河北	1
山西	1
内蒙古	1
辽宁	1
黑龙江	1
江苏	1
浙江	1
安徽	1
福建	1
江西	1

输出结果较多,限于篇幅这里仅展示部分,实际上可以看到每个省市的聚类情况。

12.5 习 题

使用"数据 12.1"文件中的数据,用 V2(总店数)、V4(年末从业人数)、V5(年末餐饮营业面积)、V9(统一配送商品购进额)4 个变量对所有样本观测值开展划分聚类分析和层次聚类分析。

1. 导入分析所需要的库和模块。
2. 变量设置及数据处理。
3. 特征变量相关性分析。
4. 使用 K 均值聚类分析方法对样本进行聚类(K=2)。
5. 使用 K 均值聚类分析方法对样本进行聚类(K=3)。
6. 使用 K 均值聚类分析方法对样本进行聚类(K=4)。
7. 最短联结法聚类分析。
8. 最长联结法聚类分析。
9. 平均联结法聚类分析。
10. ward 联结法聚类分析。
11. 重心联结法聚类分析。

第 **13** 章

决策树算法

决策树算法是一种有监督、非参数、简单、高效的机器学习算法。相对于前面章节中介绍的非监督式学习方法，决策树算法由于充分利用了响应变量的信息，因此能够很好地克服噪声问题，在分类及预测方面效果更佳。决策树的决策边界为矩形，所以对于真实决策也为矩形的样本数据集有着很好的预测效果。此外，决策树算法以树形展示分类结果，在结果的展示方面比较直观，所以在实务中应用较为广泛。本章我们讲解决策树算法的基本原理，并结合具体实例讲解该算法在Python中解决分类问题和回归问题的实现与应用。

13.1 决策树算法简介

本节主要介绍决策树算法的概念与原理、特征变量选择及其临界值确定方法、决策树的剪枝、包含剪枝决策树的损失函数以及变量的重要性。

13.1.1 决策树算法的概念与原理

决策树算法借助树的分支结构构建模型。如果是用于分类问题，则决策树为分类树；如果是用于回归问题，则决策树为回归树。一个典型的决策树例子如图 13.1 所示。

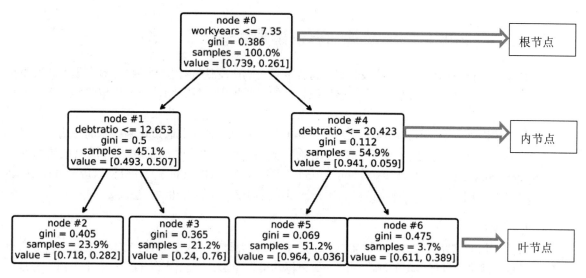

图 13.1　决策树示例

　　该例子为"13.3.2　未考虑成本–复杂度剪枝的决策树分类算法模型"中分裂准则为基尼指数的运行结果。在图 13.1 中，最上面的一个点是根节点，最下面的各个点是叶节点，其他的点都是内节点（本例中展示的决策树内节点只有一层，但实务中可能有很多层都属于内节点）。本例中根节点为 0 号（node #0），样本全集中未违约客户和违约客户的占比分别为 0.739、0.261。在样本全集中，如果客户的工作年限 workyears≤7.35，就会被分到 1 号节点，1 号节点未违约客户和违约客户的占比分别为 0.493、0.507；如果客户的工作年限 workyears＞7.35，就会被分到 4 号节点，4 号节点未违约客户和违约客户的占比分别为 0.941、0.059。然后在 1 号节点中，如果客户的债务率 debtratio≤12.653，就会被分到 2 号节点，2 号节点未违约客户和违约客户的占比分别为 0.718、0.282；如果信用卡客户的债务率 debtratio＞12.653，就会被分到 3 号节点，3 号节点未违约客户和违约客户的占比分别为 0.24、0.76，需要引起高度重视。

　　如果是分类树，叶节点将类别占比最大的类别作为该叶节点的预测值；如果是回归树，叶节点将节点内所有样本响应变量实际值的平均值作为该叶节点的预测值。

　　从原理的角度来看，决策树本质上就是依次选取最为合适的特征向量，按照特征向量的具体取值不断对特征空间进行矩形分割，因为每一次切割都是直线，所以其决策边界为矩形。在分割空间时，决策树执行的是一种自上而下的贪心算法，即每次仅选择一个变量按照变量临界值进行分割，该变量及其临界值都是当前步骤下，能够实现局部最优的分割变量和分割临界值，并未从全盘考虑整体最优。

　　一般来说，大部分机器学习都需要将特征变量标准化，以便让特征之间的比较可以在同一个量纲上进行。但是对于决策树算法而言，从数据构建过程来看，不纯度函数的计算和比较都是单特征的，所以决策树算法不需要对特征变量进行标准化处理。

　　综上所述，决策树的分类规则非常容易理解，准确率也比较高，尤其是针对实际决策边界为矩形的情形，而且不需要了解背景知识就可以进行分类，是一个非常有效的算法。因其简单、有效，也成为了与朴素贝叶斯算法并驾齐驱的两大流行机器学习算法。

13.1.2 特征变量选择及其临界值确定方法

决策树生长的过程其实就是按照某一特征变量对响应变量进行分类，将样本全集不断按照响应变量分类进行分割的过程。那么应该按照什么的样的规则进行分割，或者说按照什么样的规则使树生长才能取得最好的分类效果？一言以蔽之，就是要使得分裂生长后同一样本子集内的相似性程度（或称"纯度"）越高越好，或者说样本全集的"不纯度"通过切割样本的方式下降越多越好。这在本质上就是特征变量选择及其临界值确定的问题，常用的解决方法包括信息增益（Information Gain）、增益比率（Gain Ratio）、基尼指数（Gini Index），分别对应于 ID3、C4.5 和 CART（分类回归树）三种决策树算法。下面，我们逐一介绍这几种方法。

1. 信息熵

在介绍信息增益和增益比率之前，首先需要了解信息熵的概念。信息熵本质上是一种节点不纯度函数，用来衡量样本集的混乱程度，如果样本全集为 D，响应变量一共有 K 个类别，p_k 是第 k 类样本的占比，则该样本集的信息熵为：

$$Ent(D) = -\sum_{k=1}^{K} p_k \log_2 p_k$$

公式中的 $\log_2$ 表示以 2 为底的对数。分布越集中，样本集中的样本越属于同一类别，集合的混乱程度就越小，或者说集合的纯度越高。一个极端的情形是，所有样本只有 1 个类别（$k=1$），那么就不存在混乱的问题了（$p_k=1$），样本集的信息熵也就为 0（$\log_2 p_k=0$）。同样地，分布越分散，样本集的信息熵越大，说明集合的混乱程度越大，或者说集合的纯度越小。

2. 信息增益

ID3 决策树算法基于信息增益，在选择特征变量时的基本标准是：通过选择该特征向量对数据集进行划分，可以使得样本集的信息增益最大。假设样本全集为 D，某特征变量为 a，样本集可以通过该特征变量将响应变量划分为 v 个类别，那么信息增益即为：

$$Gain(D,a) = Ent(D) - \sum_{v=1}^{V} \frac{|D^v|}{|D|} Ent(D^v)$$

其中，$Ent(D)$ 是指样本全集的信息熵，$Ent(D^v)$ 是指每个子类别的信息熵，$\dfrac{D^v}{D}$ 是指每个子样本集占样本全集的比例，信息增益的含义就是用样本全集的信息熵减去每个子类别信息熵的加权和。在样本全集信息熵 $Ent(D)$ 既定保持不变的前提下，我们需要做的就是要找到能使 $\sum_{v=1}^{V} \dfrac{|D^v|}{|D|} Ent(D^v)$ 最小的特征变量 a，从而使得信息增益最大。用更好理解的语言来解释，就是要通过特征变量的选择在整体上使得类别内部的纯度"高高益善"。

在信息增益算法下，决策树倾向于选择取值类别较多的特征变量，比如假设样本全集容量为 n，那么在极端情形下，按照某特征变量划分，样本集可以通过该特征变量将响应变量划分为 n 个类别，即每个样本观测值都各属一类并构成 1 个子样本集，而每个子样本集因为只有 1 个样本，所以其子类别的信息熵 $Ent(D^v)$ 肯定为 0，$\sum_{v=1}^{V} \dfrac{|D^v|}{|D|} Ent(D^v)$ 也就等于 0，信息增益也就最大化了。

3. 增益比率

C4.5 决策树算法基于增益比率，在选择特征变量时的基本标准是：每次决策树分裂时，都选择增益比率最大的特征进行划分。假设样本全集为 D，某特征变量为 a，样本集可以通过该特征变量将响应变量划分为 v 个类别，那么增益比率即为：

$$Gain\_ratio(D,a) = \frac{Cain(D,a)}{H(a)}，\text{其中}\ H(a) = -\sum_{v=1}^{V} \frac{|D^v|}{|D|} \log_2 \frac{|D^v|}{|D|}$$

$Gain(D,a)$ 即为前面介绍的信息增益，而 $H(a)$ 则为样本全集 D 关于特征变量 a 的取值熵或固有值，在 $H(a)$ 中，V 的值越大，$H(a)$ 就会越大。所以 C4.5 决策树算法相当于对 ID3 进行了改进，在一定程度上解决了"决策树倾向于选择取值类别较多的特征变量"的问题。

4. 基尼指数

CART 决策树算法基于基尼指数在选择特征变量时的基本标准是：每次决策树分裂时，都选择基尼指数最小的特征进行划分。基尼指数是指从样本集中随机抽取的两个样本类别不一致的概率，是衡量样本全集纯度的另一种方式。如果假设样本全集为 D，响应变量一共有 K 个类别，p_k 是第 k 类样本的占比，则该样本集的基尼指数为：

$$Gini(D) = \sum_{k=1}^{K} \sum_{k' \neq k} p_k p_{k'} = 1 - \sum_{k=1}^{K} p_k^2$$

公式中的 $\sum_{k=1}^{K} p_k^2$ 表示从样本集中随机抽取的两个样本类别一致的概率，基尼指数越小表明数据集 D 中的同一类样本的数量越多，或者说纯度越高。如果某特征变量为 a，样本集可以通过该特征变量将响应变量划分为 v 个类别，则该样本集的基尼指数为：

$$Gini(D,a) = \sum_{v=1}^{V} \frac{|D^v|}{|D|} Gini(D^v)$$

CART 决策树是二分类树，每次分裂生长时，都将当前节点的样本集分成两部分（包括属性变量取值为 v 或者不为 v），样本全集 D 划分为 D^v 和 $\tilde{D}^v$，则样本全集的基尼指数为：

$$Gini(D,a,v) = \frac{|D^v|}{|D|} Gini(D^v) + \frac{|\tilde{D}^v|}{|D|} Gini(\tilde{D}^v)$$

在 CART 决策树方法下，会找到使得 $Gini(D,a,v)$ 最小的 a 和 v，然后按照特征变量 a 将样本全集分为取值为 v 以及取值不为 v 两部分，形成二叉树。

事实上，ID3、C4.5 和 CART 三种决策树算法的本质是一致的，不论是基于什么样的特征变量选择方法，思路都是针对每个特征变量寻找其最优临界值，基于最优临界值计算采纳该特征变量时可实现的样本子集纯度的改进幅度（不纯度的下降幅度）。遍历各特征变量后，选择可以使得样本子集纯度的改进幅度（不纯度的下降幅度）最大的特征变量及其最优的临界值作为生长分裂标准。

13.1.3   决策树的剪枝

在决策树的生长过程中，如果我们不加限制，那么决策树就会尽情生长下去，造成决策树分支过多。最为极端的情形就是生长到最后每个样本都成为一个节点，那么可以预见的就是势必导致模型产生过拟合，泛化能力不足。所以为达到应有的泛化能力或预测效果，我们有必要对决策树进行"剪枝（pruning）"处理，使其达到一定程度后能够停止生长。

剪枝有预剪枝（pre-pruning）和后剪枝（post-pruning）两种。预剪枝的基本思路是"边构造边剪枝"，在树的生长过程中设定一个指标，如果达到该指标，或者说当前节点的划分不能带来决策树泛化性能的提升，决策树就会停止生长并将当前节点标记为叶节点。

后剪枝的基本思路是"构造完再剪枝"，首先让决策树尽情生长，从训练集中生成一棵完整的决策树，一直到叶节点都有最小的不纯度值，然后自底向上遍历所有非叶节点，若将该节点对应的子树直接替换成叶节点能带来决策树泛化能力的提升，则将该子树替换成叶节点，达到剪枝的效果。

在这两个剪枝方法的选择方面，预剪枝存在一定局限性，因为在树的生长过程中，很多时候虽然当前的划分会导致测试集准确率降低，但如果能够继续生长，在之后的划分中，准确率可能会有显著上升；而一旦停止分支，使得节点 N 成为叶节点，就断绝了其后继节点进行"好"的分支操作的任何可能性，所以预剪枝容易造成欠拟合。

后剪枝则较好地克服了这一局限性，而且可以充分利用全部训练集的信息而无须保留部分样本用于交叉验证，所以优势较为明显。但是后剪枝是在构建完全决策树之后进行的，并且要自底向上遍历所有非叶节点，所以其计算时间、计算量要远超预剪枝方法，尤其是针对大样本数据集的时候。实务中，针对小样本数据集，后剪枝方法是首选；针对大样本数据集，用户需要权衡预测效果和计算量。

13.1.4   包含剪枝决策树的损失函数

1. 分类树

针对分类树，其节点分裂准则为"节点不纯度下降最大化+剪枝惩罚项"，假定某决策树有 $|T|$ 个叶节点，N_t 为叶节点 t 的样本个数，包含剪枝决策树的损失函数即为：

$$C_a(T) = \sum_{t=1}^{|T|} N_t H_t(T) + \alpha |T|$$

函数公式中，$\sum_{t=1}^{|T|} N_t H_t(T)$ 表示误差大小，用于衡量模型的拟合程度，$\alpha |T|$ 表示模型复杂程度，$\alpha \geqslant 0$ 为惩罚项（正则化系数）。

其中，$H_t(T) = -\sum_k \dfrac{N_{tk}}{N_t} \log_2 \dfrac{N_{tk}}{N_t}$，即为叶节点 t 的信息熵，N_{tk} 为叶节点 t 中分类为 k 的样本个数。

我们需要做的就是使得决策树的损失函数最小化，大体上叶节点 $|T|$ 越多，单个叶节点 t 的信

息熵越低，模型整体的拟合程度就越好，但是其模型复杂程度 $\alpha|T|$ 也会上升，于是就需要在模型拟合程度和模型复杂程度之间进行平衡，找到最优点。

2. 回归树

针对回归树，其节点分裂准则为"最小化残差平方和+剪枝惩罚项"，假定某决策树有 $|T|$ 个叶节点，在叶节点 t 中共有 k 个样本，包含剪枝决策树的损失函数即为：

$$C_a(T) = \sum_{t=1}^{|T|} H_t(T) + \alpha|T|$$

其中，$H_t(T) = \sum_k (y_k - y_k)^2$，即为所有样本的残差平方和（残差为实际值与预测值之差）。

与分类树相同，我们需要做的就是使得决策树的损失函数最小化，大体上叶节点 $|T|$ 越多，单个叶节点 t 的残差平方和越小，模型整体的拟合程度就越好，但是其模型复杂程度 $\alpha|T|$ 也会上升，于是就需要在模型拟合程度和模型复杂程度之间进行平衡，找到最优点。

13.1.5　变量重要性

决策树算法是一种典型的非参数算法，这也意味着在其模型中不包含类似于回归系数的参数，因此难以直接评价特征变量对于响应变量的影响程度。实务中，用户常遇到的一个问题就是：在决策树模型中采纳的诸多特征变量之间，重要性排序是怎样的？

一个非常明确但又容易被误解的事实是：并非先采用的特征变量就必然是贡献最大的，而是应该通过计算因采纳该变量引起的残差平方和（或信息增益、信息增益率、基尼指数等指标）变化的幅度来进行排序，残差平方和下降或基尼指数下降越多、信息增益或信息增益率提升越多，说明该变量在决策树模型中越为重要。

13.2　数据准备

本节主要介绍准备数据，便于后面演示分类问题决策树算法和回归问题决策树算法的实现。

13.2.1　案例数据说明

本节我们以"数据 13.1"和"数据 13.2"文件中的数据为例进行讲解。"数据 13.1"文件中记录的是某商业银行个人信用卡客户信用状况，变量包括 credit（是否发生违约）、age（年龄）、education（受教育程度）、workyears（工作年限）、resideyears（居住年限）、income（年收入水平）、debtratio（债务收入比）、creditdebt（信用卡负债）、otherdebt（其他负债）。credit（是否发生违约）分为两个类别："0"表示"未发生违约"，"1"表示"发生违约"；education（受教育程度）分为五个类别："2"表示"初中"，"3"表示"高中及中专"，"4"表示"大学本专科"，"5"表示"硕士研究生"，"6"表示"博士研究生"。"数据 13.1"文件的内容如图 13.2 所示。由于客户信息数据涉及客户隐私和消费者权益保护，也涉及商业机密，因此本章在介绍时进行了适当的脱密处理，对于其中的部分数据也进行了必要的调整。

credit	age	education	workyears	esideyear	income	debtratio	creditdebt	otherdebt
1	55	2	7.8	7.49	24.54545455	16.72	0.71926272	1.17891072
1	30	4	2.6	0	18.18181818	19.87	0.2820752	1.7127552
1	39	3	0	13.91	28.18181818	8.945	0.14280057	0.16742232
1	37	2	0	5.35	30.90909091	11.655	1.65765402	2.50019952
1	42	2	7.8	9.63	32.72727273	12.205	0.47293092	0.37975392
1	32	2	9.1	2.14	30	26.67	1.40976858	7.50557808
1	22	2	5.2	0	12.72727273	10.185	0.24319064	1.20329664
1	37	2	4.1	5.35	35.45454545	16.905	2.05894689	4.76048664
1	36	2	13	1.07	10.815	30	3.02701344	0.93322944
1	55	2	0	27.82	24.54545455	30.345	3.33289539	5.25048264
1	38	3	7.8	16.05	24.54545455	14.83	0.31709502	1.01913552
1	43	4	2.1	12.84	60	9.765	13.74486432	5.20895232
1	26	3	2.6	0	25.45454545	18.165	2.16279756	3.17882656
1	26	2	3.9	4.28	17.27272727	25.62	1.64360108	3.40875808
1	38	3	1.7	6.42	44.54545455	19.03	0.98919436	3.53234336
1	38	3	1.2	6.42	37.27272727	17.22	3.53104136	3.95801536
1	23	3	1.3	2.14	14.54545455	18.9	0.2927232	2.7436032
1	30	3	1.3	8.56	21.81818182	17.955	1.61886384	2.87673984
1	28	2	0	0	12.72727273	7.875	0.365904	0.777504
1	25	3	0	2.14	19.09090909	11.97	0.93854376	1.68307776
1	36	2	2.6	11.77	22.72727273	13.23	0.693693	2.679768
1	48	2	0.8	19.26	47.27272727	13.545	3.66873936	3.82302336

图 13.2　"数据 13.1"文件中的数据内容

针对"数据 13.1"的决策树模型，我们以 credit（是否发生违约）为响应变量，以 age（年龄）、education（受教育程度）、workyears（工作年限）、resideyears（居住年限）、income（年收入水平）、debtratio（债务收入比）、creditdebt（信用卡负债）、otherdebt（其他负债）为特征变量，使用分类决策算法进行拟合。

"数据 13.2"文件中的案例数据是一些上市商业银行大股东持股量和其净资产收益率，变量包括 roe（商业银行净资产收益率）、top1（第一大股东的持股量）、top5（前五大股东的持股量）、top10（前十大股东的持股量）、stop1（第一大股东持股量的平方项）、stop5（前五大股东持股量的平方项）、stop10（前十大股东持股量的平方项），如图 13.3 所示。

roe	top1	top5	top10	stop1	stop5	stop10
16.129999	13.04	34.261299	49.580601	170.0416	1173.8367	2458.2361
15.79	13.04	34.261299	48.3083	170.0416	1173.8367	2333.6919
15.9	13.04	39.551102	51.254902	170.0416	1564.2897	2627.0649
15.12	14.87	44.709099	50.291901	221.1169	1998.9036	2529.2754
15.26	14.87	41.681099	47.180099	221.1169	1737.314	2225.9617
14.96	11.23	39.718399	46.9851	126.11289	1577.5513	2207.5996
12.47	34.709999	71.025101	72.292801	1204.7841	5044.5649	5226.249
13.36	34.709999	71.423698	72.545998	1204.7841	5101.3447	5262.9219
13.96	34.709999	71.873703	72.497101	1204.7841	5165.8291	5255.8296
13.08	16.709999	31.358801	44.218399	279.22406	983.37439	1955.2668
13.73	16.709999	32.206902	44.469601	279.22406	1037.2845	1977.5454
14.91	16.709999	33.477699	45.946098	279.22406	1120.7563	2111.0439
16.26	14.56	31.8804	43.652599	211.99361	1016.3599	1905.5494
19.27	9	8.2191	12.5827	9	67.553604	158.32434
22.16	1.48	6.2596998	10.1309	2.1904001	39.183842	102.63514
10.73	11.77	30.482901	41.4506	138.53291	929.20721	1718.1522
10.89	11.77	35.3498	42.645699	138.53291	1249.6084	1818.6556
11.82	11.77	36.585499	42.381302	138.53291	1338.4988	1796.1748
12.72	0.88	1.4518	1.4518	0.7744	2.1077232	2.1077232
13.56	0.88	1.4783	1.4783	0.7744	2.1853709	2.1853709
14.44	1.0700001	1.5038	1.5038	1.1449001	2.2614145	2.2614145

图 13.3　"数据 13.2"文件中的数据内容

针对"数据 13.2"的决策树模型，我们以 roe（净资产收益率）为响应变量，以 top1（第一大股东的持股量）、top5（前五大股东的持股量）、top10（前十大股东的持股量）、stop1（第一大股东持股量的平方项）、stop5（前五大股东持股量的平方项）、stop10（前十大股东持股量的平方项）为特征变量，使用回归决策树算法进行拟合。

13.2.2 导入分析所需要的模块和函数

在进行分析之前，首先导入分析所需要的模块和函数，读取数据集并进行观察。在 Spyder 代码编辑区输入以下代码（以下代码的释义在前面各章均有提及，此处不再注释）：

```python
import numpy as np
import pandas as pd
import matplotlib.pyplot as plt
from sklearn.model_selection import train_test_split
from sklearn.model_selection import StratifiedKFold,KFold
from sklearn.model_selection import GridSearchCV
from sklearn.metrics import confusion_matrix
from sklearn.metrics import classification_report
from sklearn.metrics import plot_roc_curve
from sklearn.tree import DecisionTreeRegressor,export_text    # 导入回归决策树等
from sklearn.tree import DecisionTreeClassifier, plot_tree    # 导入分类决策树等
from sklearn.metrics import cohen_kappa_score
from mlxtend.plotting import plot_decision_regions
from sklearn.linear_model import LinearRegression
```

13.3 分类问题决策树算法示例

本节主要演示分类问题决策树算法的实现。

13.3.1 变量设置及数据处理

首先需要将本书提供的数据文件放入安装 Python 的默认路径位置，并从相应位置进行读取，在 Spyder 代码编辑区输入以下代码：

```python
data=pd.read_csv('C:/Users/Administrator/.spyder-py3/数据 13.1.csv')  # 读取数据 13.1.csv 文件
```

注意，因用户的具体安装路径不同，设计路径的代码会有差异。成功载入后，"变量管理器"窗口如图 13.4 所示。

名称	类型	大小	值
data	DataFrame	(700, 9)	Column names: credit, age, education, workyears, resideyears, income, ...

图 13.4 "变量管理器"窗口

```python
data.info()    # 观察数据信息。运行结果为：
```

```
<class 'pandas.core.frame.DataFrame'>
RangeIndex: 700 entries, 0 to 699
Data columns (total 9 columns):
 #   Column       Non-Null Count  Dtype
---  ------       --------------  -----
 0   credit       700 non-null    int64
 1   age          700 non-null    int64
 2   education    700 non-null    int64
 3   workyears    700 non-null    float64
 4   resideyears  700 non-null    float64
 5   income       700 non-null    float64
 6   debtratio    700 non-null    float64
 7   creditdebt   700 non-null    float64
 8   otherdebt    700 non-null    float64
dtypes: float64(6), int64(3)
memory usage: 49.3 KB
```

数据集中共有 700 个样本（700 entries, 0 to 699）、9 个变量（total 9 columns）。9 个变量分别是 credit，age，education，workyears，resideyears，income，debtratio，creditdebt，otherdebt，均包含 700 个非缺失值（700 non-null），credit，age，education 数据类型均为整型（int64），其他为浮点型（float64），数据内存为 49.3KB。

```
data.isnull().values.any()       # 检查数据集是否有缺失值。结果为 False，没有缺失值
data.credit.value_counts()       # 列出数据集中响应变量 credit 的取值分布情况。运行结果为：
```

```
0    517
1    183
Name: credit, dtype: int64
```

可以发现有 517 个信用卡客户未发生违约，183 个信用卡客户发生违约。

```
data.credit.value_counts(normalize=True)    # 列出数据集中响应变量 credit 的取值占比情况。运行
结果为：
```

```
0    0.738571
1    0.261429
Name: credit, dtype: float64
```

可以发现未发生违约的客户占比为 0.738571，发生违约的客户占比为 0.261429。

```
X = data.iloc[:,1:]       # 设置特征变量，即 data 数据集中除第一列响应变量 credit 之外的全部变量
y = data.iloc[:,0]        # 设置响应变量，即 data 数据集中第一列响应变量 credit
X_train,X_test,y_train,y_test=train_test_split(X,y,test_size=0.3,stratify=y,random_state=10)
          # 将样本全集划分为训练样本和测试样本，测试样本占比为 30%；参数 stratify=y 是指依据标签 y，按原数据 y
中的各类比例分配 train 和 test，使得 train 和 test 中各类数据的比例与原数据集一样；random_state=10 的含义是设
置随机数种子为 10，以保证随机抽样的结果可重复
```

13.3.2　未考虑成本-复杂度剪枝的决策树分类算法模型

1. 分裂准则为信息熵

在 Spyder 代码编辑区输入以下代码：

```
model = DecisionTreeClassifier(criterion='entropy',max_depth=2, random_state=10)
   # 使用分类决策树算法构建模型，criterion='entropy' 表示分裂准则为信息熵，max_depth=2 表示决策树的最大深
度为 2，random_state=10 的含义是设置随机数种子为 10，以保证随机抽样的结果可重复
model.fit(X_train, y_train)    # 基于训练样本拟合模型
model.score(X_test, y_test)    # 基于测试样本计算预测准确率。运行结果为：0.8714285714285714，说明预测
```

准确率还是比较高的

```
plot_tree(model,feature_names=X.columns,node_ids=True,impurity=True,proportion=True,rounded
=True,precision=3)        # 输出模型的决策树，feature_names=X.columns 表示特征变量为 X 中的各列，
node_ids=True 表示在每个节点都显示节点编号，impurity=True 表示显示不纯度（即 entropy 的
值），proportion=True 表示显示节点样本占比，rounded=True 表示节点四周为圆角，precision=3 表示精确到小数点后
三位
```

如果感觉输出的结果不清晰，可以输入以下代码：

```
plt.savefig('out1.pdf')   # 有效解决显示不清晰的问题，注意该代码需与上行代码一起运行
```

在"文件"窗口找到相应的文件进行查看，如图 13.5 所示。生成的决策树如图 13.6 所示。

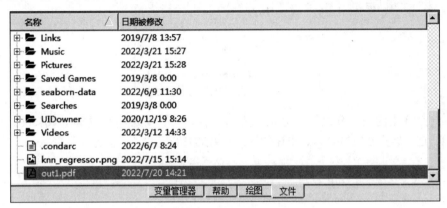

图 13.5 "文件"窗口

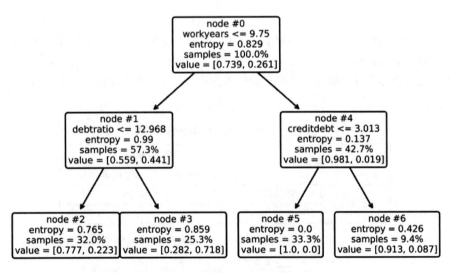

图 13.6 分裂准则为信息熵的决策树

本例中根节点为 0 号（node #0），样本全集中未违约客户和违约客户的占比分别为 0.739、0.261。在样本全集中，如果信用卡客户的工作年限 workyears≤9.75，就会被分到 1 号节点，1 号节点未违约客户和违约客户的占比分别为 0.559、0.441。在此基础上，如果信用卡客户的债务率 debtratio≤12.968，就会被分到 2 号节点，2 号节点未违约客户和违约客户的占比分别为 0.777、0.223；如果信用卡客户的债务率 debtratio>12.968，就会被分到 3 号节点，3 号节点未违约客户和违约客户的占比分别为 0.282、0.718。

在样本全集中，如果信用卡客户的工作年限 workyears＞9.75，就会被分到 4 号节点，4 号节点未违约客户和违约客户的占比分别为 0.981、0.019。在此基础上，如果信用卡客户的信用卡负债 creditdebt≤3.013，就会被分到 5 号节点，5 号节点未违约客户和违约客户的占比分别为 1.0、0.0；如果信用卡客户的债务率 creditdebt＞3.013，就会被分到 6 号节点，6 号节点未违约客户和违约客户的占比分别为 0.913、0.087。

综上所述，3 号节点的客户违约概率方面需要引起高度重视，即需要特别关注 workyears≤9.75&debtratio＞12.968 的客户。

```
prob = model.predict_proba(X_test)      # 计算响应变量预测分类概率
prob[:5]          # 显示前 5 个样本的响应变量预测分类概率。运行结果为：
```

```
array([[1.        , 0.        ],
       [0.77707006, 0.22292994],
       [0.28225806, 0.71774194],
       [0.28225806, 0.71774194],
       [0.91304348, 0.08695652]])
```

第 1~5 个样本的最大分组概率分别是未违约客户 1、未违约客户 0.77707006、违约客户 0.71774194、违约客户 0.71774194、未违约客户 0.91304348。

```
pred = model.predict(X_test)       # 计算响应变量预测分类类型
pred[:5]          # 显示前 5 个样本的响应变量预测分类类型。运行结果为：array([0, 0, 1, 1, 0],
dtype=int64)，与上一步预测分类概率的结果一致
print(confusion_matrix(y_test, pred))        # 输出测试样本的混淆矩阵。运行结果为：
       [[139  16]
        [ 11  44]]
```

针对该结果解释如下：实际为未违约客户且预测为未违约客户的样本共有 139 个、实际为未违约客户但预测为违约客户的样本共有 16 个；实际为违约客户但预测为未违约客户的样本共有 11 个、实际为违约客户且预测为违约客户的样本共有 44 个。该预测结果更直观的表示如表 13.1 所示。

表 13.1   实际分类与预测分类的结果

样本		预测分类	
		未违约客户	违约客户
实际分类	未违约客户	139	16
	违约客户	11	44

```
print(classification_report(y_test,pred)))        # 输出详细的预测效果指标，运行结果为：
```

```
              precision    recall  f1-score   support

           0       0.93      0.90      0.91       155
           1       0.73      0.80      0.77        55

    accuracy                           0.87       210
   macro avg       0.83      0.85      0.84       210
weighted avg       0.88      0.87      0.87       210
```

说明：

● precision：精度。针对未违约客户的分类正确率为 0.93；针对违约客户的分类正确率为

0.73。

- recall：召回率，即查全率。针对未违约客户的查全率为 0.90；针对违约客户的查全率为 0.80。
- f1-score：f1 得分。针对未违约客户的 f1 得分为 0.91；针对违约客户的 f1 得分为 0.77。
- support：支持样本数。未违约客户支持样本数为 155 个，违约客户支持样本数为 55 个。
- accuracy：正确率，即分类正确样本数/总样本数。模型整体的预测正确率为 0.87。
- macro avg：用每一个类别对应的 precision、recall、f1-score 直接平均。比如针对 recall（召回率），即为（0.90+0.80）/2 = 0.85。
- weighted avg：用每一类别支持样本数的权重乘对应类别指标。比如针对 recall（召回率），即为（0.90×155+0.80×55）/210 = 0.87。

```
cohen_kappa_score(y_test, pred)          # 计算 kappa 得分。运行结果为：0.676923076923077
```

根据"表 3.2 科恩 kappa 得分与效果对应表"可知，模型的一致性较好。根据前面分析结果可知，模型的拟合效果或者说性能表现还是可以的。

2. 分裂准则为基尼指数

```
model = DecisionTreeClassifier(criterion='gini',max_depth=2, random_state=10)   # 采用基尼指数作为分裂准则（criterion='gini'可以不设置，因为默认选项就是基尼指数），指定决策树的最大深度为 2，设置随机数种子为 10
    model.fit(X_train, y_train)          # 基于训练样本拟合模型
    model.score(X_test, y_test)          # 基于测试样本计算预测准确率。运行结果为：0.8571428571428571，说明预测准确率还是比较高的，但略低于信息熵准则下的预测精确率
    plot_tree(model,feature_names=X.columns,node_ids=True,impurity=True,proportion=True,rounded=True,precision=3)          # 本代码的含义与前面分裂准则为信息熵时的相同，此处不再赘述
    plt.savefig('out2.pdf')          # 有效解决显示不清晰的问题。运行结果在本章开头已有介绍，如图 13.1 所示，此处不再赘述
```

13.3.3　考虑成本-复杂度剪枝的决策树分类算法模型

在 Spyder 代码编辑区输入以下代码：

```
model = DecisionTreeClassifier(random_state=10)          # 使用决策树分类树算法构建模型
    path = model.cost_complexity_pruning_path(X_train, y_train)  # 考虑成本-复杂度剪枝
    print("模型复杂度参数: ", max(path.ccp_alphas))          # 输出最大的模型复杂度参数，运行结果为："模型复杂度参数: 0.0990821190369432"
    print("模型不纯度: ", max(path.impurities))          # 输出最大的模型不纯度，运行结果为："模型不纯度: 0.38597251145356104"
```

13.3.4　绘制图形观察叶节点总不纯度随 alpha 值的变化情况

在 Spyder 代码编辑区输入以下代码，然后全部选中这些代码并整体运行：

```
fig, ax = plt.subplots()
plt.rcParams['font.sans-serif'] = ['SimHei']          # 解决图表中文显示的问题
ax.plot(path.ccp_alphas, path.impurities, marker='o', drawstyle="steps-post")
ax.set_xlabel("有效的 alpha（成本-复杂度剪枝参数值）")
```

```
ax.set_ylabel("叶节点总不纯度")
ax.set_title("叶节点总不纯度随 alpha 值变化情况")
```

运行结果如图 13.7 所示。

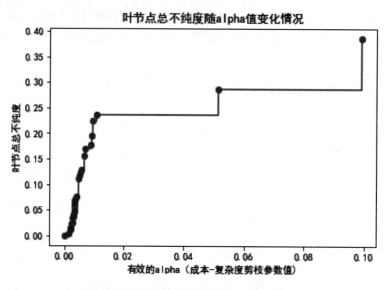

图 13.7　叶节点总不纯度随 alpha 值变化情况

从图 13.7 中可以发现，当 alpha 取值为 0 时，叶节点总不纯度最低，然后随 alpha 值的增大而逐渐上升。

13.3.5　绘制图形观察节点数和树的深度随 alpha 值的变化情况

首先在 Spyder 代码编辑区输入以下代码，然后全部选中这些代码并整体运行：

```
models = []
for ccp_alpha in path.ccp_alphas:
    model = DecisionTreeClassifier(random_state=10, ccp_alpha=ccp_alpha)
    model.fit(X_train, y_train)
    models.append(model)
    print("最后一棵决策树的节点数为: {} ;其 alpha 值为: {}".format(
        models[-1].tree_.node_count, path.ccp_alphas[-1]))        # 输出 path.ccp_alphas 中最后一
个值，即修剪整棵树的 alpha 值，只有一个节点。运行结果为："最后一棵决策树的节点数为: 1 ;其 alpha 值为:
0.0990821190369432"
```

然后在 Spyder 代码编辑区输入以下代码，再全部选中这些代码并整体运行：

```
node_counts = [model.tree_.node_count for model in models]
depth = [model.tree_.max_depth for model in models]
fig, ax = plt.subplots(2, 1)
ax[0].plot(path.ccp_alphas, node_counts, marker='o', drawstyle="steps-post")
ax[0].set_xlabel("alpha")
ax[0].set_ylabel("节点数 nodes")
ax[0].set_title("节点数 nodes 随 alpha 值变化情况")
ax[1].plot(path.ccp_alphas, depth, marker='o', drawstyle="steps-post")
ax[1].set_xlabel("alpha")
```

```
ax[1].set_ylabel("决策树的深度 depth")
ax[1].set_title("决策树的深度随 alpha 值变化情况")
fig.tight_layout()
```

运行结果如图 13.8 所示。

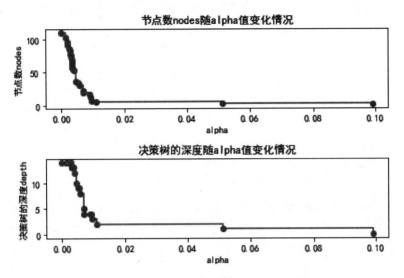

图 13.8　节点数和树的深度随 alpha 值变化情况图

从图 13.8 中可以发现，决策树节点数和树的深度随着 alpha 的增加而减少。

13.3.6　绘制图形观察训练样本和测试样本的预测准确率随 alpha 值的变化情况

在 Spyder 代码编辑区输入以下代码，然后全部选中这些代码并整体运行：

```
train_scores = [model.score(X_train, y_train) for model in models]
test_scores = [model.score(X_test, y_test) for model in models]
fig, ax = plt.subplots()
ax.set_xlabel("alpha")
ax.set_ylabel("预测准确率")
ax.set_title("训练样本和测试样本的预测准确率随 alpha 值变化情况")
ax.plot(path.ccp_alphas, train_scores, marker='o', label="训练样本",
        drawstyle="steps-post")
ax.plot(path.ccp_alphas, test_scores, marker='o', label="测试样本",
        drawstyle="steps-post")
ax.legend()
plt.show()
```

运行结果如图 13.9 所示。

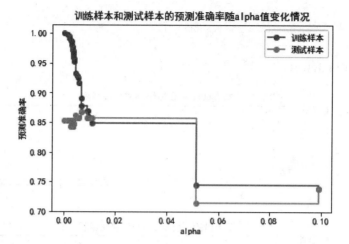

图 13.9　训练样本和测试样本的预测准确率随 alpha 值变化情况

从图 13.9 中可知，当 alpha 值设置为 0 时，训练样本的预测准确率达到 100%；随着 alpha 的增加，更多的树被剪枝，训练样本的预测准确率逐渐下降，而测试样本的准确率逐渐上升，达到一定程度后就创建了一个泛化能力最优的决策树。

13.3.7　通过 10 折交叉验证法寻求最优 alpha 值

在 Spyder 代码编辑区输入以下代码：

```
param_grid={'ccp_alpha':path.ccp_alphas}        # 定义参数网络
kfold=StratifiedKFold(n_splits=10,shuffle=True,random_state=10)   # 10 折交叉验证，保持每折子样
本中响应变量各类别数据占比相同，设置随机数种子为 10
model=GridSearchCV(DecisionTreeClassifier(random_state=10),param_grid,cv=kfold)        # 构建
分类决策树模型，基于前面创建的参数网络及 10 折交叉验证法，设置随机数种子为 10
model.fit(X_train,y_train)         # 基于训练样本拟合模型，在下面的运行结果中可以看到参数网络：
```

```
GridSearchCV(cv=StratifiedKFold(n_splits=10, random_state=10, shuffle=True),
            estimator=DecisionTreeClassifier(random_state=10),
            param_grid={'ccp_alpha': array([0.       , 0.0013424 , 0.00193963,
0.00196793, 0.00253968,
       0.00272109, 0.00285714, 0.00306122, 0.00310982, 0.00326531,
       0.00340136, 0.00345369, 0.00349854, 0.00349854, 0.00349854,
       0.00366442, 0.00393586, 0.00453446, 0.00506541, 0.00533684,
       0.0056171 , 0.00676271, 0.00682216, 0.00888889, 0.00917606,
       0.00955906, 0.01098901, 0.05125358, 0.09908212])})
```

```
print("最优 alpha 值: ",model.best_params_)         # 输出最优 alpha 值，运行结果为："最优 alpha 值:
{'ccp_alpha': 0.004534462760155709}"
model=model.best_estimator_        # 设置最优模型
print("最优预测准确率: ",model.score(X_test,y_test))        # 输出最优预测准确率，运行结果为："最优
预测准确率: 0.861904761904762"
plot_tree(model,feature_names=X.columns,node_ids=True,impurity=True,proportion=True,rounde
d=True,precision=3)     # 本代码的含义与前面绘制决策树时相同，此处不再赘述
plt.savefig('out3.pdf')      # 有效解决显示不清晰的问题，运行结果与前面分裂准则为信息熵时类似，此处不
再详细解读，运行结果如图 13.10 所示
```

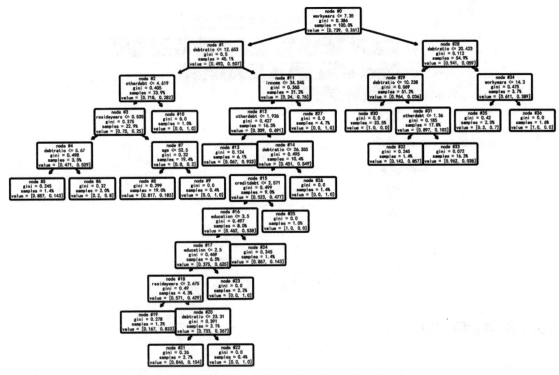

图 13.10 基于 10 折交叉验证法生成的决策树

13.3.8 决策树特征变量重要性水平分析

在 Spyder 代码编辑区输入以下代码，然后全部选中这些代码并整体运行：

```
sorted_index = model.feature_importances_.argsort()
plt.barh(range(X_train.shape[1]), model.feature_importances_[sorted_index])
plt.yticks(np.arange(X_train.shape[1]), X_train.columns[sorted_index])
plt.xlabel('特征变量重要性水平')
plt.ylabel('特征变量')
plt.title('决策树特征变量重要性水平分析')
plt.tight_layout()
```

运行结果如图 13.11 所示。

从图 13.11 中可以发现，本例中决策树特征变量重要性水平从大到小排序为 workyears、debtratio、otherdebt、education、resideyears、income、age、creditdebt。

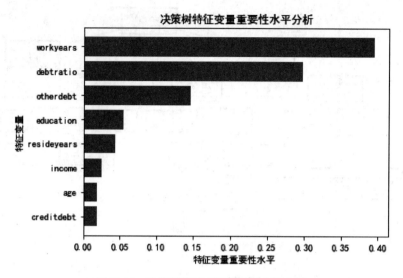

图 13.11   决策树特征变量重要性水平分析

13.3.9   绘制 ROC 曲线

在 Spyder 代码编辑区输入以下代码，然后全部选中这些代码并整体运行：

```
plt.rcParams['font.sans-serif'] = ['SimHei']     # 解决图表中文显示的问题
plot_roc_curve(model, X_test, y_test)            # 绘制 ROC 曲线，并计算 AUC 值
x = np.linspace(0, 1, 100)
plt.plot(x, x, 'k--', linewidth=1)               # 在图中增加 45 度黑色虚线，以便观察 ROC 曲线性能
plt.title('决策树分类树算法 ROC 曲线')              # 将标题设置为'决策树分类树算法 ROC 曲线'。运行结果如图
13.12 所示
```

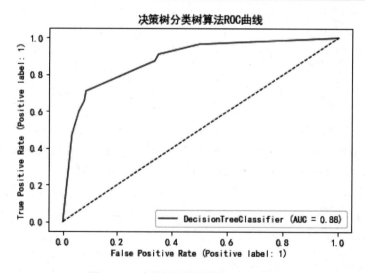

图 13.12   决策树分类树算法 ROC 曲线

ROC 曲线离纯机遇线越远，表明模型的辨别力越强。从图 13.12 中可以发现本例的预测效果还可以，AUC 值为 0.88，远大于 0.5，说明模型具备一定的预测价值。

13.3.10 运用两个特征变量绘制决策树算法决策边界图

首先在 Spyder 代码编辑区输入以下代码：

```
X2=X.iloc[:,[2,5]]        # 仅选取 workyears、debtratio 作为特征变量
model=DecisionTreeClassifier(random_state=100)
path=model.cost_complexity_pruning_path(X2,y)
param_grid={'ccp_alpha':path.ccp_alphas}
kfold=StratifiedKFold(n_splits=10,shuffle=True,random_state=1)
model=GridSearchCV(DecisionTreeClassifier(random_state=100),param_grid,cv=kfold)
model.fit(X2,y)        # 调用 fit()方法进行拟合，在下面的运行结果中可以看到参数网络：
```

```
GridSearchCV(cv=StratifiedKFold(n_splits=10, random_state=1, shuffle=True),
             estimator=DecisionTreeClassifier(random_state=100),
             param_grid={'ccp_alpha': array([0.       , 0.        , 0.00028571,
0.00033251, 0.00035714,
       0.00038095, 0.00047619, 0.00057143, 0.00085165, 0.00085714,
       0.00087302, 0.00087302, 0.00088226, 0.00089796, 0.00098901,
       0.00102041, 0.00102564, 0.00107143, 0.00114286, 0....,
       0.00116883, 0.00119048, 0.00122449, 0.00122619, 0.00127551,
       0.00128571, 0.00139394, 0.00143671, 0.00145427, 0.00146939,
       0.00146939, 0.00152381, 0.00166234, 0.00168367, 0.00192275,
       0.00199134, 0.002005  , 0.00201587, 0.00202201, 0.00206122,
       0.00214286, 0.00235343, 0.00247619, 0.00323676, 0.00329182,
       0.00370568, 0.00441087, 0.0048703 , 0.00510411, 0.00623928,
       0.007751  , 0.06033277, 0.09626619])})
```

```
model.score(X2,y)        # 计算模型预测准确率，运行结果为：0.8628571428571429
```

然后输入以下代码，再全部选中这些代码并整体运行：

```
plot_decision_regions(np.array(X2),np.array(y),model)
plt.xlabel('debtratio')        # 将 x 轴设置为'debtratio'
plt.ylabel('workyears')        # 将 y 轴设置为'workyears'
plt.title('决策树算法决策边界')        # 将标题设置为'决策树算法决策边界'，运行结果如图 13.13 所示
```

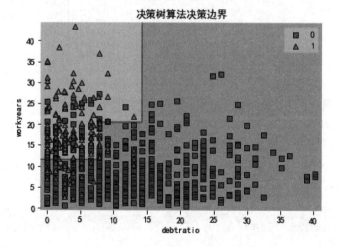

图 13.13　决策树算法决策边界

从图 13.13 中可以发现决策树算法的决策边界为矩形，这一边界将所有参与分析的样本分为

两个类别，右侧区域为未违约客户区域，左上方区域是违约客户区域，边界较为清晰，分类效果也比较好，体现在各样本的实际类别与决策边界分类区域基本一致。

13.4　回归问题决策树算法示例

本节主要演示回归问题决策树算法的实现。

13.4.1　变量设置及数据处理

首先需要将本书提供的数据文件放入安装 Python 的默认路径位置，并从相应位置进行读取。在 Spyder 代码编辑区输入以下代码：

```
data=pd.read_csv('C:/Users/Administrator/.spyder-py3/数据13.2.csv')  # 读取数据13.2.csv文件
```

注意，因用户的具体安装路径不同，设计路径的代码会有差异。成功载入后，"变量管理器"窗口如图 13.14 所示。

| data | DataFrame | (42, 7) | Column names: roe, … |

图 13.14　"变量管理器"窗口

```
data.info()  # 观察数据信息。运行结果为：
```

```
<class 'pandas.core.frame.DataFrame'>
RangeIndex: 42 entries, 0 to 41
Data columns (total 7 columns):
 #   Column  Non-Null Count  Dtype
---  ------  --------------  -----
 0   roe     42 non-null     float64
 1   top1    42 non-null     float64
 2   top5    42 non-null     float64
 3   top10   42 non-null     float64
 4   stop1   42 non-null     float64
 5   stop5   42 non-null     float64
 6   stop10  42 non-null     float64
dtypes: float64(7)
memory usage: 2.4 KB
```

数据集中共有 42 个样本（42 entries, 0 to 41）、7 个变量（total 7 columns）。7 个变量分别是 roe、top1、top5、top10、stop1、stop5、stop10，均包含 42 个非缺失值（42 non-null），数据类型均为浮点型（float64），数据内存为 2.4KB。

```
data.isnull().values.any()              # 检查数据集是否有缺失值。结果为 False，没有缺失值
X = data.iloc[:,1:]         # 设置特征变量，即 data 数据集中除第一列响应变量 roe 之外的全部变量
y = data.iloc[:,0]          # 设置响应变量，即 data 数据集中第一列响应变量 credit
X_train,X_test,y_train,y_test=train_test_split(X,y,test_size=0.3,random_state=10)
# 将样本全集划分为训练样本和测试样本，测试样本占比为 30%；random_state=10 的含义是设置随机数种子为 10，以
保证随机抽样的结果可重复
```

13.4.2 未考虑成本–复杂度剪枝的决策树回归算法模型

在 Spyder 代码编辑区输入以下代码:

```
model = DecisionTreeRegressor(max_depth=2, random_state=10)  # 使用回归决策树算法构建模型,
max_depth=2 表示决策树的最大深度为 2, random_state=10 的含义是设置随机数种子为 10, 以保证随机抽样的结果可重复
    model.fit(X_train, y_train))      # 基于训练样本拟合模型
    print("拟合优度: ", model.score(X_test, y_test))      # 基于测试样本计算拟合优度。运行结果为:
0.350881003251181, 说明拟合优度比较低
    plot_tree(model,feature_names=X.columns,node_ids=True,rounded=True,precision=3)
    # 本代码的含义与前面绘制决策树时的相同, 此处不再赘述
    plt.savefig('out4.pdf')      # 有效解决显示不清晰的问题, 运行结果结果如图 13.15 所示
```

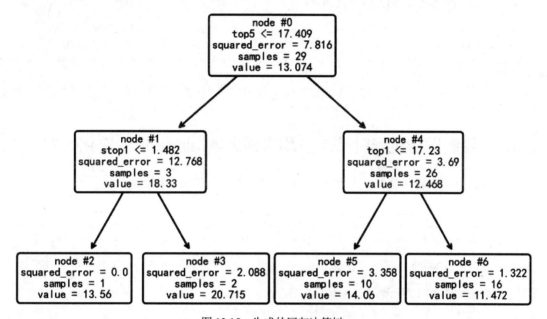

图 13.15 生成的回归决策树

本例中根节点为 0 号（node #0）, 样本全集中共有样本 29 个, 响应变量 roe 平均值为 13.074。在样本全集中, 如果前 5 大股东持股量占比 top5≤17.409, 就会被分到 1 号节点, 1 号节点有 3 个样本, roe 平均值为 18.33; 在此基础上, 如果第 1 大股东持股量 stop1≤1.482, 就会被分到 2 号节点, 2 号节点有 1 个样本, roe 平均值为 13.56; 如果第 1 大股东持股量 stop1＞ 1.482, 就会被分到 3 号节点, 3 号节点的 roe 平均值为 20.715。树的其他部分的解读与之类似, 不再赘述。

```
print("文本格式的决策树: ",export_text(model,feature_names=list(X.columns)))
# 输出文本格式的决策树, 运行结果与前述一致, 具体如下:
```

```
文本格式的决策树：  |--- top5 <= 17.41
|   |--- stop1 <= 1.48
|   |   |--- value: [13.56]
|   |--- stop1 >  1.48
|   |   |--- value: [20.71]
|--- top5 >  17.41
|   |--- top1 <= 17.23
|   |   |--- value: [14.06]
|   |--- top1 >  17.23
|   |   |--- value: [11.47]
```

13.4.3　考虑成本-复杂度剪枝的决策树回归算法模型

在 Spyder 代码编辑区输入以下代码：

```
model = DecisionTreeRegressor(random_state=10)          # 使用决策树回归树算法构建模型
path = model.cost_complexity_pruning_path(X_train, y_train)  # 考虑成本-复杂度剪枝
print("模型复杂度参数: ", max(path.ccp_alphas))      # 输出最大的模型复杂度参数, 运行结果为: "模型复杂度
参数: 3.187394590438088"
print("模型总均方误差: ", max(path.impurities))     # 输出最大的模型总均方误差, 运行结果为: "模型总均方
误差: 7.816382666777798"
```

13.4.4　绘制图形观察叶节点总均方误差随 alpha 值的变化情况

在 Spyder 代码编辑区输入以下代码，然后全部选中这些代码并整体运行：

```
fig, ax = plt.subplots()
ax.plot(path.ccp_alphas, path.impurities, marker='o', drawstyle="steps-post")
ax.set_xlabel("有效的 alpha（成本-复杂度剪枝参数值）")
ax.set_ylabel("叶节点总均方误差")
ax.set_title("叶节点总均方误差 alpha 值变化情况")
```

运行结果如图 13.16 所示。

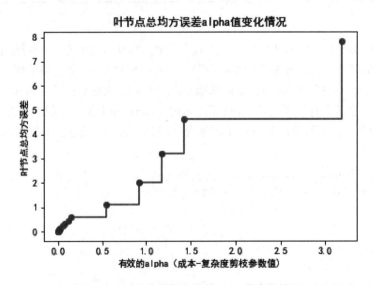

图 13.16　叶节点总均方误差 alpha 值变化情况

从图 13.16 中可以发现，当 alpha 取值为 0 时，叶节点总均方误差最低，然后随 alpha 值的增大而逐渐上升。

13.4.5　绘制图形观察节点数和树的深度随 alpha 值的变化情况

首先在 Spyder 代码编辑区输入以下代码，然后全部选中这些代码并整体运行：

```
models = []
for ccp_alpha in path.ccp_alphas:
    model = DecisionTreeRegressor(random_state=10, ccp_alpha=ccp_alpha)
    model.fit(X_train, y_train)
    models.append(model)
print("最后一棵决策树的节点数为: {} ;其 alpha 值为: {}".format(
    models[-1].tree_.node_count, path.ccp_alphas[-1]))          # 输出 path.ccp_alphas 中最后一
```
个值，即修剪整棵树的 alpha 值，只有一个节点。运行结果为："最后一棵决策树的节点数为: 1 ;其 alpha 值为: 3.187394590438088"

然后在 Spyder 代码编辑区输入以下代码，然后全部选中这些代码并整体运行：

```
node_counts = [model.tree_.node_count for model in models]
depth = [model.tree_.max_depth for model in models]
fig, ax = plt.subplots(2, 1)
ax[0].plot(path.ccp_alphas, node_counts, marker='o', drawstyle="steps-post")
ax[0].set_xlabel("alpha")
ax[0].set_ylabel("节点数 nodes")
ax[0].set_title("节点数 nodes 随 alpha 值变化情况")
ax[1].plot(path.ccp_alphas, depth, marker='o', drawstyle="steps-post")
ax[1].set_xlabel("alpha")
ax[1].set_ylabel("决策树的深度 depth")
ax[1].set_title("决策树的深度随 alpha 值变化情况")
fig.tight_layout()
```

运行结果如图 13.17 所示。

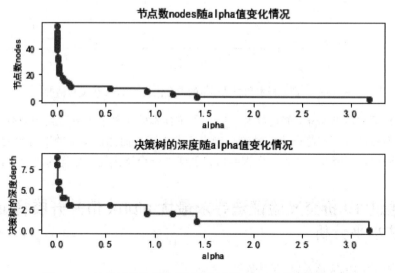

图 13.17　决策树的节点数和树的深度随 alpha 值的变化情况图

从图 13.17 中可以发现决策树节点数和树的深度随着 alpha 的增加而减少。

13.4.6 绘制图形观察训练样本和测试样本的拟合优度随 alpha 值的变化情况

在 Spyder 代码编辑区输入以下代码，然后全部选中这些代码并整体运行：

```
train_scores = [model.score(X_train, y_train) for model in models]
test_scores = [model.score(X_test, y_test) for model in models]
fig, ax = plt.subplots()
ax.set_xlabel("alpha")
ax.set_ylabel("拟合优度")
ax.set_title("训练样本和测试样本的拟合优度随 alpha 值变化情况")
ax.plot(path.ccp_alphas, train_scores, marker='o', label="训练样本",
        drawstyle="steps-post")
ax.plot(path.ccp_alphas, test_scores, marker='o', label="测试样本",
        drawstyle="steps-post")
ax.legend()
plt.show()
```

运行结果如图 13.18 所示。

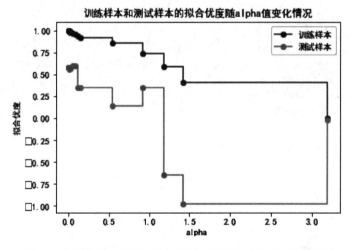

图 13.18　训练样本和测试样本的拟合优度随 alpha 值变化情况

从图 13.18 可知，当 alpha 值设置为 0 时，训练样本的预测准确率达到 100%；随着 alpha 的增加，更多的树被剪枝，训练样本的预测准确率逐渐下降，而测试样本的准确率稍稍上升（当然达到一定高度后重新下降），达到一定程度后就创建了一个泛化能力最优的决策树。

13.4.7 通过 10 折交叉验证法寻求最优 alpha 值并开展特征变量重要性水平分析

在 Spyder 代码编辑区输入以下代码：

```
param_grid={'ccp_alpha':path.ccp_alphas}          # 定义参数网络
kfold = KFold(n_splits=10, shuffle=True, random_state=10)) # 10 折交叉验证，设置随机数种子为 10
model=GridSearchCV(DecisionTreeRegressor(random_state=10),param_grid,cv=kfold)  # 构建回归决
```
策树模型，基于前面创设的参数网络及 10 折交叉验证法，设置随机数种子为 10
```
model.fit(X_train,y_train)  # 基于训练样本拟合模型，在下面的运行结果中可以看到参数网络：
```

```
GridSearchCV(cv=KFold(n_splits=10, random_state=10, shuffle=True),
             estimator=DecisionTreeRegressor(random_state=10),
             param_grid={'ccp_alpha': array([0.00000000e+00, 2.87356322e-05,
4.31034483e-05, 4.41379310e-04,
       6.22413793e-04, 1.00028736e-03, 1.99309172e-03, 2.42816092e-03,
       3.52568966e-03, 5.92954023e-03, 1.27517241e-02, 1.52971160e-02,
       1.62206703e-02, 1.65586207e-02, 2.09660700e-02, 5.32241379e-02,
       7.86897212e-02, 1.18457471e-01, 1.44001724e-01, 5.40076803e-01,
       9.18725706e-01, 1.17687414e+00, 1.42072270e+00, 3.18739459e+00])})
```

```
print("最优 alpha 值: ",model.best_params_)          # 输出最优 alpha 值，运行结果为："最优参数：
{'ccp_alpha': 0.0024281609195380216}"
model=model.best_estimator_          # 设置最优模型
print("最优拟合优度: ",model.score(X_test,y_test))  # 输出最优拟合优度，运行结果为："最优拟合优度：
0.5825821860819739"。
print("决策树深度: ", model.get_depth())  # 输出最优模型的决策树深度，运行结果为："决策树深度： 8"
print("叶节点数目: ", model.get_n_leaves())#输出最优模型的叶节点数目，运行结果为："叶节点数目： 21"
print("每个变量的重要性: ", model.feature_importances_))  # 输出最优模型的每个变量的重要性，运行结
```
果为："每个变量的重要性： [0.04080661 0.4213431 0.12020928 0.33260748 0.00127514 0.08375838]"

当然也可以通过绘制图形的形式观察特征变量重要性水平。在 Spyder 代码编辑区输入以下代码，然后全部选中这些代码并整体运行：

```
sorted_index = model.feature_importances_.argsort()
plt.barh(range(X_train.shape[1]), model.feature_importances_[sorted_index])
plt.yticks(np.arange(X_train.shape[1]), X_train.columns[sorted_index])
plt.xlabel('特征变量重要性水平')
plt.ylabel('特征变量')
plt.title('决策树特征变量重要性水平分析')
plt.tight_layout()
```

运行结果与如图 13.19 所示。

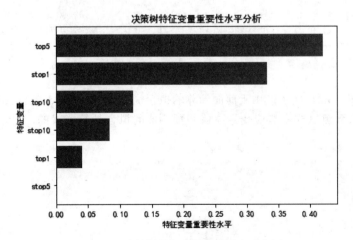

图 13.19　决策树特征变量重要性水平分析

```
    plot_tree(model,feature_names=X.columns,node_ids=True,impurity=True,proportion=True,round
ed=True,precision=3))          # 本代码的含义与前面绘制决策树时的相同，不再赘述
    plt.savefig('out5.pdf') # 有效解决显示不清晰的问题，运行结果与前面分裂准则为信息熵时的类似，不再详细解
读，结果如图 13.20 所示
```

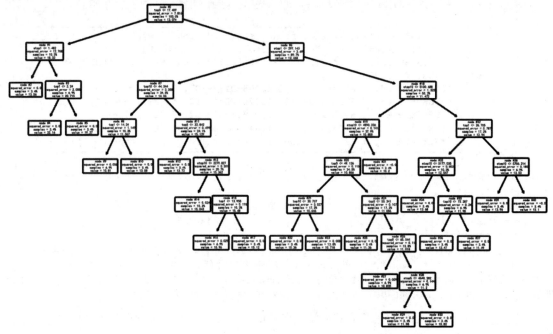

图 13.20   基于 10 折交叉验证法生成的决策树

13.4.8   最优模型拟合效果图形展示

下面我们以图形的形式将测试样本响应变量原值和预测值进行对比，观察模型的拟合效果。在 Spyder 代码编辑区输入以下代码，然后全部选中这些代码并整体运行：

```
pred = model.predict(X_test)          # 对响应变量进行预测
t = np.arange(len(y_test))          # 求得响应变量在测试样本中的个数，以便绘制图形
plt.plot(t, y_test, 'r-', linewidth=2, label=u'原值')          # 绘制响应变量原值曲线
plt.plot(t, pred, 'g-', linewidth=2, label=u'预测值')          # 绘制响应变量预测曲线
plt.legend(loc='upper right')          # 将图例放在图的右上方
plt.grid()
plt.show()
```

运行结果如图 13.21 所示，由于前面计算的拟合优度仅为 0.5825821860819739，所以拟合效果一般，可以看到测试样本响应变量原值和预测值的拟合是很一般的，体现在两条线重合度较低。

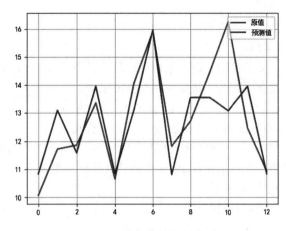

图 13.21　最优模型拟合效果图

13.4.9　构建线性回归算法模型进行对比

在 Spyder 代码编辑区输入以下代码：

```
model = LinearRegression().fit(X_train, y_train)    # 构建线性回归算法模型并基于训练样本进行拟合
model.score(X_test, y_test)    # 输出线性回归算法模型的拟合优度，运行结果为 0.0666113515058595，
远不如决策树回归模型的效果
```

13.5　习　题

1. 使用"数据 5.1"文件中的数据（详情已在第 5 章中介绍），将 V1（征信违约记录）作为响应变量，将 V2（资产负债率）、V6（主营业务收入）、V7（利息保障倍数）、V13（银行负债）、V9（其他渠道负债）作为特征变量，构建决策树分类算法模型，完成以下操作：

（1）变量设置及数据处理。

（2）构建未考虑成本-复杂度剪枝的决策树分类算法模型。

（3）构建考虑成本-复杂度剪枝的决策树分类算法模型。

（4）绘制图形观察叶节点总不纯度随 alpha 值的变化情况。

（5）绘制图形观察节点数和树的深度随 alpha 值的变化情况。

（6）绘制图形观察训练样本和测试样本的预测准确率随 alpha 值的变化情况。

（7）通过 10 折交叉验证法寻求最优 alpha 值。

（8）开展决策树特征变量重要性水平分析。

（9）绘制 ROC 曲线。

（10）运用两个特征变量绘制决策树算法决策边界图。

2. 使用"数据 4.3"文件中的数据（详情已在第 4 章习题部分中介绍），将 Profit contribution（利润贡献度）作为响应变量，将 Net interest income（净利息收入）、Intermediate income（中间业务收入）、Deposit and finance daily（日均存款加理财之和）作为特征变量，构建

决策树回归算法模型，完成以下操作：

（1）变量设置及数据处理。

（2）构建未考虑成本–复杂度剪枝的决策树回归算法模型。

（3）构建考虑成本–复杂度剪枝的决策树回归算法模型。

（4）绘制图形观察叶节点总均方误差随 alpha 值的变化情况。

（5）绘制图形观察节点数和树的深度随 alpha 值的变化情况。

（6）绘制图形观察训练样本和测试样本的拟合优度随 alpha 值的变化情况。

（7）通过 10 折交叉验证法寻求最优 alpha 值并开展特征变量重要性水平分析。

（8）最优模型拟合效果图形展示。

（9）构建线性回归算法模型进行对比。

第 **14** 章

随机森林算法

在前面"3.8.5 模型融合"一节中，讲述了使用模型融合提升算法准确度的方法，即训练多个模型（弱学习器），然后按照一定的方法将它们集成在一起（强学习器），常用的实现路径包括Bagging 方法（装袋法、随机森林算法）和 Boosting 方法（提升法），在接下来的两章中我们将分别进行讲解。由于装袋法只是随机森林算法（Random Forests Method）的一种特例，所以本章我们讲解随机森林算法的基本原理，并结合具体实例讲解该算法在 Python 中解决分类问题和回归问题的实现与应用。

14.1 随机森林算法的基本原理

本节主要介绍随机森林算法的基本原理。

14.1.1 集成学习的概念与分类

前面我们讲述的线性回归、K 近邻、决策树等算法都是单一的弱学习器，在样本容量有限的条件下，它们实现的算法模型的性能提升空间较为有限。于是，统计学家们想出了一种集成学习（组合学习、模型融合）的方式，即将单一的弱学习器组合在一起，通过群策群力形成强学习器，达到模型性能的提升。

集成学习注重弱学习器的优良性与差异性，通常情况下，如果每个弱学习器在保证较高的分类准确率的同时，相互之间又能有较大的差异性，那么集成学习的效果就会充分得到显现（该理论由 Krogh 和 Vedelsby 于 1995 年提出，又称"误差-分歧分解"）。

针对弱学习器的不同，集成学习可以分为同质学习和异质学习。

如果弱学习器分别属于不同的类型，比如有线性回归模型、有决策树模型、有 K 近邻模型等，则通过分别赋予这些模型一定权重的方式（最优权重可以通过交叉验证的方式确定），加权得到最优预测模型，基于该思想的集成学习方式为异质学习集成。

而如果这些弱学习器都属于一个类型，比如均为决策树模型，那么在基准模型不变的条件下，可以通过搅动数据的方式得到多个弱学习器，然后进行模型融合，得到最优预测模型，基于该思想的集成学习方法为同质学习集成。

针对集成方法的不同，集成学习可以分为并行集成和串行集成。

如果弱学习器间存在强依赖的关系，后一个弱学习器的生成需依赖前一个弱学习器的结果，则集成学习方式为串行集成，代表算法为 Boosting，包括 AdaBoost、GBDT、XGBoost 等。

如果弱学习器间不存在依赖关系，可以同时训练多个弱学习器，适合分布式并行计算，则集成学习方式为并行集成，代表算法为装袋法、随机森林算法，其中装袋法是随机森林算法一种特例。

14.1.2　装袋法的概念与原理

首先我们来介绍装袋法，其实现过程如下：

（1）首先假设样本全集为 D，通过自助法（详见"3.7.3 自助法"一节的介绍）对 D 进行 n 次有放回的抽样，形成 n 个训练样本集，并将在 n 次有放回的抽样中一次也没有被抽到的样本构成包外测试集。

（2）然后基于 n 个训练样本集生成 n 个弱学习器（比如 n 棵决策树）。

（3）再后使用这 n 个弱学习器对包外测试集进行预测，从而得到 n 个预测结果。如果是分类问题，就是 n 个分类；如果是回归问题，就是 n 个预测值。

（4）如果是分类问题，按照"多数票规则"，将 n 个弱学习器产生的预测值中取值最多的分类作为最终预测分类；如果是回归问题，将 n 个弱学习器产生的预测值进行平均，以平均值作为最终预测值。

（5）如果是分类问题，以袋外错误率作为评价最终模型的标准；如果是回归问题，以袋外均方误差或拟合优度作为评价最终模型的标准。

装袋法一方面由于并不进行剪枝，所以相对弱学习器并未降低模型偏差，另一方面则由于将很多弱学习器进行平均，所以优化了模型的方差（或称模型的鲁棒性）。可以证明如果 n 个弱学习器之间是独立同分布（方差均为 δ^2）的，那么在装袋法下由于进行了平均，模型融合的方差变成了 $\dfrac{\delta^2}{n}$，n 越大，方差下降得越明显。所以，装袋法尤其适用于方差较大的不稳定估计量，或者说样本数据的轻微扰动可能会引起估计结果较大变化的情形，比如线性回归、不剪枝决策树、神经网络等，而不太适用于 K 近邻算法等方差较小的稳定估计。

所以一个不容忽视的事实是：装袋法在弱学习器之间服从独立同分布时特别有效，但在实务中这一条件经常不能够被很好地满足。比如针对决策树模型，在众多特征变量之中可能只有个别特征变量在模型拟合中起到了关键作用，或者说特征变量之间的重要性水平差别很远，那么可以合理预期的是：即使数据搅动再为充分，大多数弱学习器可能都倾向于选择那些关键特征变量，使得弱学习器之间存在较强的相关性或近似性，对这些高度相关的弱学习器求平均并不能带来模型融合方差的显著降低，或者可以理解为，虽然样本数据搅动了，但弱学习器没有进行与之相应变化，样本数据搅动的效果有限。

14.1.3 随机森林算法的概念与原理

为了较好地解决这一问题，统计学家又提出了随机森林算法，随机森林是对装袋法的一种改进，与装袋法相同，随机森林也需要通过自助法进行 n 次有放回的抽样，形成 n 个训练样本集以及包外测试集；不同之处在于，装袋法在构建基分类器时，将所有特征变量（假设为 p 个）都考虑进去，而随机森林在构建基分类器的时候则是从全部 p 个特征变量中随机抽取 m 个。比如针对前面所述的决策树模型，虽然有一些关键特征向量，但是受"随机抽取特征变量"这一规则限制，这些关键特征向量将不再像装袋法那样会被所有基分类器选择，从而保障了基分类器之间的多样性和差异性，使得样本搅动能够产生出应有的效果，达到降低模型融合方差的目的。当然，同样由于"随机抽取特征变量"这一规则限制，随机森林使得子分类器难以基于全部特征变量做出最优选择，从而同步提升了模型的偏差，这同样也是一个"方差-偏差"统筹权衡的问题。

那么随机抽取的特征变量个数 m 究竟为多少合适？实务中针对回归弱学习器通常采用 $m = \dfrac{p}{3}$；而针对分类弱学习器通常采用 $m = \sqrt{p}$。不难发现，如果 $m=p$，即将全部特征变量作为随机抽取变量，那么随机森林算法也就变成了装袋法，所以，装袋法是随机森林算法的一种特例。

14.1.4 随机森林算法特征变量重要性量度

随机森林算法包含很多弱学习器，那么如何量度各个特征变量的重要性水平呢？弱学习器以决策树为例，首先针对单棵决策树计算重要性水平，即因采纳该变量引起的残差平方和（或信息增益、信息增益率、基尼指数等指标）变化的幅度；然后将随机森林中的所有决策树进行平均，即得到该变量对于整个随机森林的重要性水平。残差平方和下降或基尼指数下降越多、信息增益或信息增益率提升越多，说明该变量在随机森林模型中越为重要。

14.1.5 部分依赖图与个体条件期望图

长期以来机器学习因其弱解释性而深受诟病，所以很多专家学者深耕于可解释机器学习领域，致力使模型结果具备可解释性。部分依赖图（Partial Dependence Plot）与个体条件期望图（ICEPlot）即是其中的方法之一，在随机森林等集成学习算法中也经常被使用。其中部分依赖图显示了一个或两个特征变量对机器学习模型的预测结果的边际效应。与前面介绍的特征变量重要性不同，特征变量重要性展示的是哪些变量对预测的影响最大，而部分依赖图展示的是特征如何影响模型预测，可以显示响应变量和特征变量之间的关系是线性的、单调的还是更复杂的。个体条件期望图展示的是每个样本预测值与选定特征变量之间的关系，其实现路径是：对特定样本，在保持其他特征变量不变的同时，变换选定特征变量的取值，并输出预测结果，从而实现样本预测值随选定特征变量变化的情况。

14.2　数据准备

本节主要是准备数据，以便后面演示分类问题随机森林算法和回归问题随机森林算法的实现。

14.2.1　案例数据说明

本节我们继续以上一章中的"数据 13.1"和"数据 13.2"文件中的数据为例进行讲解。针对"数据 13.1"，我们以 credit（是否发生违约）为响应变量，以 age（年龄）、education（受教育程度）、workyears（工作年限）、resideyears（居住年限）、income（年收入水平）、debtratio（债务收入比）、creditdebt（信用卡负债）、otherdebt（其他负债）为特征变量，使用分类随机森林算法进行拟合。

针对"数据 13.2"，我们以 roe（净资产收益率）为响应变量，以 top1（第一大股东的持股量）、top5（前五大股东的持股量）、top10（前十大股东的持股量）、stop1（第一大股东持股量的平方项）、stop5（前五大股东持股量的平方项）、stop10（前十大股东持股量的平方项）为特征变量，使用回归随机森林算法进行拟合。

14.2.2　导入分析所需要的模块和函数

在进行分析之前，首先需要导入分析所需要的模块和函数，读取数据集并进行观察。在 Spyder 代码编辑区输入以下代码（以下代码释义在前面各章均有提及，此处不再注释）：

```python
import numpy as np
import pandas as pd
import matplotlib.pyplot as plt
from sklearn.model_selection import KFold, StratifiedKFold
from sklearn.model_selection import train_test_split,GridSearchCV,cross_val_score
from sklearn.linear_model import LinearRegression
from sklearn.linear_model import LogisticRegression
from sklearn.tree import DecisionTreeClassifier
from sklearn.tree import DecisionTreeRegressor
from sklearn.ensemble import BaggingClassifier          # 导入分类装袋法
from sklearn.ensemble import BaggingRegressorr          # 导入回归装袋法
from sklearn.ensemble import RandomForestClassifier     # 导入随机森林分类法
from sklearn.ensemble import RandomForestRegressor      # 导入随机森林回归法
from sklearn.metrics import confusion_matrix
from sklearn.metrics import classification_report
from sklearn.metrics import cohen_kappa_score
from sklearn.metrics import plot_roc_curve
from sklearn.inspection import plot_partial_dependence
from sklearn.inspection import PartialDependenceDisplay # 导入偏依赖图模块
from mlxtend.plotting import plot_decision_regions
```

14.3　分类问题随机森林算法示例

本节主要演示分类问题随机森林算法的实现。

14.3.1　变量设置及数据处理

首先需要将本书提供的数据文件放入安装 Python 的默认路径位置，并从相应位置进行读取。在 Spyder 代码编辑区输入以下代码：

```
data=pd.read_csv('C:/Users/Administrator/.spyder-py3/数据13.1.csv')  # 读取数据13.1.csv 文件
```

注意，因用户的具体安装路径不同，设计路径的代码会有差异，成功载入后，"变量管理器"窗口如图 14.1 所示。

名称 /	类型	大小	值
data	DataFrame	(700, 9)	Column names: credit, age, education, workyears, resideyears, income, ...

图 14.1　"变量管理器"窗口

```
X = data.iloc[:,1:]     # 设置特征变量，即 data 数据集中除第一列响应变量 credit 之外的全部变量
y = data.iloc[:,0]      # 设置响应变量，即 data 数据集中第一列响应变量 credit
X_train,X_test,y_train,y_test=train_test_split(X,y,test_size=0.3,stratify=y,random_state=
10)        # 本代码的含义是将样本全集划分为训练样本和测试样本，测试样本占比为 30%；参数 stratify=y 是指依据标签
y，按原数据 y 中的各类比例分配 train 和 test，使得 train 和 test 中各类数据的比例与原数据集一样；
random_state=10 的含义是设置随机数种子为 10，以保证随机抽样的结果可重复
```

14.3.2　二元 Logistic 回归、单棵分类决策树算法观察

1. 二元 Logistic 回归算法

在 Spyder 代码编辑区输入以下代码：

```
model =LogisticRegression(C=1e10, max_iter=1000,fit_intercept=True)   # 本代码的含义是使用
sklearn 建立二元 Logistic 回归算法模型，其中的参数 fit_intercept=True 表示模型中包含常数项
model.fit(X_train, y_train)      # 基于训练样本调用 fit()方法进行拟合
model.score(X_test, y_test)      # 基于测试样本计算模型预测的准确率，运行结果为：
0.8523809523809524，也就是说基于测试样本计算模型预测的准确率为 85.238%
```

2. 单棵分类决策树算法

在 Spyder 代码编辑区输入以下代码：

```
model=DecisionTreeClassifier()   # 本代码的含义是使用分类决策树算法构建模型
path=model.cost_complexity_pruning_path(X_train,y_train))    # 考虑成本-复杂度剪枝
param_grid={'ccp_alpha':path.ccp_alphas}  # 定义参数网络
kfold=StratifiedKFold(n_splits=10,shuffle=True,random_state=10)   # 10 折交叉验证，保持每折子样
本中响应变量各类别数据占比相同，设置随机数种子为 10
Model=GridSearchCV(DecisionTreeClassifier(random_state=10),param_grid,cv=kfold)
```

```
# 构建分类决策树模型，基于前面创设的参数网络及 10 折交叉验证法，设置随机数种子为 10
model.fit(X_train,y_train)          # 基于训练样本拟合模型
print("最优 alpha 值: ",model.best_params_)  # 输出最优 alpha 值，运行结果为："最优 alpha 值:
{'ccp_alpha':0.004534462760155709}"
model=model.best_estimator_          # 设置最优模型
print("最优预测准确率: ",model.score(X_test,y_test))  # 输出最优预测准确率，运行结果为："最优预测准
确率: 0.861904761904762"
```

14.3.3   装袋法分类算法

在 Spyder 代码编辑区输入以下代码：

```
model=BaggingClassifier(base_estimator=DecisionTreeClassifier(random_state=10),n_estimato
rs=300,max_samples=0.8,random_state=0)#使用装袋法分类算法构建模型，基学习器为决策树分类器（并设定随机数种
子为 10），基学习器个数设定为 300，自助法抽取样本比例 0.8，设定袋装法随机数种子为 0，以保证随机抽样的结果可重复
model.fit(X_train, y_train)#基于训练样本使用 fit 方法进行拟合
model.score(X_test, y_test)#基于测试样本计算模型预测的准确率，运行结果为：0.8666666666666667，与单
棵分类决策树算法相比略有提升，一定程度上起到了集成学习的优化效果
```

BaggingClassifier( )函数的完整格式如下：

```
BaggingClassifier(base_estimator=None, n_estimators=10, *, max_samples=1.0,
max_features=1.0, bootstrap=True, bootstrap_features=False, oob_score=False, warm_start=False,
n_jobs=None, random_state=None, verbose=0)。
```

常用参数说明如下：

- base_estimator：用于设置弱学习器，如果不特别设置，默认为决策树分类器。
- n_estimators：用于设置弱学习器的个数，需设置为整数。
- max_samples：可以设置为整数或小数，如果设置为整数，则为个数的概念，表示抽取 max_samples 个样本；如果设置为小数，则为比例的概念，表示抽取 max_samples * X.shape[0] 个样本，默认为 1.0，即抽取全部样本，其中 X.shape[0]表示全部的行（样本）。
- max_features：可以设置为整数或小数，如果设置为整数，则为个数的概念，表示抽取 max_features 个特征变量；如果设置为小数，则为比例的概念，表示抽取 max_features * X.shape[1]个特征，默认为 1.0，即抽取全部特征，其中 X.shape[0]表示全部的列（特征变量）。
- bootstrap：需设置为 True 或者 False，其中 default=True 表示针对样本为有放回取样；如果 default=False，则为不放回抽样；默认为 True。
- bootstrap_features：需设置为 True 或者 False，其中 default=True 表示针对特征变量为有放回取样；如果 default=False，则为不放回抽样；默认为 False。
- oob_score:：需设置为 True 或者 False，其中 default=True 表示使用袋外样本估计泛化误差；如果 default=False，则不使用袋外样本估计泛化误差；默认为 False。

14.3.4 随机森林分类算法

在 Spyder 代码编辑区输入以下代码：

```
model=RandomForestClassifier(n_estimators=300,max_features='sqrt',random_state=10)
    # 使用随机森林分类算法构建模型，弱学习器为决策树分类器（默认类型），弱学习器个数设置为300，将最大特征变量取
值设置为全部特征变量个数的平方根（如果不设置，默认为全部特征变量个数，即为装袋法），设置随机森林分类算法随机数种子
为10，以保证随机抽样的结果可重复
    model.fit(X_train, y_train)       # 基于训练样本调用 fit()方法进行拟合
    model.score(X_test, y_test)       # 基于测试样本计算模型预测的准确率，运行结果为：
0.8714285714285714，较袋装法以及单棵决策树有了提升，起到了集成学习的优化效果
```

14.3.5 寻求 max_features 最优参数

在 Spyder 代码编辑区输入以下代码，然后全部选中这些代码并整体运行：

```
scores = []
for max_features in range(1, X.shape[1] + 1):
    model = RandomForestClassifier(max_features=max_features,
                          n_estimators=300, random_state=10)
    model.fit(X_train, y_train)
    score = model.score(X_test, y_test)
    scores.append(score)
index = np.argmax(scores)
range(1, X.shape[1] + 1)[index]
plt.plot(range(1, X.shape[1] + 1), scores, 'o-')
plt.axvline(range(1, X.shape[1] + 1)[index], linestyle='--', color='k', linewidth=1)
plt.xlabel('最大特征变量数')
plt.ylabel('最优预测准确率')
plt.title('预测准确率随选取的最大特征变量数变化情况')
```

运行结果如图 14.2 所示。

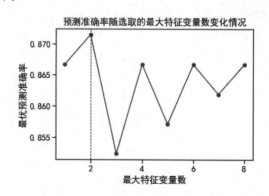

图 14.2 预测准确率随选取的最大特征变量数变化情况

从图 14.2 中可以发现当选择最大特征变量数为 2 时，所得模型的拟合优度最大。

```
    print(scores)      # 输出最大特征变量数从 1 到 8 对应的模型预测准确率，运行结果为：
    array([0.8666666666666667, 0.8714285714285714, 0.8523809523809524, 0.8666666666666667,
0.8571428571428571, 0.8666666666666667, 0.861904761904762, 0.8666666666666667])，最大特征变量数为
2 时，模型的拟合优度最大，为 0.8714285714285714，与图形展示的结论一致
```

14.3.6　寻求 n_estimators 最优参数

在 Spyder 代码编辑区输入以下代码，然后全部选中这些代码并整体运行（涉及 for 循环）：

```
ScoreAll = []
for i in range(100,300,10):
    model= RandomForestClassifier(max_features=2,n_estimators = i,random_state = 10)
    model.fit(X_train, y_train)
    score = model.score(X_test, y_test)
    ScoreAll.append([i,score])
ScoreAll = np.array(ScoreAll)
print(ScoreAll)       # 输出 n_estimators 从 100 到 300 以 10 为步长对应的模型预测准确率，运行结果为：
```

```
[[100.        0.85238095]
 [110.        0.85238095]
 [120.        0.85238095]
 [130.        0.86190476]
 [140.        0.86190476]
 [150.        0.85714286]
 [160.        0.86190476]
 [170.        0.86190476]
 [180.        0.86666667]
 [190.        0.86666667]
 [200.        0.87142857]
 [210.        0.87142857]
 [220.        0.87142857]
 [230.        0.87142857]
 [240.        0.87142857]
 [250.        0.87142857]
 [260.        0.86666667]
 [270.        0.87142857]
 [280.        0.87142857]
 [290.        0.87142857]]
```

```
max_score = np.where(ScoreAll==np.max(ScoreAll[:,1]))[0][0]        # 找出最高得分对应的索引
print("最优参数以及最高得分:",ScoreAll[max_score])       # 运行结果为 "最优参数以及最高得分: [200.
0.87142857]"，即 n_estimators 最优为 200，在此情况下预测准确率为 0.87142857
```

注意，以下代码涉及绘图，需要全面选中并整体运行：

```
plt.figure(figsize=[20,5])
plt.plot(ScoreAll[:,0],ScoreAll[:,1])
plt.show()
```

运行结果如图 14.3 所示。

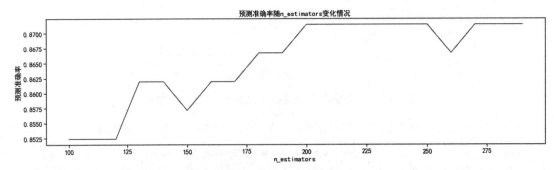

图 14.3　预测准确率随 n_estimators 变化情况

从图 14.3 中可以非常直观地看出 n_estimators 最优为 200。前面我们为了在更广的范围内找到最优参数，设置的是从 100 到 300 以 10 为步长，相对比较粗略，在此基础上，我们进一步细化寻求 n_estimators 最优参数。

在 Spyder 代码编辑区输入以下代码，然后全部选中这些代码并整体运行（涉及 for 循环）：

```
ScoreAll = []
for i in range(190,210):
    model= RandomForestClassifier(max_features=2,n_estimators = i,random_state = 10)
    model.fit(X_train, y_train)
    score = model.score(X_test, y_test)
    ScoreAll.append([i,score])
ScoreAll = np.array(ScoreAll)
print(ScoreAll)     # 输出 n_estimators 从 190 到 210 对应的模型预测准确率，运行结果为：
```

```
[[190.        0.86666667]
 [191.        0.86666667]
 [192.        0.86666667]
 [193.        0.86666667]
 [194.        0.86666667]
 [195.        0.87142857]
 [196.        0.87142857]
 [197.        0.86666667]
 [198.        0.87142857]
 [199.        0.87142857]
 [200.        0.87142857]
 [201.        0.87142857]
 [202.        0.87142857]
 [203.        0.87142857]
 [204.        0.87142857]
 [205.        0.87142857]
 [206.        0.87142857]
 [207.        0.87142857]
 [208.        0.87142857]
 [209.        0.87142857]]
```

```
max_score = np.where(ScoreAll==np.max(ScoreAll[:,1]))[0][0]        # 找出最高得分对应的索引
print("最优参数以及最高得分:",ScoreAll[max_score])     # 运行结果为"最优参数以及最高得分：[195.
0.87142857]"，即 n_estimators 最优为 195，在此情况下预测准确率为 0.87142857
```

注意，以下代码涉及绘图，需要全部选中这些代码并整体运行：

```
plt.figure(figsize=[20,5])
plt.plot(ScoreAll[:,0],ScoreAll[:,1])
plt.show()
```

运行结果如图 14.4 所示。

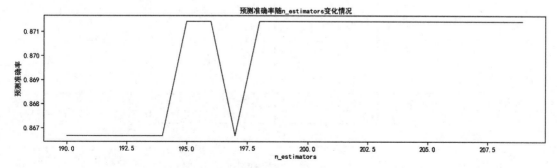

图 14.4　预测准确率随 n_estimators 变化情况

14.3.7　随机森林特征变量重要性水平分析

在 Spyder 代码编辑区输入以下代码，然后全部选中这些代码并整体运行：

```
sorted_index = model.feature_importances_.argsort()
plt.rcParams['font.sans-serif'] = ['SimHei']    # 解决图表中中文显示的问题
plt.barh(range(X_train.shape[1]), model.feature_importances_[sorted_index])
plt.yticks(np.arange(X_train.shape[1]), X_train.columns[sorted_index])
plt.xlabel('特征变量重要性水平')
plt.ylabel('特征变量')
plt.title('随机森林特征变量重要性水平分析')
plt.tight_layout()
```

运行结果如图 14.5 所示。

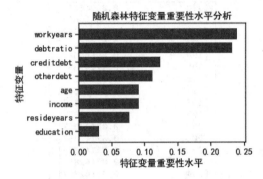

图 14.5　随机森林特征变量重要性水平分析

从图 14.5 中可以发现，本例中随机森林特征变量重要性水平从大到小排序为 workyears、debtratio、creditdebt、otherdebt、age、income、resideyears、education。

14.3.8　绘制部分依赖图与个体条件期望图

在 Spyder 代码编辑区输入以下代码并逐行运行：

```
PartialDependenceDisplay.from_estimator(model,X_train,['workyears','debtratio'],kind='average')    # 绘制部分依赖图，运行结果如图 14.6 所示
```

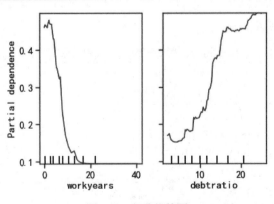

图 14.6　部分依赖图

部分依赖图简称 PDP 图，它能够展现出一个或两个特征变量对模型预测结果的影响的函数关系，包括但不限于近似线性关系、单调关系或者更复杂的关系。从本例中可以看出，工作年限在 20 年以内，客户的工作年限越长，其违约概率越低，是一种近似线性关系；工作年限在 20 年以上，违约概率接近于 0。而债务收入比则与违约概率呈现正向变动关系，债务收入比越高，违约概率越大，但是这种关系并不是线性的。

```
PartialDependenceDisplay.from_estimator(model,X_train,['workyears','debtratio'],kind='individual')    # 绘制个体条件期望图（ICE Plot），运行结果如图 14.7 所示
```

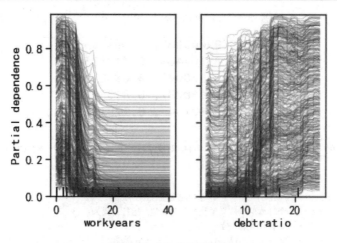

图 14.7　个体条件期望图

个体条件期望图（ICE Plot）展示的是每个样本预测值与选定特征变量之间的关系，其实现路径是：对特定样本，在保持其他特征变量不变的同时，变换选定特征变量的取值，并输出预测结果，从而实现样本预测值随选定特征变量变化的情况。图中的每一条线都表示一个样本，从图 14.7 中可以发现结论与部分依赖图一致，即工作年限、债务收入比分别与违约概率呈现反向、正向变动关系。

```
PartialDependenceDisplay.from_estimator(model,X_train,['workyears','debtratio'],kind='both')    # 同时绘制部分依赖图和个体条件期望图，运行结果如图 14.8 所示
```

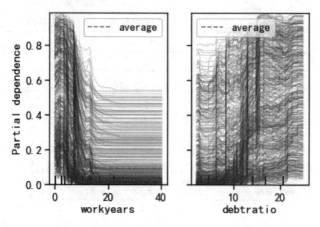

图 14.8　同时绘制部分依赖图和个体条件期望图

在图 14.8 中，部分依赖图和个体条件期望图绘制在一起，其中，虚线 average 即为部分依赖图的变化情况，各条絮状线即为个体条件期望图的变化情况。

14.3.9　模型性能评价

在 Spyder 代码编辑区输入以下代码并逐行运行：

```
prob = model.predict_proba(X_test)      # 计算响应变量预测分类概率
prob[:5]        # 显示前 5 个样本的响应变量预测分类概率。运行结果为：
```

```
array([[0.99043062, 0.00956938],
       [0.85167464, 0.14832536],
       [0.31578947, 0.68421053],
       [0.18660287, 0.81339713],
       [0.8708134 , 0.1291866 ]])
```

第 1~5 个样本的最大分组概率分别是未违约客户、未违约客户、违约客户、违约客户、未违约客户。

```
pred = model.predict(X_test)       # 计算响应变量预测分类类型
pred[:5]        # 显示前 5 个样本的响应变量预测分类类型。运行结果为：array([0, 0, 1, 1, 0],
dtype=int64)，与上一步预测分类概率的结果一致
print(confusion_matrix(y_test, pred))       # 输出测试样本的混淆矩阵。运行结果为：
                                 [[145  10]
                                  [ 17  38]]
```

针对该结果解释如下：实际为未违约客户且预测为未违约客户的样本共有 145 个、实际为未违约客户但预测为违约客户的样本共有 10 个；实际为违约客户且预测为违约客户的样本共有 38 个、实际为违约客户但预测为未违约客户的样本共有 17 个。该结果更直观的表示如表 14.1 所示。

表 14.1　预测分类与实际分类的结果

样本		预测分类	
		未违约客户	违约客户
实际分类	未违约客户	145	10
	违约客户	17	38

```
print(classification_report(y_test,pred)))       # 输出详细的预测效果指标，运行结果为：
```

```
              precision    recall  f1-score   support

           0       0.90      0.94      0.91       155
           1       0.79      0.69      0.74        55

    accuracy                           0.87       210
   macro avg       0.84      0.81      0.83       210
weighted avg       0.87      0.87      0.87       210
```

说明：

● precision：精度。针对未违约客户的分类正确率为 0.90，针对违约客户的分类正确率为

0.79。

- recall：召回率，即查全率。针对未违约客户的查全率为 0.94，针对违约客户的查全率为 0.69。
- f1-score：f1 得分。针对未违约客户的 f1 得分为 0.91，针对违约客户的 f1 得分为 0.74。
- support：支持样本数。未违约客户支持样本数为 155 个，违约客户支持样本数为 55 个。
- accuracy：正确率，即分类正确样本数/总样本数。模型整体的预测正确率为 0.87。
- macro avg：用每一个类别对应的 precision、recall、f1-score 直接平均。比如针对 recall（召回率），即为（0.94+0.69）/ 2 = 0.81。
- weighted avg：用每一类别支持样本数的权重乘对应类别指标。比如针对 recall（召回率），即为（0.94×155+0.69×55）/ 210 = 0.87。

```
cohen_kappa_score(y_test, pred)   # 本代码的含义是计算 kappa 得分。运行结果为：0.653211009174312
```

根据"表 3.2 科恩 kappa 得分与效果对应表"可知，该模型的一致性较好。根据前面分析结果可知，模型的拟合效果或者说性能表现还是可以的。

14.3.10　绘制 ROC 曲线

在 Spyder 代码编辑区输入以下代码，然后全部选中这些代码并整体运行：

```
plt.rcParams['font.sans-serif'] = ['SimHei']    # 解决图表中中文显示的问题
plot_roc_curve(model, X_test, y_test)        # 本代码的含义是绘制 ROC 曲线，并计算 AUC 值
x = np.linspace(0, 1, 100)
plt.plot(x, x, 'k--', linewidth=1)       # 本代码的含义是在图中增加 45 度黑色虚线，以便观察 ROC 曲线性能
plt.title('随机森林分类树算法 ROC 曲线')    # 将标题设置为'随机森林分类树算法 ROC 曲线'。运行结果如图 14.9
所示
```

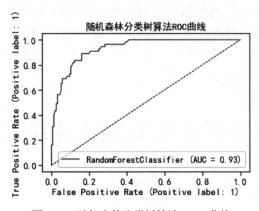

图 14.9　随机森林分类树算法 ROC 曲线

ROC 曲线离纯机遇线越远，表明模型的辨别力越强。可以发现本例的预测效果还可以。AUC 值为 0.93，远大于 0.5，说明模型具备一定的预测价值。

14.3.11   运用两个特征变量绘制随机森林算法决策边界图

首先在 Spyder 代码编辑区输入以下代码：

```
X2=X.iloc[:,[2,5]]        # 仅选取 workyears、debtratio 作为特征变量
model = RandomForestClassifier(n_estimators=300, max_features=1, random_state=1)
model.fit(X2,y)
model.score(X2,y)         # 计算模型预测准确率，运行结果为：0.9885714285714285
```

然后输入以下代码，再全部选中这些代码并整体运行：

```
plot_decision_regions(np.array(X2), np.array(y), model)
plt.xlabel('debtratio')        # 将 x 轴设置为'debtratio'
plt.ylabel('workyears')        # 将 y 轴设置为'workyears'
plt.title('随机森林算法决策边界')    # 将标题设置为'随机森林算法决策边界',运行结果如图 14.10 所示
```

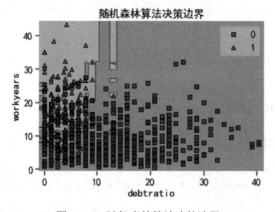

图 14.10   随机森林算法决策边界

从图 14.10 中可以发现随机森林算法决策边界为多个分割矩形，这一点也是非常好理解的，因为本例中我们的弱学习器为决策树，而决策树的决策边界为矩形（在第 13 章中有所讲解）。如果弱学习器为其他算法，那么其决策边界的形状也会发生变化。在本例中，决策边界将所有参与分析的样本分为两个类别，边界较为清晰，分类效果也比较好，体现在各样本的实际类别与决策边界分类区域基本一致。

14.4   回归问题随机森林算法示例

本节主要演示回归问题随机森林算法的实现。

14.4.1   变量设置及数据处理

首先需要将本书提供的数据文件放入安装 Python 的默认路径位置，并从相应位置进行读取。在 Spyder 代码编辑区输入以下代码：

```
data=pd.read_csv('C:/Users/Administrator/.spyder-py3/数据 13.2.csv')    # 读取数据 13.2.csv 文件
```

注意，因用户的具体安装路径不同，设计路径的代码会有差异。成功载入后，"变量管理器"窗口如图 14.11 所示。

data	DataFrame	(42, 7)	Column names: roe, …

图 14.11 "变量管理器"窗口

```
X = data.iloc[:,1:]         # 设置特征变量，即 data 数据集中除第一列响应变量 credit 之外的全部变量
y = data.iloc[:,0]          # 设置响应变量，即 data 数据集中第一列响应变量 credit
X_train,X_test,y_train,y_test=train_test_split(X,y,test_size=0.3,stratify=y,random_state=10)
   # 本代码的含义是将样本全集划分为训练样本和测试样本，测试样本占比为 30%；参数 stratify=y 是指依据标签 y，按
原数据 y 中的各类比例分配 train 和 test，使得 train 和 test 中各类数据的比例与原数据集一样；random_state=10 的
含义是设置随机数种子为 10，以保证随机抽样的结果可重复
```

14.4.2 线性回归、单棵回归决策树算法观察

1. 线性回归算法

在 Spyder 代码编辑区输入以下代码：

```
model = LinearRegression()          # 本代码的含义是建立线性回归算法模型
model.fit(X_train, y_train)         # 基于训练样本调用 fit()方法进行拟合
model.score(X_test, y_test)         # 基于测试样本计算模型预测的准确率，运行结果为：
0.0666113515058595，也就是说基于测试样本计算模型预测的准确率为 6.66%，拟合效果非常差
```

2. 单棵回归决策树算法

在 Spyder 代码编辑区输入以下代码：

```
param_grid={'ccp_alpha':path.ccp_alphas}          # 定义参数网络
kfold=KFold(n_splits=10,shuffle=True,random_state=10)    # 10 折交叉验证，保持每折子样本中响应变
量各类别数据占比相同，设置随机数种子为 10
model=GridSearchCV(DecisionTreeRegressor(random_state=10),param_grid,cv=kfold)
   # 构建回归决策树模型，基于前面创设的参数网络及 10 折交叉验证法，设置随机数种子为 10
model.fit(X_train,y_train)          # 基于训练样本拟合模型
print("最优 alpha 值: ",model.best_params_)        # 输出最优 alpha 值，运行结果为："最优 alpha 值：
{'ccp_alpha':0.00253968253968254}"
model=model.best_estimator_         # 设置最优模型
print("最优拟合优度: ",model.score(X_test,y_test))    # 输出最优拟合优度，运行结果为："最优拟合优度：
0.5825821860819739"
```

14.4.3 装袋法回归算法

在 Spyder 代码编辑区输入以下代码：

```
model = BaggingRegressor(base_estimator=DecisionTreeRegressor(random_state=10),
n_estimators=300, max_samples=0.9,oob_score=True, random_state=0)# 使用装袋法回归算法构建模型，弱学
习器为决策树回归器（并设置随机数种子为 10），弱学习器个数设置为 300，自助法抽取样本比例 0.9，设置袋装法随机数种子
为 0，以保证随机抽样的结果可重复
model.fit(X_train, y_train) # 基于训练样本调用 fit()方法进行拟合
model.score(X_test, y_test) # 基于测试样本计算模型预测的准确率，运行结果为：0.5381806212817726
```

14.4.4　随机森林回归算法

在 Spyder 代码编辑区输入以下代码：

```
max_features=int(X_train.shape[1]/3)        # 将最大特征变量取值设置为全部特征变量的个数 c 除以 3 并取
整（如果不设置，默认为全部特征变量个数，即为装袋法）
max_features        # 运行结果为 2，设置最大特征变量为 2
model=RandomForestRegressor(n_estimators=300,max_features=max_features,random_state=10)
    # 使用随机森林回归算法构建模型，弱学习器为决策树回归器（默认类型），弱学习器个数设置为 300，将最大特征变量取
值设置为上一步得到的 max_features，设置随机森林回归算法随机数种子为 10，以保证随机抽样的结果可重复
model.fit(X_train, y_train) # 基于训练样本调用 fit()方法进行拟合
model.score(X_test, y_test) # 基于测试样本计算模型预测的准确率，运行结果为：0.3883453499763304
```

14.4.5　寻求 max_features 最优参数

在 Spyder 代码编辑区输入以下代码，然后全部选中这些代码并整体运行：

```
scores = []
for max_features in range(1, X.shape[1] + 1):
    model = RandomForestRegressor(max_features=max_features,
                              n_estimators=300, random_state=123)
    model.fit(X_train, y_train)
    score = model.score(X_test, y_test)
    scores.append(score)
index = np.argmax(scores)
range(1, X.shape[1] + 1)[index]
plt.plot(range(1, X.shape[1] + 1), scores, 'o-')
plt.axvline(range(1, X.shape[1] + 1)[index], linestyle='--', color='k', linewidth=1)
plt.xlabel('最大特征变量数')
plt.ylabel('拟合优度')
plt.title('拟合优度随选取的最大特征变量数变化情况')
```

运行结果如图 14.12 所示。

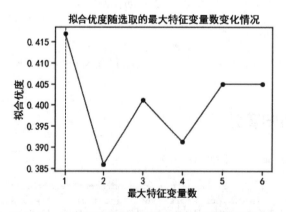

图 14.12　拟合优度随选取的最大特征变量数变化情况

从图 14.12 中可以发现当选择最大特征变量数为 1 时，模型的拟合优度最大。

```
print(scores)    # 输出最大特征变量数由 1 到 6 对应的模型拟合优度，运行结果为：
[0.4169447741656067, 0.38585085180220624, 0.4011683971655442, 0.3911978470339106,
```

0.4049096600592592, 0.4049631435631418]，与图形展示的结论一致

　　最大特征变量数为 1 时，模型的拟合优度最优，为 0.4169447741656067。但这并不意味着随机森林算法处于劣势，因为还需要寻求 n_estimators 最优参数再做观察。

14.4.6　寻求 n_estimators 最优参数

　　首先在 Spyder 代码编辑区输入以下代码，然后全部选中这些代码并整体运行：

```
ScoreAll = []
for i in range(10,100,10):
    model= RandomForestRegressor(max_features=1,n_estimators = i,random_state = 10)
    # 使用上一小节确定的最大特征变量数 1（max_features=1）
    model.fit(X_train, y_train)
    score = model.score(X_test, y_test)
    ScoreAll.append([i,score])
ScoreAll = np.array(ScoreAll)
print(ScoreAll)    # 运行结果为：
```

```
[[10.        0.56997907]
 [20.        0.5837772 ]
 [30.        0.49677655]
 [40.        0.53618892]
 [50.        0.48846201]
 [60.        0.49001015]
 [70.        0.42701709]
 [80.        0.38379434]
 [90.        0.38932463]]
```

```
max_score = np.where(ScoreAll==np.max(ScoreAll[:,1]))[0][0]    # 找出最高得分对应的索引
print("最优参数以及最高得分:",ScoreAll[max_score])        # 运行结果为："最优参数以及最高得分: [20.
0.5837772]"，即最优参数为 20，最优模型的拟合优度为 0.5837772
```

　　然后输入以下代码，再全部选中这些代码并整体运行：

```
plt.figure(figsize=[20,5])
plt.xlabel('n_estimators')
plt.ylabel('拟合优度')
plt.title('拟合优度随 n_estimators 变化情况')
plt.plot(ScoreAll[:,0],ScoreAll[:,1])
plt.show()    # 运行结果如图 14.13 所示
```

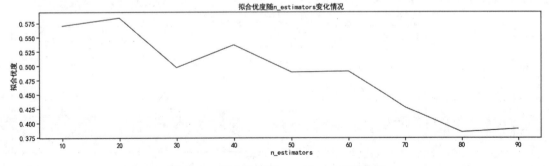

图 14.13　拟合优度随 n_estimators 变化情况

　　从图 14.13 中可以非常直观地看出 n_estimators 最优为 20。前面我们为了在更广的范围内找

到最优参数，设置的数值是从 10 到 100 且以 10 步长，相对比较粗略，在此基础上，我们进一步细化寻求 n_estimators 最优参数。

在 Spyder 代码编辑区输入以下代码，然后全部选中这些代码并整体运行：

```
ScoreAll = []
for i in range(10,30):
    model= RandomForestRegressor(max_features=1,n_estimators = i,random_state = 10)
    model.fit(X_train, y_train)
    score = model.score(X_test, y_test)
    ScoreAll.append([i,score])
ScoreAll = np.array(ScoreAll)
print(ScoreAll)     # 运行结果为：
```

```
[[10.        0.56997907]
 [11.        0.58857265]
 [12.        0.51413005]
 [13.        0.54541158]
 [14.        0.58758028]
 [15.        0.51318993]
 [16.        0.57889355]
 [17.        0.61925569]
 [18.        0.63098856]
 [19.        0.57033642]
 [20.        0.5837772 ]
 [21.        0.59769421]
 [22.        0.56015394]
 [23.        0.56836352]
 [24.        0.51791345]
 [25.        0.53278693]
 [26.        0.53828322]
 [27.        0.49280315]
 [28.        0.45363508]
 [29.        0.47895626]]]
```

```
max_score = np.where(ScoreAll==np.max(ScoreAll[:,1]))[0][0]    # 找出最高得分对应的索引值
print("最优参数以及最高得分:",ScoreAll[max_score])      # 运行结果为："最优参数以及最高得分：[18.
0.63098856]"
```
，即最优参数为 18，最优模型的拟合优度为 0.63098856，较前面的线性回归、单棵决策树、袋装法等各种方法都实现了提升

然后输入以下代码，再全部选中这些代码并整体运行：

```
plt.figure(figsize=[20,5])
plt.xlabel('n_estimators')
plt.ylabel('拟合优度')
plt.title('拟合优度随 n_estimators 变化情况')
plt.plot(ScoreAll[:,0],ScoreAll[:,1])
plt.show()       # 运行结果如图 14.14 所示
```

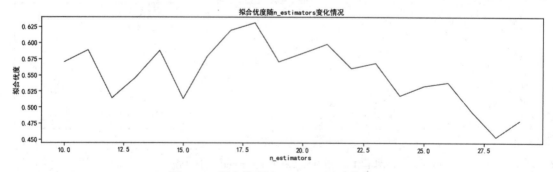

图 14.14   拟合优度随 n_estimators 变化情况

14.4.7　随机森林特征变量重要性水平分析

在 Spyder 代码编辑区输入以下代码，然后全部选中这些代码并整体运行：

```
sorted_index = model.feature_importances_.argsort()
plt.rcParams['font.sans-serif'] = ['SimHei']    # 解决图表中中文显示的问题
plt.barh(range(X_train.shape[1]), model.feature_importances_[sorted_index])
plt.yticks(np.arange(X_train.shape[1]), X_train.columns[sorted_index])
plt.xlabel('特征变量重要性水平')
plt.ylabel('特征变量')
plt.title('随机森林特征变量重要性水平分析')
plt.tight_layout()
```

运行结果如图 14.15 所示。

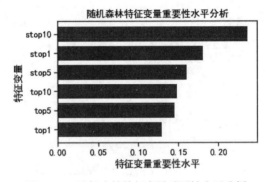

图 14.15　随机森林特征变量重要性水平分析

从图 14.15 中可以发现，本例中随机森林特征变量重要性水平从大到小排序为 stop10、stop1、stop5、top10、top5、top1。

14.4.8　绘制部分依赖图与个体条件期望图

在 Spyder 代码编辑区输入以下代码并逐行运行：

```
PartialDependenceDisplay.from_estimator(model,X_train,['stop10','stop1'],kind='average')
# 绘制部分依赖图，运行结果如图 14.16 所示
```

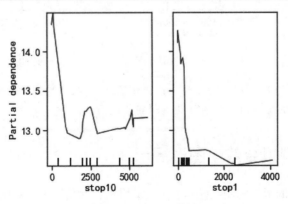

图 14.16　部分依赖图

前 10 大股东持股量的平方（stop10）、第一大股东持股量的平方（stop1）对于 roe 的影响关系是类似的，在达到一定数值之前，roe 会随着 stop10、stop1 的上升而急剧减小，但是当 stop10、stop1 达到一定数值之后，roe 则保持稳定。

```
PartialDependenceDisplay.from_estimator(model,X_train,['stop10','stop1'],kind='individual
')  # 绘制个体条件期望图（ICEPlot），运行结果如图 14.17 所示
```

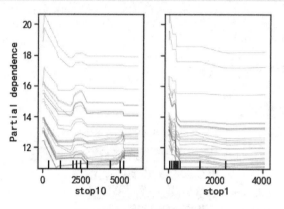

图 14.17　个体条件期望图

从图 14.17 可以发现，个体条件期望图的结论与部分依赖图一致，即在达到一定数值之前，roe 会随着 stop10、stop1 的上升而急剧减小，达到一定数值之后则保持稳定。

```
PartialDependenceDisplay.from_estimator(model,X_train,['stop10','stop1'],kind='both')
# 同时绘制部分依赖图和个体条件期望图，运行结果如图 14.18 所示
```

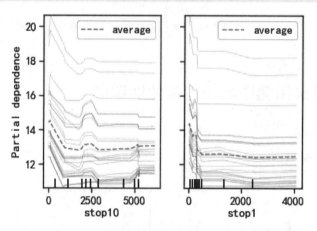

图 14.18　同时绘制部分依赖图和个体条件期望图

在图 14.18 中，部分依赖图和个体条件期望图绘制在一起，其中，虚线 average 即为部分依赖图的变化情况，各条累状线即为个体条件期望图的变化情况。

14.4.9　最优模型拟合效果图形展示

下面，我们以图形的形式将测试样本响应变量原值和预测值进行对比，观察模型拟合效果。在 Spyder 代码编辑区输入以下代码，然后全部选中这些代码并整体运行：

```
pred = model.predict(X_test)        # 对响应变量进行预测
t = np.arange(len(y_test))          # 求得响应变量在测试样本中的个数，以便绘制图形
plt.plot(t, y_test, 'r-', linewidth=2, label=u'原值')        # 绘制响应变量原值曲线
plt.plot(t, pred, 'g-', linewidth=2, label=u'预测值')        # 绘制响应变量预测曲线
plt.legend(loc='upper right')       # 将图例放在图的右上方
plt.grid()
plt.show()
```

运行结果如图 14.19 所示，可以看到测试样本响应变量原值和预测值的拟合效果一般，体现在两条线之间差别比较大（前面计算的拟合优度仅为 0.63098856）。

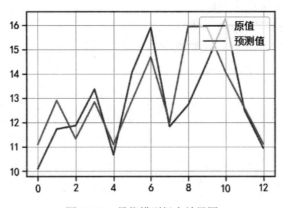

图 14.19　最优模型拟合效果图

14.5　习　题

1. 使用"数据 5.1"文件中的数据（详情已在第 5 章中介绍），将 V1（征信违约记录）作为响应变量，将 V2（资产负债率）、V6（主营业务收入）、V7（利息保障倍数）、V14（银行负债）、V9（其他渠道负债）作为特征变量，构建随机森林分类算法模型，完成以下操作：

（1）变量设置及数据处理。

（2）二元 Logistic 回归、单棵分类决策树算法观察。

（3）装袋法分类算法。

（4）随机森林分类算法。

（5）寻求 max_features 最优参数。

（6）寻求 n_estimators 最优参数。

（7）随机森林特征变量重要性水平分析。

（8）绘制部分依赖图与个体条件期望图。

（9）模型性能评价。

（10）绘制 ROC 曲线。

（11）运用两个特征变量绘制随机森林算法决策边界图。

2. 使用"数据 4.3"文件中的数据（详情已在第 4 章的习题部分中介绍），将 Profit contribution（利润贡献度）作为响应变量，将 Net interest income（净利息收入）、Intermediate

income（中间业务收入）、Deposit and finance daily（日均存款加理财之和）作为特征变量，构建随机森林回归算法模型，完成以下操作：

（1）变量设置及数据处理。

（2）线性回归、单棵分类决策树算法观察。

（3）装袋法回归算法。

（4）随机森林回归算法。

（5）寻求 max_features 最优参数。

（6）寻求 n_estimators 最优参数。

（7）随机森林特征变量重要性水平分析。

（8）绘制部分依赖图与个体条件期望图。

（9）最优模型拟合效果图形展示。

第 15 章

提 升 法

前面我们讲解了"随机森林"算法，除了该方法外，本章介绍的提升法（Boosting 方法）是另外一种集成学习的方法，它与随机森林或袋装法最大的不同——各个弱学习器是序列集成的，也就说弱学习器之间是有顺序的，完成上一个弱学习器之后才能开展下一个，在每一轮的训练中，下一个弱学习器都能通过权重更新的方式较上一个弱学习器实现提升。本章我们讲解提升法的基本原理，并结合具体实例讲解该算法在 Python 中解决分类问题和回归问题的实现与应用。

15.1 提升法的基本原理

本节主要介绍提升法的基本原理。

15.1.1 提升法的概念与原理

在第 3 章中我们提到，如果弱学习器之间存在强依赖关系，必须串行集成，则应选择提升法。提升法的主要代表包括 AdaBoost、GBDT、XGBoost 及其改进等。各类提升方法的基本思想是一致的，典型的操作实现过程如下：

（1）首先从训练集中用初始权重训练出一个弱学习器 x1，得到该学习器的经验误差；然后对经验误差进行分析，基于分析结果调高学习误差率高的训练样本的权重，使得这些误差率高的训练样本在后面的学习器中能够受到更多的关注；再后基于更新权重后的训练集训练出一个新的弱学习器 x2。

（2）不断重复这一过程，直到满足训练停止条件（比如弱学习器达到指定数目），生成最终的强学习器。注意：在训练的每一轮都要检查当前生成的弱学习器是否满足基本条件。

（3）将所有弱学习器预测结果进行加权融合并输出，比如 AdaBoost 是通过加权多数表决的方式，即增大错误率小的弱学习器的权值，同时减小错误率较大的弱学习器的权值。

综上所述，提升法在单个弱学习器训练过程中通过提高训练错误示例权重，以使误差率高的弱学习器受到更多关注，从而在下一轮训练中得到提升；而在最终模型中则提高错误率小的弱学习器的权值，从而实现整体预测能力的提升。

15.1.2　AdaBoost（自适应提升法）

1. 分类问题的提升法

AdaBoost 最初仅适用于分类问题，是弱学习器的加权线性组合，其基本思想是：首先根据训练集的大小，按照均匀分布原则初始化样本权重，也就是说所有样本的权重都相等；然后在后面的每一轮训练中都依据样本预测表现进行权重更新，如果样本被错误分类，则其权重会被乘以一个大于 1 的倍数，如果样本被正确分类则保持原权重不变，通过权重标准化（所有样本权重之和为 1）的方式，提升被错误分类样本的权重，使它在新一轮训练中得到更多的关注，直至该样本被正确分类。在满足一定规则时（达到规定迭代次数或规定误差率），停止训练；训练过程中，每一轮都会得到一个弱学习器，对分类越为准确的弱学习器给予一个越高的权重，然后加权形成最终的强学习器。

不难看出，AdaBoost 算法一方面不断进行权重更新，使得模型能够更加关注在特征空间内预测错误的区域，从而降低了整体的偏差；另一方面，该算法也是多个弱学习器的集成，同样有样本扰动，所以也在一定程度上降低了整体的方差。与第 14 章中介绍的 Bagging 相比：Bagging 方法采用的是 Bootstrap（有放回地均匀抽样），训练样本集的选择是随机的，各轮训练样本集之间相互独立；而 AdaBoost 则根据错误率来取样，从加权的分布中进行抽样，各轮训练集的选择与前面各轮的学习结果有关，因此通常来说 AdaBoost 的分类精度要优于 Bagging。但同样地，AdaBoost 算法会使得难于分类的样本的权值呈指数增长，后续的训练过程将会过于偏向这类困难样本，从而导致 AdaBoost 算法容易受极端值干扰。

从统计学的角度来理解，二分类问题的 AdaBoost 算法等价于使用指数损失函数的前向分段加法模型（证明过程略，可参阅相关文献）。

2. 回归问题的提升法

针对回归问题，其提升法（或 L_2 提升法）本质上是使用误差平方损失函数的前向分段加法模型，将残差作为响应变量，对特征变量进行回归。使用的弱学习器可以是线性回归算法，也可以是单棵回归决策树，如果是回归树，则需要特别考虑决策树的数量（m）、决策树的分裂次数（d，也称交互深度）以及学习率（η，也称收缩参数）等超参数。

关于决策树的数量（m）：在 Bagging 方法中，由于随机森林是使用 m 棵决策树的预测结果进行平均或按照多数票规则确定的，所以根据大数据定律，增加 m 不会导致过拟合。我们选择最优 m 的目的往往是保证其足够大，能够充分降低袋外误差，m 到了一定数值后在降低袋外误差方面的贡献微乎其微，但也不会产生过拟合的反面作用。而在 AdaBoost 算法中这一情况则显著不同，因为每一轮的训练都倾向于降低弱学习器的偏差，从而越来越多地融合了训练样本的个体特征，所以需要特别注意不能因为取值过大而产生过拟合现象。具体 m 的取值可以通过交叉验证方法来寻找。

关于决策树的分裂次数（d）：前面我们在介绍决策树的时候发现决策树采用的特征变量之间是有交互效应的，比如"工作年限较短且债务收入比较高的客户违约率很高"，其中就包含了

"工作年限"和"债务收入比"两个特征变量之间的交互效应。不难发现，决策树分裂多少次，就包含多少个特征变量之间的交互效应，交互效应的层次根据实际研究需要来确定，通常情况下，选择 4~8 即可。

关于决策树的学习率（η）：η 的取值范围是 0~1。学习率用来限制学习的速度，η 的取值越小，学习的速度越慢，每一轮的训练在降低弱学习器的偏差方面进步就越小。所以如果 η 设置得比较小，那么就能够更好地避免过拟合。η 需要和决策树的数量（m）配合使用，决策树的数量越多，也就是训练开展的轮数越多，配套较低的 η 可能是合适的；但是如果 m 取值较小，η 取值也较小的话，就会走向另一个极端，可能出现欠拟合。通常情况下，η 选择 0.1 或 0.01 即可。

15.1.3　梯度提升法（Gradient Boosting Machine）

AdaBoost 算法本质上是使用指数损失函数（二分类问题）或误差平方损失函数（回归问题）的前向分段加法模型实现算法优化。但是如果我们把损失函数扩展到一般损失函数，这一实现过程很可能就会变得非常复杂。为了解决这一问题，Freidman 提出了梯度提升法，梯度提升法是 AdaBoost 算法的推广，其特色在于以非参数方式估计基函数，并在函数空间内使用梯度下降（Gradient Descent）进行近似求解。所谓梯度下降，就是使损失函数越来越小，在求解约束优化问题时，梯度下降是最常采用的方法之一。具体来说，就是根据当前模型损失函数的负梯度信息来训练新加入的弱学习器，然后将训练好的弱学习器以累加的形式结合到现有模型中，通过梯度提升的方式，不断优化参数，直至达到局部最优解。

损失函数的负梯度数学公式为：

$$-g\left(x\right)=-\left\{\frac{\partial L\left(y,F\left(x\right)\right)}{\partial F\left(x\right)}\right\}$$

在微积分中，从数学公式上看，对多元函数的参数求偏导，然后把求得的各个参数的偏导数以向量的形式写出来就是梯度。负梯度就是梯度的负值，所以损失函数的负梯度其实就是损失函数针对参数求偏导的负数。从几何的角度理解，梯度就是函数变化最快的地方，沿着负梯度向量方向梯度减少最快，从而更容易找到函数的最小值；同样地，沿着梯度向量方向梯度增加最快，从而更容易找到函数的最大值。

在梯度提升法中，我们需要最小化损失函数，也就是要找到损失函数的负梯度，沿着负梯度向量方向一步一步地迭代求解，得到最小化的损失函数和模型参数值。采用决策树作为弱学习器的梯度提升法算法被称为 GBDT，GBDT 算法中损失函数的负梯度称为准残差 r。GBDT 的基本思想是将每一步训练得到的准残差 r 最小化后作为学习目标。之所以称为准残差，是为了强调普适性，因为如果使用的是二次损失函数，准残差 r 就是残差（响应变量实际值与拟合值之差，下面有证明），而对于其他一般损失函数来说，则是残差的近似值。具体实现过程如下：

假设弱学习器为 $f\left(x\right)$，由弱学习器构成的强学习器为 $F\left(x\right)$。如果已经有了一个强学习器 $F_{n-1}\left(x\right)$，该强学习器由 n-1 个弱学习器构成，那么即有：

$$F_{n-1}\left(x\right)=\sum_{i=1}^{n-1}f_i\left(x\right)$$

损失函数的负梯度 $-g_n(x)$ 即为:

$$-g_n(x) = -\frac{\partial L\big(y,\big(F_{n-1}(x)\big)\big)}{\partial F_{n-1}(x)}$$

如果损失函数为二次损失函数,则有:

$$L\big(y,\big(F_{n-1}(x)\big)\big) = \frac{1}{2} \times \big(y - F_{n-1}(x)\big)^2$$

将二次损失函数代入损失函数的负梯度,即有:

求偏导

$$-g_n(x) = -\frac{\partial L\big(y,\big(F_{n-1}(x)\big)\big)}{\partial F_{n-1}(x)} = -\frac{1}{2} \times \frac{\partial \big(y - F_{n-1}(x)\big)^2}{\partial F_{n-1}(x)} = y - F_{n-1}(x) = r_{n-1}$$

所以对于二次损失函数来说,损失函数的负梯度(准残差)拟合的就是残差,而对于其他一般损失函数来说,拟合的是残差的近似值。

然后我们以该准残差最小化为目标构建下一个弱学习器 $f_n(x)$,则生成新的强学习器 $F_n(x)$。

在前述计算过程中,第一步以模型损失函数最小化为目标构建初始弱学习器,得到 $F_0(x)$;然后第二步以及之后的各步均以上一步产生的准残差最小化为目标来优化参数,即将准残差对特征变量进行回归,计算最优参数,并更新函数,或者说通过不断迭代模型来减小准残差,达到无限逼近目标值的效果。

15.1.4   回归问题损失函数

上一小节所讲述的梯度提升法,本质上是通过损失函数负梯度(损失函数的导数的负数)的不断下降实现梯度提升(拟合或预测效果提升),所以其中的关键在于损失函数的选择,这从根源上决定了梯度提升的效率和效果。对于回归问题,常用的损失函数除了前面提及的平方损失函数之外,还有拉普拉斯损失函数(绝对损失函数)、胡贝尔损失函数和分位数损失函数。针对各种损失函数解释如下:

1. 平方损失函数

平方损失函数就是将损失函数设置为误差的平方,误差即响应变量实际值与拟合值之差。数学公式如下:

$$L\big(y,f(x)\big) = \big(y - f(x)\big)^2$$

将平方损失函数针对样本个数进行平均,即得到均方差(MSE)损失(也称 L2 Loss),如果样本个数为 N,则均方差损失数学公式为:

$$L\big(y,f(x)\big) = \frac{1}{N}\sum_{i=1}^{N}\big(y - f(x)\big)^2$$

图 15.1 比较直观地展示了当响应变量 y 的实际值(y_true)为 0,拟合值(y_hat)取值为 $[-1.5,1.5]$ 时,均方差损失随拟合值(y_hat)变化的情况,是一种抛物线性质的二次函数关系。

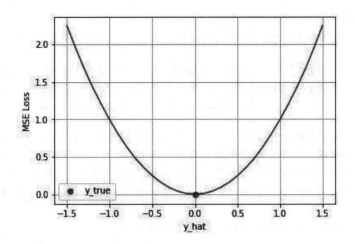

图 15.1　均方差随拟合值变化的情况

2. 拉普拉斯损失函数（绝对损失函数）

拉普拉斯损失函数（绝对损失函数）将损失函数设置为误差的绝对值，数学公式如下：

$$L\big(y,f(x)\big)=|y-f(x)|$$

在数据存在极端值的情形下，误差平方损失函数方法会因为误差平方的变换使得损失函数值比较大，而拉普拉斯损失函数考虑的是误差的绝对值，所以相对平方变换来说受极端值的影响更小，从而结果更为稳健。将拉普拉斯损失函数针对样本个数进行平均，即得到平均绝对误差损失（Mean Absolute Error Loss，也称 L1 Loss），如果样本个数为 N，则平均绝对误差损失数学公式为：

$$L\big(y,f(x)\big)=\frac{1}{N}\sum_{i=1}^{N}|y-f(x)|$$

图 15.2 比较直观地展示了当响应变量 y 的实际值（y_true）为 0，拟合值（y_hat）取值为[-1.5，1.5]时，平均绝对误差损失随拟合值（y_hat）变化的情况，是一种等量变化的线性关系。因为是线性关系，所以相对于平方损失函数下的二次函数关系来说，其收敛速度相对较慢。

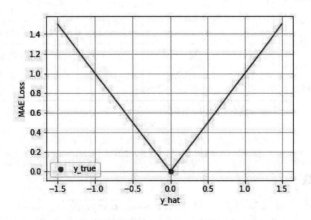

图 15.2　平均绝对误差损失随拟合值变化的情况

3. 胡贝尔损失函数

胡贝尔损失函数是平方损失函数和绝对损失函数的综合，数学公式如下：

$$L\left(y, f(x)\right) = \begin{cases} \dfrac{1}{2}\left(y - f(x)\right)^2 & \left|\left(y - f(x)\right)\right| \leqslant \delta \\[2mm] \delta\left|\left(y - f(x)\right)\right| - \dfrac{1}{2}\delta^2 & \left|\left(y - f(x)\right)\right| > \delta \end{cases}$$

胡贝尔损失函数结合了两种方法的优点，用户首先需要设置临界值 δ（在学习过程开始之前设置，可通过交叉验证确定）：当误差绝对值小于或等于临界值 δ 时，采用平方损失函数；当误差绝对值大于临界值 δ 时，采用绝对损失函数，以削弱极端值的影响；临界值 δ 可以根据具体研究内容灵活调节，使得该方法在应用方面比较灵活。可以发现当 $\left|\left(y - f(x)\right)\right| = \delta$ 时，上下两部分函数的取值一致，均为 $\dfrac{1}{2}\delta^2$，从而保证了该函数连续可导。

对应的损失函数的负梯度为：

$$r\left(y_i, \ f(x_i)\right) = \begin{cases} y_i - f(x_i) & \left|\left(y - f(x)\right)\right| \leqslant \delta \\[2mm] \delta\,\mathrm{sign}(y_i - f(x_i)) & \left|\left(y - f(x)\right)\right| > \delta \end{cases}$$

其中，$\mathrm{sign}(x)$ 函数为符号函数，其功能是取某个数的符号（正或负）：

当 $x>0$ 时，$\mathrm{sign}(x)=1$；当 $x=0$ 时，$\mathrm{sign}(x)=0$；当 $x<0$ 时，$\mathrm{sign}(x)=-1$。

图 15.3 比较直观地展示了当临界值 δ 取值为 1，响应变量 y 的实际值（y_true）为 0，拟合值（y_hat）取值为[-2.0, 2.0]时，胡贝尔损失随拟合值（y_hat）变化的情况，可以发现拟合值（y_hat）取值为[-1, 1]时，损失函数是一种均方差损失，呈现抛物线性质的二次函数关系；而当拟合值（y_hat）取值范围在[-1, 1]之外时，损失函数是一种绝对损失，呈现等量变化的线性关系。

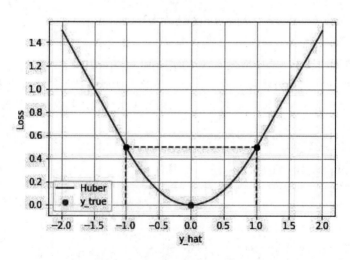

图 15.3   胡贝尔损失随拟合值变化的情况

4. 分位数损失函数

分位数损失函数用于分位数回归。分位数回归是定量建模的一种统计方法，最早由 Roger Koenker 和 Gilbert Bassett 于 1978 年提出，广泛应用于经济社会研究、医学保健等行业研究领域。分位数回归研究的是自变量与因变量的特定百分位数之间的关系，用更通俗易懂的语言来讲，就

是普通线性回归的因变量与自变量的线性关系只有一个，包括斜率和截距；而分位数回归则根据
自变量值处于的不同分位数值分别生成对因变量的线性关系，可形成很多个回归方程。比如我们
研究上市公司人力投入回报率对净资产收益率的影响，当人力投入回报率处于较低水平时，它对
净资产收益率的带动是较大的；但是当人力投入回报率达到较高水平时，它对净资产收益率的带
动会减弱；如图 15.4 所示。也就是说，随着自变量值的变化，线性关系的斜率会发生较大变动的，
非常适合采用分位数回归方法。与普通线性回归相比，分位数回归对于目标变量的分布没有严格
研究，也会趋向于抑制偏离观测值的影响，非常适合目标变量不服从正态分布、方差较大的情形。

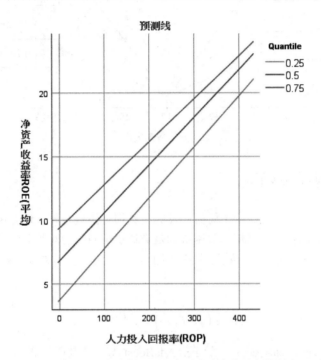

图 15.4　人力投入回报率对净资产收益率的影响

分位数损失函数的数学公式如下：

$$L\left(y, f\left(x\right)\right) = \sum_{y \geq f(x)} \theta \mid y - f\left(x\right) \mid + \sum_{y < f(x)} \left(1 - \theta\right) \mid y - f\left(x\right) \mid$$

其中 θ 为分位数，需要在学习过程开始之前指定。对应的损失函数的负梯度如下：

$$r\left(y_i, \ f\left(x_i\right)\right) = \begin{cases} \theta & y_i \geq f\left(x_i\right) \\ 1 - \theta & y_i < f\left(x_i\right) \end{cases}$$

分位数损失分别用不同的 θ 控制高估和低估的损失，进而实现分位数回归。图 15.5 非常直观
地展示了这一点：当分位数大于 0.5 时（图中为 0.75）时，说明样本比较靠前，那么低估的损失
要比高估的损失更大；当分位数小于 0.5（图中为 0.25）时，说明样本比较靠后，高估的损失要比
低估的损失更大；当分位数等于 0.5（图中为 0.5）时，即为中位数，分位数损失等同于平均绝对
误差损失，从而起到了分位数回归优化的效果。

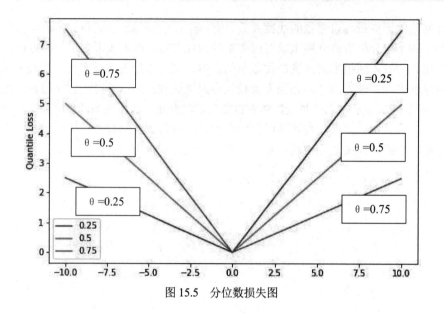

图 15.5　分位数损失图

15.1.5　分类问题损失函数

对于分类问题，常用的损失函数除了前面提及的指数损失函数之外，还有逻辑损失函数、交叉熵损失函数。逻辑损失函数、交叉熵损失函数均是类似逻辑回归的对数似然函数，其中逻辑损失函数用于二分类问题，交叉熵损失函数用于多分类问题。针对各种损失函数解释如下：

1. 指数损失函数

$$L\big(y,\ f(x)\big)=\mathrm{e}^{-yf(x)}$$

在使用指数损失函数时，梯度提升法等同于 AdaBoost 算法。其中 y 的取值是-1 或 1，由于在预测时是以"$f(x)$"的符号来预测 y 取值是 1 还是-1，因此 $yf(x)>0$ 即为预测正确（实际为 1、预测 $f(x)$ 为正或实际为-1、预测 $f(x)$ 为负），$yf(x)<0$ 即为预测错误（实际为-1、预测 $f(x)$ 为正或实际为 1、预测 $f(x)$ 为负）。

通常 $yf(x)$ 越大或者 $-yf(x)$ 越小，则预测越正确。我们把 $yf(x)$ 定义为裕度，$-yf(x)$ 即为负裕度，指数损失函数即为负裕度的指数函数，也就说模型对于负裕度（预测错误）的惩罚是呈指数增长的。如果数据质量不好（噪声过多或分类错误较多），则该方法的稳健性较差，所以实务中不太好用。

2. 逻辑损失函数

逻辑损失函数用于二分类问题，本质上是类似逻辑回归的对数似然损失函数。损失函数的数学公式如下：

$$L\big(y,\ f(\mathrm{x})\big)=\ln\big(1+\mathrm{e}^{-yf(x)}\big)$$

其中，y 的取值是-1 或 1 且服从 logit 模型分布。可以验证不论取值是-1 还是 1，条件概率都为：

$$p(y \mid x) = \frac{1}{1 + e^{-yf(x)}}$$

将条件概率代入损失函数，即有：

$$L(y, f(x)) = -\ln p(y \mid x)$$

也就是说，逻辑损失函数就是 logit 模型的对数似然函数的负数值。

对应的损失函数的负梯度为：

$$-g(x) = -\left\{ \frac{\partial L(y, f(x))}{\partial f(x)} \right\} = \frac{y e^{-yf(x)}}{1 + e^{-yf(x)}}$$

3. 交叉熵损失函数

交叉熵损失函数用于多分类问题，相对更复杂一些，但其本质上对应的是多元逻辑回归和二元逻辑回归的复杂度差别。假设类别数为 K，则损失函数公式为：

$$L(y, f(x)) = -\sum_{k=1}^{K} y_k \ln p_k(x)$$

其中，y_k 是虚拟变量，$p_k(x)$ 是 y 分类为 k 的条件概率。所以，前面介绍的逻辑损失函数事实上是交叉熵损失函数在响应变量为二分类时的特例，逻辑损失函数也称二值交叉熵损失函数。

综上所述，AdaBoost 通过加大分类错误样本的权重，使其在后面的训练中得到更多重视以实现效果提升；而梯度提升法则通过拟合先前弱学习器的准残差，不断减小准残差实现模型的优化。相对于前面的 AdaBoost，梯度提升法可以选择多种损失函数，在模型构建方面更加多元化，也更具普适性。

15.1.6　随机梯度提升法

随机梯度提升法起源于梯度提升法，其基本思想还是梯度提升法，区别之处在于在每一轮训练提升时，不再使用全部样本，而是仅随机抽取一部分样本，基于抽取的样本子集拟合模型，然后计算准残差，将准残差对特征变量进行回归，计算最优参数，并更新函数，减小准残差，逼近目标值。需要注意的是，与袋装法那种有放回、保持样本容量不变、样本权重不变的均匀抽样不同，与 AdaBoost 那种根据错误率、从加权的分布中进行抽样也不同，此处的抽样是"无放回"抽样且样本权值均匀。这一抽样过程也不同于随机森林算法，随机森林算法除了像装袋法那样有放回、保持样本容量不变、样本权重不变的均匀抽样之外，每次抽样仅选取部分特征变量，而随机梯度提升法则在每轮训练中都包含了全部的特征变量。

相对于前面的梯度提升法，随机梯度提升法的优势体现在以下几个方面：

（1）因为每轮训练不再使用全部样本，而是仅随机抽取一部分样本，所以一方面运行速度更快，另一方面学习速度更慢，更不容易出现过拟合。

（2）因为是无放回的抽样，各个样本子集之间的相关性更弱，所以一方面更大程度地降低了模型的方差，另一方面更有助于模型在全局范围而非局部范围内寻找最优参数，优化了模型性能。

（3）因为每次子抽样仅适用一部分样本，所以能够产生袋外观测值，计算袋外误差，评估模型性能。

不难看出，在随机梯度提升法中，非常重要的参数就是每次随机抽样的比例是多少，如果参数设置得过大，那么就无法起到随机抽样降低方差的作用，极端情形下如果将比例设置为 100%，就会退化为一般的梯度提升法；而如果参数设置得过小，相当于仅使用少量信息来估计整体模型，那么在拟合模型方面就会出现较大的偏差。所以要找到最为合适的平衡点，这一平衡点也可以通过交叉验证的方式来确定。

15.1.7　XGBoost 算法

XGBoost（Extreme Gradient Boosting，极限梯度提升算法）为陈天奇所设计，基础方法仍旧是梯度提升法，但是做了很多改进，包括使用牛顿法计算下降方向、改进决策树算法、使用稀疏矩阵等，被认为是在解决分类问题和回归问题上都拥有超高性能的先进评估器，尤其比较适用于样本全集容量较大的数据。目前已广泛应用于建模平台比赛、数据咨询等行业。

15.2　数据准备

本节主要是准备数据，以便后面演示回归提升法、二分类提升法和多分类提升法的实现。

15.2.1　案例数据说明

本章我们用到的数据包括第 13 章中的"数据 13.1"文件以及新的"数据 15.1"和"数据15.2"文件。

"数据 15.1"文件中的数据来源于万得资讯发布的、依据证监会行业分类的 CSRC 软件和信息技术服务业部分上市公司 2019 年年末财务指标横截面数据。数据中的变量包括 pb（市净率）、roe（净资产收益率）、debt（资产负债率）、assetturnover（总资产周转率）、rdgrow（研发费用同比增长）、roic（投入资本回报率）、rop（人力投入回报率）、netincomeprofit（经营活动净收益/利润总额）、quickratio（保守速动比率）、incomegrow（营业收入同比增长率）、netprofitgrow（净利润同比增长率）和 cashflowgrow（经营活动产生的现金流量净额同比增长率）等 12 项。"数据 15.1"文件的内容如图 15.6 所示。

针对"数据 15.1"文件中的数据，我们以 pb 为响应变量，以 roe、debt、assetturnover、rdgrow、roic、rop、netincomeprofit、quickratio、incomegrow、netprofitgrow、cashflowgrow 为特征变量，使用回归提升法进行拟合。

针对"数据 13.1"文件中的数据，我们以 credit（是否发生违约）为响应变量，以 age（年龄）、education（受教育程度）、workyears（工作年限）、resideyears（居住年限）、income（年收入水平）、debtratio（债务收入比）、creditdebt（信用卡负债）、otherdebt（其他负债）为特征变量，使用二分类提升法进行拟合。

pb	roe	debt	setturnov	rdgrow	roic	rop	netincomeprofit	quickratio	incomegrow	netprofitgrow	cashflowgrow
21.64	36.97	24.31	0.91	84.37	22.71	35.01	418.4	2.28	69.32	1045.39	66.19
18.52	32.77	22.84	0.9	69.15	21.72	79.62	312.92	3.75	62.96	194.31	723.18
18.41	30.6	59.05	0.94	59.88	1.81	10.93	143.97	1.17	59.49	10.19	648.22
16.51	27.28	23.8	0.37	52.33	22.5	116.83	98.7	3.33	49.3	41.6	130.8
16.38	24.49	41.46	0.53	51.39	27.67	72.4	94.07	1.35	42.35	108.65	14.27
15.88	24.33	60.52	1.18	46.45	19.05	13.92	93.26	1.35	39.82	20.34	-31.3
14.02	23.99	27.69	0.47	41.69	10.76	54.01	92.66	2.25	34.38	-5.18	-71.51
12.87	23.74	11.33	0.37	40.62	6.6	52.07	91.64	9.16	30.86	28.94	40.08
12.82	21.14	14.15	0.44	40.06	13.14	186.22	91.35	5.88	28.14	37.57	-406.47
12.29	20.98	45.7	0.6	33.46	5.3	14.95	90.65	1.01	26.15	-41.16	41.58
11.73	20.2	48.57	0.65	33.27	4.05	10.53	89.79	1.36	25.61	9.55	52.75
11.58	19.56	36.2	0.77	32.62	17.56	29.22	87.84	0.99	24.74	25.8	21.39
11.48	18.48	28.4	0.33	32.07	0.41	-3.34	87.59	2.95	23.98	-94.5	233.68
11.24	17.37	48.24	0.65	30.77	14.45	31.14	84.44	1.54	23.62	13.96	-41.56
11.13	17.22	51.84	0.73	29.72	15.06	41.15	83.48	1.1	21.14	28.79	19.19
11.11	17.2	52.71	0.52	25.32	9.34	35.46	83.12	1.01	21.06	63.09	-24.95
10.7	17.14	30.41	0.67	22.71	9.96	28.59	82.78	1.82	18.9	42.06	-43.86
9.6	16.73	28.29	0.43	21.29	19.42	95.22	82.68	2.7	18.66	44.12	16.77
9.1	16.51	20.56	0.46	21	14.77	81.77	82.22	4.32	17.18	25.6	44.24
8.99	16.5	9.32	0.33	19.7	4.64	67.55	81.77	10.49	15.11	-20.36	106.45
8.67	16.41	6.68	0.72	19.62	9.85	132.61	81.36	20.16	15.01	68.83	40.42
8.6	15.62	18.97	0.52	17.39	20.14	287.37	75.09	3.89	14.17	63.93	160.63
8.54	15.25	33.29	0.45	15.83	7.36	46.54	74.21	1.76	13.38	-14.43	-54.71

图 15.6　"数据 15.1"文件中的内容

"数据 15.2"文件记录的是 XX 在线旅游服务供应商（虚拟名，如有雷同纯属巧合）的注册会员客户的信息数据，具体包括 grade（会员等级）、age（年龄）、marry（婚姻状况）、years（会员注册年限）、income（年收入水平）、education（学历）、consume（月消费次数）、work（工作性质）、gender（性别）、family（家庭人数）10 项。grade 中 1 表示初级会员，2 表示中级会员，3 表示高级会员；marry 中 0 表示未婚，1 表示已婚；education 中 1 表示初中及以下，2 表示中专及高中，3 表示本科及专科，4 表示硕士研究生，5 表示博士研究生；work 中 0 表示有固定工作，1 表示无固定工作；gender 中 1 表示男性，2 表示女性。"数据 15.2"文件中的内容如图 15.7 所示。由于客户信息数据涉及客户隐私和消费者权益保护，也涉及商业机密，因此本章在介绍时进行了适当的脱密处理，对于其中的部分数据也进行了必要的调整。

grade	age	marry	years	income	education	consume	work	gender	family
3	56	0	21	1258.64	5	28	0	1	1
3	65	0	22	851.82	2	46	0	0	1
3	49	0	27	698.03	3	30	0	0	3
3	56	0	28	549.55	3	32	0	1	1
3	61	0	42	505.61	5	38	0	1	1
3	53	1	20	455.61	3	35	0	1	2
3	51	1	9	442.73	5	26	0	1	2
3	52	0	2	439.7	3	34	0	1	1
3	63	0	31	343.48	5	42	0	1	1
3	49	1	9	340.45	3	31	0	1	4
3	48	1	12	326.82	5	24	0	1	2
3	46	0	29	320	5	24	0	0	2
3	41	1	15	311.67	5	19	0	0	2
3	37	0	14	296.52	4	12	0	1	1
3	61	0	18	282.88	2	37	0	1	2
3	58	0	27	268.48	1	41	0	1	1
3	50	0	15	267.73	3	27	0	1	2
3	48	1	21	266.97	3	30	0	0	2
3	50	0	3	260.91	3	32	0	1	1
3	51	1	7	256.36	1	33	0	0	2
3	60	0	44	253.33	2	31	0	0	1
3	65	1	2	248.79	1	36	0	1	3
2	47	1	3	247.27	4	25	0	0	2
3	45	1	6	239.7	5	26	0	0	4

图 15.7　"数据 15.2"文件中的数据内容

针对"数据 15.2"文件中的数据，我们以 grade 为响应变量，以 age、marry、years、income、education、consume、work、gender、family 为特征变量，使用多分类提升法进行拟合。

15.2.2　导入分析所需要的模块和函数

在进行分析之前，首先导入分析所需要的模块和函数，读取数据集并进行观察。在 Spyder 代码编辑区输入以下代码（以下代码的释义在前面各章均有提及，此处不再注释）：

```python
import numpy as np
import pandas as pd
import seaborn as sns
import matplotlib.pyplot as plt
from sklearn.model_selection import train_test_split
from sklearn.model_selection import KFold, StratifiedKFold
from sklearn.model_selection import RandomizedSearchCV
from sklearn.metrics import mean_squared_error
from sklearn.linear_model import LinearRegression
from sklearn.ensemble import AdaBoostClassifier          # 导入 AdaBoost 分类器
from sklearn.ensemble import GradientBoostingClassifier  # 导入 GradientBoosting 分类器
from sklearn.ensemble import GradientBoostingRegressor   # 导入 GradientBoosting 回归器
from sklearn.metrics import cohen_kappa_score
from sklearn.metrics import plot_roc_curve
from sklearn.inspection import PartialDependenceDisplay
from sklearn.metrics import confusion_matrix
from sklearn.metrics import classification_report
from mlxtend.plotting import plot_decision_regions
from sklearn.linear_model import LogisticRegression
```

15.3　回归提升法示例

本节主要演示回归提升法的实现。

15.3.1　变量设置及数据处理

首先需要将本书提供的数据文件放入安装 Python 的默认路径位置，并从相应位置进行读取。在 Spyder 代码编辑区输入以下代码：

```python
data=pd.read_csv('C:/Users/Administrator/.spyder-py3/数据15.1.csv')  # 读取数据 15.1.csv 文件
```

注意，因用户的具体安装路径不同，设计路径的代码会有差异。成功载入后，"变量管理器"窗口如图 15.8 所示。

名称	类型	大小	值
data	DataFrame	(158, 12)	Column names: pb, roe, debt, assetturnover, rdgrow, roic, rop, netinco ...

图 15.8　"变量管理器"窗口

```python
X = data.iloc[:,1:]        # 设置特征变量，即 data 数据集中除第一列响应变量 pb 之外的全部变量
y = data.iloc[:,0]         # 设置响应变量，即 data 数据集中第一列响应变量 pb
X_train,X_test,y_train,y_test=train_test_split(X,y,test_size=0.3,random_state=10)
```

　　# 本代码的含义是将样本全集划分为训练样本和测试样本，测试样本占比为 30%；random_state=10 的含义是设置随机数种子为 10，以保证随机抽样的结果可重复

15.3.2　线性回归算法观察

　　在 Spyder 代码编辑区输入以下代码：

```
model = LinearRegression()  # 本代码的含义是建立线性回归算法模型
model.fit(X_train, y_train) # 基于训练样本调用 fit()方法进行拟合
model.score(X_test, y_test) # 基于测试样本计算模型预测的准确率，运行结果为：0.8111823299982066，也
```
就是说基于测试样本计算模型的拟合优度为 81.12%，拟合效果基本可以

15.3.3　回归提升法（默认参数）

　　在 Spyder 代码编辑区输入以下代码：

```
model = GradientBoostingRegressor(random_state=123)         # 使用回归提升法构建模型，除设置随机数种
子为 123 以保证随机抽样的结果可重复外，其他参数保持默认设置
model.fit(X_train, y_train) # 基于训练样本调用 fit()方法进行拟合
model.score(X_test, y_test) # 基于测试样本计算模型的拟合优度，运行结果为：0.9609799992995681，远超
```
线性回归算法

15.3.4　使用随机搜索寻求最优参数

　　在 Spyder 代码编辑区输入以下代码：

```
param_distributions={'n_estimators':range(100,300),'max_depth':range(1,8),'subsample':np.
linspace(0.1,1,10),'learning_rate':np.linspace(0.1,1,10)}    # 本代码的含义是构建一个参数空间，其中弱
学习器决策树'n_estimators'的取值范围为(100，300)，决策树的最大深度'max_depth'的取值范围为(1，8)，子抽样比
重取值范围'subsample'、学习率'learning_rate'均在(0.1,1)内均匀抽取 10 个值
kfold=KFold(n_splits=10,shuffle=True,random_state=1)        # 本代码的含义是构建一个 10 折随机分组，
其中 shuffle=True 用于打乱数据集，每次都以不同的顺序返回，随机数种子设置为 1
model=RandomizedSearchCV(estimator=GradientBoostingRegressor(random_state=1),param_distri
butions=param_distributions,cv=kfold,n_iter=100,random_state=1)   # 本代码的含义是使用随机搜索方式，
在前面构建的参数空间内随机搜索 100 种参数组合（n_iter=100)，使用回归提升法构建模型（设置随机数种子为 1），CV 交叉
验证方式为前面构建的 10 折随机分组
model.fit(X_train,y_train)   # 基于训练样本调用 fit()方法进行拟合。运行结果为：
```

```
RandomizedSearchCV(cv=KFold(n_splits=10, random_state=1, shuffle=True),
                   estimator=GradientBoostingRegressor(random_state=1),
                   n_iter=100,
                   param_distributions={'learning_rate': array([0.1, 0.2,
0.3, 0.4, 0.5, 0.6, 0.7, 0.8, 0.9, 1. ]),
                                        'max_depth': range(1, 8),
                                        'n_estimators': range(100, 300),
                                        'subsample': array([0.1, 0.2, 0.3,
0.4, 0.5, 0.6, 0.7, 0.8, 0.9, 1. ])},
                   random_state=1)
```

```
model.best_params_      # 输出最优超参数，运行结果为：{'subsample': 0.8, 'n_estimators': 180,
'max_depth': 5, 'learning_rate': 0.2}
model=model.best_estimator_      # 将模型设置为最优模型
model.score(X_test,y_test)       # 计算最优模型的拟合优度，运行结果为：0.9431986390399552
```

15.3.5　绘制图形观察模型均方误差随弱学习器数量变化的情况

在 Spyder 代码编辑区输入以下代码，然后全部选中这些代码并整体运行：

```
scores = []
for n_estimators in range(1, 201):
    model = GradientBoostingRegressor(n_estimators=n_estimators, subsample=0.8,
max_depth=5, learning_rate=0.2, random_state=10)
    model.fit(X_train, y_train)
    pred = model.predict(X_test)
    mse = mean_squared_error(y_test, pred)
    scores.append(mse)
index = np.argmin(scores)
range(1, 201)[index]
plt.rcParams['font.sans-serif'] = ['SimHei']    # 解决图表中文显示的问题
plt.plot(range(1, 201), scores)
plt.axvline(range(1, 201)[index], linestyle='--', color='k', linewidth=1)
plt.xlabel('弱学习器数量')
plt.ylabel('MSE')
plt.title('模型均方误差随弱学习器数量变化情况')
```

运行结果如图 15.9 所示。

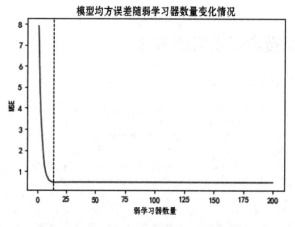

图 15.9　模型均方误差随弱学习器数量变化情况

从图 15.9 可以发现，一开始模型均方误差随弱学习器数量的增大而快速下降，达到一定数值后保持稳定，继续增加弱学习器数量也并未带来"过拟合"的现象。

```
print(scores)        # 输出各个弱学习器数量对应的模型拟合优度，运行结果为：
```

```
[7.901585960446982, 5.136622044066015, 3.620288741429924, 2.6525874032410566,
1.903046605479122, 1.2828639294712858, 1.0081464970250253, 0.7954717212044837,
0.6908497093667118, 0.5765967797245084, 0.5375636391229296, 0.5041126400407991,
0.4940348105424032, 0.47180248938721725, 0.4741607692733354, 0.47753598434176986,
0.4823502148812214, 0.478273181141333, 0.47745168704571866, 0.48593167725669656,
0.48479692851872996, 0.47799901993082444, 0.47781163729578796, 0.4766166563175547
0.4802517375726116, 0.4801237439983721, 0.48419921168905794, 0.4853827337516144,
0.4855765093826718, 0.4862795404198293, 0.4855672029564014, 0.4851015514144584,
0.4852963574368765, 0.48553430867759206, 0.4856252218896541, 0.4846279149752665,
0.48540993883095607, 0.4857161894601057, 0.4855948737285544, 0.4857301223523489,
0.4862215720454229, 0.48589591532334014, 0.4855552565005817, 0.48585488963838586,
0.48574245683366896, 0.4858934849333785, 0.48544182126769875, 0.4854723423041512,
0.48540931496228373, 0.4855220283030393, 0.48565504758838185, 0.4857271627327058,
0.48572631623443746, 0.4859208954960094, 0.4860292211573049, 0.4859797488642754,
0.48594560642259593, 0.4860895670943444, 0.48602790557029346, 0.4860919060984991,
0.48621357160603546, 0.4862990767790489, 0.4862790271910069, 0.486261314377445,
0.4862679290305969, 0.4862675080897622, 0.48630208254553026, 0.4862956720663229,
0.4862623407493458, 0.48625168781106903, 0.48624915556476905, 0.4862863710493878,
```

15.3.6　绘制图形观察模型拟合优度随弱学习器数量变化的情况

首先在 Spyder 代码编辑区输入以下代码，然后全部选中这些代码并整体运行：

```
ScoreAll = []
for n_estimators in range(1, 201):
    model = GradientBoostingRegressor(n_estimators=n_estimators, random_state=10)
    model.fit(X_train, y_train)
    score = model.score(X_test, y_test)
    ScoreAll.append([n_estimators,score])
ScoreAll = np.array(ScoreAll)
print(ScoreAll)          # 运行结果为（限于篇幅仅展示部分）：
```

```
[[1.00000000e+00 1.58790510e-01]
 [2.00000000e+00 3.29279141e-01]
 [3.00000000e+00 4.35081779e-01]
 [4.00000000e+00 5.31455320e-01]
 [5.00000000e+00 6.10085952e-01]
 [6.00000000e+00 6.72657200e-01]
 [7.00000000e+00 7.25968768e-01]
 [8.00000000e+00 7.73561679e-01]
 [9.00000000e+00 8.02573468e-01]
 [1.00000000e+01 8.30897689e-01]
 [1.10000000e+01 8.53824967e-01]
 [1.20000000e+01 8.70269113e-01]
 [1.30000000e+01 8.85242240e-01]
 [1.40000000e+01 8.97274889e-01]
 [1.50000000e+01 9.06888812e-01]
```

```
max_score = np.where(ScoreAll==np.max(ScoreAll[:,1]))[0][0]  # 找出最高得分对应的索引
print("最优参数以及最高得分:",ScoreAll[max_score])       # 运行结果为："最优参数以及最高得分:
[147.0.96372119]"，即最优参数为 147，最优模型的拟合优度为 0.96372119
```

然后输入以下代码，再全部选中这些代码并整体运行：

```
plt.figure(figsize=[20,5])
plt.xlabel('n_estimators')
plt.ylabel('拟合优度')
plt.title('拟合优度随 n_estimators 变化情况')
plt.plot(ScoreAll[:,0],ScoreAll[:,1])
```

```
plt.show()      # 运行结果如图 15.10 所示
```

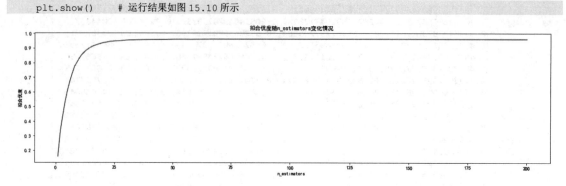

图 15.10　拟合优度随 n_estimators 变化情况

从图 15.10 中可以非常直观地看出一开始模型拟合优度随弱学习器数量的增大而快速上升，达到一定数值后保持稳定，继续增加弱学习器数量也并未带来"过拟合"的现象，与上一小节"观察模型均方误差随弱学习器数量变化的情况"的结论一致。

15.3.7　回归问题提升法特征变量重要性水平分析

在 Spyder 代码编辑区输入以下代码，然后全部选中这些代码并整体运行：

```
sorted_index = model.feature_importances_.argsort()
plt.rcParams['font.sans-serif'] = ['SimHei']    # 解决图表中中文显示问题
plt.barh(range(X_train.shape[1]), model.feature_importances_[sorted_index])
plt.yticks(np.arange(X_train.shape[1]), X_train.columns[sorted_index])
plt.xlabel('特征变量重要性水平')
plt.ylabel('特征变量')
plt.title('回归问题提升法特征变量重要性水平分析')
plt.tight_layout()
```

运行结果如图 15.11 所示。

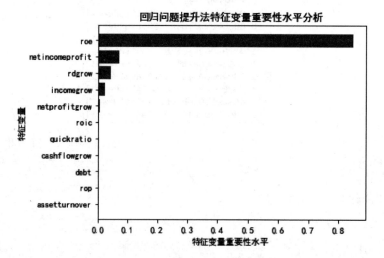

图 15.11　回归问题提升法特征变量重要性水平分析

从图 15.11 中可以发现，本例中特征变量重要性水平从大到小依次为 roe、netincomeprofit、rdgrow、incomegrow、netprofitgrow。说明投资者对于市净率（也就是股票估值）考虑得最多的就是相应上市公司的盈利能力，然后是成长能力，对于偿债能力、资产周转率、人力投入回报率等指标的考虑是微乎其微的。

15.3.8　绘制部分依赖图与个体条件期望图

在 Spyder 代码编辑区输入以下代码并逐行运行：

```
plt.rcParams['axes.unicode_minus']=False  # 解决图表中负号不显示的问题
PartialDependenceDisplay.from_estimator(model, X_train, ['roe','netincomeprofit'],
kind='average')    # 绘制部分依赖图，运行结果如图 15.12 所示
```

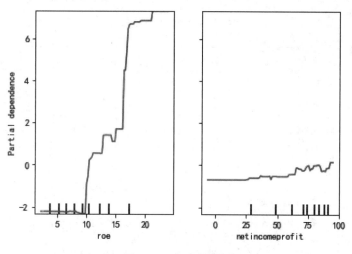

图 15.12　部分依赖图

roe 对 pb（市净率）的影响关系为：当 roe 较小时，对 pb 的影响不甚明显，但是当 roe 增长到一定程度后（10 左右），pb 会随着 roe 的增加而呈现快速增长的趋势，这意味着当上市公司顺利突破盈利瓶颈之后，将加速得到市场投资者的认可，得到更高的估值。netincomeprofit 对 pb 的影响则较为平缓，虽然也是一种正向影响关系，但斜率要小很多。

```
PartialDependenceDisplay.from_estimator(model,X_train, ['roe','netincomeprofit'],
kind='individual')      # 绘制个体条件期望图，运行结果如图 15.13 所示
```

从图 15.13 中可以发现个体条件期望图的结论与部分依赖图一致。

```
PartialDependenceDisplay.from_estimator(model,X_train,['stop10','stop1'],kind='both')
# 同时绘制部分依赖图和个体条件期望图，运行结果如图 15.14 所示
```

在图 15.14 中，部分依赖图和个体条件期望图绘制在一起，其中，虚线 average 即为部分依赖图的变化情况，各条絮状线即为个体条件期望图的变化情况。

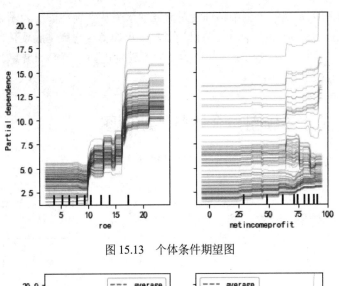

图 15.13　个体条件期望图

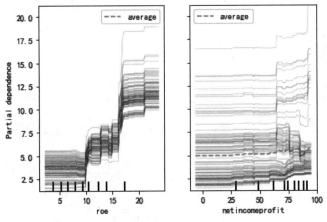

图 15.14　同时绘制部分依赖图和个体条件期望图

15.3.9　最优模型拟合效果图形展示

下面，我们以图形的形式将测试样本响应变量原值和预测值进行对比，观察模型拟合效果。在 Spyder 代码编辑区输入以下代码，然后全部选中这些代码并整体运行：

```
pred = model.predict(X_test)          # 对响应变量进行预测
t = np.arange(len(y_test))            # 求得响应变量在测试样本中的个数，以便绘制图形
plt.plot(t, y_test, 'r-', linewidth=2, label=u'原值')     # 绘制响应变量原值曲线
plt.plot(t, pred, 'g-', linewidth=2, label=u'预测值')     # 绘制响应变量预测曲线
plt.legend(loc='upper right')         # 将图例放在图的右上方
plt.grid()
plt.show()
```

运行结果如图 15.15 所示，可以看到测试样本响应变量原值和预测值拟合得很好，体现在两条线几乎完全重合在一起（前面计算的拟合优度为 0.96372119）。

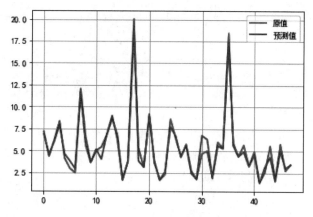

图 15.15　最优模型拟合效果图

15.3.10　XGBoost 回归提升法

下面，我们介绍 XGBoost 回归提升法。首先需要安装 xgboost 模块，代码如下：

```
conda install -c anaconda py-xgboost
import xgboost as xgb
```

有三点需要提示：一是本书提供的代码最前面有"#"，读者在安装时需要把最前面的"#"
去掉；二是安装速度可能比较慢，需要耐心等待一会儿；三是容易安装失败，必要时可重新安装
Anaconda3 后，再运行上述代码。

```
model=xgb.XGBRegressor(objective='reg:squarederror',n_estimators=147,max_depth=8,subsampl
e=0.6,colsample_bytree=0.8,learning_rate=0.7,random_state=10)        # 本代码的含义是使用 XGBoost 回归
提升法，以回归问题的误差平方作为优化目标（objective='reg:squarederror'），弱学习器数量为 147，树的最大深度为
8，子抽样（subsample）比重取值为 0.6，列子抽样（colsample_bytree）比重为 0.8，学习率为 0.7，随机数种子为 10
model.fit(X_train, y_train)        # 基于训练样本调用 fit() 方法进行拟合
model.score(X_test, y_test)        # 基于测试样本计算模型的拟合优度，运行结果为：0.8973780027948643
```

下面我们仅设置弱学习器数量为 147，其他参数均采用默认值。

```
model=xgb.XGBRegressor(objective='reg:squarederror',n_estimators=147,random_state=10)
model.fit(X_train,y_train)        # 基于训练样本调用 fit() 方法进行拟合，运行结果如下，结果中展示了已设置参
数和默认参数
```

```
XGBRegressor(base_score=0.5, booster='gbtree', colsample_bylevel=1,
             colsample_bynode=1, colsample_bytree=1, enable_categorical=False,
             gamma=0, gpu_id=-1, importance_type=None,
             interaction_constraints='', learning_rate=0.300000012,
             max_delta_step=0, max_depth=6, min_child_weight=1, missing=nan,
             monotone_constraints='()', n_estimators=147, n_jobs=4,
             num_parallel_tree=1, predictor='auto', random_state=10,
             reg_alpha=0, reg_lambda=1, scale_pos_weight=1, subsample=1,
             tree_method='exact', validate_parameters=1, verbosity=None)
```

```
model.score(X_test,y_test)        # 基于测试样本计算模型的拟合优度，运行结果为：0.9415678633069915
```

下面我们寻求最优 n_estimators，输入以下代码，然后全部选中这些代码并整体运行：

```
ScoreAll = []
for n_estimators in range(1, 151):
```

```
    model=xgb.XGBRegressor(objective='reg:squarederror', n_estimators=n_estimators,
random_state-10)
    model.fit(X_train, y_train)
    score = model.score(X_test, y_test)
    ScoreAll.append([n_estimators,score])
ScoreAll = np.array(ScoreAll)
print(ScoreAll)
max_score = np.where(ScoreAll==np.max(ScoreAll[:,1]))[0][0]   # 找出最高得分对应的索引值
print("最优参数以及最高得分:",ScoreAll[max_score])       # 运行结果为: [15. 0.95408082]
```

下面我们绘制图形观察训练样本和测试样本的拟合优度随 n_estimators 变化的情况,输入以下代码,然后全部选中这些代码并整体运行:

```
models = []
for n_estimators in range(1, 100):
    model=xgb.XGBRegressor(objective='reg:squarederror', n_estimators=n_estimators,
random_state=10)
    model.fit(X_train, y_train)
    models.append(model)
train_scores = [model.score(X_train, y_train) for model in models]
test_scores = [model.score(X_test, y_test) for model in models]
fig, ax = plt.subplots()
ax.set_xlabel("n_estimators")
ax.set_ylabel("拟合优度")
ax.set_title("训练样本和测试样本的拟合优度随 n_estimators 变化情况")
ax.plot(range(1, 100), train_scores, marker='o', label="训练样本")
ax.plot(range(1, 100), test_scores, marker='o', label="测试样本")
ax.legend()
plt.show()    # 运行结果如图 15.16 所示
```

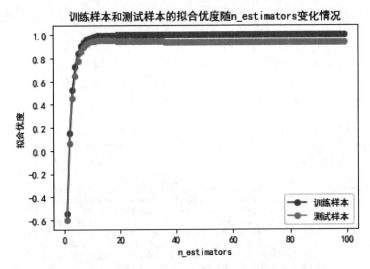

图 15.16　训练样本和测试样本的拟合优度随 n_estimators 变化的情况

从图 15.16 中可以发现训练样本和测试样本的拟合优度一开始都随 n_estimators 的增大而上升,当 n_estimators 达到 15 时(前面计算的最优 n_estimators 为 15)训练样本和测试样本的拟合优度为最高,后面保持稳定。

15.4　二分类提升法示例

本节主要演示二分类提升法的实现。

15.4.1　变量设置及数据处理

首先需要将本书提供的数据文件放入安装 Python 的默认路径位置，并从相应位置进行读取。在 Spyder 代码编辑区输入以下代码：

```
data=pd.read_csv('C:/Users/Administrator/.spyder-py3/数据13.1.csv')  # 读取数据13.1.csv文件
```

注意，因用户的具体安装路径不同，设计路径的代码会有差异。成功载入后，"变量管理器"窗口如图 15.17 所示。

名称 ⁄	类型	大小	值
data	DataFrame	(700, 9)	Column names: credit, age, education, workyears, resideyears, income, ...

图 15.17　"变量管理器"窗口

```
X = data.iloc[:,1:]       # 设置特征变量，即 data 数据集中除第一列响应变量 credit 之外的全部变量
y = data.iloc[:,0]        # 设置响应变量，即 data 数据集中第一列响应变量 credit
X_train,X_test,y_train,y_test=train_test_split(X,y,test_size=0.3,stratify=y,random_state=10)
    # 本代码的含义是将样本全集划分为训练样本和测试样本，测试样本占比为 30%；参数 stratify=y 是指依据标签 y，按
原数据 y 中各类比例分配 train 和 test，使得 train 和 test 中各类数据的比例与原数据集一样；random_state=10 的含
义是设置随机数种子为 10，以保证随机抽样的结果可重复
```

15.4.2　AdaBoost 算法

在第 14 章中我们已计算出二元 Logistic 回归算法模型预测的准确率为 85.24%，单棵分类决策树算法、袋装法预测的准确率均为 86.19%，随机森林分类算法预测的准确率 87.15%。下面我们使用 AdaBoost 算法计算预测的准确率，运行代码如下：

```
model = AdaBoostClassifier(random_state=123)    # 创建 AdaBoost 分类算法模型
model.fit(X_train, y_train)        #基于训练样本使用 fit 方法进行拟合
model.score(X_test, y_test) # 基于测试样本计算模型预测的准确率，运行结果为：0.8428571428571429
```

15.4.3　二分类提升法（默认参数）

在 Spyder 代码编辑区输入以下代码：

```
model = GradientBoostingClassifier(random_state=123)      # 创建 GradientBoosting 分类算法模型
model.fit(X_train, y_train) # 基于训练样本使用 fit 方法进行拟合
model.score(X_test, y_test) # 基于测试样本计算模型预测的准确率，运行结果为：0.8571428571428571
```

15.4.4　使用随机搜索寻求最优参数

在 Spyder 代码编辑区输入以下代码：

```
param_distributions={'n_estimators':range(1,300),'max_depth':range(1,10),'subsample':np.l
inspace(0.1,1,10),'learning_rate':np.linspace(0.1,1,10)}     # 本代码的含义是构建一个参数空间，其中弱
学习器决策树'n_estimators'的取值范围为(1,300)，决策树的最大深度'max_depth'的取值范围为(1,10)，子抽样比重
取值范围'subsample'、学习率'learning_rate'均在(0.1,1)内均匀抽取10个值
    kfold = StratifiedKFold(n_splits=10, shuffle=True, random_state=1)     # 本代码的含义是构建一
个10折随机分组，StratifiedKFold是分层采样，确保各类别样本响应变量取值比例与原始数据集相同。其中
shuffle=True用于打乱数据集，每次都以不同的顺序返回，随机数种子设置为1
    model=RandomizedSearchCV(estimator=GradientBoostingClassifier(random_state=10),param_dist
ributions=param_distributions,n_iter=10,cv=kfold,random_state=10)     # 本代码的含义是使用随机搜索
方式，在前面构建的参数空间内随机搜索10种参数组合（n_iter=10），使用二分类提升法构建模型，CV交叉验证方式为前面
构建的10折随机分组
    model.fit(X_train,y_train)  # 基于训练样本调用fit()方法进行拟合。运行结果为：
```

```
RandomizedSearchCV(cv=StratifiedKFold(n_splits=10, random_state=1,
shuffle=True),
                   estimator=GradientBoostingClassifier(random_state=10),
                   param_distributions={'learning_rate': array([0.1, 0.2,
0.3, 0.4, 0.5, 0.6, 0.7, 0.8, 0.9, 1. ]),
                                        'max_depth': range(1, 10),
                                        'n_estimators': range(1, 300),
                                        'subsample': array([0.1, 0.2,
0.3, 0.4, 0.5, 0.6, 0.7, 0.8, 0.9, 1. ])},
                   random_state=10)
```

```
    model.best_params_       # 输出最优超参数，运行结果为：{'subsample': 1.0, 'n_estimators': 46,
'max_depth': 8, 'learning_rate': 0.9}
    model=model.best_estimator_        # 将模型设定为最优模型
    model.score(X_test,y_test)         # 计算最优模型的拟合优度，运行结果为：0.8476190476190476
```

15.4.5　二分类问题提升法特征变量重要性水平分析

在 Spyder 代码编辑区输入以下代码，然后全部选中这些代码并整体运行：

```
sorted_index = model.feature_importances_.argsort()
plt.rcParams['font.sans-serif'] = ['SimHei']  # 解决图表中中文显示的问题
plt.barh(range(X_train.shape[1]), model.feature_importances_[sorted_index])
plt.yticks(np.arange(X_train.shape[1]), X_train.columns[sorted_index])
plt.xlabel('特征变量重要性水平')
plt.ylabel('特征变量')
plt.title('二分类问题提升法特征变量重要性水平分析')
plt.tight_layout()
```

运行结果如图 15.18 所示。

从图 15.18 中可以发现，本例中特征变量重要性水平从大到小排序为 workyears、debtratio、otherdebt、age、creditdebt、education、income、resideyears。

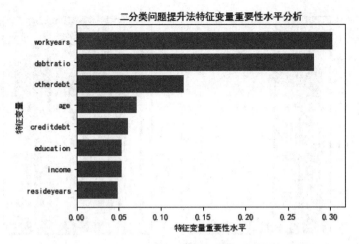

图 15.18　二分类问题提升法特征变量重要性水平分析

15.4.6　绘制部分依赖图与个体条件期望图

在 Spyder 代码编辑区输入以下代码并逐行运行：

```
PartialDependenceDisplay.from_estimator(model,X_train,['workyears','debtratio'],kind='average')    # 绘制部分依赖图，运行结果如图 15.19 所示
```

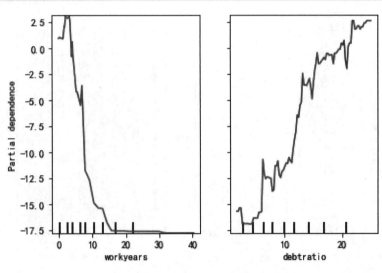

图 15.19　部分依赖图

从图 15.19 中可以发现，工作年限在 20 年以内，客户的工作年限越长，其违约概率越低，是一种近似线性关系；工作年限在 20 年以上，违约概率接近于 0；而债务收入比则与违约概率呈现正向变动关系，债务收入比越高，违约概率越大。

```
PartialDependenceDisplay.from_estimator(model,X_train,['workyears','debtratio'],kind='individual')    # 绘制个体条件期望图（ICEPlot），运行结果如图 15.20 所示
```

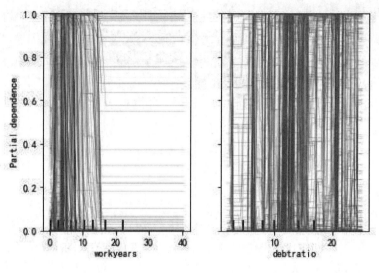

图 15.20　个体条件期望图

从图 15.20 中可以发现，一开始随着工作年限的增长，违约率快速下降，达到一定程度后保持稳定；债务收入比对于违约率的影响从图上看不够明显。

```
PartialDependenceDisplay.from_estimator(model,X_train,['workyears','debtratio'],kind='both')  # 同时绘制部分依赖图和个体条件期望图，运行结果如图 15.21 所示
```

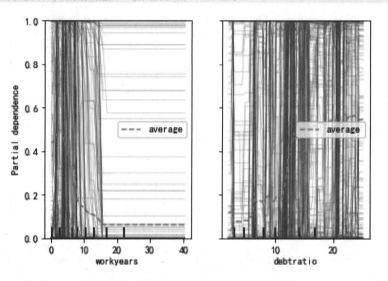

图 15.21　部分依赖图和个体条件期望图

在图 15.21 中，部分依赖图和个体条件期望图绘制在一起，其中，虚线 average 即为部分依赖图的变化情况，各条累状线即为个体条件期望图的变化情况。

15.4.7　模型性能评价

在 Spyder 代码编辑区输入以下代码并逐行运行：

```
np.set_printoptions(suppress=True)        # 不以科学记数法显示，而是直接显示数字
prob = model.predict_proba(X_test)        # 计算响应变量预测分类概率
prob[:5]           # 显示前 5 个样本的响应变量预测分类概率。运行结果为：
```

```
array([[1.        , 0.        ],
       [0.99999999, 0.00000001],
       [0.96665212, 0.03334788],
       [0.00000005, 0.99999995],
       [1.        , 0.        ]])
```

第 1~5 个样本的最大分组概率分别是未违约客户、未违约客户、未违约客户、违约客户、未违约客户。

```
pred = model.predict(X_test)        # 计算响应变量预测分类类型
pred[:5]         # 显示前 5 个样本的响应变量预测分类类型。运行结果为：array([0, 0, 0, 1, 0],
dtype=int64)，与上一步预测分类概率的结果一致
    print(confusion_matrix(y_test, pred))         # 输出测试样本的混淆矩阵。运行结果为：
        [[139  16]
         [ 16  39]]
```

针对该结果解释如下：实际为未违约客户且预测为未违约客户的样本共有 139 个、实际为未违约客户但预测为违约客户的样本共有 16 个；实际为违约客户且预测为违约客户的样本共有 39 个、实际为违约客户但预测为未违约客户的样本共有 16 个。该结果更直观的表示如表 15.1 所示。

表 15.1　预测分类与实际分类的结果

样本		预测分类	
		未违约客户	违约客户
实际分类	未违约客户	139	16
	违约客户	16	39

```
print(classification_report(y_test,pred)))         # 输出详细的预测效果指标，运行结果为：
```

```
              precision    recall  f1-score   support

           0       0.90      0.90      0.90       155
           1       0.71      0.71      0.71        55

    accuracy                           0.85       210
   macro avg       0.80      0.80      0.80       210
weighted avg       0.85      0.85      0.85       210
```

说明：

- precision：精度。针对未违约客户的分类正确率为 0.90，针对违约客户的分类正确率为 0.71。
- recall：召回率，即查全率。针对未违约客户的查全率为 0.90，针对违约客户的查全率为 0.71。
- f1-score：f1 得分。针对未违约客户的 f1 得分为 0.90，针对违约客户的 f1 得分为 0.71。
- support：支持样本数。未违约客户支持样本数为 155 个，违约客户支持样本数为 55 个。
- accuracy：正确率，即分类正确样本数/总样本数。模型整体的预测正确率为 0.85。
- macro avg：用每一个类别对应的 precision、recall、f1-score 直接平均。比如针对 recall（召

回率），即为（0.90+0.71）/ 2 = 0.81。

- weighted avg：用每一类别支持样本数的权重乘对应类别指标。比如针对 recall（召回率），即为（0.90×155+0.71×55）/ 210 = 0.85。

```
cohen_kappa_score(y_test, pred)   # 本代码的含义是计算 kappa 得分。运行结果为: 0.6058651026392962
```

根据"表 3.2 科恩 kappa 得分与效果对应表"可知，该模型的一致性较好。根据前面分析结果可知，模型拟合的效果或者说性能表现还是可以的。

15.4.8　绘制 ROC 曲线

在 Spyder 代码编辑区输入以下代码，然后全部选中并整体运行：

```
plt.rcParams['font.sans-serif'] = ['SimHei']   # 解决图表中中文显示的问题
plot_roc_curve(model, X_test, y_test)        # 本代码的含义是绘制 ROC 曲线，并计算 AUC 值
x = np.linspace(0, 1, 100)
plt.plot(x, x, 'k--', linewidth=1)        # 本代码的含义是在图中增加 45 度黑色虚线，以便观察 ROC 曲线性能
plt.title('二分类问题提升法 ROC 曲线')       # 将标题设置为'二分类问题提升法 ROC 曲线'。运行结果如图 15.22
所示
```

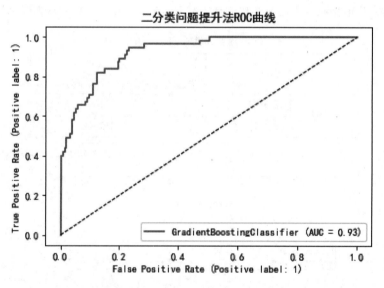

图 15.22　二分类问题提升法 ROC 曲线

ROC 曲线离纯机遇线越远，表明模型的辨别力越强。从图 15.22 中可以发现本例的预测效果还可以。AUC 值为 0.93，远大于 0.5，说明该模型具备一定的预测价值。

15.4.9　运用两个特征变量绘制二分类提升法决策边界图

首先在 Spyder 代码编辑区输入以下代码：

```
X2=X.iloc[:,[2,5]]      # 仅选取 workyears、debtratio 作为特征变量
model = GradientBoostingClassifier(random_state=123)
```

```
model.fit(X2,y)
model.score(X2,y)         # 计算模型预测准确率,运行结果为: 0.9142857142857143
```

然后输入以下代码,再全部选中这些代码并整体运行:

```
plot_decision_regions(np.array(X2), np.array(y), model)
plt.xlabel('debtratio')      # 将 x 轴设置为'debtratio'
plt.ylabel('workyears')      # 将 y 轴设置为'workyears'
plt.title('二分类问题提升法决策边界')       # 将标题设置为'二分类问题提升法决策边界',运行结果如图 15.23
所示
```

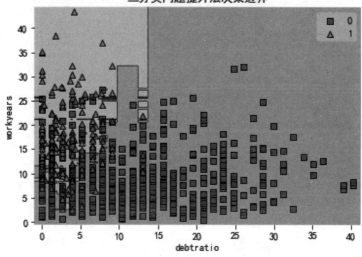

图 15.23　二分类问题提升法决策边界

从图 15.23 中可以发现,本例的二分类提升法决策边界为多个分割矩形,这一点也是非常好理解的,因为本例中我们的弱学习器仍旧为决策树,而决策树的决策边界为矩形。如果弱学习器为其他算法,那么其决策边界的形状也会发生变化。决策边界将所有参与分析的样本分为两个类别,右侧区域是未违约客户区域,左上方区域是违约客户区域,边界较为清晰,分类效果也比较好,体现在各样本的实际类别与决策边界分类区域基本一致。

15.4.10　XGBoost 二分类提升法

在 Spyder 代码编辑区输入以下代码并逐行运行:

```
model=xgb.XGBClassifier(objective='binary:logistic',n_estimators=100,max_depth=6,
    subsample=0.6,colsample_bytree=0.8,learning_rate=0.1,random_state=0)   # 本代码的含义是使用
XGBoost 二分类提升法(objective='binary:logistic'),弱学习器数量为 100,树的最大深度为 6,子抽样
(subsample)比重取值为 0.6,列子抽样(colsample_bytree)比重为 0.8,学习率为 0.1,随机数种子设为 0
    model.fit(X_train, y_train)         # 基于训练样本调用 fit()方法进行拟合
    model.score(X_test, y_test)         # 基于测试样本计算模型的拟合优度,运行结果为: 0.8714285714285714
```

下面我们寻求最优 n_estimators,输入以下代码,然后全部选中这些代码并整体运行:

```
ScoreAll = []
for n_estimators in range(1, 151):
```

```
    model=xgb.XGBClassifier(objective='binary:logistic',n_estimators=n_estimators,
max_depth=6,subsample=0.6,colsample_bytree=0.8, learning_rate=0.1,random_state=0)
    model.fit(X_train, y_train)
    score = model.score(X_test, y_test)
    ScoreAll.append([n_estimators,score])
ScoreAll = np.array(ScoreAll)print(ScoreAll)
max_score = np.where(ScoreAll==np.max(ScoreAll[:,1]))[0][0]  # 找出最高得分对应的索引
print("最优参数以及最高得分:",ScoreAll[max_score])        # 运行结果为[6.    0.89047619]
```

下面我们观察最优模型性能，输入以下代码并逐行运行：

```
prob = model.predict_proba(X_test)    # 计算响应变量预测分类概率
prob[:5]        # 显示前 5 个样本的响应变量预测分类概率。运行结果为：
```

```
array([[0.99439764, 0.00560235],
       [0.931126  , 0.06887402],
       [0.43231   , 0.56769   ],
       [0.01390404, 0.98609596],
       [0.991019  , 0.00898099]], dtype=float32)
```

第 1~5 个样本的最大分组概率分别是未违约客户、未违约客户、违约客户、违约客户、未违约客户。

```
pred = model.predict(X_test)        # 计算响应变量预测分类类型
pred[:5]        # 显示前 5 个样本的响应变量预测分类类型。运行结果为：array([0, 0, 1, 1, 0],
dtype=int64)，与上一步预测分类概率的结果一致
print(confusion_matrix(y_test, pred))        # 输出测试样本的混淆矩阵。运行结果为：
                                            [[141  14]
                                             [ 12  43]]
print(classification_report(y_test,pred)))# 输出详细的预测效果指标，运行结果为：
```

	precision	recall	f1-score	support
0	0.92	0.91	0.92	155
1	0.75	0.78	0.77	55
accuracy			0.88	210
macro avg	0.84	0.85	0.84	210
weighted avg	0.88	0.88	0.88	210

```
cohen_kappa_score(y_test, pred)# 本代码的含义是计算 kappa 得分。运行结果为：0.6834782608695652。
模型一致性较好
```

15.5 多分类提升法示例

本节主要演示多分类提升法的实现。

15.5.1 变量设置及数据处理

首先需要将本书提供的数据文件放入安装 Python 的默认路径位置，并从相应位置进行读取，在 Spyder 代码编辑区输入以下代码：

```
data=pd.read_csv('C:/Users/Administrator/.spyder-py3/数据 15.2.csv')   # 读取数据 15.2.csv 文件
```

注意，因用户的具体安装路径不同，设计路径的代码会有差异。成功载入后，"变量管理器"窗口如图 15.24 所示。

名称	类型	大小	值
data	DataFrame	(1016, 10)	Column names:..

图 15.24   "变量管理器"窗口

```
X = data.iloc[:,1:]      # 设置特征变量，即 data 数据集中除第一列响应变量 grade 之外的全部变量
y = data.iloc[:,0]       # 设置响应变量，即 data 数据集中第一列响应变量 grade
X_train,X_test,y_train,y_test=train_test_split(X,y,test_size=0.3,stratify=y,random_state=
10)  # 本代码的含义是将样本全集划分为训练样本和测试样本，测试样本占比为 30%；参数 stratify=y 是指依据标签 y，按
原数据 y 中各类比例分配 train 和 test，使得 train 和 test 中各类数据的比例与原数据集一样；random_state=10 的含
义是设置随机数种子为 10，以保证随机抽样的结果可重复
```

15.5.2   多元 Logistic 回归算法观察

在 Spyder 代码编辑区输入以下代码：

```
model=LogisticRegression(multi_class='multinomial',solver='newton-cg',C=1e10,max_iter=1e3)
# 本代码的含义是使用多元 Logistic 回归算法构建模型
model.fit(X_train, y_train) # 基于训练样本调用 fit()方法进行拟合
model.score(X_test, y_test) # 基于测试样本计算模型预测的准确率，运行结果为：0.8590163934426229
```

15.5.3   多分类提升法（默认参数）

在 Spyder 代码编辑区输入以下代码：

```
model = GradientBoostingClassifier(random_state=123)
model.fit(X_train, y_train) # 基于训练样本调用 fit()方法进行拟合
model.score(X_test, y_test) # 基于测试样本计算模型预测的准确率，运行结果为：0.9016393442622951
```

15.5.4   使用随机搜索寻求最优参数

在 Spyder 代码编辑区输入以下代码：

```
param_distributions={'n_estimators':range(100,200),'max_depth':range(1,9),'subsample':np.
linspace(0.1,1,10),'learning_rate':np.linspace(0.1,1,10)}   # 本代码的含义是构建一个参数空间，其中弱
学习器决策树'n_estimators'的取值范围为(100,200)，决策树的最大深度'max_depth'的取值范围为(1,9)，子抽样比重
取值范围'subsample'、学习率'learning_rate'均在(0.1,1)内均匀抽取 10 个值
    kfold = StratifiedKFold(n_splits=10, shuffle=True, random_state=1)    # 本代码的含义是构建一
个 10 折随机分组，StratifiedKFold 是分层采样，确保各类别样本响应变量取值比例与原始数据集相同。其中
shuffle=True 用于打乱数据集，每次都以不同的顺序返回，随机数种子设置为 1
    model=RandomizedSearchCV(estimator=GradientBoostingClassifier(random_state=10),param_dist
ributions=param_distributions,cv=kfold,random_state=10)       # 本代码的含义是使用随机搜索方式，在前面
构建的参数空间内随机搜索 10 种参数组合（n_iter=10)，使用二分类提升法构建模型，CV 交叉验证方式为前面构建的 10 折
随机分组
    model.fit(X_train,y_train)    # 基于训练样本调用 fit()方法进行拟合。运行结果为：
```

```
RandomizedSearchCV(cv=StratifiedKFold(n_splits=10, random_state=1,
shuffle=True),
                   estimator=GradientBoostingClassifier(random_state=10),
                   param_distributions={'learning_rate': array([0.1, 0.2,
0.3, 0.4, 0.5, 0.6, 0.7, 0.8, 0.9, 1. ]),
                                        'max_depth': range(1, 9),
                                        'n_estimators': range(100, 200),
                                        'subsample': array([0.1, 0.2,
0.3, 0.4, 0.5, 0.6, 0.7, 0.8, 0.9, 1. ])},
                   random_state=10)
```

```
    model.best_params_        # 输出最优超参数，运行结果为：{'subsample': 0.8, 'n_estimators': 159,
'max_depth': 6, 'learning_rate': 0.5}
    model=model.best_estimator_        # 将模型设置为最优模型
    model.score(X_test,y_test)        # 计算最优模型的拟合优度，运行结果为：0.9081967213114754
```

15.5.5　多分类问题提升法特征变量重要性水平分析

在 Spyder 代码编辑区输入以下代码，然后全部选中这些代码并整体运行：

```
sorted_index = model.feature_importances_.argsort()        # 对特征变量重要性水平进行排序
plt.rcParams['font.sans-serif'] = ['SimHei']        # 解决图表中中文显示的问题
plt.barh(range(X_train.shape[1]), model.feature_importances_[sorted_index])#绘制水平直方图
plt.yticks(np.arange(X_train.shape[1]), X_train.columns[sorted_index])        # 设置 y 轴刻度标签
plt.xlabel('特征变量重要性水平')        # 设置 x 轴标签
plt.ylabel('特征变量'))        # 设置 y 轴标签
plt.title('多分类问题提升法特征变量重要性水平分析')        # 设置图的标题
plt.tight_layout()        # 展示图形，运行结果如图 15.25 所示
```

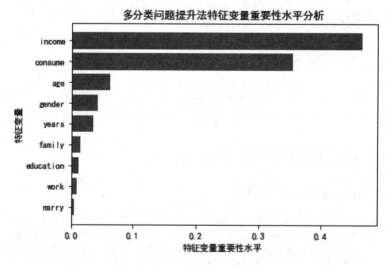

图 15.25　多分类问题提升法特征变量重要性水平分析

从图 15.25 中可以发现，本例中特征变量重要性水平从大到小排序为 income、consume、age、gender、years、family、education、work、marry。也就是说，年收入水平和月消费次数是决定会员等级的关键特征变量。

15.5.6　绘制部分依赖图与个体条件期望图

在 Spyder 代码编辑区输入以下代码：

```
PartialDependenceDisplay.from_estimator(model,X_train,['income','consume'],target=3,kind=
'average')     # 绘制部分依赖图，运行结果如图 15.26 所示
```

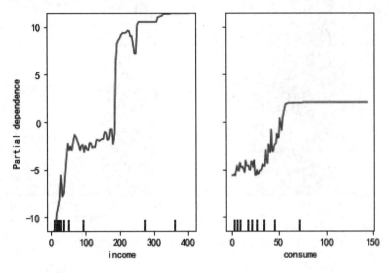

图 15.26　部分依赖图

从图 15.26 中可以看出，grade（会员等级）与 income（年收入水平）之间是一种正向变化关系，年收入水平越高，对应的会员等级就会越高；consume（月消费次数）在一定临界值之前与会员等级之间是正向变动关系，月消费次数越高，对应的会员等级就会越高，但是到达临界值后，就会变得稳定，会员等级维持不变，月消费次数不再是重要影响因素。

```
PartialDependenceDisplay.from_estimator(model,X_train,['income','consume'],target=3,kind=
'both')     # 绘制个体条件期望图，运行结果如图 15.27 所示
```

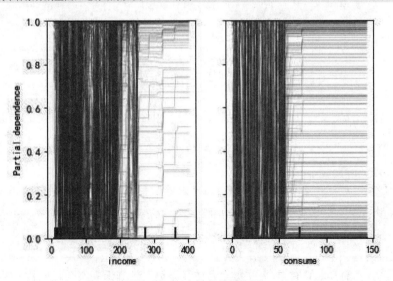

图 15.27　个体条件期望图

从图 15.27 中可以看出，年收入水平和月消费次数对于会员等级的影响不够明显。

```
PartialDependenceDisplay.from_estimator(model,X_train,['income','consume'],kind='both')
# 同时绘制部分依赖图和个体条件期望图，运行结果如图 15.28 所示
```

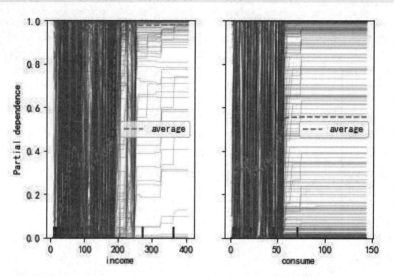

图 15.28　同时绘制部分依赖图和个体条件期望图

在图 15.28 中，部分依赖图和个体条件期望图绘制在一起，其中，虚线 average 即为部分依赖图的变化情况，各条絮状线即为个体条件期望图的变化情况。

15.5.7　模型性能评价

在 Spyder 代码编辑区输入以下代码：

```
prob = model.predict_proba(X_test)    # 计算响应变量预测分类概率
prob[:5]        # 显示前 5 个样本的响应变量预测分类概率。运行结果为：
```

```
array([[0.        , 0.        , 1.        ],
       [0.        , 0.99999952, 0.00000047],
       [0.00000012, 0.99999988, 0.        ],
       [0.99828344, 0.00171601, 0.00000054],
       [0.00000087, 0.99999911, 0.00000002]])
```

第 1~5 个样本的最大分组概率分别是高级会员、中级会员、中级会员、初级会员、中级会员。

```
pred = model.predict(X_test)    # 计算响应变量预测分类类型
pred[:5]        # 显示前 5 个样本的响应变量预测分类类型。运行结果为：array([3, 2, 2, 1, 2],
dtype=int64)，与上一步预测分类概率的结果一致
print(confusion_matrix(y_test, pred))        # 输出测试样本的混淆矩阵。运行结果为：
                                [[106   3   4]
                                 [  2  74   6]
                                 [  9   4  97]]
```

针对该结果解释如下：实际为初级会员且预测为初级会员的样本共有 106 个、实际为初级会员但预测为中级会员的样本共有 3 个、实际为初级会员但预测为高级会员的样本共有 4 个；实际

为中级会员且预测为中级会员的样本共有 74 个、实际为中级会员但预测为初级会员的样本共有 2 个、实际为中级会员但预测为高级会员的样本共有 6 个；实际为高级会员且预测为高级会员的样本共有 97 个、实际为高级会员但预测为初级会员的样本共有 9 个、实际为高级会员但预测为中级会员的样本共有 4 个。该结果更直观的表示如表 15.2 所示。

表 15.2　预测分类与实际分类的结果

样本		预测分类		
		初级会员	中级会员	高级会员
实际分类	初级会员	106	3	4
	中级会员	2	74	6
	高级会员	9	4	97

```
sns.heatmap(confusion_matrix(y_test, pred),cmap='Blues', annot=True)
plt.tight_layout()          # 输出混淆矩阵热力图，cmap='Blues'表示使用蓝色系，annot=True 表示在格子上显示数字。运行结果如图15.29 所示
```

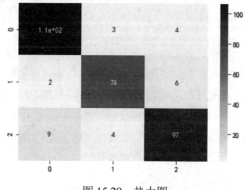

图 15.29　热力图

热力图的右侧是颜色带，代表了数值到颜色的映射，数值由小到大对应颜色由浅到深。

```
print(classification_report(y_test, pred))          # 输出详细的预测效果指标，运行结果为：
```

```
              precision    recall  f1-score   support

           1       0.91      0.94      0.92       113
           2       0.91      0.90      0.91        82
           3       0.91      0.88      0.89       110

    accuracy                           0.91       305
   macro avg       0.91      0.91      0.91       305
weighted avg       0.91      0.91      0.91       305
```

说明：

- precision：精度。针对初级会员、中级会员、高级会员的分类正确率均为 0.91。
- recall：召回率，即查全率。针对初级会员的查全率为 0.94，针对中级会员的查全率为 0.90，针对高级会员的查全率为 0.88。
- f1-score：f1 得分。针对初级会员的 f1 得分为 0.92，针对中级会员的 f1 得分为 0.91，针对高级会员的 f1 得分为 0.89。
- support：支持样本数。初级会员支持样本数为 113 个，中级会员支持样本数为 82 个，高级

会员支持样本数为 110 个。

- accuracy：正确率，即分类正确样本数/总样本数。模型整体的预测正确率为 0.91。
- macro avg：用每一个类别对应的 precision、recall、f1-score 直接平均。比如针对 recall（召回率），即为（0.94+0.90+0.88）/3 = 0.91。
- weighted avg：用每一类别支持样本数的权重乘对应类别指标。比如针对 recall（召回率），即为（0.94×113+0.90×82+0.88×110）/305 = 0.91。

```
cohen_kappa_score(y_test, pred)          # 本代码的含义是计算 kappa 得分。运行结果为：
0.8608939275475632 模型一致性很好
```

15.5.8　XGBoost 多分类提升法

在 Spyder 代码编辑区输入以下代码：

```
model=xgb.XGBClassifier(objective='multi:softprob',n_estimators=100,max_depth=5,subsample
=0.9,colsample_bytree=0.8,learning_rate=0.5,random_state=0)  # 本代码的含义是使用 XGBoost 多分类提升
法（objective='multi:softprob'），弱学习器数量为 100，树的最大深度为 5，子抽样（subsample）比重取值为 0.9，
列子抽样（colsample_bytree）比重为 0.8，学习率为 0.5，随机数种子设为 0
model.fit(X_train, y_train) # 基于训练样本使用 fit 方法进行拟合
model.score(X_test, y_test) # 基于测试样本计算模型的拟合优度，运行结果为：0.9180327868852459
```

下面我们寻求最优 n_estimators，输入以下代码，然后全部选中这些代码并整体运行：

```
ScoreAll = []
for n_estimators in range(1, 101):
    model =xgb.XGBClassifier(objective='multi:softprob', n_estimators=n_estimators,
random_state=10)
    model.fit(X_train, y_train)
    score = model.score(X_test, y_test)
    ScoreAll.append([n_estimators,score])
ScoreAll = np.array(ScoreAll)
print(ScoreAll)
max_score = np.where(ScoreAll==np.max(ScoreAll[:,1]))[0][0]   # 找出最高得分对应的索引值
print("最优参数以及最高得分:",ScoreAll[max_score])       # 运行结果为[8, 0.91803279]
```

15.6　习　题

1. 使用"数据 15.3"文件中的数据（该文件与"数据 15.1"文件基本一致），以 pe 为响应变量，以 roe、debt、assetturnover、rdgrow、roic、rop、netincomeprofit、quickratio、incomegrow、netprofitgrow、cashflowgrow 为特征变量，使用回归提升法进行拟合。完成以下操作：

（1）变量设置及数据处理。
（2）线性回归算法观察。
（3）回归提升法（默认参数）。
（4）使用随机搜索寻求最优参数。

（5）绘制图形观察模型均方误差随弱学习器数量变化的情况。

（6）绘制图形观察模型拟合优度随弱学习器数量变化的情况。

（7）回归问题提升法特征变量重要性水平分析。

（8）绘制部分依赖图与个体条件期望图。

（9）最优模型拟合效果图形展示。

（10）XGBoost 回归提升法。

2. 使用"数据 5.1"文件中的数据（详情已在第 5 章中介绍），以 V1（征信违约记录）为响应变量，以 V2（资产负债率）、V6（主营业务收入）、V7（利息保障倍数）、V15（银行负债）、V9（其他渠道负债）为特征变量，构建二分类提升法模型。完成以下操作：

（1）变量设置及数据处理。

（2）AdaBoost 算法。

（3）二分类提升法（默认参数）。

（4）使用随机搜索寻求最优参数。

（5）二分类问题提升法特征变量重要性水平分析。

（6）绘制部分依赖图与个体条件期望图。

（7）模型性能评价。

（8）绘制 ROC 曲线。

（9）运用两个特征变量绘制二分类提升法决策边界图。

（10）XGBoost 二分类提升法。

3. 针对"数据 6.1"文件中的数据（在第 6 章中已详细介绍），以 V1（收入档次）为响应变量，以 V2（工作年限）、V3（绩效考核得分）和 V4（违规操作积分）为特征变量，使用多分类提升法进行拟合。完成以下操作：

（1）变量设置及数据处理。

（2）多元 Logistic 回归算法观察。

（3）多分类提升法（默认参数）。

（4）使用随机搜索寻求最优参数。

（5）多分类问题提升法特征变量重要性水平分析。

（6）绘制部分依赖图与个体条件期望图。

（7）模型性能评价。

（8）XGBoost 多分类提升法。

第 16 章

支持向量机算法

支持向量机（Support Vector Machines，SVM）是一种监督式学习算法，可用于解决分类问题或回归问题。支持向量机算法在 20 世纪 90 年代初被提出并因其在文本分类领域的卓越表现而得到推广，目前广泛应用于人脸识别、图像分类、手写识别数字、垃圾邮件检测等业务领域。本章我们讲解支持向量机算法的基本原理，并结合具体实例讲解该算法在 Python 中解决分类问题和回归问题的实现与应用。

16.1　支持向量机算法的基本原理

本节主要介绍支持向量机算法的基本原理。

16.1.1　线性可分

在讲述支持向量机之前，首先需要了解什么是线性可分。如图 16.1 所示，在二维空间上，如果响应变量为二分类变量，那么所有样本能够被一条直线按照类别分开，即称为线性可分。

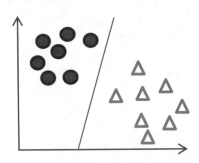

图 16.1　线性可分示例图

从数学公式的角度看，假定样本全集为 D，响应变量为二分类变量，则可以按照响应变量类别将 D 切割为 D_1 和 D_2。如果 x 为特征向量，存在 n 维向量 β 和实数 β_0，使得所有属于 D_1 的样本都能满足 $\beta_0 + \beta^T x > 0$，而所有属于 D_2 的样本都能满足 $\beta_0 + \beta^T x < 0$，当然 D_1 和 D_2 的地位可互换，即称 D_1 和 D_2 线性可分。

但需要注意的是，即使 D_1 和 D_2 线性可分，但分割线可能不止一条，如图 16.2 所示。

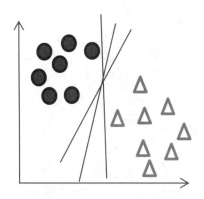

图 16.2　线性可分（多条分割线）

16.1.2　硬间隔分类器的概念与原理解释

在图 16.2 所示的线性可分示例中，我们需要选择哪一条分割线作为最佳分割线呢？从结果具有更大稳健性的角度考虑，我们选择的分割线应该使得两侧距离分割线最近的样本点到分割线的距离最远。对于线性可分的数据集来说，能够完成样本分割的分割线有无穷多个，但是几何间隔最大的分割线即最佳分割线却是唯一的。

通常当空间从二维空间拓展到多维空间时，我们需要寻找的就是"最大间隔超平面"，即以最大间隔把两类样本分开的超平面。如果我们能够找到这个最大间隔超平面，那么对应的分类器就称为最大间隔分类器，最大间隔分类器也被称为硬间隔分类器。

如图 16.3 所示，图中的虚线 L 就是最大间隔超平面，L⁺称为"正间隔"，L⁻称为"负间隔"，样本中距离最大间隔超平面（虚线L）最近的样本点（本例中有 4 个）就是支持向量。支持向量到最大间隔超平面的距离为 d，其他点到最大间隔超平面的距离大于 d，"正间隔"与"负间隔"之间的距离为 d 的 2 倍，也被称为 margin。基于支持向量求解最大间隔分类器的方法就是支持向量机算法。所以，支持向量机学习的基本思想就是求解能够正确划分样本数据集并且几何间隔最大的分离超平面。从以上概念中也可以看出，所谓最大间隔超平面其实也是前面章节中所讲述的决策边界的一种。

支持向量机要找到最大间隔超平面，也就是使得各类样本点到超平面的距离最远。样本点 x 到直线 $L: \beta_0 + \beta^T x = 0$ 的距离为 $\dfrac{\beta_0 + \beta^T x}{\|\beta\|}$，其中 $\|\beta\| = \sqrt{\beta_1^2 + \beta_2^2 + \ldots + \beta_n^2}$。

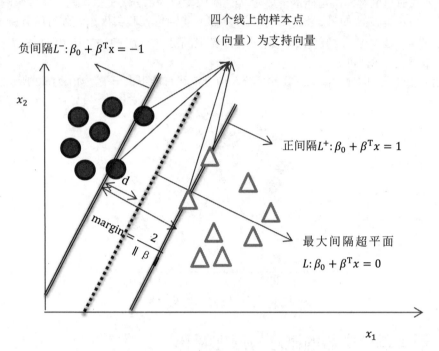

图 16.3　最大间隔超平面示意

假设响应变量 y 有两种取值，图 16.3 右侧三角形的样本点均取值为 1，左侧圆形的样本点均取值为-1，支持向量机要满足正确划分样本数据集的约束条件，就必须有：

$$\begin{cases} \dfrac{\beta_0 + \beta^{\mathrm{T}}x}{\|\beta\|} \geqslant d & y = 1 \\[3mm] \dfrac{\beta_0 + \beta^{\mathrm{T}}x}{\|\beta\|} \leqslant -d & y = -1 \end{cases}$$

变换后：

$$\begin{cases} \dfrac{\beta_0 + \beta^{\mathrm{T}}x}{\|\beta\|d} \geqslant 1 & y = 1 \\[3mm] \dfrac{\beta_0 + \beta^{\mathrm{T}}x}{\|\beta\|d} \leqslant -1 & y = -1 \end{cases}$$

在此之前我们论述的都是线性函数，即 $f(x) = \beta_0 + \beta^{\mathrm{T}}x$，且 $\|\beta\|d$ 为正数，所以一定可以通过线性变换的方式（也可以理解为 $\|\beta\|$ 与 d 融合）使得 $\|\beta\|d = 1$，即有 $d = \dfrac{1}{\|\beta\|}$：

$$\begin{cases} \beta_0 + \beta^{\mathrm{T}}x \geqslant 1 & y = 1 \\[2mm] \beta_0 + \beta^{\mathrm{T}}x \leqslant -1 & y = -1 \end{cases}$$

所以不论 y 取值为 1 还是-1，约束条件都可以写为：$y(\beta_0 + \beta^{\mathrm{T}}x) \geqslant 1$。

因为正间隔、负间隔上的点都是距离最大间隔超平面最近的点，故对于在正间隔 L^+ 上的所有点能够满足 $L^+ : \beta_0 + \beta^T x = 1$，对于在负间隔 L^- 上的所有点能够满足 $L^- : \beta_0 + \beta^T x = -1$

正间隔和负间隔之间的间隔 $\text{margin} = 2d = \dfrac{2}{\|\beta\|}$。我们需求解的最大化间隔问题就是：

$$\max \frac{2}{\|\beta\|} \quad \text{s.t.} \quad y(\beta_0 + \beta^T x) \geqslant 1$$

该问题等价于 $\min \dfrac{1}{2}\|\beta\|$，亦等价于 $\min \dfrac{1}{2}\|\beta\|^2 \quad \text{s.t.} \quad y(\beta_0 + \beta^T x) \geqslant 1$。

16.1.3　硬间隔分类器的求解步骤

1. 构建拉格朗日函数

由于目标函数是二次型且约束条件为线性不等式约束，因此是凸二次规划问题，且不等式约束优化问题最优解需满足 KKT（Karush-Kuhn-Tucker）条件（相关原理较为复杂，限于篇幅不进行详解，可参阅相关统计学教材），构建以下的拉格朗日函数：

$$\min_{\beta, \beta_0} \max_{\lambda} L(\beta, \beta_0 \lambda) = \frac{1}{2}\|\beta\|^2 + \sum_{i=1}^{n} \lambda_i \left[1 - y_i\left(\beta^T x_i + b\right)\right] \quad \text{s.t.} \quad \lambda_i \geqslant 0$$

2. 强对偶性转换

强对偶性是 $\min\max f() = \max\min f()$ 指，在函数为凸二次规划问题时，强对偶性成立，KKT 条件也是强对偶性的充分必要条件，即将上述构建拉格朗日函数中的问题转换为：

$$\max_{\lambda} \min_{\beta, \beta_0} L(\beta, \beta_0 \lambda) = \frac{1}{2}\|\beta\|^2 + \sum_{i=1}^{n} \lambda_i \left[1 - y_i\left(\beta^T x_i + b\right)\right] \quad \text{s.t.} \quad \lambda_i \geqslant 0$$

对上式中的参数 β, β_0 求偏导：

$$\begin{cases} \dfrac{\partial L}{\partial \beta} = \beta - \sum\limits_{i=1}^{n} \lambda_i x_i y_i = 0 & \sum\limits_{i=1}^{n} \lambda_i x_i y_i = \beta \\[3mm] \dfrac{\partial L}{\partial \beta_0} = \sum\limits_{i=1}^{n} \lambda_i y_i = 0 & \sum\limits_{i=1}^{n} \lambda_i y_i = 0 \end{cases}$$

将该结果带入前面的拉格朗日函数：

$$\begin{aligned} L(\beta, \beta_0 \lambda) &= \frac{1}{2}\sum_{i=1}^{n}\sum_{j=1}^{n} \lambda_i \lambda_j y_i y_j (x_i \cdot x_j) + \sum_{i=1}^{n} \lambda_i - \sum_{i=1}^{n} \lambda_i y_i \left(\sum_{j=1}^{n} \lambda_j y_j (x_i \cdot x_j) + \beta_0\right) \\ &= \frac{1}{2}\sum_{i=1}^{n}\sum_{j=1}^{n} \lambda_i \lambda_j y_i y_j (x_i \cdot x_j) + \sum_{i=1}^{n} \lambda_i - \sum_{i=1}^{n}\sum_{j=1}^{n} \lambda_i \lambda_j y_i y_j (x_i \cdot x_j) - \sum_{j=1}^{n} \lambda_j y_j \beta_0 \\ &= \sum_{i=1}^{n} \lambda_i - \frac{1}{2}\sum_{i=1}^{n}\sum_{j=1}^{n} \lambda_i \lambda_j y_i y_j (x_i \cdot x_j) \end{aligned}$$

其中 $x_i \cdot x_j$ 为 x_i 和 x_j 的内积，等价于 $x_i^{\mathrm{T}} x_j$。

即有：

$$\min_{\beta,\beta_0} L(\beta,\beta_0,\lambda) = \sum_{i=1}^{n}\lambda_i - \frac{1}{2}\sum_{i=1}^{n}\sum_{j=1}^{n}\lambda_i\lambda_j y_i y_j (x_i \cdot x_j)$$

$$\max_{\lambda}\left[\sum_{i=1}^{n}\lambda_i - \frac{1}{2}\sum_{i=1}^{n}\sum_{j=1}^{n}\lambda_i\lambda_j y_i y_j (x_i \cdot x_j)\right] \quad \text{s.t.} \sum_{i=1}^{n}\lambda_i y_i = 0, \lambda_i \geqslant 0$$

该问题为二次规划问题，使用 SMO（Sequential Minimal Optimization，序列最小优化）算法求解即可，该算法的基本思路是在保持其他参数固定的同时，每次只优化一个参数，仅求当前待优化参数的极值，具体求解过程略。

16.1.4　软间隔分类器的概念与原理解释

在实践应用中，很多情形下并不能满足线性可分条件，或者说各类别之间并非是泾渭分明的，无法实现类别之间的完全分割，如图 16.4 所示。

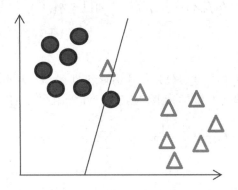

图 16.4　类别之间不满足线性可分

在这种情况下，我们应该退而求其次，允许少数样本点分布在间隔带（margin）里面，如图 16.5 所示。

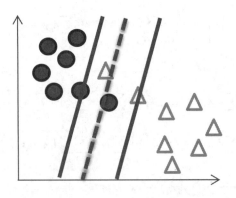

图 16.5　允许少数样本点分布在间隔带里

　　从数学公式的角度，就是要允许少量样本点不再满足条件：$y_i(\beta_0 + \beta^T x_i) \geqslant 1$。相对于前面的"硬间割"（完全分割），这就是一种"软间隔"的概念，放松之后的支持向量机就是"软间隔分类器"。对于软间隔分类器来说，非常重要的参数就是相对于硬间割而言软的程度或者放松的程度如何，为了量度该"松弛程度"，需要引入松弛变量ξ。每一个样本均有$\xi_i \geqslant 0$，原有条件变化为：

$$y_i(\beta_0 + \beta^T x_i) + \xi_i \geqslant 1$$

　　如图 16.6 所示，针对右侧的三角形样本而言，原有的条件为$y_i(\beta_0 + \beta^T x_i) \geqslant 1$，现在有一个样本点要进入间隔带里面，如果我们允许它进入，那么在原有基础上加上我们允许的程度ξ_i，达到$y_i(\beta_0 + \beta^T x_i) + \xi_i \geqslant 1$即可，这就是软间隔分类器的直观解释。

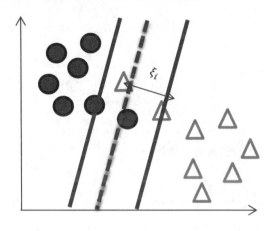

图 16.6　一个样本点进入间隔带

　　此处常见的一个问题是，在间隔带内的样本是否支持向量？答案是肯定的，间隔带内的样本也支持向量，因为支持向量机算法的核心思想就是只有支持向量才会影响参数、影响间隔带的划分，其他的向量是不起作用的，而间隔带内的样本显然会通过影响松弛程度来影响模型的参数，所以也支持向量。

16.1.5　软间隔分类器的求解步骤

　　结合前述讲解，软间隔分类器的优化目标其实是如下最优化问题：

$$\min \frac{1}{2}\|\beta\|^2 + C\sum_{i=1}^{n}\xi_i \quad \text{s.t.} \quad y_i(\beta_0 + \beta^T x_i) + \xi_i \geqslant 1, \xi_i \geqslant 0, i = 1, 2, \ldots, n$$

C 为大于 0 的常数，用于设置为错误分类样本的惩罚程度。

1. 构建拉格朗日函数

$$\min_{\beta, \beta_0, \xi} \max_{\lambda, \mu} L(\beta, \beta_0, \xi, \lambda, \mu) = \frac{1}{2}\|\beta\|^2 + C\sum_{i=1}^{n}\xi_i + \sum_{i=1}^{n}\lambda_i\left[1 - \xi_i - y_i\left(\beta^T x_i + b\right)\right] - \sum_{i=1}^{n}\mu_i\xi_i$$

$$\text{s.t.} \ \lambda_i \geqslant 0 \quad \mu_i \geqslant 0$$

2. 强对偶性转换

将上述问题转换为：

$$\max_{\lambda,\mu} \min_{\beta,\beta_0,\xi} L(\beta,\beta_0,\xi,\lambda,\mu) = \frac{1}{2}\|\beta\|^2 + C\sum_{i=1}^{n}\xi_i + \sum_{i=1}^{n}\lambda_i\left[1-\xi_i-y_i\left(\beta^{\mathrm{T}}x_i+b\right)\right] - \sum_{i=1}^{n}\mu_i\xi_i$$

$$\text{s.t.}\ \lambda_i \geqslant 0 \quad \mu_i \geqslant 0$$

对上式中的参数 β,β_0,ξ_i 求偏导并转换，得到：

$$\begin{cases} \sum_{i=1}^{n}\lambda_i x_i y_i = \beta \\ \sum_{i=1}^{n}\lambda_i y_i = 0 \\ C = \lambda_i + \mu_i \end{cases}$$

将该结果带入前面的拉格朗日函数，得到：

$$\min_{\beta,\beta_0,\xi} L(\beta,\beta_0,\xi,\lambda,\mu) = \sum_{i=1}^{n}\lambda_i - \frac{1}{2}\sum_{i=1}^{n}\sum_{j=1}^{n}\lambda_i\lambda_j y_i y_j (x_i \cdot x_j)$$

$$\max_{\lambda}\left[\sum_{i=1}^{n}\lambda_i - \frac{1}{2}\sum_{i=1}^{n}\sum_{j=1}^{n}\lambda_i\lambda_j y_i y_j (x_i \cdot x_j)\right] \quad \text{s.t.}\ \sum_{i=1}^{n}\lambda_i y_i = 0,\ \lambda_i \geqslant 0,\ C-\lambda_i-\mu_i = 0$$

可以发现相对于前面的硬间隔分类器，软间隔分类器只是多了 $C-\lambda_i-\mu_i=0$ 的约束条件，同样使用序列最小优化算法求解即可，具体求解过程略。

16.1.6 核函数

前面讲解的硬间隔分类器和软间隔分类器，不论是硬间隔下的所有样本完全线性可分，还是软间隔下的大部分样本线性可分，都基于线性可分的概念，但是还有一种常见的情况就是样本点不是线性可分的，呈现的是非线性关系（如图 16.7（左）所示）。

如果在二维空间无法实现线性可分，通常的做法就是选择一个非线性变换函数 $\phi(x)$，将特征变量 x 映射到高维特征空间成为 $\phi(x)$，或者说将样本由 $\{x_i, y_i\}$ 变换成为 $\{\phi(x_i), y_i\}$ 让样本点在高维空间线性可分（如图 16.7（右）所示），再通过间隔最大化的方式学习得到支持向量机，这也就是非线性支持向量机的基本原理。可以证明，如果原始空间的维数是有限的，那么一定存在高维特征空间使样本可分。

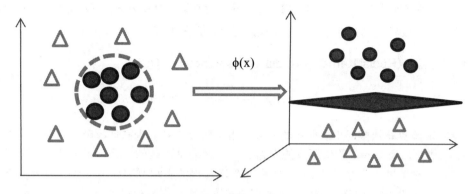

图 16.7　样本点不是线性可分

在进行 $\phi(x)$ 变换后，优化目标为如下最优化问题：

$$\min \frac{1}{2}\|\beta\|^2 \quad \text{s.t. } y_i(\beta_0 + \beta^{\mathrm{T}}\phi(x_i)) \geqslant 1, i = 1, 2, \ldots, n$$

对偶问题为：

$$\max_{\lambda}\left[\sum_{i=1}^{n}\lambda_i - \frac{1}{2}\sum_{i=1}^{n}\sum_{j=1}^{n}\lambda_i\lambda_j y_i y_j(\phi(x_i)^{\mathrm{T}}\phi(x_j))\right] \quad \text{s.t. } \sum_{i=1}^{n}\lambda_i y_i = 0, \lambda_i \geqslant 0, i = 1, 2, \ldots, n$$

在该表达式中，$\phi(x)$ 难以确定，但好在我们并不必然需要得到 $\phi(x)$ 的具体形式，支持向量机的结果仅依赖于 $\phi(x_i)$ 与 $\phi(x_j)$ 的内积。我们把 $\phi(x_i)$ 与 $\phi(x_i)$ 的内积定义为核函数：

$$K\left(x_i, x_j\right) = \phi(x_i)^{\mathrm{T}}\phi(x_j)$$

也就是说，只要找到了恰当的核函数，或者说直接指定核函数的具体形式，就能够开展支持向量机算法估计，支持向量机通过核函数展开的方式称为"支持向量展开"，这一方法也称为"核技巧"。

在核函数 $K\{x_i, x_j\}$ 中，x_i 和 x_j 的地位是对称的，核矩阵 K 总是半正定的：

$$\boldsymbol{K} = \begin{pmatrix} K\left(x_1, x_1\right) & \cdots & K\left(x_1, x_n\right) \\ \vdots & \ddots & \vdots \\ K\left(x_n, x_1\right) & \cdots & K\left(x_n, x_n\right) \end{pmatrix}$$

只要一个对称函数所对应的核矩阵半正定，就可以作为核函数使用；同时对于任意一个核函数，都能将样本映射到一个特征空间。所以，核函数的选择是多样化的，核函数的选择也决定了模型的性能，如果核函数选择不好，就会将样本映射到一个并不合适的特征空间，从这种意义上讲，核函数的选择是支持向量机算法的精髓和关键之所在。

常用的核函数如下：

1. 多项式核函数（Polynomial Kernel）

$$K\left(x_i, x_j\right) = (1 + \gamma x_i^{\mathrm{T}} x_j)^d$$

公式中 d 是多项式的次数，$d \geq 1$，参数 $\gamma > 0$。特别地，如果 $d = 1$，那么多项式核函数就退化为线性核函数，或者说没有进行非线性变换，可直接设置为 $K\left(x_i, x_j\right) = x_i^{\mathrm{T}} x_j$。

2. 径向基函数（Radial Kernel 或 Radial Basis Function，RBF）

$$K\left(x_i, x_j\right) = \mathrm{e}^{-\gamma \|x_i - x_j\|^2} \quad \gamma > 0$$

因为径向基函数非常接近正态分布的密度函数，所以也被称为高斯核函数。公式中 $\| \cdot \|$ 为欧氏距离（2-范数），使用的是欧氏距离的平方，γ 为径向基函数的参数，用于控制一个样本点的影响范围，如果设置过大则通过"$-\gamma$"使得一个样本点的影响范围很小，会导致欠拟合；如果设置过小，则通过"$-\gamma$"使得一个样本点的影响范围很大，会导致过拟合。

3. 拉普拉斯核函数（Laplacian Kernel）

$$K\left(x_i, x_j\right) = \mathrm{e}^{-\gamma \|x_i - x_j\|} \quad \gamma > 0$$

拉普拉斯核函数使用 $\|x_i - x_j\|$ 欧氏距离，而非欧氏距离的平方，参数 γ 的含义与径向基函数相同。

4. S 型核函数（Sigmoid Kernel）

$$K\left(x_i, x_j\right) = \tanh(\beta x_i^{\mathrm{T}} x_j + \theta) \quad \beta > 0, \theta < 0$$

公式中的 $\tanh()$ 为双曲正切函数，$\tanh(x) = \dfrac{\mathrm{e}^x - \mathrm{e}^{-x}}{\mathrm{e}^x + \mathrm{e}^{-x}}$，该函数常用作人工神经网络中的激活函数。

此外，还可以通过组合的方式得到核函数。

（1）若 K_1 和 K_2 为核函数，那么其线性组合 $\gamma_1 K_1 + \gamma_2 K_2$ 也为核函数，其中 γ_1、γ_2 需为正数。

（2）若 K_1 和 K_2 均为核函数，那么核函数的直 $K_1 \otimes K_2$ 积也为核函数。

（3）若 K_1 为核函数，那么对于任意函数 $f(x)$，$K\left(x_i, x_j\right) = f(x_i) K_1\left(x_i, x_j\right) f(x_j)$ 也为核函数。

需要说明的是，核技巧的应用并不局限于支持向量机算法，也可用于其他机器学习算法。针对支持向量机算法，采用核技巧之后，可以处理非线性分类/回归任务，找出对优化目标至关重要的关键样本，而且最终决策函数只由少数的支持向量确定，计算的复杂性取决于支持向量的数目，而不是样本空间的维数，在很大程度上实现了降维，能够较好地解决"维数灾难"问题。但是预测时间与支持向量的个数成正比，当支持向量的数量较大时，预测计算复杂度较高，所以支持向量机目前只适合小批量样本任务，无法较好地胜任大数据处理任务。

16.1.7　多分类问题支持向量机

前面讲述的支持向量机都针对的是二分类问题，事实上，因为支持向量机的基本思想就是找到最优超平面对样本进行分割，所以无法自然地推广到多分类问题。当然，这并不意味着支持向量机无法应用于多分类问题，解决方法包括但不限于：

（1）直接修改目标函数：将多分类问题中的多个参数整合到一个函数中。

（2）One-Versus-Rest（一对多）：训练时依次把某个类别的样本归为一类，其他类别样本归为另一类，K 个类别样本共可构造 K 个支持向量机模型。分类时将未知样本分类为具有最大分类函数值的那类。

（3）One-Versus-One（一对一）：这是最常用、也最有效的方法，其实现过程如下：

假定样本全集为 D，共有 K 个类别，然后从 K 个类别中选择两类的组合方式共有 C_K^2 种：

$$C_K^2 = \frac{K(K-1)}{2}$$

首先基于训练样本分别构建这 C_K^2 个组合的支持向量机模型，共可得到 $\frac{K(K-1)}{2}$ 个模型，然后对于测试样本，用这 $\frac{K(K-1)}{2}$ 个模型进行预测，按照多数票原则以最常见类别作为最终预测结果。

16.1.8　支持向量回归

支持向量机最初仅用于分类问题，后来推广到回归问题。例如一个样本 $\{x_i, y_i\}$，在传统的回归算法下，其损失基于模型预测值 $f(x_i)$ 和真实值 y_i 之间的差别，当 $f(x_i)$ 与 y_i 完全相等时，损失才等于 0。而根据支持向量回归的思想，能够容忍在 ε 范围以内的偏离（类似于软间隔分类器中的松弛程度 ξ_i），只有当偏离在 ε 范围以外时，才认定为损失，或者说在 margin 范围以内的样本被认为是预测正确的，如图 16.8 所示。

设回归函数（最优超平面）为 $f(x) = \beta_0 + \beta^{\mathrm{T}} x$，支持向量回归的目标函数即为：

$$\min_{\beta, \beta_0} \frac{1}{2} \beta^{\mathrm{T}} \beta + C \sum_{i=1}^{n} \iota_\varepsilon \left[y_i - f(x_i) \right]$$

其中，$C > 0$，为正则化参数；$z_i \equiv y_i - f(x_i)$，为残差，$\iota_\varepsilon()$ 为 ε - 在不敏感损失函数：

$$\iota_\varepsilon(z_i) = \begin{cases} 0 & |z_i| \leqslant \varepsilon \\ |z_i| - \varepsilon & |z_i| > \varepsilon \end{cases} \quad \text{其中 } \varepsilon > 0，\text{为调节参数。}$$

图 16.9 直观地展示了 ε-不敏感损失函数，与之进行对比的是将残差平方 $\iota(z) = z^2$ 作为损失，ε-不敏感损失函数在 $|z_i| \leqslant \varepsilon$ 取值为 0，而在 $|z_i| > \varepsilon$ 时取值为 $|z_i| - \varepsilon$，呈现线性增长。

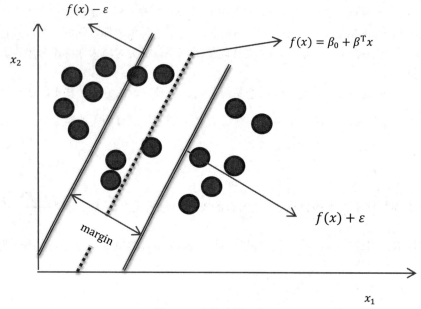

图 16.8   支持向量回归

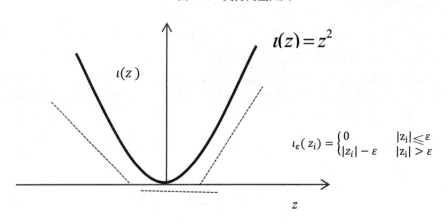

图 16.9 ε-不敏感损失函数

由于在支持向量回归中使用了ε-不敏感损失函数，因此支持向量回归也称ε-回归。相对于传统回归模型，支持向量回归由于提高了容忍度，所以当数据集存在异常值时，结果更加具有鲁棒性（稳健性）。此外，在支持向量回归中也可以使用核技巧对特征变量进行变换，得到非线性回归结果，所以支持向量回归具有独特的优势。针对支持向量回归目标函数的求解，同样可以通过引入松弛变量的方式，限于篇幅不再详述。

在前面各节中，我们介绍了各类支持向量机的原理与思想。不难发现，支持向量机比较适用于特征变量较多的数据集，这是因为高维空间内的样本较为分散，可以更好地使用最优超平面分割，这也是该方法相对于其他机器学习算法的最大优势，也正是基于该优势，支持向量机被广泛应用于人脸识别、图像分类、手写识别数字、垃圾邮件检测等领域。此外，因为支持向量机算法在预测时仅考虑作为支持向量的样本点，所以在数据存储方面具有相对更高的效率。核技巧的引入又使得支持向量机具备通用性，可以解决高度非线性问题，所以从整体上看，该算法优势比较明显。

16.2　数据准备

本节主要准备数据，便于后面演示回归支持向量机算法、二分类支持向量机算法和多分类支持向量机算法的实现。

16.2.1　案例数据说明

本章我们用到的数据来自"数据 15.1""数据 13.1""数据 15.2"文件。

针对"数据 15.1"文件中的数据，我们以 pb 为响应变量，以 roe、debt、assetturnover、rdgrow、roic、rop、netincomeprofit、quickratio、incomegrow、netprofitgrow、cashflowgrow 为特征变量，使用支持向量回归算法进行拟合。

针对"数据 13.1"文件中的数据，我们以 credit 为响应变量，以 age、education、workyears、resideyears、income、debtratio、creditdebt、otherdebt 为特征变量，使用二分类支持向量机算法进行拟合。

针对"数据 15.2"文件中的数据，我们以 grade 为响应变量，以 age、marry、years、income、education、consume、work、gender、family 为特征变量，使用多分类支持向量机算法进行拟合。

16.2.2　导入分析所需要的模块和函数

在进行分析之前，首先导入分析所需要的模块和函数，读取数据集并进行观察。在 Spyder 代码编辑区输入以下代码（以下代码释义在前面各章均有提及，此处不再注释）：

```
import numpy as np
import pandas as pd
import matplotlib.pyplot as plt
import seaborn as sns
from sklearn.preprocessing import StandardScaler
from sklearn.model_selection import train_test_split
from sklearn.model_selection import KFold, StratifiedKFold
from sklearn.model_selection import GridSearchCV
from sklearn import svm                # 导入支持向量机模块 svm
from sklearn.svm import SVC            # 导入 SVC 用于分类支持向量机
from sklearn.svm import SVR            # 导入 SVC 用于回归支持向量机
from sklearn.metrics import cohen_kappa_score
from sklearn.metrics import plot_roc_curve
from sklearn.metrics import confusion_matrix
from sklearn.metrics import classification_report
from mlxtend.plotting import plot_decision_regions
```

16.3　回归支持向量机算法示例

本节主要演示回归支持向量机算法的实现。

16.3.1　变量设置及数据处理

首先需要将本书提供的数据文件放入安装 Python 的默认路径位置，并从相应位置进行读取。在 Spyder 代码编辑区输入以下代码：

```
data=pd.read_csv('C:/Users/Administrator/.spyder-py3/数据15.1.csv')  # 读取数据15.1.csv文件
```

注意，因用户的具体安装路径不同，设计路径的代码会有差异。成功载入后，"变量管理器"窗口如图 16.10 所示。

名称	类型	大小	值
data	DataFrame	(158, 12)	Column names: pb, roe, debt, assetturnover, rdgrow, roic, rop, netinco ...

图 16.10　"变量管理器"窗口

```
X = data.iloc[:,1:]  # 设置特征变量，即data数据集中除第一列响应变量pb之外的全部变量
y = data.iloc[:,0]   # 设置响应变量，即data数据集中第一列响应变量pb
X_train,X_test,y_train,y_test=train_test_split(X,y,test_size=0.3,random_state=10)
# 本代码的含义是将样本全集划分为训练样本和测试样本，测试样本占比为30%；random_state=10的含义是设置随机数种子
为10，以保证随机抽样的结果可重复
scaler = StandardScaler()      # 本代码的含义是引入标准化函数，即把变量的原始数据变换成均值为0、标准差为
1的标准化数据
scaler.fit(X_train)        # 基于特征变量的训练样本估计标准化函数
X_train_s = scaler.transform(X_train)  # 将上一步得到的标准化函数应用到训练样本集
X_test_s = scaler.transform(X_test)    # 将上一步得到的标准化函数应用到测试样本集
```

16.3.2　回归支持向量机算法（默认参数）

在 Spyder 代码编辑区依次输入以下代码：

（1）线性核函数算法

```
model = SVR(kernel='linear')      # 使用回归支持向量机算法构建模型，核函数为线性核函数
model.fit(X_train_s, y_train))     # 基于训练样本调用fit()方法进行拟合
model.score(X_test_s, y_test)      # 基于测试样本计算模型的拟合优度，运行结果为：0.8126933016877753
```

（2）多项式核函数算法

```
model = SVR(kernel='poly')        # 使用回归支持向量机算法构建模型，核函数为多项式核函数
model.fit(X_train_s, y_train))     # 基于训练样本调用fit()方法进行拟合
model.score(X_test_s, y_test)      # 基于测试样本计算模型的拟合优度，运行结果为：0.2568009110055721
```

（3）径向基函数算法

```
model = SVR(kernel='rbf')              # 使用回归支持向量机算法构建模型，核函数为径向基函数
model.fit(X_train_s, y_train))         # 基于训练样本调用 fit()方法进行拟合
model.score(X_test_s, y_test)          # 基于测试样本计算模型的拟合优度，运行结果为：
0.37889522275630527
```

（4）sigmoid 核函数算法

```
model = SVR(kernel='sigmoid')          # 使用回归支持向量机算法构建模型，核函数为 sigmoid 核函数
model.fit(X_train_s, y_train))         # 基于训练样本调用 fit()方法进行拟合
model.score(X_test_s, y_test)          # 基于测试样本计算模型的拟合优度，运行结果为：0.5294395695059719
```

16.3.3 通过 10 折交叉验证寻求最优参数

在 Spyder 代码编辑区依次输入以下代码：

（1）线性核函数算法

```
param_grid = {'C': [0.01, 0.1, 1, 10, 50, 100, 150], 'epsilon': [0.01, 0.1, 1, 10],
'gamma': [0.01, 0.1, 1, 10]}           # 按照 C、epsilon、gamma 的取值范围定义起参数组合网络，其中 C 表示惩罚力
度，默认为 1，取值需要大于 0，取值越大表示惩罚力度越大，进而模型对样本数据的学习更精确，当然也因此容易过拟合；反
之 C 越小，对误差的惩罚程度越小，当然也因此容易欠拟合。gamma 即前面核函数中介绍的 γ 值，γ 值越大，高斯分布越会呈现
"又高又瘦"的特点，容易导致模型只能作用于支持向量附近，产生过拟合；γ 值越小，高斯分布越平滑，容易导致模型学习力度
较弱，产生欠拟合。 epsilon 用来设置 epsilon-SVR 的损失函数中的 epsilon 值，默认为 0.1
kfold = KFold(n_splits=10, shuffle=True, random_state=1) # 10 折交叉验证，保持每折子样本中响应变
量各类别数据占比相同，设置随机数种子为 1
model = GridSearchCV(SVR(kernel='linear'), param_grid, cv=kfold) # 构建回归支持向量机算法模型，
核函数为线性核函数，基于前面创设的参数网络及 10 折交叉验证法
model.fit(X_train_s, y_train)          # 基于训练样本调用 fit()方法进行拟合，运行结果为：
```

```
GridSearchCV(cv=KFold(n_splits=10, random_state=1, shuffle=True),
             estimator=SVR(kernel='linear'),
             param_grid={'C': [0.01, 0.1, 1, 10, 50, 100, 150],
                         'epsilon': [0.01, 0.1, 1, 10],
                         'gamma': [0.01, 0.1, 1, 10]})
```

```
model.best_params_         # 输出最优超参数，运行结果为：{'C': 1, 'epsilon': 1, 'gamma': 0.01}
model = model.best_estimator_    # 设置最优参数模型
len(model.support_)        # 观察最优模型的支持向量个数，运行结果为 66
model.support_vectors_     # 观察各个支持向量，运行结果略
model.score(X_test_s, y_test)    # 观察最优模型的拟合优度，运行结果为 0.8092166471620448
```

（2）多项式核函数算法

```
param_grid = {'C': [0.01, 0.1, 1, 10, 50, 100, 150], 'epsilon': [0.01, 0.1, 1, 10],
'gamma': [0.01, 0.1, 1, 10]}
kfold = KFold(n_splits=10, shuffle=True, random_state=1)
model = GridSearchCV(SVR(kernel='poly'), param_grid, cv=kfold)
model.fit(X_train_s, y_train)
model.best_params_         # 运行结果为：{'C': 150, 'epsilon': 1, 'gamma': 0.01}
model.score(X_test_s, y_test)    # 观察最优模型的拟合优度，运行结果为 0.33634431461090675
```

（3）sigmoid 核函数算法

```
param_grid = {'C': [0.01, 0.1, 1, 10, 50, 100, 150], 'epsilon': [0.01, 0.1, 1, 10],
```

```
'gamma': [0.01, 0.1, 1, 10]}
    kfold = KFold(n_splits=10, shuffle=True, random_state=1)
    model = GridSearchCV(SVR(kernel='sigmoid'), param_grid, cv=kfold)
    model.fit(X_train_s, y_train)
    model.best_params_        # 运行结果为: {'C': 10, 'epsilon': 0.01, 'gamma': 0.01}
    model.score(X_test_s, y_test)      # 观察最优模型的拟合优度, 运行结果为 0.7904246091781097
```

（4）径向基函数算法

```
param_grid = {'C': [0.01, 0.1, 1, 10, 50, 100, 150], 'epsilon': [0.01, 0.1, 1, 10],
'gamma': [0.01, 0.1, 1, 10]}
    kfold = KFold(n_splits=10, shuffle=True, random_state=1)
    model = GridSearchCV(SVR(kernel='rbf'), param_grid, cv=kfold)
    model.fit(X_train_s, y_train)
    model.best_params_        # 运行结果为: {'C': 50, 'epsilon': 1, 'gamma': 0.01}
    model.score(X_test_s, y_test)      # 观察最优模型的拟合优度, 运行结果为 0.8542246825624399
```

16.3.4 最优模型拟合效果图形展示

下面，我们以图形的形式将测试样本响应变量原值和预测值进行对比，观察模型拟合效果。在 Spyder 代码编辑区输入以下代码，然后全部选中这些代码并整体运行：

```
pred = model.predict(X_test)        # 对响应变量进行预测
t = np.arange(len(y_test))          # 求得响应变量在测试样本中的个数, 以便绘制图形
plt.plot(t, y_test, 'r-', linewidth=2, label=u'原值')    # 绘制响应变量原值曲线
plt.plot(t, pred, 'g-', linewidth=2, label=u'预测值')    # 绘制响应变量预测曲线
plt.legend(loc='upper right')       # 将图例放在图的右上方
plt.grid()
plt.show()
```

运行结果如图 16.11 所示，可以看到测试样本响应变量原值和预测值拟合较好。

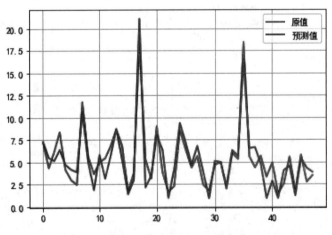

图 16.11 最优模型拟合效果

16.4　二分类支持向量机算法示例

本节主要演示二分类支持向量机算法的实现。

16.4.1　变量设置及数据处理

首先需要将本书提供的数据文件放入安装 Python 的默认路径位置，并从相应位置进行读取。在 Spyder 代码编辑区输入以下代码：

```
data=pd.read_csv('C:/Users/Administrator/.spyder-py3/数据 13.1.csv')  # 读取数据 13.1.csv 文件
```

注意，因用户的具体安装路径不同，设计路径的代码会有差异。成功载入后，"变量管理器"窗口如图 16.12 所示。

名称 △	类型	大小	值
data	DataFrame	(700, 9)	Column names: credit, age, education, workyears, resideyears, income, ...

图 16.12　"变量管理器"窗口

```
X = data.iloc[:,1:]        # 设置特征变量，即 data 数据集中除第一列响应变量 credit 之外的全部变量
y = data.iloc[:,0]         # 设置响应变量，即 data 数据集中第一列响应变量 credit
X_train,X_test,y_train,y_test=train_test_split(X,y,test_size=0.3,stratify=y,random_state=10)
   # 本代码的含义是将样本全集划分为训练样本和测试样本，测试样本占比为 30%；参数 stratify=y 是指依据标签 y，按
原数据 y 中各类比例分配 train 和 test，使得 train 和 test 中各类数据的比例与原数据集一样；random_state=10 的含
义是设置随机数种子为 10，以保证随机抽样的结果可重复
   scaler = StandardScaler()       # 本代码的含义是引入标准化函数，即把变量的原始数据变换成均值为 0、标准差为
1 的标准化数据
   scaler.fit(X_train)        # 基于特征变量的训练样本估计标准化函数
   X_train_s = scaler.transform(X_train)       # 将上一步得到的标准化函数应用到训练样本集
   X_test_s = scaler.transform(X_test)    # 将上一步得到的标准化函数应用到测试样本集
```

16.4.2　二分类支持向量机算法（默认参数）

在 Spyder 代码编辑区依次输入以下代码：

（1）线性核函数算法

```
model = SVC(kernel="linear", random_state=10)  # 使用二分类支持向量机算法构建模型，核函数为线性核
函数
   model.fit(X_train_s, y_train))  # 基于训练样本调用 fit()方法进行拟合
   model.score(X_test_s, y_test)   # 基于测试样本计算模型的分类准确率，运行结果为：
0.8666666666666667
```

（2）多项式核函数算法

```
model = SVC(kernel="poly", degree=2, random_state=10))  # 使用二分类支持向量机算法构建模型，核函
数为多项式核函数，其中 degree 用于设置多项式核的 degree 值，默认为 3
   model.fit(X_train_s, y_train))  # 基于训练样本调用 fit()方法进行拟合
```

```
    model.score(X_test_s, y_test)      # 基于测试样本计算模型的分类准确率，运行结果为：
0.8047619047619048
    model = SVC(kernel="poly", degree=3, random_state=10))   # 使用二分类支持向量机算法构建模型，核函
数为多项式核函数，多项式核的 degree 值设置为 3
    model.fit(X_train_s, y_train))     # 基于训练样本调用 fit() 方法进行拟合
    model.score(X_test_s, y_test)      # 基于测试样本计算模型的分类准确率，运行结果为：
0.8238095238095238，可以发现较多项式核 degree 值设置为 2 时有了一定提升
```

（3）径向基函数算法

```
    model = SVC(kernel="rbf", random_state=10)      # 使用二分类支持向量机算法构建模型，核函数为径向基
函数
    model.fit(X_train_s, y_train))     # 基于训练样本调用 fit() 方法进行拟合
    model.score(X_test_s, y_test)      # 基于测试样本计算模型的分类准确率，运行结果为：
0.8666666666666667
```

（4）sigmoid 核函数算法

```
    model = SVC(kernel="sigmoid",random_state=10)   # 使用二分类支持向量机算法构建模型，核函数为
sigmoid 核函数
    model.fit(X_train_s, y_train))     # 基于训练样本调用 fit() 方法进行拟合
    model.score(X_test_s, y_test)      # 基于测试样本计算模型的分类准确率，运行结果为：
0.8142857142857143
```

16.4.3　通过 10 折交叉验证寻求最优参数

在 Spyder 代码编辑区依次输入以下代码：

（1）线性核函数算法

```
    param_grid = {'C': [0.1, 1, 10], 'gamma': [0.01, 0.1, 1]}     # 按照 C、gamma 的取值范围定义起参
数组合网络
    kfold = StratifiedKFold(n_splits=10, shuffle=True, random_state=1)      # 10 折交叉验证，保持每
折子样本中响应变量各类别数据占比相同，设置随机数种子为 1
    model=GridSearchCV(SVC(kernel="linear",random_state=123),param_grid,cv=kfold)   # 构建回归支
持向量机算法模型，核函数为线性核函数，基于前面创设的参数网络及 10 折交叉验证法，设置随机数种子为 123
    model.fit(X_train_s, y_train)      # 基于训练样本调用 fit() 方法进行拟合，运行结果为：
```

```
GridSearchCV(cv=StratifiedKFold(n_splits=10, random_state=1, shuffle=True),
             estimator=SVC(kernel='linear', random_state=123),
             param_grid={'C': [0.1, 1, 10], 'gamma': [0.01, 0.1, 1]})
```

```
    model.best_params_       # 输出最优超参数，运行结果为：{'C': 0.1, 'gamma': 0.01}
    model.score(X_test_s, y_test)      # 观察最优模型的分类准确率，运行结果为 0.8666666666666667
```

（2）多项式核函数算法

```
    param_grid = {'C': [0.1, 1, 10], 'gamma': [0.01, 0.1, 1]}
    kfold = StratifiedKFold(n_splits=10, shuffle=True, random_state=1)
    model = GridSearchCV(SVC(kernel="rbf", random_state=123), param_grid, cv=kfold)
    model.fit(X_train_s, y_train)
    model.best_params_       # 运行结果为：{'C': 10, 'gamma': 0.1}
    model.score(X_test_s, y_test)      # 观察最优模型的分类准确率，运行结果为 0.8380952380952381
```

（3）径向基函数算法

```
    param_grid = {'C': [0.1, 1, 10], 'gamma': [0.01, 0.1, 1]}
```

```
kfold = KFold(n_splits=10, shuffle=True, random_state=1)
model = GridSearchCV(SVR(kernel='sigmoid'), param_grid, cv=kfold)
model.fit(X_train_s, y_train)
model.best_params_          # 运行结果为：{'C': 10, 'gamma': 0.01}
model.score(X_test_s, y_test)     # 观察最优模型的分类准确率，运行结果为 0.8571428571428571
```

（4）sigmoid 核函数算法

```
param_grid = {'C': [0.1, 1, 10], 'gamma': [0.01, 0.1, 1]}
kfold = StratifiedKFold(n_splits=10, shuffle=True, random_state=1)
model=GridSearchCV(SVC(kernel="sigmoid",random_state=123),param_grid,cv=kfold)
model.fit(X_train_s, y_train)
model.best_params_          # 运行结果为：{'C': 10, 'gamma': 0.01}
model.score(X_test_s, y_test)       # 观察最优模型的分类准确率，运行结果为 0.8714285714285714
```

16.4.4 模型性能评价

在 Spyder 代码编辑区输入以下代码：

```
np.set_printoptions(suppress=True)     # 不以科学记数法显示，而是直接显示数字
pred = model.predict(X_test_s)         # 计算响应变量预测分类类型
pred[:5]        # 显示前 5 个样本的响应变量预测分类类型。运行结果为：array([1, 0, 1, 0, 0],
dtype=int64)，即分别为违约、未违约、违约、未违约、未违约
print(confusion_matrix(y_test, pred))        # 输出测试样本的混淆矩阵。运行结果为：
                                       [[147  12]
                                        [ 15  36]]
```

针对该结果解释如下：实际为未违约客户且预测为未违约客户的样本共有 147 个、实际为未违约客户但预测为违约客户的样本共有 12 个；实际为违约客户且预测为违约客户的样本共有 36 个、实际为违约客户但预测为未违约客户的样本共有 15 个。该结果更直观的表示如表 16.1 所示。

表 16.1 预测分类与实际分类结果

样本		预测分类	
		未违约客户	违约客户
实际分类	未违约客户	147	12
	违约客户	15	36

```
print(classification_report(y_test,pred)))        # 输出详细的预测效果指标，运行结果为：
              precision    recall  f1-score   support

           0       0.91      0.92      0.92       159
           1       0.75      0.71      0.73        51

    accuracy                           0.87       210
   macro avg       0.83      0.82      0.82       210
weighted avg       0.87      0.87      0.87       210
```

说明：

- precision：精度。针对未违约客户的分类正确率为 0.91，针对违约客户的分类正确率为 0.75。
- recall：召回率，即查全率。针对未违约客户的查全率为 0.92，针对违约客户的查全率为

0.71。

- f1-score：f1 得分。针对未违约客户的 f1 得分为 0.92，针对违约客户的 f1 得分为 0.73。
- support：支持样本数。未违约客户支持样本数为 159 个，违约客户支持样本数为 51 个。
- accuracy：正确率，即分类正确样本数/总样本数。模型整体的预测正确率为 0.87。
- macro avg：用每一个类别对应的 precision、recall、f1-score 直接平均。比如针对 recall（召回率），即为（0.92+0.71）/2=0.82。
- weighted avg：用每一类别支持样本数的权重乘对应类别指标。比如针对 recall（召回率），即为（0.92×159+0.71×51）/210=0.87。

```
cohen_kappa_score(y_test, pred)    # 本代码的含义是计算 kappa 得分。运行结果为：0.6432616081540203
```

根据"表 3.2 科恩 kappa 得分与效果对应表"可知，模型的一致性较好。

16.4.5   绘制 ROC 曲线

在 Spyder 代码编辑区输入以下代码，然后全部选中这些代码并整体运行：

```
plt.rcParams['font.sans-serif'] = ['SimHei']    # 解决图表中中文显示的问题
plot_roc_curve(model, X_test_s, y_test)    # 本代码的含义是绘制 ROC 曲线，计算 AUC 值
x = np.linspace(0, 1, 100)
plt.plot(x, x, 'k--', linewidth=1)                # 本代码的含义是在图中增加 45 度黑色虚线，以便观察 ROC 曲
线性能
plt.title('二分类支持向量机算法 ROC 曲线'    # 将标题设置为'二分类支持向量机算法 ROC 曲线'。运行结果如图
16.13 所示
```

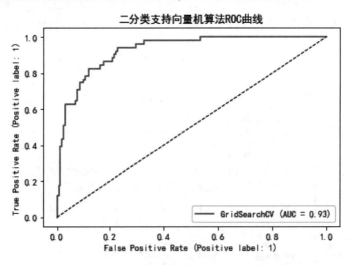

图 16.13   二分类支持向量机算法 ROC 曲线

ROC 曲线离纯机遇线越远，表明模型的辨别力越强。可以发现本例的预测效果还可以。AUC 值为 0.93，远大于 0.5，说明模型具有一定的预测价值。

16.4.6　运用两个特征变量绘制二分类支持向量机算法决策边界图

（1）设置参数 gamma=0.01, C=10

首先在 Spyder 代码编辑区依次输入以下代码：X2=X.iloc[:,[2,5]]　　　　　# 仅选取 workyears、debtratio 作为特征变量

```
scaler = StandardScaler()
X2_s =scaler.fit_transform(X2)
model = SVC(kernel="rbf",gamma=0.01, C=500,random_state=10)
model.fit(X2_s ,y)
model.score(X2_s ,y)     # 计算模型预测准确率，运行结果为：0.8514285714285714
```

然后输入以下代码，在全部选中这些代码并整体运行：

```
plt.rcParams['font.sans-serif'] = ['SimHei']    # 解决图表中中文显示的问题
plt.rcParams['axes.unicode_minus']=False        # 解决图表中负号不显示的问题
plot_decision_regions(np.array(X2_s ), np.array(y), model)
plt.xlabel('debtratio')     # 将 x 轴设置为'debtratio'
plt.ylabel('workyears')     # 将 y 轴设置为'workyears'
plt.title('二分类支持向量机算法决策边界')         # 将标题设置为'二分类支持向量机算法决策边界'，运行结果如
```
图 16.14 所示

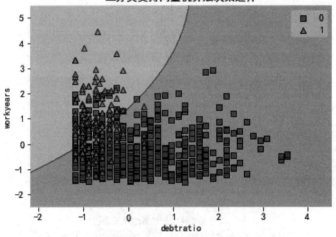

图 16.14　二分类支持向量机算法决策边界

可以发现决策边界为非线性，可以较好地区分两类样本。

（2）设置参数 gamma=0.01, C=50000

我们加大惩罚力度，保持 gamma=0.01，但 C 提升至 50000，输入以下代码：

```
model = SVC(kernel="rbf",gamma=0.01, C=50000,random_state=10)
model.fit(X2_s ,y)
model.score(X2_s ,y)     # 计算模型预测准确率，运行结果为：0.86
```

然后输入以下代码，再全部选中这些代码并整体运行：

```
plot_decision_regions(np.array(X2_s ), np.array(y), model)
plt.xlabel('debtratio')     # 将 x 轴设置为'debtratio'
plt.ylabel('workyears')     # 将 y 轴设置为'workyears'
```

```
plt.title('二分类支持向量机算法决策边界')          # 将标题设置为'二分类支持向量机算法决策边界'，运行结果如
```
图 16.15 所示

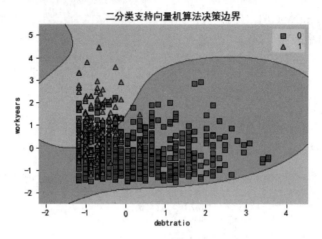

图 16.15　二分类支持向量机算法决策边界

不难发现决策边界发生了较大的扭曲，这是过拟合的一种典型表现。

（3）设置参数 gamma=0.01, C=0.5

我们削弱惩罚力度，保持 gamma=0.01，但 C 降低至 0.5，输入以下代码：

```
model = SVC(kernel="rbf",gamma=0.01, C=0.5,random_state=10)
model.fit(X2_s ,y)
model.score(X2_s ,y)          # 计算模型预测准确率，运行结果为: 0.8185714285714286
```

然后输入以下代码，再全部选中这些代码并整体运行：

```
plot_decision_regions(np.array(X2_s ), np.array(y), model)
plt.xlabel('debtratio')          # 将 x 轴设置为'debtratio'
plt.ylabel('workyears')          # 将 y 轴设置为'workyears'
plt.title('二分类支持向量机算法决策边界')          # 将标题设置为'二分类支持向量机算法决策边界'，运行结果如
```
图 16.16 所示

图 16.16　二分类支持向量机算法决策边界

不难发现决策边界过于光滑，没能很好地区分两类样本，这是欠拟合的一种典型表现。

（4）设置参数 gamma=10, C=10

改变参数 gamma 和 C 的值，重新测试。首先在 Spyder 代码区输入以下代码：

```
X2=X.iloc[:,[2,5]]          # 仅选取 workyears、debtratio 作为特征变量
scaler = StandardScaler()
X2_s =scaler.fit_transform(X2)
model = SVC(kernel="rbf",gamma=10, C=10,random_state=10)
model.fit(X2_s ,y)
model.score(X2_s ,y)        # 计算模型预测准确率，运行结果为：0.8885714285714286
```

然后输入以下代码，再全部选中这些代码并整体运行：

```
plt.rcParams['font.sans-serif'] = ['SimHei']    # 解决图表中中文显示的问题
plt.rcParams['axes.unicode_minus']=False        # 解决图表中负号不显示的问题
plot_decision_regions(np.array(X2_s ), np.array(y), model)
plt.xlabel('debtratio')     # 将 x 轴设置为'debtratio'
plt.ylabel('workyears')     # 将 y 轴设置为'workyears'
plt.title('二分类支持向量机算法决策边界')          # 将标题设置为'二分类支持向量机算法决策边界'，运行结果如
图 16.17 所示
```

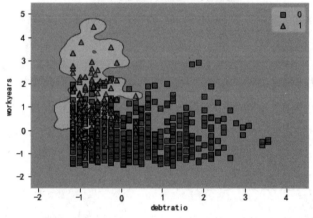

图 16.17　二分类支持向量机算法决策边界不难发现决策边界发生了较大的扭曲，这是过拟合的一种典型表现。

（5）设置参数 gamma=0.001, C=10

保持 C 不变，将 gamma 降低于 0.001，输入以下代码：

```
X2=X.iloc[:,[2,5]]          # 仅选取 workyears、debtratio 作为特征变量
scaler = StandardScaler()
X2_s =scaler.fit_transform(X2)
model = SVC(kernel="rbf",gamma=0.001, C=10,random_state=10)
model.fit(X2_s ,y)
model.score(X2_s ,y)        # 计算模型预测准确率，运行结果为：0.8471428571428572
```

然后输入以下代码并同时选中运行：

```
plt.rcParams['font.sans-serif'] = ['SimHei']    # 解决图表中中文显示的问题
plt.rcParams['axes.unicode_minus']=False        # 解决图表中负号不显示的问题
plot_decision_regions(np.array(X2_s ), np.array(y), model)
plt.xlabel('debtratio')     # 将 x 轴设置为'debtratio'
```

```
plt.ylabel('workyears')      # 将 y 轴设置为'workyears'
plt.title('二分类支持向量机算法决策边界')      # 将标题设置为'二分类支持向量机算法决策边界'，运行结果如
图 16.18 所示
```

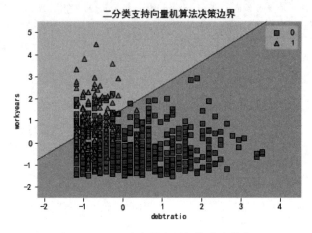

图 16.18　二分类支持向量机算法决策边界

不难发现决策边界过于光滑，没能很好地区分两类样本，这是欠拟合的一种典型表现。

16.5　多分类支持向量机算法示例

本节主要演示多分类支持向量机算法的实现。

16.5.1　变量设置及数据处理

首先需要将本书提供的数据文件放入安装 Python 的默认路径位置，并从相应位置进行读取。在 Spyder 代码编辑区输入以下代码：

```
data=pd.read_csv('C:/Users/Administrator/.spyder-py3/数据 15.2.csv')   # 读取数据 15.2.csv 文件
```

注意，因用户的具体安装路径不同，设计路径的代码会有差异。成功载入后，"变量管理器"窗口如图 16.19 所示。

名称	类型	大小	值
data	DataFrame	(1016, 10)	Column names:…

图 16.19　"变量管理器"窗口

```
X = data.iloc[:,1:]      # 设置特征变量，即 data 数据集中除第一列响应变量 grade 之外的全部变量
y = data.iloc[:,0]       # 设置响应变量，即 data 数据集中第一列响应变量 grade
X_train,X_test,y_train,y_test=train_test_split(X,y,test_size=0.3,stratify=y,random_state=
10)  # 本代码的含义是将样本全集划分为训练样本和测试样本，测试样本占比为 30%；参数 stratify=y 是指依据标签 y，按
原数据 y 中各类比例分配 train 和 test，使得 train 和 test 中各类数据的比例与原数据集一样；random_state=10 的含
义是设置随机数种子为 10，以保证随机抽样的结果可重复
scaler = StandardScaler()    # 本代码的含义是引入标准化函数，即把变量的原始数据变换成均值为 0、标准差为
```

1 的标准化数据

```
scaler.fit(X_train)               # 基于特征变量的训练样本估计标准化函数
X_train_s = scaler.transform(X_train)       # 将上一步得到的标准化函数应用到训练样本集
X_test_s = scaler.transform(X_test)         # 将上一步得到的标准化函数应用到测试样本集
```

16.5.2　多分类支持向量机算法（一对一）

在 Spyder 代码编辑区输入以下代码：

```
classifier=svm.SVC(C=1000,kernel='rbf',gamma='scale',decision_function_shape='ovo')
# 构建多分类支持向量机算法模型，C 设置为1000，核函数为径向基函数，gamma 是径向基函数为 rbf、poly 和
Sigmoid 时的内核系数，取值可选 scale 和 auto，默认是 scale，此时 gamma 取值为1 / (n_features * X.var())，
当取值为 'auto' 时，gamma 取值为1 / n_features；decision_function_shape 用于设置多分类的形式，ovr 表示一
对多策略，ovo 表示一对一，默认为 ovr（一对多）策略
classifier.fit(X_train_s,y_train)     # 基于训练样本使用已构建模型进行拟合
print("训练集: ",classifier.score(X_train_s,y_train))    # 计算 svc 分类器对训练集的准确率，运行
结果为："训练集: 0.9943741209563994"
print("测试集: ", classifier.score(X_test, y_test))       # 计算 svc 分类器对测试集的准确率，运行
结果为："测试集: 0.8295081967213115"
print('train_decision_function:\n', classifier.decision_function(X_train_s))    # 查看内部决
策函数，返回的是样本到超平面的距离，运行结果为：
```

```
train_decision_function:
[[ 2.76779231  1.00016613 -1.70640029]
 [ 2.07921415  4.31941274  1.9591272 ]
 [ 4.41987189  2.28190363  1.24563159]
 ...
 [ 0.99990586  0.99978882  2.12481135]
 [ 2.95639139  1.22482565  1.61553926]
 [-1.06357068  2.23879766  1.45197512]]
```

```
print('predict_result:\n', classifier.predict(X_train_s))    # 查看预测结果，运行结果为：
[1 1 1 2 3 3 1 1 1 1 3 2 3 1 2 1 2 3 1 3 1 3 2 3 2 1 1 1 2 1 2 2 3
 1 2 1 3 1 2 3 3 1 1 2 2 3 3 1 3 2 2 1 3 3 2 1 1 1 1 2 2 1 2 3 2 2 3 1 3 3
 ......................................................................
 1 1 1 2 3 1 3 1 2 2 1 1 2 1 1 1 3 1 2 3 2 1 1 2 3 2 1 2 2 1 3 1 2
 1 3 2 1 1 1 1 2]
```

下面运用两个特征变量绘制多分类支持向量机算法决策边界图，输入以下代码：

```
X2 = X.iloc[:, [3,5]]    # 仅选取 income、consume 作为特征变量
X2_s =scaler.fit_transform(X2)    # 对 X2 变量进行标准化处理
model = SVC(kernel="rbf",C=10,random_state=10)
model.fit(X2_s ,y)
model.score(X2_s ,y)    # 运行结果为：0.8553149606299213
```

然后输入以下代码并同时选中运行：

```
plt.rcParams['font.sans-serif'] = ['SimHei']    # 解决图表中中文显示的问题
plt.rcParams['axes.unicode_minus']=False         # 解决图表中负号不显示的问题
plot_decision_regions(np.array(X2_s ), np.array(y), model)
plt.xlabel('income')    # 将 x 轴设置为'income'
plt.ylabel('consume')   # 将 y 轴设置为'consume'
plt.title('多分类支持向量机算法决策边界')    # 将标题设置为'多分类支持向量机算法决策边界'，运行结果如图16.20 所
示
```

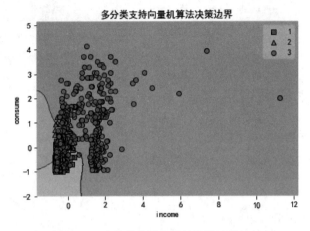

图 16.20   多分类支持向量机算法决策边界

从图 16.20 中可以发现，多分类支持向量机将样本按照 3 个类别（第 1 类正方形、第 2 类三角形、第 3 类圆形）划分到了 3 个区域（右侧大片区域、左侧中部区域、左下角区域），其中第 1 类正方形主要位于左下角区域，第 2 类三角形主要位于左侧中部区域，第 3 类圆形主要位于右侧大片区域，划分效果尚可。

16.5.3　多分类支持向量机算法（默认参数）

在 Spyder 代码编辑区依次输入以下代码：

（1）线性核函数算法

```
    model = SVC(kernel="linear", random_state=123)        # 使用多分类支持向量机算法构建模型，核函数为
线性核函数
    model.fit(X_train_s, y_train))    # 基于训练样本调用 fit()方法进行拟合
    model.score(X_test_s, y_test)      # 基于测试样本计算模型的分类准确率，运行结果为：
0.8754098360655738
```

（2）多项式核函数算法

```
    model = SVC(kernel="poly", degree=2, random_state=123)    # 使用多分类支持向量机算法构建模型，核函
数为多项式核函数，其中 degree 用于设置多项式核的 degree 值，默认为 3
    model.fit(X_train_s, y_train))    # 基于训练样本调用 fit()方法进行拟合
    model.score(X_test_s, y_test)      # 基于测试样本计算模型的分类准确率，运行结果为：
0.760655737704918
    model = SVC(kernel="poly", degree=3, random_state=123))    # 使用多分类支持向量机算法构建模型，核
数为多项式核函数，多项式核的 degree 值设置为 3
    model.fit(X_train_s, y_train))    # 基于训练样本调用 fit()方法进行拟合
    model.score(X_test_s, y_test)      # 基于测试样本计算模型的分类准确率，运行结果为：
0.8295081967213115,可以发现相对多项式核 degree 值设置为 2 时有了一定提升
```

（3）径向基函数算法

```
    model = SVC(kernel="rbf", random_state=123)         # 使用多分类支持向量机算法构建模型，核函数为径向基
函数
    model.fit(X_train_s, y_train))    # 基于训练样本调用 fit()方法进行拟合
    model.score(X_test_s, y_test)      # 基于测试样本计算模型的分类准确率，运行结果为：
```

```
0.8524590163934426
```

（4）sigmoid 核函数算法

```
model = SVC(kernel="sigmoid",random_state=123)        # 使用多分类支持向量机算法构建模型, 核函数为
sigmoid 核函数
    model.fit(X_train_s, y_train))    # 基于训练样本调用 fit()方法进行拟合
    model.score(X_test_s, y_test)     # 基于测试样本计算模型的分类准确率, 运行结果为:
0.7770491803278688
```

16.5.4　通过 10 折交叉验证寻求最优参数

在 Spyder 代码编辑区依次输入以下代码:

（1）线性核函数算法

```
param_grid = {'C': [0.001, 0.01, 0.1, 1, 10], 'gamma': [0.001, 0.01, 0.1, 1, 10]}
# 按照 C、gamma 的取值范围定义超参数组合网络
kfold = StratifiedKFold(n_splits=10, shuffle=True, random_state=1)       # 10 折交叉验证, 保持每
折子样本中响应变量各类别数据占比相同, 设置随机数种子为 1
    model=GridSearchCV(SVC(kernel='linear',random_state=123),param_grid,cv=kfold)   # 构建回归支
持向量机算法模型, 核函数为线性核函数, 基于前面创设的参数网络及 10 折交叉验证法, 设置随机数种子为 123
    model.fit(X_train_s, y_train)    # 基于训练样本调用 fit()方法进行拟合, 运行结果为:
```

```
GridSearchCV(cv=StratifiedKFold(n_splits=10, random_state=1, shuffle=True),
             estimator=SVC(kernel='linear', random_state=123),
             param_grid={'C': [0.001, 0.01, 0.1, 1, 10],
                         'gamma': [0.001, 0.01, 0.1, 1, 10]})
```

```
model.best_params_        # 输出最优超参数, 运行结果为: {'C': 10, 'gamma': 0.001}
model.score(X_test_s, y_test)    # 观察最优模型的分类准确率, 运行结果为 0.8688524590163934
```

（2）多项式核函数算法

```
param_grid = {'C': [0.001, 0.01, 0.1, 1, 10], 'gamma': [0.001, 0.01, 0.1, 1, 10]}
kfold = StratifiedKFold(n_splits=10, shuffle=True, random_state=1)
model = GridSearchCV(SVC(kernel='poly',random_state=123), param_grid, cv=kfold)
model.fit(X_train_s, y_train)
model.best_params_        # 运行结果为: {'C': 0.1, 'gamma': 1}
model.score(X_test_s, y_test)     # 观察最优模型的分类准确率, 运行结果为 0.8163934426229508
```

（3）径向基函数算法

```
param_grid = {'C': [0.001, 0.01, 0.1, 1, 10], 'gamma': [0.001, 0.01, 0.1, 1, 10]}
kfold = StratifiedKFold(n_splits=10, shuffle=True, random_state=1)
model = GridSearchCV(SVC(kernel='rbf',random_state=123), param_grid, cv=kfold)
model.fit(X_train_s, y_train)
model.best_params_        # 运行结果为: {'C': 10, 'gamma': 0.1}
model.score(X_test_s, y_test)     # 观察最优模型的分类准确率, 运行结果为 0.8491803278688524
```

（4）sigmoid 核函数算法

```
param_grid = {'C': [0.001, 0.01, 0.1, 1, 10], 'gamma': [0.001, 0.01, 0.1, 1, 10]}
kfold = StratifiedKFold(n_splits=10, shuffle=True, random_state=1)
model=GridSearchCV(SVC(kernel='sigmoid',random_state=123),param_grid,cv=kfold)
model.fit(X_train_s, y_train)
model.best_params_        # 运行结果为: {'C': 10, 'gamma': 0.01}
model.score(X_test_s, y_test)     # 观察最优模型的分类准确率, 运行结果为 0.8819672131147541
```

16.5.5　模型性能评价

在 Spyder 代码编辑区输入以下代码：

```
np.set_printoptions(suppress=True)    # 不以科学记数法显示，而是直接显示数字
pred = model.predict(X_test)     # 计算响应变量预测分类类型
pred[:5]        # 显示前 5 个样本的响应变量预测分类类型。运行结果为: array([2, 2, 2, 2, 2],
dtype=int64)，即全部为第 2 类
print(confusion_matrix(y_test, pred)) # 输出测试样本的混淆矩阵。运行结果为:
                         [[110   3   0]
                          [  4  77   1]
                          [ 15  13  82]]
```

针对该结果解释如下：实际为初级会员且预测为初级会员的样本共有 110 个、实际为初级会员但预测为中级会员的样本共有 3 个、实际为初级会员但预测为高级会员的样本共有 0 个；实际为中级会员但预测为中级会员的样本共有 77 个、实际为中级会员但预测为初级会员的样本共有 4 个、实际为中级会员但预测为高级会员的样本共有 1 个；实际为高级会员且预测为高级会员的样本共有 82 个、实际为高级会员但预测为初级会员的样本共有 15 个、实际为高级会员但预测为中级会员的样本共有 13 个。该结果更直观的表示如表 16.2 所示。

表 16.2　预测分类和实际分类的结果

样本		预测分类		
		初级会员	中级会员	高级会员
实际分类	初级会员	110	3	0
	中级会员	4	77	1
	高级会员	15	13	82

```
sns.heatmap(confusion_matrix(y_test, pred),cmap='Blues', annot=True)
plt.tight_layout()      # 输出混淆矩阵热力图, cmap='Blues' 表示使用蓝色系, annot=True 表示在格子上
显示数字。运行结果如图 16.21 所示
```

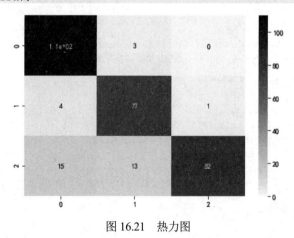

图 16.21　热力图

热力图的右侧是颜色带，代表了数值到颜色的映射，数值由小到大对应颜色由浅到深。

```
print(classification_report(y_test, pred))        # 输出详细的预测效果指标，运行结果为:
```

	precision	recall	f1-score	support
1	0.85	0.97	0.91	113
2	0.83	0.94	0.88	82
3	0.99	0.75	0.85	110
accuracy			0.88	305
macro avg	0.89	0.89	0.88	305
weighted avg	0.89	0.88	0.88	305

说明：

- precision：精度。针对初级会员、中级会员、高级会员的分类正确率分别为 0.85、0.83、0.99。
- recall：召回率，即查全率。针对初级会员的查全率为 0.97，针对中级会员的查全率为 0.94，针对高级会员的查全率为 0.75。
- f1-score：f1 得分。针对初级会员的 f1 得分为 0.91，针对中级会员的 f1 得分为 0.88，针对高级会员的 f1 得分为 0.85。
- support：支持样本数。初级会员支持样本数为 113 个，中级会员支持样本数为 82 个，高级会员支持样本数为 110 个。
- accuracy：正确率，即分类正确样本数/总样本数。模型整体的预测正确率为 0.88。
- macro avg：用每一个类别对应的 precision、recall、f1-score 直接平均。比如针对 recall（召回率），即为（0.97+0.94+0.75）/ 3 = 0.95。
- weighted avg：用每一类别支持样本数的权重乘对应类别指标。比如针对 recall（召回率），即为（0.97×113+0.94×82+0.75×110）/ 305 = 0.95。

```
cohen_kappa_score(y_test, pred)        # 本代码的含义是计算 kappa 得分。运行结果为：
0.8220190624392142。模型一致性很好
```

16.6　习　题

1. 使用"数据 15.3"文件中的数据，以 pe 为响应变量，以 roe、debt、assetturnover、rdgrow、roic、rop、netincomeprofit、quickratio、incomegrow、netprofitgrow、cashflowgrow 为特征变量，使用回归支持向量机算法进行拟合。完成以下操作：

（1）变量设置及数据处理。
（2）回归支持向量机算法（默认参数）。
（3）通过 K 折交叉验证寻求最优参数。
（4）最优模型拟合效果图形展示。

2. 使用"数据 5.1"文件中的数据，以 V1（征信违约记录）为响应变量，以 V2（资产负债率）、V6（主营业务收入）、V7（利息保障倍数）、V16（银行负债）、V9（其他渠道负债）为特征变量，构建二分类支持向量机算法模型。完成以下操作：

（1）变量设置及数据处理。

（2）二分类支持向量机算法（默认参数）。

（3）通过 10 折交叉验证寻求最优参数。

（4）模型性能评价。

（5）绘制 ROC 曲线。

（6）运用两个特征变量绘制二分类支持向量机算法决策边界图。

3. 使用"数据 6.1"文件中的数据，以 V1（收入档次）为响应变量，以 V2（工作年限）、V3（绩效考核得分）和 V4（违规操作积分）为特征变量，使用多分类支持向量机算法进行拟合。完成以下操作：

（1）变量设置及数据处理。

（2）多分类支持向量机算法（一对一）。

（3）多分类支持向量机算法（默认参数）。

（4）通过 10 折交叉验证寻求最优参数。

（5）模型性能评价。

第 17 章

神经网络算法

神经网络算法是一种监督式学习算法,可用于解决分类问题或回归问题,最大特色是对模型结构和假设施加最小需求,可以接近各种统计模型,并不需要先假设响应变量和特征变量间的特定关系,响应变量和特征变量之间的特定关系在学习过程中确定。这一优势使得神经网络算法应用非常广泛,成为当前流行的机器学习算法之一,比如将神经网络算法应用到商业银行授信客户的信用风险评估中,给授信客户评分以获取他拟违约的概率,从而判断新授信或续授信业务风险;将神经网络算法应用到房地产客户电话营销中,用于预测对电话营销做出响应的概率,从而更加合理地配置营销资源;将神经网络算法应用到制造业中,用于预测目标客户群体的购买需求,从而可以制定针对性的生产策略,以合理控制成本。本章我们讲解神经网络算法的基本原理,并结合具体实例讲解该算法在 Python 中解决分类问题和回归问题的实现与应用。

17.1 神经网络算法的基本原理

本节主要介绍神经网络算法的基本原理。

17.1.1 神经网络算法的基本思想

神经网络算法的基本思想是对人脑神经网络进行抽象,通过模拟人脑神经网络的连接机制来建立算法模型,实现机器学习。

在人脑神经网络中,最为基本的单位是神经元(也称神经细胞),如图 17.1 所示(图片来源于网络),神经元左侧有很多树突,树突接收来自其他神经元的信号,树突的分支上有树突小芽,与其他神经元的神经末梢形成突触。

一个典型的神经元通过左侧的众多树突从其他神经元的突触获得信号,然后细胞体针对获得的一系列信号进行加权计算,如果计算结果超过了兴奋阈值,那么该神经元就会兴奋起来,并且通过轴突、神经末梢与下一个神经元突触完成信号传递。

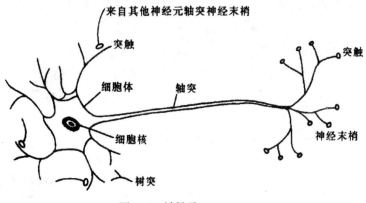

图 17.1   神经元

受人脑神经网络的启发，Warren McCulloch 和 Walter Pitts 于 1943 年提出了 MP 神经元模型，MP 神经元模型与前述神经元的信号传递逻辑一致，基本思路如图 17.2 所示。

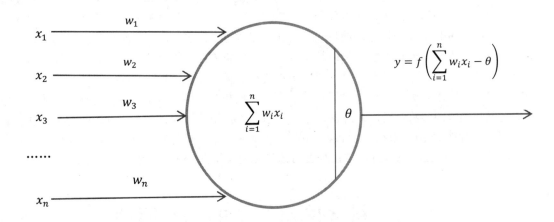

图 17.2   MP 神经元模型

MP 神经元模型从左侧接收来自 x_i 的信号，每个 x_i 的信号权重为 w_i，从而得到的信号值为 $\sum_{i=1}^{n} w_i x_i$，如果 $\sum_{i=1}^{n} w_i x_i$ 能够大于阈值 θ，意味着接收到的信号突破了兴奋阈值 θ 的屏障，从而可以向下一个神经元进行传递；如果 $\sum_{i=1}^{n} w_i x_i$ 小于或等于阈值 θ，意味着接收到的信号无法突破兴奋阈值 θ 的屏障，从而信号被抑制，无法继续向下一个神经元进行传递。

$$y = f\left(\sum_{i=1}^{n} w_i x_i - \theta\right) = \begin{cases} 1 & if \sum_{i=1}^{n} w_i x_i > \theta \\ 0 & if \sum_{i=1}^{n} w_i x_i \leq \theta \end{cases}$$

其中函数 $f()$ 被称为神经元激活函数，阈值 θ 也被称为偏置。上述 MP 神经元是基本模型，把很多个这样的神经元连接起来，就生成了神经网络。从上面所述可以看出，仿真模拟人脑神经网络只是 MP 神经元模型的直观解释，MP 神经元模型实质上就是包含多个参数的数学模型。但需要特别说明的是，MP 神经元模型不具备学习能力，在 MP 神经元模型中，w_i 和的 θ 值只能人为指定而无法通过模型训练获得。

17.1.2　感知机

感知机（Perceptron Linear Algorithm，PLA）由 Fran Rosenblatt 于 1957 年提出。感知机算法使得 MP 神经元模型具备了学习能力，因此它也被视为神经网络（深度学习）的起源算法。该算法的基本特点是模型由两层神经元构成，分别是输入层和输出层，但没有隐藏层，其中输入层为接收外部信号的层，输出层为 MP 神经元模型，如图 17.3 所示。

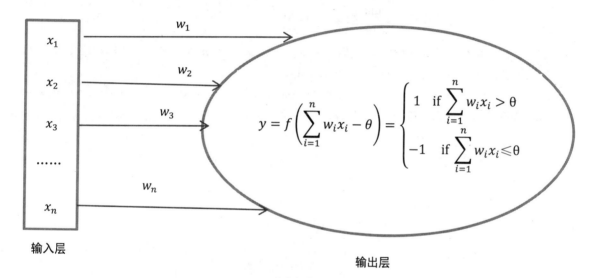

图 17.3　感知机模型

在感知机模型中，输入层为特征变量 x，x_i 为特征变量 x 对应于第 i 个输入神经元的分量，输出层为响应变量 y。

考虑一个二分类问题，假定响应变量 y 的取值只有 1 和 -1，在感知机模型中，如果 $\sum_{i=1}^{n} w_i x_i > \theta$，则感知机模型将响应变量 y 预测为 1；如果 $\sum_{i=1}^{n} w_i x_i < \theta$，则感知机模型将响应变量 y 预测为 -1；如果 $\sum_{i=1}^{n} w_i x_i = \theta$，则感知机模型将对响应变量 y 进行随机预测。

在上述规则下，如果 $y\left(\sum_{i=1}^{n} w_i x_i - \theta\right) > 0$，也就是说在下述两种情形中感知机预测为准确：

$$\begin{cases} \left(\sum_{i=1}^{n} w_i x_i - \theta\right) > 0 \text{且} y > 0 & \text{此时响应变量的预测值取值为1，且实际值为1。} \\ \left(\sum_{i=1}^{n} w_i x_i - \theta\right) < 0 \text{且} y < 0 & \text{此时响应变量的预测值取值为-1，且实际值为-1。} \end{cases}$$

如果 $y(\sum_{i=1}^{n} w_i x_i - \theta) < 0$ ，也就是说在下述两种情形中感知机预测为错误：

$$\begin{cases} \left(\sum_{i=1}^{n} w_i x_i - \theta\right) > 0 且 y < 0 & \text{此时响应变量的预测值取值为1，但实际值为-1。} \\ \left(\sum_{i=1}^{n} w_i x_i - \theta\right) < 0 且 y > 0 & \text{此时响应变量的预测值取值为-1，但实际值为1。} \end{cases}$$

感知机模型的基本思想是通过参数 w_i 和 θ 的充分调整，使得模型的错误分类为最少。从数学公式的角度看，就是要满足以下损失函数：

$$\underset{w,\theta}{\arg\min} \, L(w,\theta) = -\sum_{j=1}^{m}\left[\left(\sum_{i=1}^{n} w_i x_i - \theta\right) \times y_j\right]$$

其中，假定特征变量 x 输入神经元的分量从 $i=1,\ldots,n$ 合计 n 个，分类错误的响应变量 y 从 $j=1,\ldots,m$ 合计 m 个，w 为权重向量 $(w_1, w_2, \ldots, w_n)$。

我们在第 15 章中讲到，在求解约束优化问题时，梯度下降是最常采用的方法之一。损失函数的负梯度其实就是损失函数的导数的负数，数学公式为：

$$-g(x) = -\left\{\frac{\partial L(y, F(x))}{\partial F(x)}\right\}$$

上述最优化函数的负梯度即为：

$$\begin{cases} -\dfrac{\partial L(w,\theta)}{\partial w} = \sum_{j=1}^{m}\sum_{i=1}^{n} x_i y_j \\ -\dfrac{\partial L(w,\theta)}{\partial \theta} = \sum_{j=1}^{m} y_j \end{cases}$$

感知机模型沿着损失函数负梯度方向迭代，使得损失函数越来越小，具体学习规则为：

$$\begin{cases} w \leftarrow w + \eta \sum_{j=1}^{m}\sum_{i=1}^{n} x_i y_j \\ \theta \leftarrow \theta + \eta \sum_{j=1}^{m} y_j \end{cases}$$

其中，η 为学习率，取值范围为(0,1)，设置为一个较小的正数。因为我们仅考虑分类错误的响应变量，所以当样本分类正确时，参数 w,θ 将不作调整；而针对分类错误的样本，在感知机训练的过程中，会根据错误的程度进行参数调整，通过参数 w,θ 的不断迭代使得分类超平面不断向错误分类的样本观测值移动，从而让模型偏差越来越小，直至实现正确分类。

不难发现，对于感知机模型而言，只有输出层通过神经元激活函数进行了实质性的数据处理，所以这也决定了其学习能力非常有限。如果数据集是线性可分的，或者说存在一个线性超平面将数据有效分离（当然这一超平面并不唯一），那么可以证明感知机一定会收敛，进而可以通过学习来求得参数 w 和 θ，但不能忽视的是，参数 w 和 θ 的初始值不同，得到的超平面也就会不同，无法确保所得到的超平面为最优超平面。而如果数据集无法做到线性可分，或者说无法找到一个线性超平面将数据有效分离，那么感知机将无法实现收敛，也就无法实现算法。感知机算法仅对线性可分数据有效，其决策边界（也就是前面提到的分离超平面），为线性函数，无法解决非线性决策边界问题。

　　比如针对逻辑运算，"和""或"以及"非"均为线性可分问题，感知机模型都可以较好地解决。其中"和"问题如图 17.4 所示，x_1、x_2 为参与逻辑运算的两个变量，分别位于纵轴和横轴，两个变量都是取值为 0 时表示为假，取值为 1 时表示为真。在"和"问题中，只有 x_1、x_2 两个值均取值为 1（均取真）时，其合并结果才为真，其他情形均为假。虚线为分离超平面，可以发现虚线左侧的点均为"假"（×号区域），右侧的点均为"真"（√号区域）。

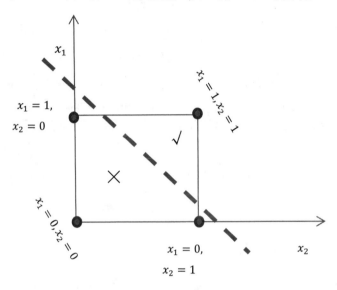

图 17.4　"和"线性可分问题

　　感知机模型也可以较好地解决逻辑运算中的"或"问题。在"或"问题中，只要 x_1、x_2 两个值中有一个取值为 1（取真）时，其合并结果就为真，只有两个值均取值为 0（取假）时才为假。如图 17.5 所示，虚线左侧的点均为"假"（×号区域），右侧的点均为"真"（√号区域）。

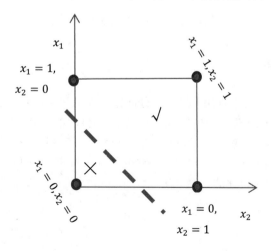

图 17.5　"或"线性可分问题

感知机模型也可以较好地解决逻辑运算中的"非"问题，针对变量 x_1，如果其取值为真，则其"非"运算为假，反之则为真。如图 17.6 所示，虚线左侧的点均为"假"（×号区域），右侧的点均为"真"（√号区域）。

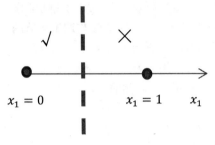

图 17.6   "非"线性可分问题

而逻辑运算中的"异或"问题是一种非线性可分问题，感知机模型就不能够解决。如果 x_1、x_2 两个值不相同，则异或结果为 1；如果 x_1、x_2 两个值相同，异或结果为 0。如图 17.7 所示，无法通过一条虚线（分离超平面）将×号区域和√号区域分开，无法达到分类目的。

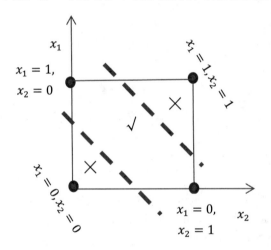

图 17.7   "异或"非线性可分问题

17.1.3   多层感知机

前面我们提到，感知机无法解决非线性可分问题，为了解决这一问题，我们需要将两层神经元扩展至更多层，也就是说在感知机的输入层和输出层之间加入隐藏层，隐藏层与输出层一样，都可以通过神经元激活函数进行实质性数据处理。一个包含隐藏层的神经网络如图 17.8 所示（图片来源：《SPSS 统计分析商用建模与综合案例精解》（杨维忠、张甜著，清华大学出版社）第 4 章 商业银行授信客户信用风险评估）。

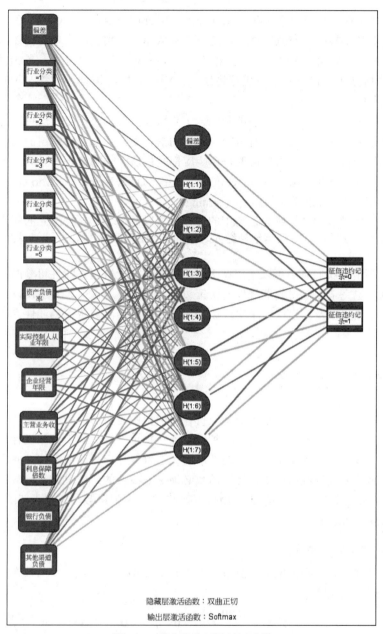

图 17.8　包含隐藏层的神经网络

　　该神经网络最左侧为输入层，包括"行业分类""资产负债率""实际控制人从业年限""企业经营年限""主营业务收入""利息保障倍数""银行负债""其他渠道负债"等特征变量，不包括激活函数；中间为隐藏层，包含无法观察的节点或单元，每个隐藏单元的值都是输入层中特征变量的激活函数，函数的确切形式部分取决于具体的神经网络类型，本例中激活函数为双曲正切函数；右侧为输出层响应变量"征信违约记录"，每个响应都是隐藏层的激活函数，本例中激活函数为 Softmax 函数。

　　在该神经网络中，从第一层开始，除最后一层外，每一层的神经元均与下一层的所有神经元产生联系，而同层神经元之间均没有产生联系，也不存在神经元之间的跨层联系，这种典型的神经网络被称为是"全连接神经网络（Fully Connected Neural Network，FCNN）"，而从数据流动方向来看，由于整体上数据从左到右逐层传递，信号从输入层到输出层单向传播，因此也被称为"多层前馈神经网络（Multilayer Feedforward Neural Network）"，由于多层前馈网络的训练经常采用误差反向传播算法（17.1.5 节将进行讲解），因此多层前馈神经网络又被称为 BP（Back Propagation）神经网络。

需要特别说明的是，多层感知机指的是包含了隐藏层的感知机，隐藏层可以有许多层，或者说隐藏层个数可以大于或等于 1，在有多个隐藏层的情况下，下一个隐藏层的每个单元都是上一个隐藏层单元的激活函数，最后输出层的每个响应都是最后一个隐藏层单元的一个函数。如果神经网络的隐藏层很多，那么它就被称为"深度神经网络（Deep Neural Networks，DNN）"，对深度神经网络的训练就是"深度学习（Deep Learning）"。

神经网络中的模型参数是神经元模型中的连接权重以及每个功能神经元的阈值，神经网络算法的本质就是基于训练样本，不断调整神经元之间的连接权重和阈值，即通过持续优化参数 w 和 θ 来实现的。

在多层感知机中，我们完全可以不用像感知机模型那样受数据集线性可分的约束，不仅可以解决非线性问题，也完全可以得到非线性的决策边界，这一点通过引入两个及以上非线性的激活函数（至少一个隐藏层以及输出层）来实现。如果引入的激活函数依旧为线性，也能得到非线性的决策边界。

17.1.4 神经元激活函数

无论是何种神经网络算法，其能够有效发挥作用的根由是激活函数的存在。如果我们没有设置激活函数，那么神经网络的各层只会根据神经元连接权重参数和阈值参数进行线性变化，即使设置再多隐藏层，线性变换的结果仍然是线性，而无法解决任何复杂的非线性问题。为了能够处理非线性问题，就需要设置激活函数，激活函数必须是非线性的，通过激活函数的非线性变换达到解决复杂学习问题的目的。常用的神经元激活函数包括：S 型函数、双曲正切函数、ReLU 函数、泄露 ReLU 函数和软加函数。

1. S 型函数（sigmoid 函数）

在 17.1.2 节所述的感知机模型中，使用的激活函数为阶跃函数 sgn()，其数学公式为：

$$\text{sgn}(x) = \begin{cases} 1 & if\ x \geq 0 \\ 0 & if\ x < 0 \end{cases}$$

即当输入值达到阈值时取值为 1，达不到阈值时取值为 0（虽然讲解感知机时定义的是 y 取值为 1 或-1，但原理与此处的 1、0 二元取值完全相同），如图 17.9 所示。这一函数虽然较为理想，但是不连续、不光滑，无法实现连续可导，在求解时会遇到较大的障碍。

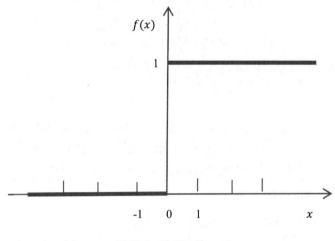

图 17.9　阶跃函数 sgn()

所以在实务中不使用阶跃函数，而是使用 S 型函数、双曲正切函数、ReLU 函数、泄露 ReLU 函数和软加函数。广义的 S 型函数不是某一个函数，而是指某一类形如 "S" 的函数都可以称为 S 型函数。S 型函数的典型代表是逻辑函数 sigmoid()，它也被称为狭义的 S 型函数，其数学公式为：

$$\text{sigmoid}(x) = \frac{1}{1 + e^{-x}}$$

S 型函数也被称为挤压函数，较大范围区间取值的输入值可以通过 S 型函数（sigmoid 函数）进行压缩，将 x 值转换为接近 0 或 1 的值，使得输出值在(0，1)范围内。S 型函数输入值在 $x=0$ 附近变化很陡峭，近似为线性，但是当输入值在两端时则对其进行显著挤压，右端的输入值被压缩到接近于 1（但小于 1），左端的输入值为压缩到接近于 0（但大于 0），如图 17.10 所示。

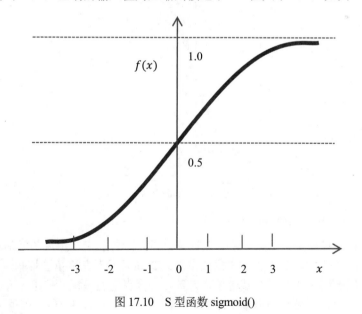

图 17.10　S 型函数 sigmoid()

sigmoid 函数虽然具有连续可导的优点，但也有一定的弊端。sigmoid 函数在定义域内两侧的导数逐渐趋近于 0，是一种双向软饱和激活函数（如果函数自变量 x 的变动引起的函数值 $f(x)$ 的变动很小，那么就称之为饱和）。当输入值靠近两端时，大的输入值的改变对应了小的输出值的改变，输出值的梯度较大（稍微改变即可），而输入值的梯度较小（较大改变才行），随着层数的增多，反向传递（从输出层到输入层）的残差梯度会越来越小，从数学上即表现为 sigmoid 函数的导数趋近于 0，也就是说出现了梯度消失（Vanishing Gradient）的问题，使得 BP 算法（即误差反向传播算法）依赖的梯度下降法失效，收敛速度减缓。

即使靠近输出层的神经网络已经获得了最优参数，但由于不能有效传递到输入层，因此靠近输入层的神经网络并没有得到很好的训练，仍旧处于参数随机初始化状态，导致靠近输入层的隐藏层发挥不出作用。通常来说，sigmoid 网络在 5 层之内就会产生梯度消失现象。机器学习中与梯度消失对应的概念是梯度爆炸（Vanishing Explode），它会导致神经网络无法收敛。

2. 双曲正切函数（tanh 函数）

双曲正切函数（tanh 函数）也属于广义的 S 型函数，其贡献在于将 sigmoid 函数的取值范围拉长到(-1,1)区间，实现输出值以 0 为中心，解决了 sigmoid 函数不以 0 为中心的输出问题（因为 sigmoid 函数的取值范围为(0,1)，所以以 0.5 为中心输出），但同样没有解决梯度消失的问题（理由同 sigmoid 函数）。

tanh 函数的数学公式为：

$$tanh(x) = \frac{e^x - e^{-x}}{e^x + e^{-x}}$$

tanh 函数的图形如图 17.11 所示。

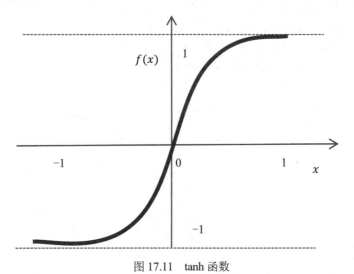

图 17.11   tanh 函数

3. ReLU 函数（Rectified Linear Units 函数）

ReLU 函数也称为线性整流函数、修正线性单元，是一种后来才出现的激活函数，也是目前最常用的默认选择激活函数。相对于 S 型函数，ReLU 函数具有左侧单侧抑制、相对宽阔的右侧兴奋边界以及稀疏激活性 3 个特点。线性整流函数在一定程度上缓解了前述 S 型函数中存在的梯度消失问题，实现了更加有效率的梯度下降以及反向传播，而且被认为有一定的生物学原理，这就带来了神经网络的稀疏性，并且减少了参数的相互依存关系，有效缓解了过拟合问题，所以广泛应用于深度神经网络学习，尤其是在图像识别领域备受推崇。

从数学公式来看，线性整流函数指代数学中的斜坡函数，即 $f(x)=\max(0,x)$，具体为：

$$\mathrm{ReLU}(x)=\begin{cases} x & if\ x\geqslant 0 \\ 0 & if\ x<0 \end{cases}$$

ReLU 函数的图形如图 17.12 所示，当输入 $x\geqslant 0$ 值时，ReLU 函数即为线性函数，输入值等于输出值，对应生物学中人脑的兴奋度可以很高、不设限；而当输入值 $x<0$ 时，输出值均为 0，对应生物学中人脑的单侧抑制。不难发现，当输入值小于 0 时，ReLU 函数的导数趋近于 0；当输入值大于或等于 0 时，ReLU 函数的导数保持为常数 1。也就是说当 $x<0$ 时，ReLU 函数硬饱和，而当 $x\geqslant 0$ 时，则不存在饱和问题。所以 ReLU 能够在 $x\geqslant 0$ 时保持梯度不衰减，缓解了前述 S 型函数中存在的梯度消失问题。

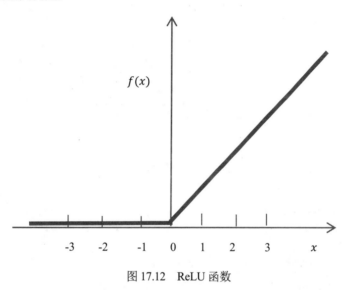

图 17.12　ReLU 函数

2001 年，Attwell 等人推测人脑神经元工作方式具有稀疏性，神经元同时只对输入信号的少部分选择性做出响应，大量信号被刻意屏蔽了，这样可以提高学习精度，从而更好更快地提取稀疏特征；2003 年 Lennie 等人估测人脑同时被激活的神经元只有 1%~4%，或者说人脑中同时处于兴奋状态的神经元占比只有 1%~4%，进一步表明了神经元工作的稀疏性。从这个角度，ReLU 函数因为会使一部分神经元的输出为 0，所以能够产生较好的稀疏性，因此更符合人脑生物学规律。

但 ReLU 函数也存在一些不足：与 sigmoid 函数类似，ReLU 函数同样不以 0 为中心输出，输出均值大于 0，会导致下一层偏置偏移从而影响梯度下降的效果，并且随着训练的推进，部分输入会落入硬饱和区（即 $x<0$），ReLU 函数导数趋近于 0，导致对应权重无法更新，这个神经元再也不会对任何数据有激活现象了，也就说无论输入值是什么，输出值都是 0，这种现象也被称为"神经元死亡"，尤其是当学习率设置得比较高时，这种问题会表现得更为突出。ReLU 的偏置偏移现象和神经元死亡会共同影响神经网络的收敛性。

4. 泄露 ReLU 函数（Leaky ReLU 函数，LReLU）

为了解决上述神经元死亡问题，或者说针对 ReLU 函数中存在的在 $x<0$ 时的硬饱和问题，学者们对 ReLU 函数做出了改进，提出了泄露 ReLU 函数，$f(x)=\max(x,\ \alpha x)$ 即，其中 α 的取值范围为 (0,1)，具体为：

$$LReLU(x) = \begin{cases} x & if \ \ x \geq 0 \\ \alpha x & if \ \ x < 0 \end{cases}$$

泄漏 ReLU 函数的图形如图 17.13 所示。

相对于 ReLU 函数，在泄露 ReLU 函数中，当 x<0 时，函数不再实施硬饱和，而是保持一个较小的非零的梯度 α 继续更新参数，从而有效避免了"神经元死亡"问题。

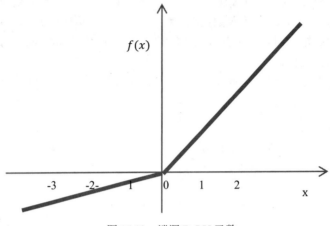

图 17.13　泄漏 ReLU 函数

5. 软加函数（Softplus 函数）

图 17.14 中的虚线为软加函数，实线为 ReLU 函数，软加函数一方面比 ReLU 函数更加光滑一些，另一方面也有效解决了左侧 x<0 时的硬饱和问题（导数不再一直为 0）。

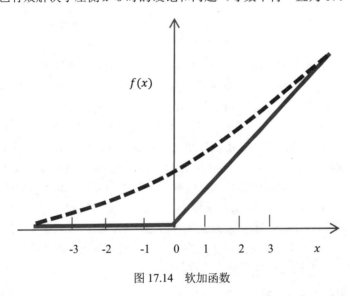

图 17.14　软加函数

其数学公式为：

$$Softplus(x) = \ln\left(1 + e^x\right)$$

不难发现，与 ReLU 函数相比，软加函数同样具有左侧单侧抑制、相对宽阔的右侧兴奋边界两个特点，但是由于其导数永远为正（可通过上述数学公式计算），因此不具备稀疏激活性的特点。

17.1.5　误差反向传播算法（BP 算法）

误差反向传播算法（BP 算法）最早由 Paul J.Werbos 于 1974 年提出，但在当时并未引起足够重视，后由 David Everett Rumelhart（1986）改进了该算法，是目前应用最广泛的神经网络算法。

因为感知机模型没有包含隐藏层，结构相对简单，所以可以非常便捷地直接使用梯度下降法计算损失函数的梯度。但是在多层感知机模型中，上一层的输出是下一层的输入，要在神经网络中的每一层计算损失函数的梯度将变得非常复杂。为了有效解决这一问题，可以使用 BP 算法。

一个相对明确的事实是，在多层神经网络中，距离输出层越近，或者说越靠近网络后端（右侧），其导数越容易计算。BP 算法充分考虑这一特点，利用微积分中的链式法则，反向传播损失函数的梯度信息，通过从后往前遍历一次神经网络计算出损失函数对神经网络中所有模型参数的梯度，系统解决了多层神经网络隐藏层的连接权重学习问题。

BP 算法的本质是以神经网络的误差平方为目标函数，采用梯度下降法来计算目标函数的最小值。其操作步骤如下：

1. 数据预处理

将所有特征变量进行归一化（最大值设为 1，最小值设为 0，其他数据按比例均匀压缩）或标准化（减去均值，再除以标准差）处理，以消除特征变量的量纲差距对神经网络权重参数取值的影响。

2. 随机初始化参数

在(0,1)区间内随机初始化神经网络中的所有参数，包括神经元之间的连接权重 w 和阈值 θ。之所以采取随机初始化而不是将所有参数都同质化取值 0 或 1，是因为随机初始化有利于保持不同神经元之间的差异性，避免趋同。随机初始化的具体实现方式一般是从[-0.7,0.7]的均匀分布或 N(0,1)的标准正态分布中随机抽样。

3. 进行正向传播计算输出值

基于训练样本，将特征变量的数据输入到神经网络的输入层，然后经过隐藏层，最后到达输出层，根据所有初始化参数计算响应变量的输出值。

在正向传播过程中，假设第 m 个隐藏层的第 i 个神经元的输出值（激活值）为 $T_i^{(m)}$，第 m 个隐藏层的第 i 个神经元共与第 m-1 个隐藏层中的 K 个神经元发生联系，则有

$$T_i^{(m)} = f\left\{ \sum_{j=1}^{K} w_{ji}^{(m)} T_j^{(m-1)} \right\} \equiv f(u_i^m)$$

公式中 $f()$为激活函数，$T_j^{(m-1)}$ 为第 m-1 个隐藏层中的第 j 个神经元的输出值，$w_{ji}^{(m)}$ 为第 m-1 个隐藏层中第 j 个神经元的输出值对 $T_j^{(m-1)}$ 的权重。$u_i^m \equiv \sum_{n=1}^{K} w_{ji}^{(m)} T_j^{(m-1)}$ 为施加激活函数之前的净输入函数。

4. 进行反向传播计算误差和偏导数

计算响应变量输出结果和实际值之间的误差，将该误差从输出层反向传播，计算每一层的误

差，即从输出层传播到最后一个隐藏层，然后依次反向传播，最终从第一个隐藏层传播至输入层，在反向传播的过程中，计算每一层的偏导数。

在反向传播过程中，假设神经网络的损失函数为 L，将 L 对权重参数 $w_{ji}^{(m)}$ 求偏导，因为 $w_{ji}^{(m)}$ 仅通过净输入函数 u_i^m 影响损失函数 L，所以根据微积分中的链式法则，即有：

$$\frac{\partial L}{\partial w_{ji}^{(m)}} = \frac{\partial L}{\partial u_i^m} \times \frac{\partial u_i^m}{\partial w_{ji}^{(m)}} = \frac{\partial L}{\partial u_i^m} \times T_j^{(m-1)} \equiv E_i^m T_j^{(m-1)}$$

其中 $E_i^m \equiv \frac{\partial L}{\partial u_i^m}$ 为误差。由于误差是反向传播的，因此 u_i^m 通过第 $m+1$ 个隐藏层中的所有神经元的净输入函数 u_k^{m+1} 对损失函数形成影响，假设第 $m+1$ 个隐藏层中共有 G 个神经元，根据微积分中的链式法则，即有：

$$E_i^m \equiv \frac{\partial L}{\partial u_i^m} = \sum_{k=1}^{G} \frac{\partial L}{\partial u_k^{m+1}} \times \frac{\partial u_k^{m+1}}{\partial u_i^m} = \sum_{k=1}^{G} E_k^{m+1} \times \frac{\partial u_k^{m+1}}{\partial u_i^m}$$

而根据前述公式定义，

$$E_k^{m+1} \equiv \frac{\partial L}{\partial u_k^{m+1}}$$

$$u_k^{m+1} = \sum_{j=1}^{K} w_{jk}^{(m+1)} f(u_j^m)$$

$$\frac{\partial u_k^{m+1}}{\partial u_i^m} = w_{jk}^{(m+1)} f^{/}(u_j^m)$$

则有：

$$E_i^m = \sum_{k=1}^{G} E_k^{m+1} w_{jk}^{(m+1)} f^{/}(u_j^m) = f^{/}(u_j^m) \sum_{k=1}^{G} E_k^{m+1} w_{jk}^{(m+1)}$$

该公式证明了第 m 个隐藏层的误差 E_i^m 是第 $m+1$ 个隐藏层的误差 E_k^{m+1} 的函数，从而可以采用递归法计算误差 E_i^m，并将它代入公式 $\frac{\partial L}{\partial w_{ji}^{(m)}} = \frac{\partial L}{\partial u_i^m} \times \frac{\partial u_i^m}{\partial w_{ji}^{(m)}} = \frac{\partial L}{\partial u_i^m} \times T_j^{(m-1)} \equiv E_i^m T_j^{(m-1)}$，即可得到偏导数 $\frac{\partial L}{\partial w_{ji}^{(m)}}$。

5. 基于梯度下降策略优化参数

神经网络作为一种机器学习算法，其训练方法也是在参数空间使用梯度下降法，使损失函数最小化。具体操作为：给定学习 η 率，基于梯度下降策略，以总损失函数最小化为目标，更新神经元之间的连接权重 w 和阈值 θ。学习率 η 用于控制算法每轮迭代中的步长，设置过大容易引起震荡，设置过小则容易造成收敛速度过慢，因此需要合理设置。

上面的描述本质上就是求解如下最优化问题：

$$\underset{W}{\text{argmin}} \frac{1}{n} \sum_{i=1}^{n} L[y_i, F(x_i; W)]$$

公式中的 n 为样本容量，$F(x_i; W)$ 是一个多层前馈神经网络模型，由于实务中大多数数据集是不满足线性可分条件的，因此 $F(x_i; W)$ 也大概率是一个复杂的非线性函数，以满足解决问题的需要。$L[y_i, F(x_i; W)]$ 为损失函数，对于回归问题而言，一般使用"平方损失函数"（详见第 15 章中相关介绍）最小化训练集的均方误差；对于分类问题而言，二分类问题一般使用"逻辑损失函数"，多分类问题一般使用"交叉熵损失函数"（详见第 15 章中相关介绍）。

在传统梯度下降法中，在求解损失函数的梯度向量时，需要针对每个样本的损失 $L[y_i, F(x_i; W)]$ 分别求解各自的梯度向量，然后进行加总求平均。由于传统的梯度下降法针对的是整个样本数据集，通过对所有的样本的计算来求解梯度的方向，因此也被称为批量梯度下降法（Batch Gradient Descent，BGD），其优点在于能够获得全局最优解，易于并行实现，缺点在于当样本数据很多时，计算量开销大，计算速度慢。

可以合理预期的是，如果样本容量 n 较大，那么由之伴生的参数及计算量之大，将成为算法不可承受之重，所以传统的梯度下降法不能很好地满足大样本数据集的实际计算需求。为了解决这一问题，提供了以下方法：

（1）随机梯度下降法（Stochastic Gradient Descent，SGD）

随机梯度下降法的基本思想是每次无放回地随机抽取一个样本，并计算该样本的负梯度向量，沿着负梯度方向使用给定的学习率η进行参数更新。

$$W \leftarrow W - \eta \frac{\partial L[y_i, F(x_i; W)]}{\partial W}$$

随机梯度下降法的优点是计算速度快，因为每次只需要计算一个样本的负梯度向量。缺点是收敛性能不好，因为单一样本的负梯度方向难以代表整体样本全集的负梯度方向，从而在收敛过程中会出现较多的曲折反复。当然从长期趋势来看，该方法依旧会朝着整体损失函数最小值的方向进行收敛。

（2）小批量梯度下降法（Mini-Batch Gradient Descent，MBGD）

小批量梯度下降法的基本思想是每次无放回地随机抽取多个样本（比如 M，M 的值通常不大，所以被称为小批量），并计算这些样本的负梯度向量的平均值，沿着负梯度方向使用给定的学习率 η 进行参数更新。

$$W \leftarrow W - \eta \frac{1}{M} \sum_{i=1}^{M} \frac{\partial L[y_i, F(x_i; W)]}{\partial W}$$

相对于随机梯度下降法，小批量梯度下降法把数据分为若干批，基于一组样本而不是单一样本来更新参数，从而在一定程度上解决了随机梯度下降法负梯度方向由单一样本决定导致的容易跑偏的问题，较好地减少了随机性。

对比批量梯度下降法、随机梯度下降法、小批量梯度下降法三种方法，不难发现其计算方法的核心思想基本一致，差别仅在于每次计算负梯度向量、更新参数时所依据的样本规模：如果仅随机抽取一个样本，就是随机梯度下降法；如果抽取一组小等规模的样本，就是小批量梯度下降法；如果基于全部样本进行计算，就是批量梯度下降法。在具体应用时，如果针对的是小样本数据集，则批量梯度下降法是首选；如果针对的是大样本数据集，则小批量梯度下降法是首选，具体批量规模（随机抽取样本的个数）常用的包括 32、64、128、256，在深度学习及复杂机器学习中，基本上都是使用小批量梯度下降法。当然随机梯度下降法也绝非一无是处，它多用于支持向量机、逻辑回归等凸损失函数下的线性分类器学习，已成功应用于文本分类和自然语言处理中经常遇到的大规模和稀疏机器学习问题。

6. 算法迭代至收敛

迭代上述算法（正向传播计算输出结果-反向传播计算误差-基于梯度下降策略优化参数），直至满足收敛准则，训练停止。

17.1.6　万能近似定理及多隐藏层优势

Hornik 在 1989 年证明了万能近似定理（Universal Approximation Theorem）：只需一个包含足够多神经元的隐藏层，一个前馈神经网络就能以任意精度逼近任意复杂的连续函数。也就是说，即使前馈神经网络只有一个隐藏层，但只要该隐藏层的神经元数量足够多，就能够表示出任意连续函数。

万能近似定理充分说明了神经网络算法功能的强大，可以作为万能函数来使用。但万能近似定理只是说可以表示出任意连续函数，并未说怎么找到相应的神经网络，也没有说到底需要设置多少个神经元才是恰当的。而针对复杂问题，我们更倾向于采取设置多个隐藏层的方式，而不是仅设置一个隐藏层、大幅增加神经元的方式。原因有两点：一是神经网络中函数估参占用的计算资源通常呈指数增长，如果神经元数量过多则无法从资源层面实现；二是使用单隐藏层虽然可以表示任意复杂连续函数，但也很可能导致模型的泛化能力不足。

神经网络本质上也是类似于拟合函数的过程，复杂程度取决于模型的形式和参数的数量。虽然根据万能近似定理，仅有一个隐藏层的神经网络就能拟合任意复杂的连续函数，但是设置多个隐藏层的深层网络可以用少得多的神经元去拟合同样的函数，而浅层网络如果想要达到同样的计算结果，需要指数级增长的神经元数量才能达到。或者说，针对复杂问题，由于 BP 算法的存在，要达到既定计算结果，单一隐藏层通过神经元数量指数级增长的计算成本，在大多数情况下都要显著高于增加隐藏层带来的模型复杂度的增加成本。当然，这一经验性结果并不绝对，而且在隐藏层的具体层数方面目前也没有权威性指导，需要结合实际研究问题采用试错法进行探索。

所以在实务中，具有多个隐藏层的深度神经网络应用更为广泛。一般情况下，在深度神经网络的诸多隐藏层中，前面的隐藏层先学习一些低层次的简单特征，后面的隐藏层把简单的特征结合起来，去探索更加复杂的特征。比如针对人脸识别问题，前面的隐藏层首先从拍摄到的人脸图片中提取出简单的轮廓特征，中间的隐藏层将简单的轮廓特征组织成眼睛、鼻子等器官特征，后间的隐藏层再将简单的轮廓特征组织成人脸图片，形成完整的面部特征，完成机器学习过程。

17.1.7　BP 算法过拟合问题的解决

前面我们通过 BP 算法和万能近似定理见证了前馈神经网络隐藏层的强大，但也正是由于其强大，在基于训练样本拟合模型时容易出现过拟合的情况，导致模型不能很好地泛化到测试样本。为有效解决这一问题，提供了以下两种方法：

1. 早停（Early Stopping）

　　早停方法的实现路径是：将样本全集分为训练样本、验证样本和测试样本三部分；训练样本用来根据前述 BP 算法拟合前馈神经网络模型，计算训练误差，由于训练会越来越充分，因此训练误差会不断下降；验证样本用来基于训练样本得到的前馈神经网络模型独立计算误差，因为拟合的模型是基于训练样本得到的，所以验证误差与模型的泛化能力走势相同，会呈现先下降再上升的趋势，当验证误差停止下降、开始上升时，训练停止，这也就是所谓的"早停"；将停止训练后的模型应用到测试样本，计算测试误差，作为模型最终性能的量度。早停方法如图 17.15 所示。

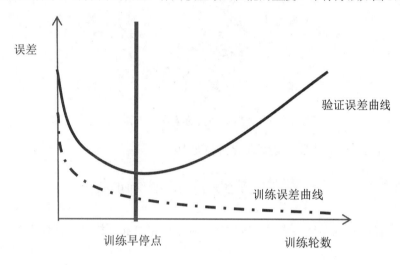

图 17.15　早停示意图

2. 失活（Dropout）

　　失活方法与装袋法的思想类似，是通过随机隐藏神经元的方式训练不同的网络，然后针对得到的不同的神经网络取平均。该方法的实现路径是：在基于训练样本对神经网络模型进行训练时，每次训练都通过随机让一些神经元输出值取值为 0 的方式使之失活（也可以理解为暂时隐藏起一些神经元），或者说人为断开这些神经元的后续连接，从而使得这些神经元不再对外传递信号，不再对下一层神经元产生作用。训练时，根据训练结果更新未失活的神经元的参数，而失活的神经元的参数保持不变；下次训练时，重新随机选择需要失活（隐藏）的神经元。

　　失活方法如图 17.16 所示：标记了"×"号的神经元将会被在神经网络中失活，不再对下一层神经元产生作用，从而在一定程度上可以使得模型不再过度依赖某些神经元，达到抑制过拟合的效果。当然有得必有失，丢包也会造成信息的损失，使得模型的拟合相对不够充分。在实际应用时，若主要目标是为了抑制过拟合，则使用该方法才是合适的。

3. 正则化（Regularization）

　　正则化方法也成为权重衰减方法，其实现路径是：在神经网络的最优化函数中加入 L_2 惩罚项，或者说加入用于描述模型复杂度的部分，从而加大对过度训练造成模型复杂程度增加的惩罚力度。

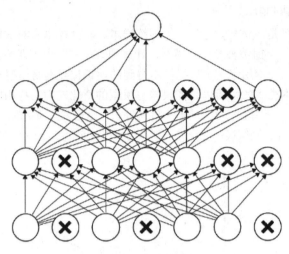

图 17.16   失活示意图

从数学公式的角度来看，即把前述最优化函数变为：

$$\mathop{\text{argmin}}_{W} \frac{1}{n} \sum_{i=1}^{n} L[y_i, F(x_i; W)] + \lambda \| W \|_2^2$$

函数中的 $\| W \|_2^2$ 是神经元连接权重矩阵中所有元素的平方和，模型复杂程度越高，$\| W \|_2^2$ 的值就会越大，达到了正则化的目的。λ 为惩罚系数，可以通过 K 折交叉验证法确定最优解。

17.2   数据准备

本节主要是准备数据，以便后面演示回归神经网络算法、二分类神经网络算法和多分类神经网络算法的实现。

17.2.1   案例数据说明

本章我们用到的数据来自"数据 15.1""数据 13.1""数据 15.2"三个文件。

使用"数据 15.1"文件中的数据，以 pb 为响应变量，以 roe、debt、assetturnover、rdgrow、roic、rop、netincomeprofit、quickratio、incomegrow、netprofitgrow、cashflowgrow 为特征变量，使用回归问题神经网络算法进行拟合。

使用"数据 13.1"文件中的数据，以 credit（是否发生违约）为响应变量，以 age（年龄）、education（受教育程度）、workyears（工作年限）、resideyears（居住年限）、income（年收入水平）、debtratio（债务收入比）、creditdebt（信用卡负债）、otherdebt（其他负债）为特征变量，使用二分类神经网络算法进行拟合。

使用"数据 15.2"文件中的数据，以 grade 为响应变量，以 age、marry、years、income、education、consume、work、gender、family 为特征变量，使用多分类神经网络算法进行拟合。

17.2.2 导入分析所需要的模块和函数

在进行分析之前，首先导入分析所需要的模块和函数，读取数据集并进行观察。在 Spyder 代码编辑区输入以下代码（以下代码释义在前面各章均有提及，此处不再注释）：

```
import numpy as np
import pandas as pd
import matplotlib.pyplot as plt
from sklearn.preprocessing import StandardScaler
from sklearn.inspection import permutation_importance
from sklearn.model_selection import train_test_split
from sklearn.neural_network import MLPClassifier      # 导入神经网络分类器
from sklearn.neural_network import MLPRegressor        # 导入神经网络回归器
from mlxtend.plotting import plot_decision_regions
from sklearn.model_selection import KFold
from sklearn.model_selection import GridSearchCV
from sklearn.inspection import PartialDependenceDisplay
from sklearn.metrics import confusion_matrix
from sklearn.metrics import classification_report
from sklearn.metrics import cohen_kappa_score
from sklearn.metrics import plot_roc_curve
```

17.3 回归神经网络算法示例

本节主要演示回归神经网络算法的实现。

17.3.1 变量设置及数据处理

首先需要将本书提供的数据文件放入安装 Python 的默认路径位置，并从相应位置进行读取。在 Spyder 代码编辑区输入以下代码：

```
data=pd.read_csv('C:/Users/Administrator/.spyder-py3/数据15.1.csv')   # 读取数据15.1.csv文件
```

注意，因用户的具体安装路径不同，设计路径的代码会有差异。成功载入后，"变量管理器"窗口如图 17.17 所示。

名称	类型	大小	值
data	DataFrame	(158, 12)	Column names: pb, roe, debt, assetturnover, rdgrow, roic, rop, netinco ...

图 17.17 "变量管理器"窗口

```
X=data.iloc[:,1:]   # 设置特征变量，即 data 数据集中除第一列响应变量 pb 之外的全部变量
y=data.iloc[:,0]    # 设置响应变量，即 data 数据集中第一列响应变量 pb
X_train,X_test,y_train,y_test=train_test_split(X,y,test_size=0.3,random_state=10)     # 本代
码的含义是将将样本全集划分为训练样本和测试样本，测试样本占比为 30%；random_state=10 的含义是设置随机数种子为 10，
以保证随机抽样的结果可重复
scaler=StandardScaler()   # 本代码的含义是引入标准化函数，即把变量的原始数据变换成均值为 0、标准差为 1 的
标准化数据
```

```
scaler.fit(X_train)        # 基于特征变量的训练样本估计标准化函数
X_train_s=scaler.transform(X_train)       # 将上一步得到的标准化函数应用到训练样本集
X_test_s=scaler.transform(X_test)         # 将上一步得到的标准化函数应用到测试样本集
X_train_s = pd.DataFrame(X_train_s, columns=X_train.columns)   # X_train 标准化为 X_train_s 以
```
后，原有的特征变量名称会消失，该步操作就是把特征变量名称加回来，不然系统会反复进行警告提示
```
X_test_s = pd.DataFrame(X_test_s, columns=X_test.columns)       # X_test 标准化为 X_test_s 以后，
```
原有的特征变量名称会消失，该步操作就是把特征变量名称加回来，不然系统会反复进行警告提示

17.3.2　单隐藏层的多层感知机算法

在 Spyder 代码编辑区输入以下代码：

```
model=MLPRegressor(solver='lbfgs',hidden_layer_sizes=(5,),random_state=10,max_iter=3000)
# 使用多层感知机 MLPRegressor 构建模型，参数中的 solver 为权重优化方法，本例中设置为'lbfgs'。
```

参数 solver 的取值及具体含义如表 17.1 所示。

表 17.1　参数 solver 的取值及含义

参数取值	含义	特点
lbfgs	一种拟牛顿法优化方法	鲁棒性非常好，适用于小型数据集，收敛速度更快且表现更好，在大型数据集上耗费的时间会比较长
sgd	随机梯度下降方法	标准的随机梯度下降方法，深度学习的高级研究人员常用，需要很多其他参数配合调节
adam	一种基于随机梯度的优化方法，由 Kingma、Diederik 和 Jimmy Ba 提出	这是默认选项，适用于大型数据集（包含数千个训练样本或更多），训练时间及测试集得分方面表现俱佳，但对数据的缩放相当敏感

```
# hidden_layer_sizes=(5,)表示有 1 个隐藏层，且这个隐藏层中神经元的个数为 5 个，max_iter=3000 表示设置
模型的最大迭代次数为 3000 次
model.fit(X_train_s,y_train)        # 基于训练样本调用 fit()方法进行拟合
model.score(X_test_s,y_test)        # 基于测试样本计算模型预测的准确率，运行结果为：
0.8808151478959235，也就是说基于测试样本计算模型的拟合优度为 88.08%，拟合效果不错
model.n_iter_      # 观察模型的迭代次数，运行结果为：405，说明模型迭代 405 次后达到收敛
model.intercepts_   # 观察模型的常数项，运行结果为：
```

```
[array([ 1.13892432,  1.07082325, -0.50225647, -0.35255405, -0.44108388]),
 array([1.91884567])]
```

```
model.coefs_       # 观察模型的回归系数，运行结果为：
```

```
[array([[ 1.82744309, -0.89535896, -0.10053926,  2.50812627,  1.13880764],
        [ 0.05006241, -0.37133551,  0.46570298, -0.41040328, -0.54558948],
        [-0.13593712,  0.50411305, -0.59952398,  0.18909809,  0.28563097],
        [ 0.24466374,  2.4488923 , -0.31509497,  0.26075863,  1.78046967],
        [ 0.33717961,  0.16580306,  0.00397557, -0.09120757, -0.19496289],
        [-0.38565507,  0.25273469, -0.58276567,  0.11285359,  0.10591795],
        [-0.55098714, -0.69615417,  2.19885414, -1.26221147, -1.60466089],
        [-0.06419069,  0.03567803, -0.01339965, -0.29264918, -0.6864906 ],
        [ 0.23692606,  0.6046684 , -0.59576572,  0.2637494 ,  0.6816615 ],
        [-0.16810959, -0.1603033 ,  0.17563432, -0.99547625, -1.03131487],
        [ 0.08976411, -0.0470077 , -0.45386937, -0.18470432, -0.13465657]]),
 array([[ 1.26819836],
        [ 1.37285371],
        [ 1.07339405],
        [ 1.99384713],
        [-2.26474087]])]
```

回归系数同样由两个数组构成，分别表示隐藏层中 5 个神经元对应的输入层 11 个特征变量

的回归系数以及输出层对于隐藏层中 5 个神经元的回归系数。

17.3.3 神经网络特征变量重要性水平分析

神经网络特征变量重要性水平分析的基本思想和步骤是：训练一个神经网络模型，针对某个特征，在保持其他特征变量不变的同时，对该特征进行随机打乱，使之成为噪声变量，在模型预测中不再发挥作用，然后观察由于该特征变量损失带来的模型拟合优度的下降（Loss）情况，以此作为该特征的重要性水平，Loss 越大，说明该特征对于模型越重要。

在 Spyder 代码编辑区输入以下代码：

```
perm=permutation_importance(model,X_test_s,y_test,n_repeats=10,random_state=10)
# permutation_importance 为计算特征重要性水平的函数，该函数根据前面生成的神经网络模型以及测试样本进行模
型预测的结果进行计算；n_repeats=10 表示针对每个特征变量均进行 10 次随机打乱，所以获取的特征重要性水平将不是一个
数据，而是 10 个数据；random_state=10 表示设置随机数种子为 10，以确保结果可重复
    dir(perm)        # 调用 dir()函数可以查看对象内的所有的属性和方法，运行结果为：['importances',
'importances_mean','importances_std']。也就是说上一步生成的 perm 包括特征重要性水平、重要性水平均值、重要
性水平标准差 3 部分
    sorted_index=perm.importances_mean.argsort()        # 按照重要性均值大小排序生成位置索引
```

注意，以下各行代码需全部选中并整体运行。

```
plt.rcParams['font.sans-serif']=['SimHei']        # 解决图表中中文显示的问题
    plt.barh(range(X_train.shape[1]),perm.importances_mean[sorted_index])        # 绘制水平直方图，
因为是水平直方图，所以垂直轴为已经按照重要性水平完成降序排列的各个特征变量的名称，水平轴为各个特征变量的重要性水
平
    plt.yticks(np.arange(X_train.shape[1]),X_train.columns[sorted_index])        # 设置 y 轴刻度
    plt.xlabel('特征变量重要性水平均值')        # 设置 x 轴标签
    plt.ylabel('特征变量')        # 设置 y 轴标签
    plt.title('神经网络特征变量重要性水平分析')        # 设置图形标题
    plt.tight_layout()        # 展示图形，运行结果如图 17.18 所示
```

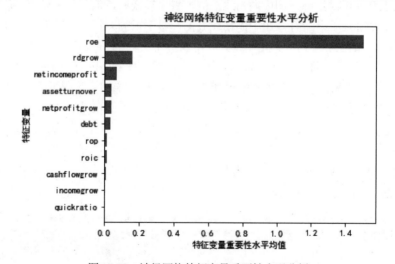

图 17.18 神经网络特征变量重要性水平分析

从图 17.18 中可以发现，本例中特征变量重要性水平较大的为 roe、rdgrow、netincomeprofit。说明投资者对于市净率（也就是股票估值）考虑最多的就是相应上市公司的盈利能力以及研发投

入。

17.3.4 绘制部分依赖图与个体条件期望图

在 Spyder 代码编辑区依次输入以下代码并逐行运行：

```
plt.rcParams['axes.unicode_minus']=False    # 解决图表中负号不显示的问题
PartialDependenceDisplay.from_estimator(model,X_train_s,['roe','rdgrow'],kind='average')
# 绘制部分依赖图，运行结果如图 17.19 所示
```

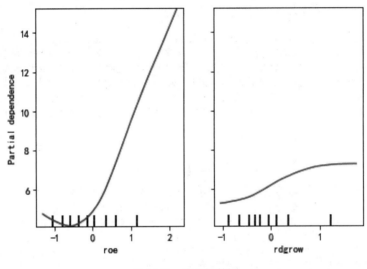

图 17.19   部分依赖图

图 17.19 左侧为特征变量 roe 的 PDP 图，roe 对市净率的影响关系为：当 roe 较小时，市净率会随着 roe 的上升而缓缓下降（图中抛物线左侧，斜率较低），但是当突破某一临界值后，市盈率会随着 roe 的增加而显著上升（图中抛物线右侧，斜率很高），这意味着当上市公司顺利突破盈利瓶颈之后，将加速得到市场投资者的认可，被给予更高的估值。图 17.19 右侧为特征变量 rdgrow 的 PDP 图，对于市净率的影响较为平缓，市净率会随着 rdgrow 的增长而缓慢上升，然后斜率越来越低（边际递减，同等单位 rdgrow 的增长引起市净率的增长越来越少），当 rdgrow 达到一定程度后，市净率将保持稳定，继续增加 rdgrow 将不会影响市净率。

```
PartialDependenceDisplay.from_estimator(model,X_train_s,['roe','rdgrow'],kind='individual')
# 绘制个体条件期望图，运行结果如图 17.20 所示
```

从图 17.20 可以发现，个体条件期望图的结论与部分依赖图一致，大多数样本的 roe 对市净率的影响都是先下降后上升的关系。

```
PartialDependenceDisplay.from_estimator(model,X_train_s,['roe','rdgrow'],kind='both')
# 同时绘制部分依赖图和个体条件期望图，运行结果如图 17.21 所示
```

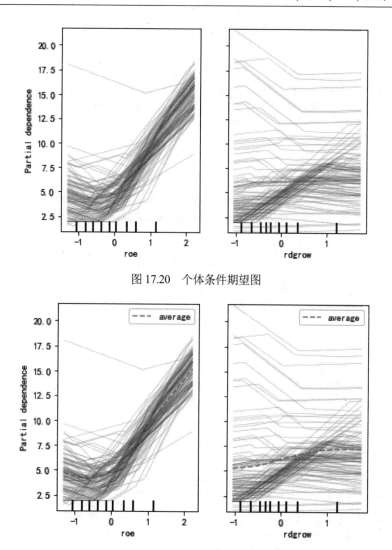

图 17.20 个体条件期望图

图 17.21 部分依赖图和个体条件期望图

在图 17.21 中，部分依赖图和个体条件期望图绘制在一起，其中虚线 average 即为部分依赖图的变化情况，各条絮状线即为个体条件期望图的变化情况。

17.3.5 拟合优度随神经元个数变化的可视化展示

下面我们绘制图形观察训练样本和测试样本的拟合优度随神经元个数变化的情况，在 Spyder 代码编辑区输入以下代码，然后全部选中这些代码并整体运行：

```
models = []
for n_neurons in range(1, 50):
model=MLPRegressor(solver='lbfgs',hidden_layer_sizes=(n_neurons,),random_state=10,
                              max_iter=5000)
    model.fit(X_train_s, y_train)
    models.append(model)
train_scores = [model.score(X_train_s, y_train) for model in models]
```

```
test_scores = [model.score(X_test_s, y_test) for model in models]
fig, ax = plt.subplots()
ax.set_xlabel("神经元个数")
ax.set_ylabel("拟合优度")
ax.set_title("训练样本和测试样本的拟合优度随神经元个数变化的情况")
ax.plot(range(1, 50), train_scores, marker='o', label="训练样本")
ax.plot(range(1, 50), test_scores, marker='o', label="测试样本")
ax.legend()
plt.show()
```

运行结果如图 17.22 所示。

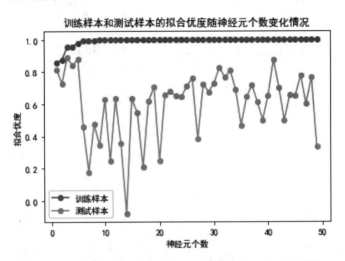

图 17.22   训练样本和测试样本的拟合优度随神经元个数变化情况

图形上方为训练样本的拟合优度，随着神经元个数的增加，训练越来越充分，训练样本的拟合优度不断增加，但到达一定水平后即无限接近于 1，变化不再显著。图形下方为测试样本的拟合优度，可以发现当隐藏层的神经元的个数为 3 时达到最大值，此后则由于训练集过拟合导致模型的泛化能力下降，拟合优度减小并上下波动。

17.3.6   通过 K 折交叉验证寻求单隐藏层最优神经元个数

在 Spyder 代码编辑区输入以下代码：

```
param_grid = {'hidden_layer_sizes':[(1,),(2,),(3,),(4,),(5,),(10,),(15,),(20,)]}
# 构建关于神经元个数的参数集合，包括1、2、3、4、5、10、15、20
kfold = KFold(n_splits=10, shuffle=True, random_state=1)    # 本代码的含义是构建一个 10 折随机分组，其中 shuffle=True 用于打乱数据集，每次都以不同的顺序返回；设置随机数种子为 1
model=GridSearchCV(MLPRegressor(solver='lbfgs',random_state=10,max_iter=2000),param_grid,cv=kfold)    # 本代码的含义是基于前面设置的神经元个数参数集合分别构建起一系列多层感知机 MLPRegressor 模型，solver 权重优化方法为 lbfgs（拟牛顿法优化方法），随机数种子设置为 10，模型的最大迭代次数为 2000 次，CV 交叉验证方式为前面构建的 10 折随机分组
model.fit(X_train,y_train) # 基于训练样本调用 fit()方法进行拟合。运行结果为：
```

```
GridSearchCV(cv=KFold(n_splits=10, random_state=1, shuffle=True),
            estimator=MLPRegressor(max_iter=2000, random_state=10,
                                    solver='lbfgs'),
            param_grid={'hidden_layer_sizes': [(1,), (2,), (3,), (4,), (5,),
                                                (10,), (15,), (20,)]})
```

```
model.best_params_        # 输出单隐藏层最优神经元个数，运行结果为：{'hidden_layer_sizes': (3,)}，
与 "17.3.5 拟合优度随神经元个数变化的可视化展示" 一节中得到的结论一致
    model=model.best_estimator_        # 将模型设置为最优模型
    model.score(X_test,y_test)        # 计算最优模型的拟合优度，运行结果为：0.8891755241386844
```

大家可自行绘制该模型的部分依赖图和个体条件期望图进行观察，这里不再赘述。

17.3.7 双隐藏层的多层感知机算法

在 Spyder 代码编辑区输入以下代码：

```
model=MLPRegressor(solver='lbfgs',hidden_layer_sizes=(5,3),random_state=10,max_iter=3000)
    # 使用多层感知机 MLPRegressor 构建模型，solver 权重优化方法为 lbfgs（拟牛顿法优化方法），第 1、2 个隐藏层
中的神经元个数分别设置为 5 和 3，随机数种子设置为 10，模型的最大迭代次数为 3000 次
    model.fit(X_train_s,y_train)        # 基于训练样本调用 fit() 方法进行拟合
    model.score(X_test_s,y_test)        # 基于测试样本计算模型预测的准确率，运行结果为：
0.7777974216784156，也就是说基于测试样本计算模型的拟合优度为 77.78%
```

下面我们探索双隐藏层中的最优神经元个数，输入以下代码，然后全部选中这些代码并整体运行：

```
best_score = 0
best_sizes = (1, 1)
for i in range(1, 5):
    for j in range(1, 5):
        model=MLPRegressor(solver='lbfgs',hidden_layer_sizes=(i,j), random_state=10,
max_iter=2000)
        model.fit(X_train_s, y_train)
        score = model.score(X_test_s, y_test)
        if best_score < score:
            best_score = score
            best_sizes = (i, j)
best_score        # 运行结果为 0.9057626447824341，最优模型能够达到的拟合优度为 90.58%
best_sizes        # 运行结果为(3, 2)，最优模型第 1、2 个隐藏层中的神经元个数分别为 3 和 2
```

17.3.8 最优模型拟合效果图形展示

下面，我们以图形的形式将测试样本响应变量原值和预测值进行对比，观察模型拟合效果。
输入以下代码，然后全部选中这些代码并整体运行：

```
pred = model.predict(X_test_s)        # 对响应变量进行预测
t = np.arange(len(y_test))        # 求得响应变量在测试样本中的个数，以便绘制图形
plt.rcParams['font.sans-serif'] = ['SimHei']        # 解决图表中中文显示的问题
plt.plot(t, y_test, 'r-', linewidth=2, label=u'原值')        # 绘制响应变量原值曲线
plt.plot(t, pred, 'g-', linewidth=2, label=u'预测值')        # 绘制响应变量预测曲线
plt.legend(loc='upper right')        # 将图例放在图的右上方
plt.grid()        # 图中显示网格线
```

```
plt.show()     # 输出图形
```

运行结果如图 17.23 所示，可以看到测试样本响应变量原值和预测值拟合较好。

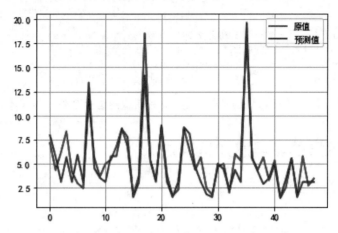

图 17.23　测试样本响应变量原值和预测值的拟合情况

17.4　二分类神经网络算法示例

本节主要演示二分类神经网络算法的实现。

17.4.1　变量设置及数据处理

首先需要将本书提供的数据文件放入安装 Python 的默认路径位置，并从相应位置进行读取。在 Spyder 代码编辑区输入以下代码：

```
data=pd.read_csv('C:/Users/Administrator/.spyder-py3/数据13.1.csv')   # 读取数据13.1.csv 文件
```

注意，因用户的具体安装路径不同，设计路径的代码会有差异。成功载入后，"变量管理器"窗口如图 17.24 所示。

名称	类型	大小	值
data	DataFrame	(700, 9)	Column names: credit, age, education, workyears, resideyears, income, ...

图 17.24　"变量管理器"窗口

```
X=data.iloc[:,1:]     # 设置特征变量，即 data 数据集中除第一列响应变量 credit 之外的全部变量
y=data.iloc[:,0]      # 设置响应变量，即 data 数据集中第一列响应变量 credit
X_train,X_test,y_train,y_test=train_test_split(X,y,test_size=0.3,stratify=y,random_state=10)
    # 本代码的含义是将样本全集划分为训练样本和测试样本，测试样本占比为 30%；参数 stratify=y 是指依据标签 y，按
原数据 y 中各类比例分配 train 和 test，使得 train 和 test 中各类数据的比例与原数据集一样；random_state=10 的含
义是设置随机数种子为 10，以保证随机抽样的结果可重复
    scaler=StandardScaler()   # 本代码的含义是引入标准化函数，即把变量的原始数据变换成均值为 0、标准差为 1 的
标准化数据
    scaler.fit(X_train)        # 基于特征变量的训练样本估计标准化函数
```

```
X_train_s=scaler.transform(X_train)      # 将上一步得到的标准化函数应用到训练样本集
X_test_s=scaler.transform(X_test)        # 将上一步得到的标准化函数应用到测试样本集
X_train_s = pd.DataFrame(X_train_s, columns=X_train.columns)   # X_train 标准化为 X_train_s 以
后，原有的特征变量名称会消失，该步操作就是把特征变量名称加回来，不然系统会反复进行警告提示
X_test_s = pd.DataFrame(X_test_s, columns=X_test.columns)      # X_test 标准化为 X_test_s 以后，
原有的特征变量名称会消失，该步操作就是把特征变量名称加回来，不然系统会反复进行警告提示
```

17.4.2　单隐藏层二分类问题神经网络算法

在 Spyder 代码编辑区输入以下代码：

```
model=MLPClassifier(solver='lbfgs',activation='relu',hidden_layer_sizes=(3,),random_state
=10,max_iter=2000)      # 使用多层感知机 MLPClassifier 构建模型，solver 权重优化方法为 lbfgs（拟牛顿法优化
方法，参数中的 activation 为激活函数，本例中设置为'relu'，该参数的取值及对应公式如表 17.2 所示
```

表 17.2　参数 activation 的取值及其对应公式

参数取值	函数对应公式
'identity'	$f(x) = x$，输出等于输入，相当于没有进行激活
'logistic'	sigmod 函数，详见 17.1.4 节的介绍
'tanh'	双曲正切函数，详见 17.1.4 节的介绍
'relu'	ReLU 函数，详见 17.1.4 节的介绍，这也是默认选项

```
# hidden_layer_sizes=(3,) 表示有 1 个隐藏层，且这个隐藏层中神经元的个数为 3 个；random_state=10 表示设
置随机数种子为 10，以确保结果可重复；max_iter=2000 表示设置模型的最大迭代次数为 2000 次
model.fit(X_train_s,y_train)      # 基于训练样本调用 fit() 方法进行拟合
model.score(X_test_s,y_test)      # 基于测试样本计算模型预测的准确率，运行结果为：
0.8238095238095238，也就是说基于测试样本计算模型的拟合优度为 82.38%，拟合效果不错
model.n_iter_      # 观察模型的迭代次数，运行结果为：157，说明模型迭代 157 次后达到收敛
```

下面我们换一种参数，大家也可自行尝试用多种参数进行计算。

```
model=MLPClassifier(solver='sgd',learning_rate_init=0.01,learning_rate='constant',tol=0.0
001,activation='relu',hidden_layer_sizes=(3,),random_state=10,max_iter=2000)      # 其中的参数
learning_rate_init 为学习率初始值；tol 是优化的最小容忍度，设置该容忍度后，如果某次训练没有达到该容忍度，说明
连最小程度的模型改进都没有实现，模型也不再具有优化空间，训练将停止，除非将 learning_rate 设置为 adaptive；
learning_rate 表示学习率，用于权重更新，仅在 solver ='sgd'时使用，相关含义在前面原理部分已有讲解，此处讲解一
下该参数的取值及其对应公式，如表 17.3 所示
```

表 17.3　参数 learning_rate 的取值及其对应公式

参数取值	函数对应公式
'constant'	默认选项，学习率保持初始值（learning_rate_init）恒定不变
'invscaling'	使用 power_t 的逆缩放指数在每个时间步 t 内逐渐降低学习速率 learning_rate_，effective_learning_rate = learning_rate_init / pow（t，power_t）
'adaptive'	只要训练损失不断减少，就将学习率保持为 learning_rate_init。但如果连续两次不能降低训练损耗至少 tol，或者如果设置 early_stopping 参数且未能将验证分数增加至少 tol 时，则将当前学习速率除以 5

```
model.fit(X_train_s,y_train)      # 基于训练样本调用 fit() 方法进行拟合
model.score(X_test_s,y_test)      # 基于测试样本计算模型预测的准确率，运行结果为：
0.8380952380952381
```

17.4.3   双隐藏层二分类问题神经网络算法

在 Spyder 代码编辑区输入以下代码：

```
model=MLPClassifier(solver='lbfgs',activation='relu',hidden_layer_sizes=(3,2),random_stat
e=10,max_iter=2000)    # 使用多层感知机 MLPClassifier 构建模型，solver 权重优化方法为 lbfgs（拟牛顿法优化
方法），激活函数设置为 relu，第 1、2 个隐藏层中的神经元个数分别设置为 3、2，随机数种子设置为 10，模型的最大迭代次
数为 2000 次
    model.fit(X_train_s,y_train)        # 基于训练样本调用 fit()方法进行拟合
    model.score(X_test_s,y_test)        # 基于测试样本计算模型预测的准确率，运行结果为：
0.8523809523809524
    model.n_iter_      # 观察模型的迭代次数，运行结果为：214，说明模型迭代 214 次后达到收敛
```

17.4.4   早停策略减少过拟合问题

早停策略的两个重要参数是 early_stopping 和 validation_fraction。在 Spyder 代码编辑区输入以下代码：

```
model=MLPClassifier(solver='adam',activation='relu',hidden_layer_sizes=(20,20),random_sta
te=10,early_stopping=True,validation_fraction=0.25,max_iter=2000)        # 使用多层感知机
MLPClassifier 构建模型；solver 权重优化方法为 adam；激活函数设置为 relu；第 1、2 个隐藏层中的神经元个数分别设
置为 20、20；随机数种子设置为 10；通过 early_stopping=True 参数设置早停策略，如果设置为 true，将自动留出 10%
的训练样本作为验证样本，并在验证得分没有改善至少为 tol 时终止训练，仅在 solver ='sgd'或 adam 时有效；
validation_fraction=0.25 表示从原训练样本中随机选择 25%的样本作为验证样本而不参与模型训练，
validation_fraction 用于将训练数据的比例留作早期停止的验证集，默认值为 0.1，必须介于 0 和 1 之间，仅在
early_stopping 为 True 时使用；模型的最大迭代次数为 2000 次
    model.fit(X_train_s,y_train)        # 基于训练样本调用 fit()方法进行拟合
    model.score(X_test_s,y_test)        # 基于测试样本计算模型预测的准确率，运行结果为：
0.8333333333333334
    model.n_iter_      # 观察模型的迭代次数，运行结果为：80，说明模型迭代 80 次后达到收敛
```

17.4.5   正则化（权重衰减）策略减少过拟合问题

正则化（权重衰减）策略的一个重要参数是 alpha，即 L2 惩罚（正则化项）。在 Spyder 代码编辑区输入以下代码：

```
model=MLPClassifier(solver='adam',activation='relu',hidden_layer_sizes=(20,20),random_sta
te=10,alpha=0.1,max_iter=2000)    # 使用多层感知机 MLPClassifier 构建模型，solver 权重优化方法为 adam，激
活函数设置为 relu，第 1、2 个隐藏层中的神经元个数分别设置为 20、20，随机数种子设置为 10，L2 惩罚（正则化项）设置
为 0.1，模型的最大迭代次数为 2000 次
    model.fit(X_train_s,y_train)        # 基于训练样本调用 fit()方法进行拟合
    model.score(X_test_s,y_test)        # 基于测试样本计算模型预测的准确率，运行结果为：
0.8523809523809524
    model.n_iter_      # 观察模型的迭代次数，运行结果为：998，说明模型迭代 998 次后达到收敛
```

下面我们将 alpha 提升为 1，输入以下代码：

```
model=MLPClassifier(solver='adam',activation='relu',hidden_layer_sizes=(20,20),
random_state=10, alpha=1, max_iter=2000)
    model.fit(X_train_s, y_train)
    model.score(X_test_s, y_test)        # 运行结果为：0.8428571428571429。较 alpha=0.1 时有所降低
```

下面我们将 alpha 减少为 0.01，输入以下代码：

```
model=MLPClassifier(solver='adam',activation='relu',hidden_layer_sizes=(20,20),
random_state=10, alpha=0.001, max_iter=2000)
    model.fit(X_train_s, y_train)
    model.score(X_test_s, y_test)      # 运行结果为：0.861904761904762。较 alpha=0.1、alpha=1 时均有
所上升。在本例中小的惩罚系数能够获得相对更高一些的预测准确率
```

17.4.6　模型性能评价

在 Spyder 代码编辑区输入以下代码：

```
np.set_printoptions(suppress=True)    # 不以科学记数法显示，而是直接显示数字
prob = model.predict_proba(X_test)    # 计算响应变量预测分类概率
prob[:5]        # 显示前 5 个样本的响应变量预测分类概率。运行结果为：
```

```
array([[1.        , 0.        ],
       [0.61065484, 0.38934516],
       [0.34762396, 0.65237604],
       [0.00094789, 0.99905211],
       [1.        , 0.        ]])
```

第 1~5 个样本的最大分组概率分别是未违约客户、未违约客户、违约客户、违约客户、未违约客户。

```
pred=model.predict(X_test_s)       # 计算响应变量预测分类类型
pred[:5]        # 显示前 5 个样本的响应变量预测分类类型。运行结果为：array([0, 0, 1, 1, 0],
dtype=int64)，即分别为未违约、未违约、违约、违约、未违约
print(confusion_matrix(y_test,pred))       # 输出测试样本的混淆矩阵。运行结果为：
                            array ([[144  11]
                                    [ 18  37]])
```

针对该结果解释如下：实际为未违约客户且预测为未违约客户的样本共有 144 个、实际为未违约客户但预测为违约客户的样本共有 11 个；实际为违约客户且预测为违约客户的样本共有 37 个、实际为违约客户但预测为未违约客户的样本共有 18 个。该结果更直观的表示如表 17.4 所示。

表 17.4　预测分类与实际分类的结果

样本		预测分类	
		未违约客户	违约客户
实际分类	未违约客户	144	11
	违约客户	18	37

```
print(classification_report(y_test,pred))       # 输出详细的预测效果指标，运行结果为：
```

```
              precision    recall  f1-score   support

           0       0.89      0.93      0.91       155
           1       0.77      0.67      0.72        55

    accuracy                           0.86       210
   macro avg       0.83      0.80      0.81       210
weighted avg       0.86      0.86      0.86       210
```

说明：

- precision：精度。针对未违约客户的分类正确率为 0.89，针对违约客户的分类正确率为 0.77。

- recall：召回率，即查全率。针对未违约客户的查全率为 0.93，针对违约客户的查全率为 0.67。

- f1-score：f1 得分。针对未违约客户的 f1 得分为 0.91，针对违约客户的 f1 得分为 0.72。

- support：支持样本数，即未违约客户支持样本数为 155 个，违约客户支持样本数为 55 个。

- accuracy：正确率，即分类正确样本数/总样本数。模型整体的预测正确率为 0.86。

- macroavg：用每一个类别对应的 precision、recall、f1-score 直接平均。比如针对 recall（召回率），即为（0.93+0.67）/2 = 0.80。

- weightedavg：用每一类别支持样本数的权重乘对应类别指标。比如针对 recall（召回率），即为（0.93×155+0.67×55）/210 = 0.86。

```
cohen_kappa_score(y_test,pred)    # 本代码的含义是计算 kappa 得分。运行结果为：0.6275229357798165
```

根据"表 3.2 科恩 kappa 得分与效果对应表"可知，模型的一致性较好。

17.4.7 绘制 ROC 曲线

在 Spyder 代码编辑区输入以下代码，然后全部选中这些代码并整体运行：

```
plt.rcParams['font.sans-serif']=['SimHei']        # 解决图表中中文显示的问题
plot_roc_curve(model,X_test_s,y_test)        # 本代码的含义是绘制 ROC 曲线，计算 AUC 值
x=np.linspace(0,1,100)
plt.plot(x,x,'k--',linewidth=1)    # 本代码的含义是在图中增加 45 度黑色虚线，以便观察 ROC 曲线性能
plt.title('二分类神经网络算法 ROC 曲线'     # 将标题设置为'二分类神经网络算法 ROC 曲线'。运行结果如图
17.25 所示
```

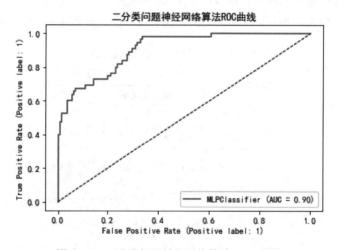

图 17.25   二分类问题神经网络算法 ROC 曲线

ROC 曲线离纯机遇线越远，表明模型的辨别力越强，从图 17.25 中可以发现本例的预测效果还可以。AUC 值为 0.90，远大于 0.5，说明模型具有一定的预测价值。

17.4.8　运用两个特征变量绘制二分类神经网络算法决策边界图

首先在 Spyder 代码编辑区输入以下代码：

```
X2_test_s = X_test_s.iloc[:, [2,5]]   # 仅选取 workyears、debtratio 作为特征变量
model=MLPClassifier(solver='adam',activation='relu',hidden_layer_sizes=(20,20),random_sta
te=10,alpha=0.1,max_iter=2000)
model.fit(X2_test_s,y_test)
model.score(X2_test_s,y_test)         # 计算模型预测准确率，运行结果为：0.8857142857142857
```

然后依次输入以下代码，再全部选中这些代码并整体运行：

```
plot_decision_regions(np.array(X2_test_s), np.array(y_test), model)
plt.xlabel('debtratio')        # 将 x 轴设置为'debtratio'
plt.ylabel('workyears')        # 将 y 轴设置为'workyears'
plt.title('二分类问题神经网络算法决策边界')      # 将标题设置为'二分类问题神经网络算法决策边界'，运行结果
如图 17.26 所示
```

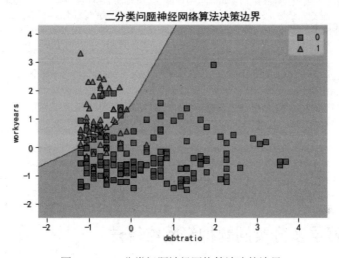

图 17.26　二分类问题神经网络算法决策边界

从图 17.26 中可以发现，本例中二分类问题神经网络算法决策边界为非线性，可以较好地区分两类样本。决策边界将所有参与分析的样本分为两个类别，右侧区域为未违约客户区域，左上方区域为违约客户区域，边界较为清晰，分类效果也比较好，体现在各样本的实际类别与决策边界分类区域基本一致。

17.5　多分类神经网络算法示例

本节主要演示多分类神经网络算法的实现。

17.5.1　变量设置及数据处理

首先需要将本书提供的数据文件放入安装 Python 的默认路径位置，并从相应位置进行读取。在 Spyder 代码编辑区输入以下代码：

```
data=pd.read_csv('C:/Users/Administrator/.spyder-py3/数据15.2.csv')   # 读取数据 15.2csv 文件
```

注意，因用户的具体安装路径不同，设计路径的代码会有差异。成功载入后，"变量管理器"窗口如图 17.27 所示。

名称 △	类型	大小	值
data	DataFrame	(1016, 10)	Column names:…

图 17.27　"变量管理器"窗口

```
X=data.iloc[:,1:]     # 设置特征变量，即 data 数据集中除第一列响应变量 grade 之外的全部变量
y=data.iloc[:,0]      # 设置响应变量，即 data 数据集中第一列响应变量 grade
X_train,X_test,y_train,y_test=train_test_split(X,y,test_size=0.3,stratify=y,random_state=10)
    # 本代码的含义是将样本全集划分为训练样本和测试样本，测试样本占比为 30%；参数 stratify=y 是指依据标签 y，按
原数据 y 中各类比例分配 train 和 test，使得 train 和 test 中各类数据的比例与原数据集一样；random_state=10 的含
义是设置随机数种子为 10，以保证随机抽样的结果可重复
    scaler=StandardScaler()   # 本代码的含义是引入标准化函数，即把变量的原始数据变换成均值为 0、标准差为 1 的
标准化数据
    scaler.fit(X_train)       # 基于特征变量的训练样本估计标准化函数
    X_train_s=scaler.transform(X_train)     # 将上一步得到的标准化函数应用到训练样本集
    X_test_s=scaler.transform(X_test)       # 将上一步得到的标准化函数应用到测试样本集
    X_train_s = pd.DataFrame(X_train_s, columns=X_train.columns)   # X_train 标准化为 X_train_s 以
后，原有的特征变量名称会消失，该步操作就是把特征变量名称加回来，不然系统会反复进行警告提示
    X_test_s = pd.DataFrame(X_test_s, columns=X_test.columns)      # X_test 标准化为 X_test_s 以后，
原有的特征变量名称会消失，该步操作就是把特征变量名称加回来，不然系统会反复进行警告提示
```

17.5.2　单隐藏层多分类问题神经网络算法

在 Spyder 代码编辑区输入以下代码：

```
    model=MLPClassifier(solver='sgd',learning_rate_init=0.01,learning_rate='constant',tol=0.0
001,activation='relu',hidden_layer_sizes=(3,),random_state=10,max_iter=2000)       # 使用多层感知机
MLPClassifier 构建模型，相关参数的含义不再赘述
    model.fit(X_train_s,y_train)     # 基于训练样本调用 fit() 方法进行拟合
    model.score(X_test_s,y_test)     # 基于测试样本计算模型预测的准确率，运行结果为：
0.8819672131147541
```

17.5.3　双隐藏层多分类问题神经网络算法

在 Spyder 代码编辑区输入以下代码：

```
    model=MLPClassifier(solver='sgd',learning_rate_init=0.01,learning_rate='constant',tol=0.0
001,activation='relu',hidden_layer_sizes=(3,2),random_state=10,max_iter=2000)     # 使用多层感知机
MLPClassifier 构建模型，相关参数的含义不再赘述
    model.fit(X_train_s,y_train)     # 基于训练样本调用 fit() 方法进行拟合
    model.score(X_test_s,y_test)     # 基于测试样本计算模型预测的准确率，运行结果为：
```

```
0.9180327868852459
```

17.5.4　模型性能评价

在 Spyder 代码编辑区输入以下代码：

```
np.set_printoptions(suppress=True)    # 不以科学记数法显示，而是直接显示数字
pred=model.predict(X_test)            # 计算响应变量预测分类类型
pred[:5]        # 显示前 5 个样本的响应变量预测分类类型。运行结果为: array([3, 2, 2, 1, 2],
dtype=int64)，即分别为第 3、2、2、1、2 类
print(confusion_matrix(y_test,pred))  # 输出测试样本的混淆矩阵。运行结果为:
                                      [[107  5  1]
                                       [ 1  80  1]
                                       [ 9   8  93]]
```

针对该结果解释如下：实际为初级会员且预测为初级会员的样本共有 107 个、实际为初级会员但预测为中级会员的样本共有 5 个、实际为初级会员但预测为高级会员的样本共有 1 个；实际为中级会员且预测为中级会员的样本共有 80 个、实际为中级会员但预测为初级会员的样本共有 1 个、实际为中级会员但预测为高级会员的样本共有 1 个；实际为高级会员且预测为高级会员的样本共有 93 个、实际为高级会员但预测为初级会员的样本共有 9 个、实际为高级会员但预测为中级会员的样本共有 8 个。该结果更直观地表示，如表 17.5 所示。

表 17.5　预测分类与实际分类的结果

样本		预测分类		
		初级会员	中级会员	高级会员
实际分类	初级会员	107	5	1
	中级会员	1	80	1
	高级会员	9	8	93

```
print(classification_report(y_test,pred)) # 输出详细的预测效果指标，运行结果为:

              precision    recall  f1-score   support

           1       0.91      0.95      0.93       113
           2       0.86      0.98      0.91        82
           3       0.98      0.85      0.91       110

    accuracy                           0.92       305
   macro avg       0.92      0.92      0.92       305
weighted avg       0.92      0.92      0.92       305
```

说明：

- precision：精度。针对初级会员、中级会员、高级会员的分类正确率分别为 0.91、0.86、0.98。
- recall：召回率，即查全率。针对初级会员的查全率为 0.95，针对中级会员的查全率为 0.98，针对高级会员的查全率为 0.85。
- f1-score：f1 得分。针对初级会员的 f1 得分为 0.93，针对中级会员的 f1 得分为 0.91，针对高级会员的 f1 得分为 0.91。
- support：支持样本数。初级会员支持样本数为 113 个，中级会员支持样本数为 82 个，高级

会员支持样本数为 110 个。

- accuracy：正确率，即分类正确样本数/总样本数。模型整体的预测正确率为 0.92。
- macroavg：用每一个类别对应的 precision、recall、f1-score 直接平均。比如针对 recall（召回率），即为（0.95+0.98+0.85）/ 3 = 0.92。
- weightedavg：用每一类别支持样本数的权重乘对应类别指标。比如针对 recall（召回率），即为（0.95×113+0.98×82+0.85×110）/ 305 = 0.92。

```
cohen_kappa_score(y_test,pred) # 本代码的含义是计算 kappa 得分。运行结果为：0.8764742094349404。
模型一致性很好
```

17.5.5   运用两个特征变量绘制多分类神经网络算法决策边界图

下面运用两个特征变量绘制多分类神经网络算法决策边界图，在 Spyder 代码编辑区输入以下代码：

```
X2_train_s = X_train_s.iloc[:, [3,5]]      # 仅选取 income、consume 作为特征变量
X2_test_s = X_test_s.iloc[:, [3,5]]        # 仅选取 income、consume 作为特征变量
model=MLPClassifier(solver='sgd',learning_rate_init=0.01,learning_rate='constant',tol=0.0
001,activation='relu',hidden_layer_sizes=(3,2),random_state=10,max_iter=2000)
model.fit(X2_train_s, y_train)
model.score(X2_test_s, y_test)   # 运行结果为 0.8557377049180328
```

然后输入以下代码，再全部选中这些代码并整体运行：

```
plt.rcParams['font.sans-serif']=['SimHei']      # 解决图表中中文显示的问题
plt.rcParams['axes.unicode_minus']=False        # 解决图表中负号不显示的问题
plot_decision_regions(np.array(X2_test_s),np.array(y_test),model)
plt.xlabel('income')   # 将 x 轴设置为'income'
plt.ylabel('consume')  # 将 y 轴设置为'consume'
plt.title('多分类神经网络算法决策边界')   # 将标题设置为'多分类神经网络算法决策边界',运行结果如图 17.28 所示
```

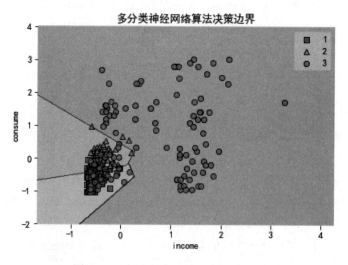

图 17.28   多分类神经网络算法决策边界

从图 17.28 中可以发现多分类神经网络算法将样本按照 3 个类别（第 1 类正方形、第 2 类三

角形、第 3 类圆形）划分到了 3 个区域（右侧大片区域、左侧中部区域、左下角区域），其中第 1 类正方形主要位于左下角区域，第 2 类三角形主要位于左侧中部区域，第 3 类圆形主要位于右侧大片区域，划分效果尚可。

17.6　习　题

1. 使用"数据 15.3"文件中的数据。以 pe 为响应变量，以 roe、debt、assetturnover、rdgrow、roic、rop、netincomeprofit、quickratio、incomegrow、netprofitgrow、cashflowgrow 为特征变量，使用回归神经网络算法进行拟合，完成以下操作：

（1）变量设置及数据处理。
（2）单隐藏层的多层感知机算法。
（3）神经网络特征变量重要性水平分析。
（4）绘制部分依赖图与个体条件期望图。
（5）拟合优度随神经元个数变化的可视化展示。
（6）通过 K 折交叉验证寻求单隐藏层最优神经元个数。
（7）双隐藏层的多层感知机算法。
（8）最优模型拟合效果图形展示。

2. 使用"数据 5.1"文件中的数据，以 V1（征信违约记录）为响应变量，以 V2（资产负债率）、V6（主营业务收入）、V7（利息保障倍数）、V17（银行负债）、V9（其他渠道负债）为特征变量，构建二分类神经网络算法模型，完成以下操作：

（1）变量设置及数据处理。
（2）单隐藏层二分类问题神经网络算法。
（3）双隐藏层二分类问题神经网络算法。
（4）早停策略减少过拟合问题。
（5）正则化（权重衰减）策略减少过拟合问题。
（6）模型性能评价。
（7）绘制 ROC 曲线。
（8）运用两个特征变量绘制二分类神经网络算法决策边界图。

3. 使用"数据 6.1"文件中的数据，以 V1（收入档次）为响应变量，以 V2（工作年限）、V3（绩效考核得分）和 V4（违规操作积分）为特征变量，使用多分类神经网络算法进行拟合，完成以下操作：

（1）变量设置及数据处理。
（2）单隐藏层多分类问题神经网络算法。
（3）双隐藏层多分类问题神经网络算法。
（4）模型性能评价。
（5）运用两个特征变量绘制多分类神经网络算法决策边界图。